LabVIEW 虚拟仪器从入门到测控应用 130 例

李江全 任 玲 廖结安 温宝琴 等编著

电子工业出版社
Publishing House of Electronics Industry
北京·BEIJING

内 容 简 介

本书从实际应用出发,通过 130 个典型实例系统地介绍了 LabVIEW 语言的程序设计方法及其测控应用技术,入门基础篇包括第 0~10 章,主要内容有 LabVIEW 基础、数值型数据、布尔型数据、字符串数据、数组数据、簇数据、数据类型转换、程序结构、变量与节点、图形显示和文件 I/O;测控应用篇包括第 11~13 章,主要内容有 PC 通信与单片机测控、远程 I/O 模块与 PLC 测控及 LabVIEW 数据采集。提供的实例由实例说明、设计任务和任务实现等部分组成,并有详细的操作步骤。

为方便读者学习,本书提供超值配套光盘,内容包括实例源程序、程序录屏、测试录像、软/硬件资源等。

本书内容丰富,论述深入浅出,有较强的实用性和可操作性,可供测控仪器、计算机应用、电子信息、机电一体化、自动化等专业的大学生、研究生以及虚拟仪器研发的工程技术人员学习和参考。

未经许可,不得以任何方式复制或抄袭本书之部分或全部内容。
版权所有,侵权必究。

图书在版编目(CIP)数据

LabVIEW 虚拟仪器从入门到测控应用 130 例 / 李江全等编著. —北京:电子工业出版社,2013.4
ISBN 978-7-121-19706-2

Ⅰ.①L… Ⅱ.①李… Ⅲ.①软件工具—程序设计 Ⅳ.①TP311.56

中国版本图书馆 CIP 数据核字(2013)第 038347 号

策划编辑:陈韦凯
责任编辑:桑 昀
印　　刷:北京七彩京通数码快印有限公司
装　　订:北京七彩京通数码快印有限公司
出版发行:电子工业出版社
　　　　　北京市海淀区万寿路 173 信箱　邮编 100036
开　　本:787×1 092　1/16　印张:31　字数:797 千字
版　　次:2013 年 4 月第 1 版
印　　次:2020 年 11 月第 13 次印刷
定　　价:69.00 元(含 DVD 光盘 1 张)

凡所购买电子工业出版社图书有缺损问题,请向购买书店调换。若书店售缺,请与本社发行部联系,联系及邮购电话:(010)88254888;88258888。
质量投诉请发邮件至 zlts@phei.com.cn,盗版侵权举报请发邮件至 dbqq@phei.com.cn。
本书咨询联系方式:chenwk@phei.com.cn。

前　言

随着微电子技术和计算机技术的飞速发展，测试技术与计算机深层次的结合正引起测试仪器领域里一场新的革命，一种全新的仪器结构概念导致了新一代仪器——虚拟仪器的出现。它是现代计算机技术、通信技术和测量技术相结合的产物，是传统仪器观念的一次巨大变革，是产业发展的一个重要方向，它的出现使得人类的测试技术进入了一个新的发展纪元。

虚拟仪器在实际应用中表现出传统仪器无法比拟的优势，可以说虚拟仪器技术是现代测控技术的关键组成部分。虚拟仪器由计算机和数据采集卡等相应硬件和专用软件构成，既有传统仪器的特征，又有一般仪器不具备的特殊功能，在现代测控应用中有着广泛的应用前景。

作为测试工程领域的强有力工具，近年来，虚拟仪器软件 LabVIEW 得到了业界的普遍认可，并在测控应用领域得到广泛应用。

本书从实际应用出发，通过 130 个典型实例系统地介绍了 LabVIEW 语言的程序设计方法及其测控应用技术，入门基础篇包括第 0～10 章，主要内容有 LabVIEW 基础、数值型数据、布尔型数据、字符串数据、数组数据、簇数据、数据类型转换、程序结构、变量与节点、图形显示和文件 I/O；测控应用篇包括第 11～13 章，主要内容有 PC 通信与单片机测控、远程 I/O 模块与 PLC 测控及 LabVIEW 数据采集。提供的实例由实例说明、设计任务和任务实现等部分组成，并有详细的操作步骤。

书中提供的程序具有实际参考价值，全部在 Windows XP 环境下，通信与测控实例经过系统测试，读者可以直接拿来使用或者稍加修改便可用于自己的设计中。

考虑到 LabVIEW 各版本向下兼容而不向上兼容，且各版本编程环境及用法基本相同，因此为使更多读者能够使用本书程序，笔者选用了 LabVIEW8.2 中文版作为设计平台，LabVIEW8.2 以上版本均能运行本书程序。

本书的编写弥补了 LabVIEW 同类书籍在测控实践方面的缺憾，因此对 LabVIEW 测控领域的学习者有很好的参考价值。

本书内容丰富，论述深入浅出，有较强的实用性和可操作性，可供测控仪器、计算机应用、电子信息、机电一体化、自动化等专业的大学生、研究生以及虚拟仪器研发的工程技术人员学习和参考。

全书主要由李江全、任玲、廖结安、温宝琴负责编写，其中由石河子大学任玲编写第0～1章，聂晶编写第2～4章，温宝琴编写第5～7章，梁习卉子编写第8～10章，李江全编写第11章，竟静静编写第13章；塔里木大学廖结安编写第12章。参与编写、程序调试、资料收集、插图绘制和文字校核工作的人员还有田敏、郑瑶、胡蓉、汤智辉、李宏伟、邓红涛、王洪坤、刘恩博等，电子开发网、北京研华科技等公司为本书提供了大量的技术支持，编者借此机会对他们致以深深的谢意。

由于编者水平有限，书中难免存在不妥或错误之处，恳请广大读者批评指正。

编著者

目 录

入门基础篇

第 0 章　LabVIEW 基础 ··· (2)
　0.1　LabVIEW 概述 ·· (2)
　0.2　LabVIEW 的编程环境 ·· (4)
　0.3　LabVIEW 的基本概念 ··· (14)
　0.4　前面板对象设计基础 ·· (18)
　0.5　数据类型及其运算 ··· (23)
　0.6　VI 调试方法 ··· (27)

第 1 章　数值型数据 ·· (32)
　实例基础　数值型数据概述 ·· (32)
　实例 1　数值输入与显示 ··· (34)
　实例 2　时间标识输入与显示 ··· (35)
　实例 3　滑动杆输出 ··· (36)
　实例 4　旋钮与转盘输出 ··· (38)
　实例 5　滚动条与刻度条 ··· (39)
　实例 6　数值算术运算 ·· (40)
　实例 7　数值常量 ·· (42)

第 2 章　布尔型数据 ·· (44)
　实例基础　布尔型数据概述 ·· (44)
　实例 8　开关与指示灯 ·· (46)
　实例 9　数值比较 ·· (47)
　实例 10　数值逻辑运算 ·· (48)
　实例 11　真常量与假常量 ··· (49)
　实例 12　确定按钮 ·· (50)
　实例 13　停止按钮 ·· (51)
　实例 14　单选按钮 ·· (53)
　实例 15　按钮的快捷键设置 ·· (54)

第 3 章　字符串数据 ·· (57)
　实例基础　字符串数据概述 ·· (57)
　实例 16　计算字符串的长度 ·· (60)
　实例 17　连接字符串 ··· (61)
　实例 18　截取字符串 ··· (63)
　实例 19　字符串大小写转换 ·· (64)
　实例 20　替换子字符串 ·· (65)
　实例 21　搜索替换字符串 ··· (69)
　实例 22　格式化日期/时间字符串 ··· (71)
　实例 23　格式化写入字符串 ·· (72)

· V ·

实例 24	搜索/拆分字符串	（74）
实例 25	选行并添加至字符串	（77）
实例 26	匹配字符串	（78）
实例 27	匹配真/假字符串	（79）
实例 28	组合框	（81）

第4章 数组数据 （83）

实例基础	数组数据概述	（83）
实例 29	初始化数组	（86）
实例 30	创建数组	（87）
实例 31	计算数组大小	（90）
实例 32	求数组最大值与最小值	（91）
实例 33	删除数组元素	（92）
实例 34	数组索引	（94）
实例 35	替换数组子集	（95）
实例 36	提取子数组	（97）
实例 37	数组插入	（98）
实例 38	拆分一维数组	（100）
实例 39	一维数组排序	（101）
实例 40	搜索一维数组	（102）
实例 41	二维数组转置	（104）
实例 42	数组元素算术运算	（105）

第5章 簇数据 （107）

实例基础	簇数据概述	（107）
实例 43	捆绑	（109）
实例 44	解除捆绑	（110）
实例 45	按名称捆绑	（112）
实例 46	按名称解除捆绑	（113）
实例 47	创建簇数组	（115）
实例 48	索引与捆绑簇数组	（116）

第6章 数据类型转换 （119）

实例基础	数据类型转换概述	（119）
实例 49	字符串至路径转换	（120）
实例 50	路径至字符串转换	（121）
实例 51	数值至字符串转换	（122）
实例 52	字符串至数值转换	（124）
实例 53	字节数组至字符串转换	（126）
实例 54	字符串至字节数组转换	（127）
实例 55	数组至簇转换	（129）
实例 56	簇至数组转换	（130）
实例 57	布尔数组至数值转换	（132）
实例 58	数值至布尔数组转换	（133）

实例 59　布尔值至（0,1）转换 ·· （134）
第 7 章　程序结构 ··· （136）
　　实例 60　For 循环结构 ·· （136）
　　实例 61　While 循环结构 ··· （142）
　　实例 62　条件结构 ··· （148）
　　实例 63　层叠式顺序结构 ·· （152）
　　实例 64　平铺式顺序结构 ·· （157）
　　实例 65　定时循环结构 ··· （159）
　　实例 66　定时顺序结构 ··· （165）
　　实例 67　事件结构 ··· （166）
　　实例 68　禁用结构 ··· （171）
第 8 章　变量与节点 ·· （173）
　　实例 69　局部变量 ··· （173）
　　实例 70　全局变量 ··· （177）
　　实例 71　公式节点 ··· （182）
　　实例 72　反馈节点 ··· （185）
　　实例 73　表达式节点 ·· （186）
　　实例 74　属性节点 ··· （188）
　　实例 75　子程序设计 ·· （191）
　　实例 76　菜单设计 ··· （195）
第 9 章　图形显示 ··· （200）
　　实例 77　波形图表 ··· （200）
　　实例 78　波形图 ·· （204）
　　实例 79　XY 图 ··· （208）
　　实例 80　强度图 ·· （211）
第 10 章　文件 I/O ·· （214）
　　实例基础　文件 I/O 概述 ··· （214）
　　实例 81　写入文本文件 ··· （215）
　　实例 82　读取文本文件 ··· （218）
　　实例 83　写入二进制文件 ·· （219）
　　实例 84　读取二进制文件 ·· （220）
　　实例 85　写入波形至文件 ·· （222）
　　实例 86　从文件读取波形 ·· （224）
　　实例 87　写入电子表格文件 ··· （225）
　　实例 88　读取电子表格文件 ··· （227）

测控应用篇

第 11 章　PC 通信与单片机测控 ·· （230）
　　实例 89　PC 与 PC 串口通信 ·· （230）
　　实例 90　PC 双串口互通信 ·· （234）
　　实例 91　PC 与单个单片机串口通信 ·· （237）

·VII·

实例 92　PC 与多个单片机串口通信 ……………………………………………………… (249)
　　实例 93　单片机模拟电压采集 ……………………………………………………………… (259)
　　实例 94　单片机模拟电压输出 ……………………………………………………………… (268)
　　实例 95　单片机开关信号输入 ……………………………………………………………… (276)
　　实例 96　单片机开关信号输出 ……………………………………………………………… (283)
　　实例 97　单片机温度测控 …………………………………………………………………… (289)
　　实例 98　单台智能仪器温度检测 …………………………………………………………… (308)
　　实例 99　多台智能仪器温度检测 …………………………………………………………… (315)
　　实例 100　短信接收与发送 ………………………………………………………………… (322)
　　实例 101　网络温度监测 …………………………………………………………………… (339)
第 12 章　远程 I/O 模块与 PLC 测控 ………………………………………………………………… (343)
　　实例 102　远程 I/O 模块模拟电压采集 …………………………………………………… (343)
　　实例 103　远程 I/O 模块模拟电压输出 …………………………………………………… (347)
　　实例 104　远程 I/O 模块数字信号输入 …………………………………………………… (351)
　　实例 105　远程 I/O 模块数字信号输出 …………………………………………………… (355)
　　实例 106　远程 I/O 模块温度测控 ………………………………………………………… (359)
　　实例 107　三菱 PLC 模拟电压采集 ………………………………………………………… (365)
　　实例 108　三菱 PLC 模拟电压输出 ………………………………………………………… (373)
　　实例 109　三菱 PLC 开关信号输入 ………………………………………………………… (379)
　　实例 110　三菱 PLC 开关信号输出 ………………………………………………………… (384)
　　实例 111　三菱 PLC 温度测控 ……………………………………………………………… (389)
　　实例 112　西门子 PLC 模拟电压采集 ……………………………………………………… (396)
　　实例 113　西门子 PLC 模拟电压输出 ……………………………………………………… (405)
　　实例 114　西门子 PLC 开关信号输入 ……………………………………………………… (412)
　　实例 115　西门子 PLC 开关信号输出 ……………………………………………………… (418)
　　实例 116　西门子 PLC 温度测控 …………………………………………………………… (423)
第 13 章　LabVIEW 数据采集 ………………………………………………………………………… (434)
　　实例 117　PCI-6023E 数据采集卡模拟电压采集 ………………………………………… (434)
　　实例 118　PCI-6023E 数据采集卡数字信号输入 ………………………………………… (440)
　　实例 119　PCI-6023E 数据采集卡数字信号输出 ………………………………………… (445)
　　实例 120　PCI-6023E 数据采集卡温度测控 ……………………………………………… (449)
　　实例 121　PCI-1710HG 数据采集卡模拟电压采集 ……………………………………… (455)
　　实例 122　PCI-1710HG 数据采集卡模拟电压输出 ……………………………………… (460)
　　实例 123　PCI-1710HG 数据采集卡数字信号输入 ……………………………………… (463)
　　实例 124　PCI-1710HG 数据采集卡数字信号输出 ……………………………………… (468)
　　实例 125　PCI-1710HG 数据采集卡脉冲信号输出 ……………………………………… (471)
　　实例 126　PCI-1710HG 数据采集卡温度测控 …………………………………………… (474)
　　实例 127　声卡的双声道模拟输入 ………………………………………………………… (480)
　　实例 128　声卡的双声道模拟输出 ………………………………………………………… (482)
　　实例 129　声音信号的采集与存储 ………………………………………………………… (483)
　　实例 130　声音信号的功率谱分析 ………………………………………………………… (485)
参考文献 ………………………………………………………………………………………………… (487)

入门基础篇

- ●●●●●● 第0章　LabVIEW基础（0.1～0.6）
- ●●●●●● 第1章　数值型数据（实例1～实例7）
- ●●●●●● 第2章　布尔型数据（实例8～实例15）
- ●●●●●● 第3章　字符串数据（实例16～实例28）
- ●●●●●● 第4章　数组数据（实例29～实例42）
- ●●●●●● 第5章　簇数据（实例43～实例48）
- ●●●●●● 第6章　数据类型转换（实例49～实例59）
- ●●●●●● 第7章　程序结构（实例60～实例68）
- ●●●●●● 第8章　变量与节点（实例69～实例76）
- ●●●●●● 第9章　图形显示（实例77～实例80）
- ●●●●●● 第10章　文件I/O（实例81～实例88）

第0章　LabVIEW 基础

本章作为 LabVIEW 的入门，对 LabVIEW 及其使用的图形化编程语言（G 语言）程序设计方法做了简要介绍，并介绍了 LabVIEW 的编程环境及其程序设计基础，使读者对这种编程软件有一个感性认识。

考虑到 LabVIEW 各版本向下兼容而不向上兼容，且各版本编程环境及用法基本相同，因此为使更多读者能够使用本书程序，我们选用了 LabVIEW 8.2 中文版作为设计平台，LabVIEW 8.2 及以上版本均能运行本书程序。

0.1　LabVIEW 概述

0.1.1　LabVIEW 简介

作为美国国家仪器公司（National Instrument，NI）推出的虚拟仪器开发平台，LabVIEW 以其直观、简便的编程方式，众多的源码级的设备驱动程序，多种多样的对分析和表达功能的支持，为用户快捷地构建自己在实际生产中所需要的仪器系统创造了基础条件。

由于采用了图形化编程语言——G 语言，LabVIEW 产生的程序是框图的形式，易学易用，特别适合硬件工程师、实验室技术人员、生产线工艺技术人员的学习和使用，可以在很短的时间内掌握并应用到实际中去。因此，硬件工程师、现场工程技术人员及测试技术人员学习 LabVIEW 驾轻就熟，不必去记忆那些眼花缭乱的文本式程序代码，可在很短的时间内学会并应用 LabVIEW。

LabVIEW 程序又称为虚拟仪器，它的表现形式和功能类似于实际的仪器，但 LabVIEW 程序很容易改变其设置和功能。因此，LabVIEW 特别适用于实验室、多品种小批量的生产线等需要经常改变仪器和设备参数和功能的场合，以及对信号进行分析、研究、传输等场合。

总之，由于 LabVIEW 能够为用户提供简明、直观、易用的图形编程方式，能够将烦琐复杂的语言编程简化成以菜单提示方式选择功能，并且用线条将各种功能连接起来，十分省时简便，深受用户青睐。与传统的编程语言比较，LabVIEW 图形编程方式能够节省 85％以上的程序开发时间，其运行速度却几乎不受影响，体现出了极高的效率。使用虚拟仪器产品，用户可以根据实际生产需要重新构建新的仪器系统。例如，用户可以将原有的带有 RS-232 接口的仪器、VXI 总线仪器，以及 GPIB 仪器通过计算机连接在一起，组成各种各样新的仪器系统，由计算机进行统一管理和操作。

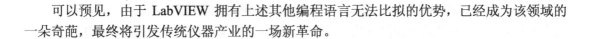

可以预见，由于 LabVIEW 拥有上述其他编程语言无法比拟的优势，已经成为该领域的一朵奇葩，最终将引发传统仪器产业的一场新革命。

0.1.2 G 语言与虚拟仪器

从 LabVIEW 研制开发的过程可以看到，虽然 LabVIEW 本身是一个功能比较完整的软件开发环境，但它是为替代常规的 BASIC 或 C 语言而设计的，LabVIEW 是编程语言而不仅仅是一个软件开发环境。作为编写应用程序的语言，除了编程方式不同外，LabVIEW 具备编程语言的所有特性，因此又称为 G 语言。

G 语言是一种适用于任何编程任务，具有扩展函数库的通用编程语言。与 BASIC 和 C 语言一样，G 语言定义了数据模型、结构类型和模块调用语法规则等编程语言的基本要素，在功能完整性和应用灵活性上不逊于任何高级语言，同时 G 语言丰富的扩展函数库还为用户编程提供了极大的方便。这些扩展函数库主要面向数据采集、GPIB 和串行仪器控制，以及数据分析、数据显示和数据存储。G 语言还包括常用的程序调试工具，提供设置断点、单步调试、数据探针和动态显示执行程序流程等功能。G 语言与传统高级编程语言最大的差别在于编程方式，一般高级编程语言采用文本编程，而 G 语言采用图形化编程方式。

G 语言编写的程序称为虚拟仪器（Virtual Instruments，VI），因为它的界面和功能与真实仪器十分相似，在 LabVIEW 环境下开发的应用程序都被冠以.vi 后缀，以表示虚拟仪器的含义。一个 VI 由交互式用户接口、数据流框图和图标连接端口组成，各部分功能如下。

（1）VI 的交互式用户接口因为与真实物理仪器面板相似，又称前面板。前面板包含旋钮、刻度盘、开关、图表和其他界面工具，允许用户通过键盘或鼠标获取数据并显示结果。

（2）VI 从数据流框图接收指令。框图是一种解决编程问题的图形化方法，实际上是 VI 的程序代码。

（3）VI 模块化特性。一个 VI 既可以作为上层独立程序，也可以作为其他程序（或子程序）的子程序。当一个 VI 作为子程序时，称为 SubVI。VI 图标和连接端口的功能就像一个图形化参数列表，可在 VI 与 SubVI 之间传递数据。

正是基于 VI 的上述功能，G 语言最佳地实现了模块化编程思想。用户可以将一个应用分解为一系列任务，再将每个任务细分，将一个复杂的应用分解为一系列简单的子任务，为每个子任务建立一个 VI，然后，把这些 VI 组合在一起完成最终的应用程序。因为每个 SubVI 可以单独执行，所以很容易调试。进一步而言，许多低层 SubVI 可以完成一些常用功能，因此，用户可以开发特定的 SubVI 库，以适应一般的应用程序。

G 语言是 LabVIEW 的核心，熟练掌握 G 语言的编程要素和语法规则，是开发高水平 LabVIEW 应用程序最重要的基础。换句话说，要真正掌握 LabVIEW 开发工具，必须把它作为一个编程语言，而不仅仅是作为一个编程环境来学习，这正是本书着力强调并贯穿于全书的重点内容。

虚拟仪器的概念是 LabVIEW 的精髓，也是 G 语言区别于其他高级语言最显著的特征。正是由于 LabVIEW 的成功，才使虚拟仪器的概念为学术界和工程界广泛接受；反过来也正是因为虚拟仪器概念的延伸与扩展，才使 LabVIEW 的应用更加广泛。

总之，LabVIEW 建立在易于使用的图形数据流编程语言 G 语言基础之上。G 语言大大简化了科学计算、过程监控和测试软件的开发，并可以在更广泛的范围内得以应用。

0.2 LabVIEW 的编程环境

0.2.1 启动 LabVIEW 8.2 中文版

安装 LabVIEW 8.2 后，在 Windows "开始"菜单中便会自动生成启动 LabVIEW 8.2 的快捷方式 "National Instruments LabVIEW 8.2"。单击这个快捷方式启动 LabVIEW，启动后的程序界面如图 0-1 所示。

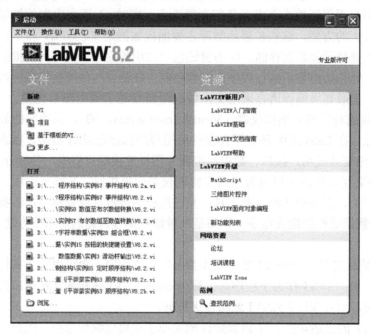

图 0-1 LabVIEW 的启动界面

启动界面主要分为左右两个部分，分别是文件和资源。在这个界面上用户可以选择新建空白 VI、新建空的工程、从选板新建 VI 等，也可以打开已有的程序。同时，用户可以从这个界面获得帮助支持，如查找 LabVIEW 的帮助文件、互联网上的资源及 LabVIEW 的程序实例。

在 LabVIEW 8.2 的启动界面上有文件、操作、工具以及帮助菜单。

单击启动界面上的新建 VI 按钮将打开"新建文件"对话框，在这里，用户可以选择多种方式来创建文件。

利用"新建文件"对话框，用户可以创建 3 种类型的文件，分别是 VI（LabVIEW 程序文件）、项目文件及其他文件。

其中，新建 VI 是被经常使用的功能，包括新建空白 VI、从选板创建及多态 VI。如果选择空白 VI 将建立一个空的 VI。VI 中的所有控件都需要用户自行添加。如果选择从选板创建，可以选择六种类型的 VI，分别是向导、指南程序、模拟程序、仪器的输入与输出、框架程序、数据获取以及用户自定义。

新建项目包括空白工程文件和从向导创建工程文件。

其他文件则包括全局变量、定制控件、菜单程序等。

用户根据需要可以选择相应的选板进行程序设计。在各种选板中，LabVIEW 已经预先设置了一些组件构成了应用程序的框架，用户只需要对程序进行一定程度的修改和功能上的增/减，就可以在选板的基础上构建出自己的应用程序。

0.2.2 LabVIEW 8.2 中文版的菜单简介

启动 LabVIEW 8.2 后，当用户单击 VI 按钮进入 LabVIEW 8.2 编程环境后，将出现两个无标题窗口。一个是前面板窗口，如图 0-2 所示，用于编辑和显示前面板对象；另一个是框图程序窗口，如图 0-3 所示，用于编辑和显示流程图（程序代码）。两个窗口拥有基本相同的菜单。

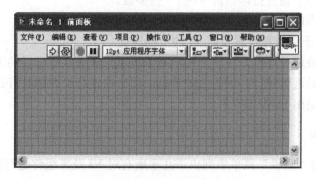

图 0-2　LabVIEW 的前面板窗口

图 0-3　LabVIEW 的框图程序窗口

LabVIEW 菜单包括"文件"、"编辑"、"查看"、"项目"、"操作"、"工具"、"窗口"、"帮助"共 8 大项。

1."文件"菜单

LabVIEW 8.2 的"文件"菜单包括了对程序（即 VI）操作的命令。

下面依次介绍"文件"菜单各选项。

- 新建 VI：用于新建一个空白的 VI 程序。
- 新建：打开"新建 VI"对话框，新建空白 VI、根据选板创建 VI 或者创建其他类型的 VI。
- 打开：用于打开一个已存在的 VI。
- 关闭：用于关闭当前 VI。
- 关闭全部：关闭打开的所有 VI。
- 保存：保存当前编辑过的 VI。
- 另存为：另存为其他 VI。
- 保存全部：保存打开的所有 VI。
- 新建项目：新建工程文件。
- 打开项目：打开工程文件。
- 保存项目：保存工程文件。
- 关闭项目：关闭工程文件。
- 页面设置：用于设置打印当前 VI 的一些参数。
- 打印：打印当前 VI。
- VI 属性：用于查看和设置当前 VI 的一些属性。
- 近期项目：最近曾经打开过的工程，用于快速打开曾经打开过的工程。
- 近期文件：最近曾经打开过的文件菜单，用于快速打开曾经打开过的 VI。
- 退出：用于退出 LabVIEW。

2．"编辑"菜单

LabVIEW 8.2 的"编辑"菜单中列出了几乎所有对 VI 及其组件进行编辑的命令。下面依次介绍"编辑"菜单各选项。

- 撤销：用于撤销上一步操作，恢复到上一次编辑之前的状态。
- 重做：执行和撤销相反的操作，再次执行上一次"撤销"所做的修改。
- 剪切：删除选定的文本、控件或者其他对象，并将其放到剪贴板中。
- 复制：用于将选定的文本、控件或者其他对象复制到剪贴板中。
- 粘贴：用于将剪贴板中的文本、控件或者其他对象从剪贴板中放到当前光标位置。
- 从项目中删除：用于清除当前选定的文本、控件或者其他对象，和剪切不同的是，删除不把这些对象放入剪贴板中。
- 选择全部：选择全部对象。
- 当前值设置默认值：将当前前面板上对象的取值设为该对象的默认值，这样当下一次打开该 VI 时，该对象将被赋予该默认值。
- 重新初始化为默认值：将前面板上对象的取值初始化为原来的默认值。
- 自定义控件：定制控制量菜单，用于定制前面板中的控制量。
- 导入图片至剪贴板：将图片导入至剪贴板。
- 设置 Tab 键顺序：可以设定用 Tab 键切换前面板上对象时的顺序。
- 删除断线：用于除去 VI 后面板中由于连线不当造成的断线。
- 创建子 VI：用于创建一个子 VI。

- 禁用/启用程序框图网格对齐：面板栅格对齐功能失效或者使能。
- 对齐所选项：将对象对齐。
- VI 修订历史：用于记录 VI 的修订历史。
- 运行时菜单：用于设置程序运行时的菜单项。
- 查找和替换：搜索和替换对象。
- 显示搜索结果：显示搜索结果。

3．"查看"菜单

LabVIEW 8.2 的"查看"菜单包括了程序中所有与显示操作有关的命令。

下面依次介绍"查看"菜单各选项。

- 控件选板：用于显示 LabVIEW 的控件选板。
- 函数选板：用于显示 LabVIEW 的函数选板。
- 工具选板：用于显示 LabVIEW 的工具选板。
- 错误列表：用于显示 VI 程序的错误。
- LabVIEW 的类层次结构：用于显示该 VI 与其调用的子 VI 之间的层次结构。
- 浏览关系：用于浏览程序中所使用的所有 VI 之间的相对关系。
- 类浏览器：用于浏览程序中使用的类。
- 启动窗口：启动 LabVIEW 8.2 的启动窗口。
- 导航窗口：用于显示 VI 程序的导航窗口。
- 工具栏：工具栏。

4．"项目"菜单

LabVIEW 8.2 的项目菜单中包含了 LabVIEW 中所有与工程操作相关的命令。

下面依次介绍"项目"菜单各选项。

- 新建项目：用于新建一个工程文件。
- 打开项目：用于打开一个已有的工程文件。
- 保存项目：用于保存一个工程文件。
- 关闭项目：用于关闭工程文件。
- 添加至项目：将 VI 或者其他文件添加到现有的项目文件中。
- 文件信息：显示文件信息。
- 属性：显示当前项目属性。

5．"操作"菜单

LabVIEW 8.2 的"操作"菜单中包括了对 VI 操作的基本命令。

下面依次介绍操作菜单各选项。

- 运行：用于运行 VI 程序。
- 停止：用于中止 VI 程序的运行。
- 单步步入：单步执行进入程序单元。
- 单步步过：单步执行完成程序单元。

- 断点查找：单击这个菜单选项将打开"寻找断点"对话框，用于搜索程序中设置的断点。
- 调用时挂起：当 VI 被调用时，挂起程序。
- 结束时打印：在 VI 运行结束后打印该 VI。
- 结束时记录：在 VI 运行结束后记录运行结果到记录文件。
- 数据记录：单击"数据记录"菜单选项可以打开它的下级菜单，设置记录文件的路径等。
- 切换至运行模式：当用户单击该菜单选项时，LabVIEW 将切换为运行模式，再次单击该菜单选项，则切换为编辑模式。
- 连接远程前面板：单击该菜单选项将弹出远程面板对话框，可以设置与远程的 VI 连接、通信。
- 调试应用程序或共享库：调试程序或共享库。

6．"工具"菜单

在 LabVIEW 8.2 的"工具"菜单中包括编写程序的几乎所有工具。

下面依次介绍"工具"菜单各选项。

- Measurement & Automation Explorer…：打开 MAX 程序。
- 仪器：单击该菜单可以打开它的下级菜单，在这里可以选择连接 NI 的仪器驱动网络或者导入 CVI 仪器驱动程序。
- LabVIEW MathScript 窗口：执行 LabVIEW MathScript 程序。
- 比较：用于比较两个 VI 的不同之处。假如两个 VI 非常相似，却又比较复杂，当用户想要找出两个 VI 中的不同之处时，可以使用这项功能。
- 用户名：用于设置用户的姓名。
- 源代码控制：单击该菜单可以打开它的下级菜单，设置和进行源代码的高级控制。
- 远程前面板连接管理器：用于管理远程 VI 程序的远程连接。
- Web 发布工具：单击该菜单可以打开网络发行工具管理器窗口，设置通过网络访问用户的 VI 程序。
- 高级：单击该菜单可以打开它的下级菜单，包括一些对 VI 操作的高级使用工具。
- 选项：用于设置 LabVIEW 及 VI 的一些属性和参数。

7．"窗口"菜单

利用"窗口"菜单可以打开 LabVIEW 8.2 程序的各种窗口，如前面板窗口、后面板窗口及导航窗口。

下面依次介绍"窗口"菜单各选项。

- 显示前面板/显示程序框图：用于切换后面板和前面板。
- 左右两栏显示：用于将 VI 的前、后面板左右（即横向）排布。
- 上下两栏：用于将 VI 的前、后面板上下（即纵向）排布。

另外，在"窗口"菜单的最下方显示了当前打开的所有 VI 的前面板和后面板，因而可以从"窗口"菜单的最下方直接进入当前打开的 VI 的前面板或后面板。

8. "帮助"菜单

LabVIEW 8.2 提供了功能强大的帮助功能，集中体现在它的"帮助"菜单上。
下面依次介绍"帮助"菜单各选项。

- 显示即时帮助：显示上下文帮助菜单，选择是否显示 LabVIEW 8.2 的上下文帮助窗口以获得上下文帮助。
- 锁定即时帮助：用于锁定上下文帮助窗口。
- 搜索 LabVIEW 帮助：VI、函数以及如何获取帮助菜单，打开帮助文档，搜索帮助信息。
- 查找范例：用于查找 LabVIEW 中带有的所有例程。
- 网络资源：打开 NI 公司的官方网站，在网络上查找 LabVIEW 程序的帮助信息。
- 专利信息：显示 NI 公司的所有相关专利。
- 关于 LabVIEW：显示关于 LabVIEW 8.2 的信息。

0.2.3　LabVIEW 8.2 中文版的工具栏

1．前面板窗口的工具栏

前面板窗口和框图程序窗口都有各自的工具栏，工具栏包括用于控制 VI 的命令按钮和状态指示器。图 0-4 是前面板窗口的工具栏。

图 0-4　前面板窗口的工具栏

下面通过表 0-1 介绍前面板窗口的工具栏中各按钮的作用。

表 0-1　前面板窗口的工具栏各按钮功能简介

图标	名称	功能
	运行按钮	单击该按钮可以运行 VI 程序 用户要注意运行按钮的图案变化，按钮不同的形状表示了 VI 的运行属性（正常运行、警告错误）
	连续运行按钮	单击该按钮，VI 程序连续地重复执行，再次单击该按钮可以停止程序的连续运行
	终止运行按钮	单击该按钮就会立即停止程序的运行 注意：使用该按钮来停止 VI 程序的运行，是强制性的停止，可能会错过一些有用的信息
	暂停/继续按钮	单击该按钮可使 VI 程序暂停执行；再次单击该按钮，则 VI 程序继续执行
 12pt 应用程序字体	字体设置按钮	单击该按钮将弹出一个下拉列表，从中可以设置字体的格式，如字体类型、大小、形状和颜色等
	排列方式按钮	首先选定需要对齐的对象，然后单击该按钮，将弹出一个下拉列表，该列表可以设置选定对象的对齐方式，如竖直对齐、上边对齐、左边对齐等

续表

图 标	名 称	功 能
	分布方式按钮	首先选定需要排列的对象，然后单击该按钮，将弹出一个下拉列表，从中可以设置选定对象的排列方式，如间距、紧缩等
	设置大小按钮	首先选定需要设置大小的对象，然后单击该按钮，将弹出一个下拉列表，从中可以设置对象的最大宽度、最小宽度、高度等
	重叠方式按钮	当几个对象重叠时，可以重新排列每个对象的叠放次序，如前移、后移等

2. 框图程序窗口的工具栏

框图程序窗口的工具栏按钮大多数与前面板窗口的工具栏相同，如图 0-5 所示，另外还增加了 4 个调试按钮。

图 0-5 框图程序窗口的工具栏

下面通过表 0-2 介绍框图程序窗口的工具栏中 4 个调试按钮的作用。

表 0-2 框图程序窗口的工具栏各调试按钮功能简介

图 标	名 称	功 能
	高亮显示执行过程按钮	单击该按钮，VI 程序以一种缓慢的节奏一步一步地执行，所执行到的节点都高亮显示，并显示 VI 运行时的数据流动。这样用户可以清楚地了解到程序的运行过程，也可以很方便地查找错误。再次单击该按钮，即可以停止 VI 程序的这种执行方式，恢复到原来的执行方式
	开始单步（入）执行按钮	单击该按钮，程序将以单步方式运行，如果节点为一个子程序或结构，则进入子程序或结构内部执行单步运行方式
	开始单步（跳）执行按钮	该按钮也是一种单步执行按钮，与上面按钮不同的是：以一个节点为执行单位，即单击一次按钮执行一个节点。如果节点为一个子程序或结构，也作为一个执行单位，一次执行完，然后转到下一个节点，而不会进入节点内部执行。闪烁的节点表示该节点等待执行
	单步步出按钮	当在一个节点（如子程序或结构）内部执行单步运行方式时，单击该按钮可一次执行完该节点，并直接跳出该节点转到下一个节点

0.2.4 LabVIEW 8.2 中文版的操作选板

LabVIEW 中的操作选板分为工具选板、控件选板和函数选板，LabVIEW 程序的创建主要依靠这 3 个选板完成。

工具选板提供了用于创建、修改和调试程序的基本工具；控件选板中涵盖了各种控制量和显示量，主要用于创建前面板中的对象，构建程序的界面；函数选板包含了编写程序的过程中用到的函数和 VI 程序，主要用于构建后面板中的对象。控件选板和函数选板中的对象被分门别类地安排在不同的子选板中。

一般在启动 LabVIEW 时，3 个选板会出现在屏幕上，由于控件选板只对前面板有效，所以只有在激活前面板时才会显示。同样，只有在激活后面板时才会显示函数选板。如果选板没有被显示出来，可以通过菜单命令"查看"→"工具选板"来显示工具选板，"查看"→

"控件选板"显示控件选板,"查看"→"函数选板"显示函数选板。

1. 编辑工具——工具选板

LabVIEW 8.2 的工具选板如图 0-6 所示。利用工具选板可以创建、修改 LabVIEW 中的对象,并对程序进行调试。工具选板是 LabVIEW 中对对象进行编辑的工具。

图 0-6 工具选板

工具选板中各工具功能简介参见表 0-3。

表 0-3 工具选板中各工具功能简介

图标	名称	功能
	自动选择按钮	按下自动选择按钮,鼠标经过前、后面板上的对象时,系统会自动选择工具选板中相应的工具,方便用户操作。当用户选择手动时,需要手动选择工具选板中的相应工具
	操作值	用于操纵前面板中的控制量和指示器。当用它指向数值或者字符量时,它会自动变成标签工具
	定位/调整大小/选择	用于选取对象,改变对象的位置和大小
	编辑文本	用于输入标签文本或者创建标签
	进行连线	用于在后面板中连接两个对象的数据端口,当用连线工具接近对象时,会显示出其数据端口以供连线之用。如果打开了帮助窗口,那么当用连线工具置于某连线上时,会在帮助窗口显示其数据类型
	对象快捷菜单	当用该工具单击某对象时,会弹出该对象的快捷菜单
	滚动窗口	使用该工具,无须滚动条就可以自由滚动整个图形
	设置/清除断点	在调试程序过程中设置断点
	探针数据	在代码中加入探针,用于调试程序过程中监视数据的变化
	获取颜色	从当前窗口中提取颜色
	设置颜色	用于设置窗口中对象的前景色和背景色

2. 前面板设计工具——控件选板

控件选板中包括了用于创建前面板对象的各种控制量和显示量,是用户设计前面板的工具,LabVIEW 8.2 中的控件选板如图 0-7 所示。

图 0-7 LabVIEW 8.2 中的控件选板

在控件选板中，按照所属类别，各种控制量和显示量被分门别类地安排在不同的子选板中，控件选板常用子选板功能简介参见表 0-4。

表 0-4 控件选板常用子选板功能简介

图标	子选板名称	功　能
数值	数值量	用于设计具有数值数据类型属性的控件和显示量，如滑杆、旋钮、拨码盘、调色板等
布尔	布尔量	用于设计具有布尔数据类型属性的控制量和显示量，如按钮、开关、发光二极管等
字符串与路径	字符串和路径	用于设计控制和显示字符串及路径的对象，如字符串、文本、菜单、路径等
数组、矩阵...	数组、矩阵和簇	用于作为数组、矩阵和簇类型数据的控制和显示，如数组、簇及可变数据类型数据等
列表与表格	列表与表格	用于表格形式数据的控制和显示，如列表框、多列列表框、树型列表框、表格等
图形	图形	用于显示波形数据，以及将数据以图形方式显示，如波形图、曲线图、密度图及各种三维曲面、曲线等显示对象
下拉列表与...	下拉列表与枚举	用于各种列表和枚举类型数据的控制和显示，如文本、菜单、图形 单选框和枚举变量的显示量和控制量等
容器	容器	用于作为盛放其他对象的容器，如 Tab 容器，ActiveX 容器等
I/O	输入输出	与硬件有关的 VISA、IVI 数据源和 DAQ 数据通道名等
修饰	装饰	用于前面板界面的设计和装饰，如装饰界面的框和线条等

通过控件选板中的这些子选板，用户可以创建出界面美观且功能强大的 VI 前面板。

3．框图程序设计工具——函数选板

与控件选板相对应的函数选板主要用于对 VI 框图程序的设计。在函数选板中，按照功能分门别类地存放着一些函数、VIs 和 Express VIs。LabVIEW 8.2 的函数选板如图 0-8 所示，单击函数选板上的各选项，会弹出更多的子选板。

函数选板常用子选板功能简介参见表 0-5。

第 0 章 LabVIEW 基础

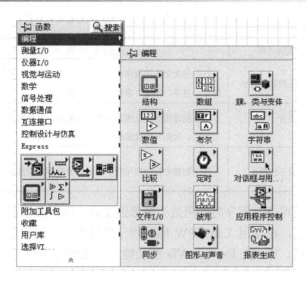

图 0-8 LabVIEW 8.2 的函数选板

表 0-5 函数选板常用子选板功能简介

图 标	子选板名称	功 能
结构	结构子选板	用于设计程序的顺序、分支和循环等结构，如两种顺序结构、条件结构、While 循环、For 循环、事件结构、公式节点、全局变量、局部变量、反馈节点等
数组	数组子选板	用于创建数组和对数组进行操作，如数组大小、将元素插入数组、从数组中删除元素、初始化数组等
簇、类与变体	簇、类与变体子选板	用于创建簇和对簇进行操作，如捆绑、创建簇数组、簇转换为数组、簇常量等
数值	数值子选板	包括算术运算、数值类型转换函数、三角函数、对数函数、复数函数、数值常数、表达式节点、数值分析等
布尔	布尔量子选板	用于进行布尔型数据的运算，包括逻辑运算、布尔型常数、布尔量与数值的转换函数等
字符串	字符串子选板	包括对字符串操作的各种函数，字符串与数值、数组和路径的转换函数，字符串常量，构建串的快速 VI 字符等
比较	比较子选板	用于比较布尔型、数值型、字符串型以及簇和数组型数据，包括各种运算符、选择函数、极值函数、强制范围转换函数等
定时	定时子选板	用于控制程序执行的速度，从系统时间得到数据以及创建对话框，包括计时、时间控制、提取系统时间的函数、对话框函数、出错处理函数等
文件 I/O	文件输入/输出子选板	用于创建、打开、读取及写入等对文件的操作函数，对路径进行操作的各种函数
波形	波形子选板	用于进行和波形有关的操作，如各种函数和快速 VI 等

续表

图标	子选板名称	功能
应用程序控制	应用程序控制子选板	打开与关闭应用程序和 VI 的参考号，节点、程序的停止和退出等程序控制函数，菜单、帮助、事件等函数子选板
图形与声音	图形与声音子选板	用于创建图形，从图形文件获取数据，以及对声音信息进行处理，如 3D 图形属性、画图、图像函数、图像格式、声音等
报表生成	报表生成子选板	用于创建和控制应用程序报表，如简单文本报表、新建报表、打印报表等

函数选板是用户编写 VI 程序时使用最为频繁的工具，因而熟悉其各个子选板的功能对编写程序是十分有用的，在使用 LabVIEW 编写程序的过程中，用户可以逐步了解它的每个子选板以至于每个函数、VIs 及 Express VIs 的功能，熟练使用这些工具是编写好 LabVIEW 应用程序的保证。

0.3 LabVIEW 的基本概念

LabVIEW 是一个功能完整的程序设计语言，具有区别于其他程序设计语言的一些独特结构和语法规则。应用 LabVIEW 编程的关键是掌握 LabVIEW 的基本概念和图形化编程的基本思想。在深入学习 LabVIEW 之前，有必要先介绍一些 LabVIEW 中的基本概念术语和结构，这是理解与学习 LabVIEW 的基础。

0.3.1 VI 与子 VI

用 LabVIEW 开发的应用程序称为虚拟仪器（Virtual Instrument，VI）。

一个最基本的 VI 由前面板和后面板两部分组成。

VI 运行采用数据流驱动，具有顺序、循环、条件等多种程序结构控制。

与其他编程语言一样，在 LabVIEW 中也存在子程序的概念。在 LabVIEW 中的子程序称为子 VI。在程序中使用子 VI 有以下益处：

（1）将一些代码封装成为一个子 VI（即一个图标或节点），可以使程序的结构变得更加清晰、明了。

（2）将整个程序划分为若干模块，每个模块用一个或者几个子 VI 实现，易于程序的编写和维护。

（3）将一些常用的功能编制成为一个子 VI，在需要时可以直接调用，不用重新编写这部分程序，因而子 VI 有利于代码复用。

正因为子 VI 的使用对编写 LabVIEW 程序有很多益处，所以在使用 LabVIEW 编写程序时经常会使用子 VI。基于 LabVIEW 图形化编程语言的特点，在 LabVIEW 环境中，子 VI 也是以图标（节点）的形式出现的，在使用子 VI 时，需要定义其数据输入和输出的端口，然后就可以将其当做一个普通的 VI 来使用了。

0.3.2 前面板

前面板就是图形化用户界面,用于设置输入数值和观察输出量,是人机交互的窗口。由于 VI 前面板是模拟真实仪器的前面板,所以输入量称为控制,输出量称为指示。

在前面板中,用户可以使用各种图标,如旋钮、按钮、开关、波形图、实时趋势图等,这样可使前面板的界面同真实的仪器面板一样。图 0-9 是一个波形发生器程序的前面板。

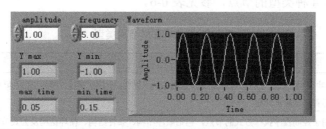

图 0-9　波形发生器程序的前面板

前面板对象按照功能可以分为控制、指示和修饰三种。控制是用户设置和修改 VI 程序中输入量的接口;指示则用于显示 VI 程序产生或输出的数据。如果将一个 VI 程序比作一台仪器的话,那么控制就是仪器的数据输入端口和控制开关,而指示则是仪器的显示窗口,用于显示测量结果。

在本书中,为方便起见,将前面板中的控制和指示统称为前面板对象或控件。

值得一提的是,任何一个前面板对象都有控制和指示两种属性,在前面板对象的右键弹出菜单中选择"转换为显示控件"或"转换为输入控件"命令,可以在控制和指示两种属性之间切换。请注意,如果用于输入的前面板对象被设置为指示,或用于输出的前面板对象被设置为控制,则 LabVIEW 会报错。

修饰的作用仅是将前面板点缀得更加美观,修饰并不能作为 VI 的输入或输出来使用。在控制选板中专门有一个修饰子选板。当然,用户也可以直接将外部图片(BMP 或 JPEG 格式)粘贴到前面板中作为修饰。

0.3.3 框图程序

每一个前面板都有一个框图程序与之对应。框图程序是用图形化编程语言编写的,可以把它理解成传统编程语言程序中的源代码。用图形来进行编程,而不是用传统的代码来进行编程,这是 LabVIEW 最大的特色。

框图程序由节点、端口和连线组成。

1. 节点

节点是 VI 程序中的执行元素,类似于文本编程语言程序中的语句、函数或者子程序。节点之间由数据连线按照一定的逻辑关系相互连接,以定义框图程序内的数据流动方向。0.3.2 节中波形发生器的框图程序就是一个典型的例子,如图 0-10 所示。

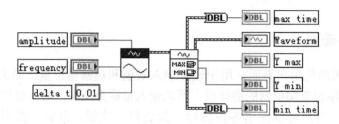

图 0-10 波形发生器框图程序

LabVIEW 共有 4 种类型的节点,参见表 0-6。

表 0-6 LabVIEW 节点类型

节点类型	节点功能
功能函数	LabVIEW 内置节点,提供基本的数据与对象操作,例如,数值计算、文件 I/O 操作、字符串运算、布尔运算、比较运算等
结构	用于控制程序执行方式的节点,包括顺序结构、条件结构、循环结构及公式节点等
代码接口节点	LabVIEW 与 C 语言文本程序的接口。通过代码接口节点,用户可以直接调用 C 语言编写的源程序
子 VI	将以前创建的 VI 以 SubVI 的形式调用,相当于传统编程语言中子程序的调用。通过功能选板中的 Select VI 子选板可以创建一个 SubVI 节点

节点是 LabVIEW 作为 G 语言这种图形化编程语言的特色之一,是图形化的常量、变量、函数以及 VIs 和 Express VIs。

一般情况下,LabVIEW 中的每个节点至少有一个端口,用于向其他图标传递数据。

2. 端口

节点之间、节点与前面板对象之间通过数据端口和数据连线来传递数据。

端口是数据在框图程序部分和前面板之间传输的通道接口,以及数据在框图程序的节点之间传输的接口。端口类似于文本程序中的参数和常数。

端口有两种类型:控制器/指示器端口和节点端口(即函数图标的连线端口)。控制或指示端口用于前面板,当程序运行时,从控制器输入的数据就通过控制器端口传送到框图程序。而当 VI 程序运行结束后,输出数据就通过指示器端口从框图程序送回到前面板的指示器。当在前面板创建或删除控制器或指示器时,可以自动创建或删除相应的控制器/指示器端口。上述控制程序有两个控制器端口、一个指示器端口,同时在框图程序中,Add 功能函数在图标下隐含着节点端口。

3. 连线

连线是端口间的数据通道,类似于文本程序中的赋值语句。数据是单向流动的,从源端口向一个或多个目的端口流动。不同的线型代表不同的数据类型,每种数据类型还通过不同的颜色予以强调。

连线点是连线的线头部分。

当需要连接两个端点时,在第一个端点上单击连线工具(从工具选板调用),然后移动到另一个端点,再单击第二个端点。端点的先后次序不影响数据流动的方向。

当把连线工具放在端点上时，该端点区域将会闪烁，表示连线将会接通该端点。当把连线工具从一个端口接到另一个端口时，不需要按住鼠标。当需要连线转弯时，单击一次鼠标，即可以正交垂直的方向弯曲连线，按空格键可以改变转角的方向。

接线头是为了保证端口的连线位置正确。当把连线工具放到端口上，接线头就会弹出。接线头还有一个黄色小标识框，显示该端口的名字。

节点/连接端口可以让用户把 VI 变成一个对象（SubVI，即 VI 子程序），然后在其他 VI 中像子程序一样被调用。图标作为 SubVI 的直观标记，当被其他 VI 调用时，图标代表 SubVI 中的所有框图程序。而连接端口表示该 SubVI 与调用它的 VI 之间进行数据交换的输入/输出端口，就像传统编程语言子程序的参数端口一样，它们对应着 SubVI 中前面板上的控制和指示。连接端口通常是隐藏在图标中的。图标和连接端口都是由用户在编制 VI 时根据实际需要创建的。

0.3.4 数据流驱动

由于框图程序中的数据是沿数据连线按照程序中的逻辑关系流动的，因此，LabVIEW 编程又称为"数据流编程"。"数据流"控制 LabVIEW 程序的运行方式。对一个节点而言只有当它的输入端口上的数据都被提供以后，它才能够执行。当节点程序运行完毕以后，它会把结果数据送到其输出端口中，这些数据很快地通过数据连线送至与之相连的目的端口。"数据流"与常规编程语言中的"控制流"类似，相当于控制程序语句一步一步地执行。

两数相加前面板如图 0-11 所示，两数相加框图程序如图 0-12 所示，这个 VI 程序把控制 a 和 b 中的数值相加，然后再把相加之和乘以 100，结果送至指示 c 中显示。

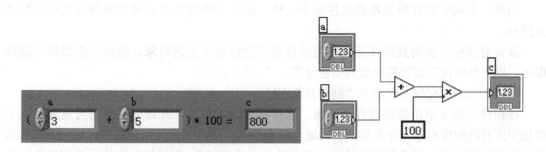

图 0-11　两数相加前面板　　　　　图 0-12　两数相加框图程序

在这个程序中，框图程序从左向右执行，但这个执行次序不是由其对象的摆放位置来确定的，而是由于相乘节点的一个输入量是相加节点的运算结果。只有当相加运算完成并把结果送到相乘运算节点的输入端口后，相乘节点才能执行下去。注意，一个节点只有当其输入端口的所有数据全都有效地到达后才能执行下去，而且只有当它执行完成后，它才把结果送到输出端口。

再看另一个 VI 的框图程序，如图 0-13 所示。该程序是乘法节点和除法节点并行执行。这两个节点相互之间没有数据依赖的关系，它们是相互独立的，输入数据是同时到达减法节点，它们是并行执行的。但是如果根据某种要求，需要先执行除法，后执行乘法，该怎么办呢？用顺序结构可解决这个问题。

0.4 前面板对象设计基础

VI 应用程序界面称为前面板，前面板的所有对象基本上可以分为控制量和显示量。前面板是 LabVIEW 的重要组成部分，是用 LabVIEW 编写的应用程序的界面。LabVIEW 提供非常丰富的界面控件对象，可以方便地设计出生动、直观、操作方便的用户界面。

LabVIEW 8.2 所提供的专门用于前面板设计的控制量和显示量被分门别类地安排在控件选板中，当用户需要使用时，可以根据对象的类别从各个子选板中选取。前面板的对象按照其类型可以分为数值型、布尔型、字符串型、数组型、簇型、图形型等多种类型。

在用 LabVIEW 进行程序设计的过程中，对前面板的设计主要是编辑前面板控件和设置前面板控件的属性。为了更好地操作前面板的控件，设置其属性是非常必要的。

除了专门用于装饰用途的控件以外，多数控件本质的区别在于其代表的数据类型不同，因而各种控件的属性和用途互有差异。

本节主要以数值型、文本型、布尔型以及图形型控件为例，详细介绍用于前面板设计的控件的使用及其属性设置方法。

0.4.1 基本设计方法

设计应用程序界面所用到的前面板对象全部包含在控件选板中。

放置在前面板上的每一个控件都具有很多属性，其中多数与显示特征有关，在编程时就可以通过在控件上单击右键更改属性值。

当然，不同的控件所具备的属性也不一样。而且有些属性是必须在编程时使用属性节点控制。

设计前面板需要用到控件选板，用鼠标选择控件选板上的对象，然后在前面板上拖放即可。以下举例说明前面板对象的创建过程。

创建新的应用程序并保存为"创建对象.VI"。

在控件选板上单击数值控件子选板，选择数值输入控件。此处需要说明的是选择该子选板中所有的控件对象，并在前面板的适当位置单击，即可创建数值控制件。然后在工具选板中选择标签工具，修改数值控件的标签并输入"数字 1"。用同样的方法可以创建数字控件"滑动杆"和"旋钮"控件。在程序代码窗口中会产生代表控件的变量符号，如图 0-13 所示。

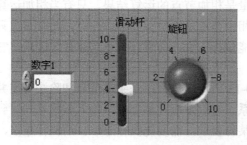

图 0-13　前面板对象的生成

各个控件在设计时就已经有了默认的初始值,如果要改变这个初始值,则在设计时给控件输入指定的数值,然后在控件上单击右键,在快捷菜单中选择"数据操作"→"当前值设置为默认值",如图 0-14 所示。这样每次在程序打开时,控件就自动赋予了新的默认值。

一般控件可以指定为显示量,也可以转换为控制量。仍然以图 0-13 为例,在垂直点动滑条控件上右击鼠标,在弹出的快捷菜单中选择"转换为显示控件",该控件已经变成了显示件,如图 0-15 所示。该变化也会同时反映到代码窗口中的变量符号上。

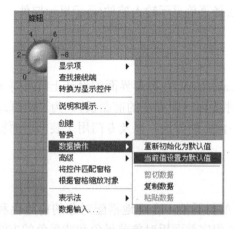 

图 0-14 设置控件的默认值　　　　　图 0-15 改变控件的属性

0.4.2 基本属性配置方法

此处介绍的前面板对象的配置方法适用于输入控件件和显示控件。

右键单击前面板对象,出现快捷菜单,如图 0-15 所示。菜单的前两部分(以菜单的分隔线为准)的内容适用于所有的控制件和显示件,在 VI 程序运行时这些属性变为只读属性,如控件的默认值和控件的描述等。菜单的其他部分针对特定控件的专有属性,这里只介绍显示控件和输入控件共有的快捷菜单部分。

(1)显示项:该菜单列表显示一个对象全部可以显示/隐藏的部分,如标签、标题等。

(2)查找接线端:在代码窗口中高亮显示显示件或控制件变量。当代码窗口中变量太多时,直接寻找控件变量是非常有效的。

(3)转换为显示控件/转换为输入控件:将指定的对象改变为显示件/控制件。

(4)说明和提示:单击此菜单将出现一个对话框,在对话框中编辑或查看该对象的描述摘要和使用提示。

(5)创建:针对此对象创建局部变量、属性节点和控件的参考以编程的方式控制对象的各属性。

(6)替换:选择其他的控制件或显示件来代替当前的控件。

(7)数据操作:包含一个编辑数据选项的子菜单。主要包括以下选项:

① 重新初始化默认值——恢复到控件的默认值。

② 当前值设置为默认值——将当前值设置为控件新的默认值。

③ 剪切数据/复制数据/粘贴数据——剪切、复制或粘贴前面板对象的内容。

（8）高级：包含控件高级编辑选项的子菜单。主要包括以下选项：

① 快捷键——为控件分配快捷键，用户在没有鼠标的情况下仍然可以访问控件。

② 同步显示——控件将显示全部的更新数据，这种设置方法将影响 LabVIEW 的运行性能。

③ 自定义——由用户定制控件，在控件编辑器中个性化前面板对象。

④ 隐藏输入控件/隐藏显示控件——在前面板中隐藏控件对象。要访问隐藏的对象，在代码窗口中鼠标右击对象的变量代码，并选择菜单显示输入控件/显示显示控件。

0.4.3 前面板的修饰

作为一种基于图形模式的编程语言，LabVIEW 在图形界面的设计上有着得天独厚的优势，可以设计出漂亮大方、方便易用的程序界面（即程序的前面板）。为了更好地进行前面板的设计，LabVIEW 提供了丰富的修饰前面板的方法，以及专门用于装饰前面板的控件，这一节主要介绍修饰前面板的方法和技巧。

1. 设置前面板对象的颜色

前景色和背景色是前面板对象的两个重要属性，合理地搭配对象的前景色和背景色会使用户的程序增色不少。下面具体介绍设置程序前面板对象前景色和背景色的方法。

一般情况下控件选板上的对象是以默认颜色被拖放到前面板的，但其可见的一些属性可以通过简单的操作进行修改。

对于前面板对象颜色的编辑需要用到工具选板里的取色工具和颜色设置工具。此处创建新的例子"设置颜色.vi"。

在程序的前面板创建 1 个数字量控件，颜色等均采用默认值。

颜色设置工具为 ，图标内有前后两个调色板，分别代表前景色和背景色。分别用鼠标单击两个调色板会出现颜色选择对话框以设置前景和背景的颜色，如图 0-16 所示。用鼠标单击颜色设置工具后，再在编辑对象的适当位置上单击鼠标，则被编辑对象就被分别设置为已经指定的前景色和背景色。

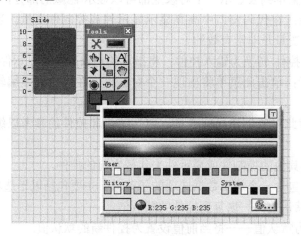

图 0-16　设置控件颜色

另外一种简便的操作是，用鼠标单击颜色设置工具后，在被编辑对象的适当位置上右击鼠标，此时出现颜色对话框并且动态地渲染被编辑的对象，选择合适的颜色后单击鼠标，完成颜色的设置。

2．设置前面板对象的文字风格

在 LabVIEW 中，可以设置前面板文本对象的字体、颜色及其他风格特征。这些可以通过 LabVIEW 的工具栏中的字体按钮 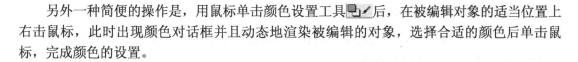 进行设置。单击该按钮，将弹出用于设置字体的下拉菜单，在下拉菜单中，用户可以选择文字的字体、颜色、大小和风格。用户也可以在字体按钮的下拉菜单中选择字体对话框来设置字体的常用属性。LabVIEW 8.2 的字体设置对话框如图 0-17 所示，在这个对话框中可以设置字体的几乎所有属性。

3．前面板对象的位置与排列

为了提高前面板外观设计的效率，LabVIEW 提供了前面板对象编辑控制的一些工具，尤其是在界面对象比较多时，这些工具就显得尤为重要。

在 LabVIEW 程序中，设置多个对象的相对位置关系及对象的大小是布置和修饰前面板过程中一件非常重要的工作。在 LabVIEW 8.2 中，提供了专门用于调整多个对象位置关系及设置对象大小的工具，它们位于 LabVIEW 的工具栏上。

LabVIEW 所提供的用于设置多个对象之间位置关系的工具如图 0-18 所示。这两种工具分别用于调整多个对象的对齐关系，以及调整对象之间的距离。

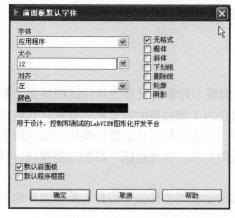

图 0-17　字体设置对话框

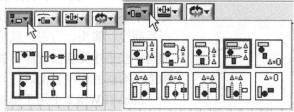

图 0-18　用于设置多个对象之间位置关系的工具

群组工具可以将一系列对象设置为一组，以固定其相对位置关系，也可以锁定对象，以免在编辑过程中对象被移动。利用 LabVIEW 提供的移动对象前、后相对位置的工具可以改变对象的前后顺序，以决定是否遮挡住某些对象。例如，选择"向前移动"命令可以将对象向前移动；选择"向后移动"命令可以将对象向后移动；选择"移至前面"命令可以将对象移动到最前方，如图 0-19 所示。

图 0-19　调整控件顺序的工具

4．调整前面板对象的大小

一般情况下，控件选板上的对象以默认大小和颜色被拖放到前面板，但其可见的一些属性可以通过简单的操作进行修改。

使工具选板处于自动选择状态或处于定位状态，只需将鼠标移动到被编辑对象的边缘处，对象上会出现几个方框或圆框，单击鼠标左键并拖动方框到合适位置后松开鼠标左键，则控件对象将被放大或缩小，如图 0-20 所示。

对于特殊的控件，其编辑方式可能不尽一致，可将鼠标改为选择状态，然后在对象上移动，当鼠标的形状发生改变时，拖动即可进行编辑。例如，在图 0-20 中可以在旋钮控件刻度附近拖动鼠标以改变刻度的起始和终止位置。

在 LabVIEW 的工具栏上有设置控件大小的工具，如图 0-21 所示。

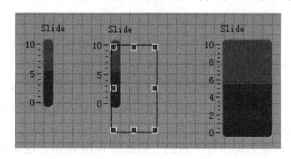
图 0-20　调整前面板对象的大小

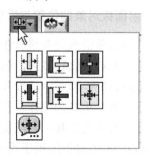
图 0-21　设置控件大小的工具

利用设置对象大小的工具，用户可以按照一定的规则调整对象的尺寸，也可以用按钮来指定控件的高度和宽度，进而设置对象的大小。

5．用修饰控件装饰前面板

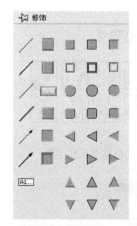
图 0-22　修饰控件

LabVIEW 提供了装饰前面板上对象的设计工具，这些界面元素对程序不产生任何影响，仅仅是为了增强界面的可视化效果。它包括一系列线、箭头、方形、圆形、三角形等形状的修饰模块，这些模块如同一些搭建美观的程序界面的积木，合理组织、搭配这些模块可以构造出绚丽的程序界面。

LabVIEW 8.2 中用于修饰前面板的控件位于控件选板中的修饰子选板中，如图 0-22 所示。

在 LabVIEW 8.2 中，修饰子选板中的各种控件只有前面板图形，而在后面板上没有与之对应的图标，这些控件的主要功能就是进行界面的修饰。

6．前面板对象的显示和隐藏

LabVIEW 提供的控件是否都具有可见的属性，这个属性可以在程序开发时设定，也可以在程序运行时通过代码来控制，以下举例说明。

新建应用程序。在前面板添加数值显示控件，在代码窗口中用鼠标右击数值显示控件，选择快捷菜单中的"高级"→"隐藏显示控件"命令，如图 0-23 所示，数值显示控件在前面板已经不可见了。

要恢复其可见性，只需要在框图程序窗口中用鼠标右击数值显示控件，选择快捷菜单中的"显示显示控件"命令，如图 0-24 所示。

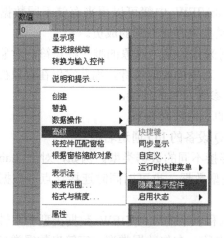

图 0-23 设计时隐藏控件

图 0-24 使隐藏的控件可见

0.5 数据类型及其运算

数据是操作的对象，操作的结果会改变数据的状况。作为程序设计人员，必须认真考虑和设计数据结构及操作步骤（即算法）。与其他基于文本模式的编程语言一样，LabVIEW 的程序设计中也要涉及常量、变量、函数的概念以及各种数据类型，这些是用 LabVIEW 进行程序设计的基础，也是构建 LabVIEW 应用程序的基石。

LabVIEW 的数据类型按其功能可以分为两类，即常量和变量。变量又分为控件类变量和指示器类变量；按其特征又可分为两大类，即数字量类型和非数字量类型，并用不同的图标来代表不同的数据类型。原则上数据是在相同数据类型的变量之间进行交换的，但LabVIEW 同时拥有自己的数据类型转换机制，这也提供了一种程序的容错机制。

在 LabVIEW 中，各种不同的数据类型，其变量的图标边框的颜色不同，因而，从图标边框的颜色可以分辨其数据类型。

0.5.1 数据类型

1．常用的数据类型

常用的数据类型有以下几类。

（1）数值数据类型：分为整型、浮点型和无符号型等。

（2）布尔数据类型：LabVIEW 使用 8 位（一个字节）的数值来存储布尔数据。如果数值为 0，布尔数据为假（False），其他非 0 数值代表真（True）。

（3）数组数据类型：LabVIEW 中，数组的概念是一组相同数据类型数据的集合。

（4）字符串数据类型：LabVIEW 以单字节整数的一维数组来存储字符串数据。

（5）路径数据类型：LabVIEW 以句柄或指针（包含路径类型及路径成员的数量和路径成员）来存储数据类型。

（6）簇数据类型：和数组不同的是，LabVIEW 中簇可以用来存储不同数据类型的数据。根据簇中成员的顺序，使用相应的数据类型来存储不同的成员。

（7）参考数据类型：LabVIEW 使用参考来作为某一对象的唯一标识符，对象可以是文件、设备和网络连接等。由于参考是指向某一对象的临时指针，因此它仅在对象被打开时有效，一旦对象被关闭，LabVIEW 就断开了与参考对象的连接。

（8）波形数据类型：用来存储波形数据的一种数据类型。

（9）I/O 通道号数据类型：用来表示 DAQ 设备的 I/O 通道名称。

（10）多义数据类型：指一个变量可以连接不同的数据类型。例如，对于 LabVIEW 内置的加法函数，其输入端口可以同时连接整型数据，也可以同时连接浮点型数据。大多数 LabVIEW 函数都提供多义数据接口。

（11）变体数据类型：这种数据类型可以和以下的 LabVIEW 数据类型相互转换：所有的数字类型包括有符号和无符号的整数或浮点数、布尔数据类型、字符串数据类型、参考数据类型，以及上述数据类型的数组和簇。

（12）动态数据类型：LabVIEW 8.0 以上版本支持一种新的数据类型——动态数据类型，这种类型的数据在应用时不必具体指定其数据类型，在程序运行过程中，根据需要，对象被动态赋予各种数据类型。

2．常量

LabVIEW 设置了以下两类常量：

（1）通用常量。例如，圆周率π、自然对数 e 等，如图 0-25 所示，这些常数位于函数选板中数学与科学常量子选板中。

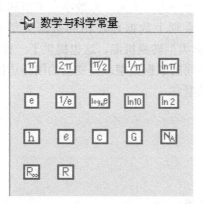

图 0-25　数学与科学常量子选板

（2）用户定义常量。LabVIEW 函数选板中有各种常用数据类型的常量，用户可以在编写程序时为它赋值。例如，数值常量位于数值子选板中，它的默认值是 32 位整型数 0，用户可以给它定义任意类型的数值，程序运行时就保持这个值。

0.5.2 数据运算

1. 基本数学运算

LabVIEW 中的数学运算主要是由函数选板中数值子选板（如图 0-26 所示）中的节点完成的。

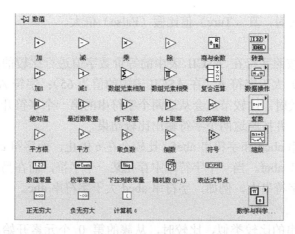

图 0-26　数值子选板

数值子选板由基本数学运算节点、类型转换节点、复数节点和附加常数节点组成。

基本数学运算节点主要实现加、减、乘、除等基本运算。基本数学运算节点支持数值量输入。与一般编程语言提供的运算符相比，LabVIEW 中数学运算节点功能更强，使用更灵活，它不仅支持单一的数值量输入，还可支持处理不同类型的复合型数值量，如由数值量构成的数组、簇和簇数组等。

2. 比较运算

比较运算也就是通常所说的关系运算，比较运算节点包含在函数选板比较子选板中，如图 0-27 所示。

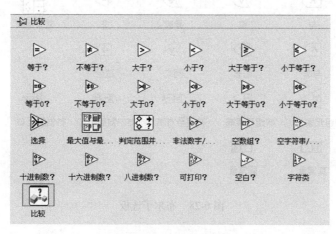

图 0-27　比较子选板

在 LabVIEW 中，可以进行以下几种类型的比较：数字值的比较、布尔值的比较、字符串的比较，以及簇的比较。

1）数字值的比较

比较节点在比较两个数字值时，会先将其转换为同一类型的数字。当一个数字值和一个非数字值相比较时，比较节点将返回一个表示两者不相等的值。

2）布尔值的比较

两个布尔值相比较时，真（Ture）值比假（False）值大。

3）字符串的比较

字符串的比较是按照字符在 ASCII 表中的等价数字值进行比较的。例如，字符 a（在 ASCII 表中的值为 97）大于字符 A（在 ASCII 表中的值为 65）；字符 A 大于字符 0（48）。当两个字符串进行比较时，比较节点会从这两个字符串的第一个字符开始逐个比较，直至有两个字符不相等为止，并按照这两个字符输出比较结果。

例如，比较字符串 abcd 和字符串 abef，比较会在 c 停止，而字符 c 小于字符 e，所以字符串 abcd 小于字符串 abef。当一个字符串中存在某一个字符，而在另一个字符串中这个字符不存在时，前一个字符串大。例如，字符串 abcd 大于字符串 abc。

4）簇的比较

簇的比较与字符串的比较类似，比较时，从簇的第 0 个元素开始，直至有一个元素不相等为止。簇中元素的个数必须相同，元素的数据类型和顺序也必须相同。

3. 逻辑运算

传统编程语言使用逻辑运算符将关系表达式或逻辑量连接起来，形成逻辑表达式，逻辑运算符包括与、或、非等。在 LabVIEW 中这些逻辑运算符是以图标的形式出现的。逻辑运算节点包含在函数选板布尔子选板中，如图 0-28 所示。逻辑运算节点的图标与集成电路常用逻辑符号一致，可以使用户方便地使用这些节点而无须重新记忆。

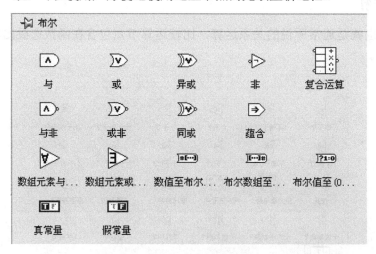

图 0-28　布尔子选板

0.6 VI 调试方法

在编写了 LabVIEW 的程序代码后,一般需要对程序进行调试。调试的目的是保证程序没有语法错误,并且能够按照用户的目的正确运行,得到正确的结果。

LabVIEW 提供了许多调试工具,在其"调试工具选项"对话框中可以对这些调试工具进行设置。选择"工具"菜单中的"选项"命令,在"选项"对话框的下拉列表中选择"调试",即可打开调试工具"选项"对话框,如图 0-29 所示。

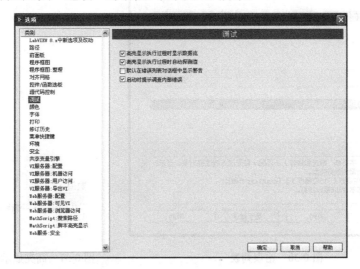

图 0-29 调试工具"选项"对话框

在"选项"对话框中有四个选项,含义如下。

(1)高亮显示执行过程时显示数据流:当程序高亮执行时,在代码窗口中沿着数据流的方向,用动画的方式显示数据流的流动。用这种方式调试可以很清楚地看到程序的流程,但是会降低程序的性能和执行速度。

(2)高亮显示执行过程时自动探测值:当程序高亮执行时,自动加入探针,探测数值型数据,并在代码窗口中显示其数值。

(3)默认在错误列表对话框中显示警告:在错误列表中同时显示警告信息。很多时候警告信息提示了程序中潜在的错误。

(4)启动时提示调查内部错误:在 LabVIEW 程序启动时,提示程序出现的内部错误。

LabVIEW 8.2 提供了强大的容错机制和调试手段,如设置断点调试和设置探针,这些手段可以辅助用户进行程序的调试,发现并改正错误。这一节将主要介绍 LabVIEW 8.2 提供的用于调试程序的手段及调试技巧。

1. 找出语法错误

LabVIEW 程序必须在没有基本语法错误的情况下才能运行,LabVIEW 能够自动识别程序中存在的基本语法错误。如果一个 VI 程序存在语法错误,则在面板工具条上的运行按钮将会变成一个折断的箭头,表示程序存在错误不能被执行。单击运行按钮,会弹出错误列表,如图 0-30 所示。

单击错误列表中的某一错误项,会显示有关此错误的详细说明,帮助用户更改错误。单击"显示警告"复选框,可以显示程序中的所有警告。

当用户使用 LabVIEW 8.2 的错误列表功能时,有一个非常重要的技巧,就是当用户双击错误列表中的某一错误项时,LabVIEW 会自动定位到发生该错误的对象上,并高亮显示该对象,如图 0-31 所示,这样,便于用户查找错误,并更正错误。

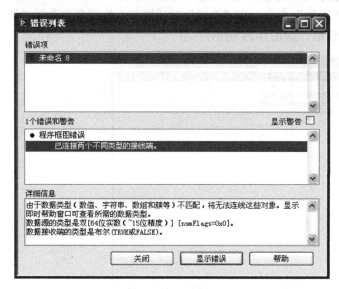
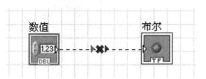

图 0-30　错误列表　　　　　　　　　　图 0-31　高亮显示程序中的错误

2. 设置断点调试

图 0-32　设置断点

为了查找程序中的逻辑错误,用户也许希望框图程序一个节点一个节点地执行。使用断点工具可以在程序的某一点暂时中止程序执行,用单步方式查看数据。当用户搞不清楚程序中哪里出现错误时,设置断点是一种排除错误的手段。在 LabVIEW 中,从工具选板选取断点工具,如图 0-32 所示。在想要设置断点的位置单击鼠标,便可以在那个位置设置一个断点。另外一种设置断点的方法是在需要设置断点的位置单击鼠标右键,从弹出的快捷菜单中选择"设置断点"命令,即可在该位置设置一个断点。如果想要清除设定的断点,只要在设置断点的位置单击鼠标即可。

设置断点后的程序后面板如图 0-33 所示。断点对于节点或者图框显示为红框,对于连线显示为红点。

运行程序时,会发现程序每当运行到断点位置时会停下来,并高亮显示数据流到达的位置,这样每个循环程序会停下来两次,用户可以在这个时候查看程序的运算是否正常,数据显示是否正确。

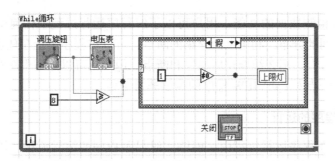

图 0-33 设置断点后的程序后面板

程序停止在断点位置时的后面板如图 0-34 所示，从图中可以看出，程序停止在断点位置，并高亮显示数据流到达的对象。按下单步执行按钮，闪烁的节点被执行，下一个将要执行的节点变为闪烁，指示它将被执行。用户也可以单击暂停按钮，这样程序将连续执行直到下一个断点。当程序检查无误后，用户可以在断点上单击鼠标以清除断点。

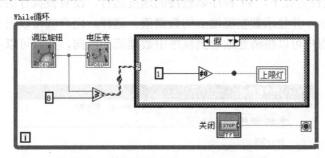

图 0-34 程序停止在断点位置时的后面板

3. 设置探针

在有些情况下，仅仅依靠设置断点还不能满足调试程序的需要，探针便是一种很好的辅助手段，可以在任何时刻查看任何一条连线上的数据，探针犹如一颗神奇的"针"，能够随时侦测到数据流中的数据。

在 LabVIEW 中，设置探针的方法是用工具选板中的探针工具，如图 0-35 所示，单击后面板中程序的连线，这样可以在该连线上设置探针以侦测这条连线上的数据，同时在程序上将浮动显示探针数据窗口。要想取消探针，只需要关闭浮动的探针数据窗口即可。

设置好探针的程序后面板如图 0-36 所示。运行程序，在探针数据窗口中将显示出设置探针处的数据。

 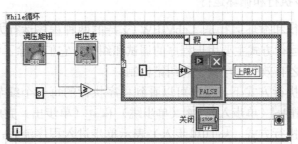

图 0-35 设置探针　　图 0-36 设置好探针的程序后面板

利用探针可以检测数据的功能，用户可以了解程序运行过程中任何位置上的数据，即可知道数据流在空间的分布。利用上面介绍的断点，可以将程序中止在任意位置，即可知道数据在任何时间的分布。那么综合使用探针和断点，用户就可以知道程序在任何空间和时间的数据分布了。这一点对 LabVIEW 程序的调试非常重要。

4．高亮显示程序的运行

有时用户希望在程序运行过程中，能够实时显示程序的运行流程，以及当数据流流过数据节点时的数值，LabVIEW 8.2 为用户提供了这一功能，这就是以"高亮显示"方式运行程序。

单击 LabVIEW 工具栏上的高亮显示程序"运行"按钮，程序将会以高亮显示方式运行。这时该按钮变为，如同一盏被点亮的灯泡。

下面以高亮显示的方式执行 0.5 节中的例程。在程序的运行过程中，程序的后面板如图 0-37 所示。在这种方式下，VI 程序以较慢的速度运行，没有被执行的代码灰色显示，执行后的代码高亮显示，并显示数据流线上的数据值。这样，用户就可以根据数据的流动状态跟踪程序的执行。用户可以很清楚地看到程序中数据流的流向，并且可以实时地了解每个数据节点的数值。

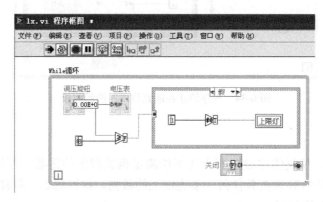

图 0-37　以"高亮"方式运行程序

在多数情况下，用户需要结合多种方式调试 LabVIEW 程序，例如，用户可以在设置探针的情况下，高亮显示程序的运行，并且单步执行程序。这样程序的执行细节将会一览无余。

5．单步执行和循环运行

单步执行和循环运行是 LabVIEW 支持的两种程序运行方式，与正常运行方式不同的是，这两种运行方式主要用于程序的调试和纠错。它们是除了设置断点和探针两种方法外，另外一种行之有效的程序调试和纠错机制。

在单步执行方式下，用户可以看到程序执行的每一个细节。单步执行的控制由工具栏上的三个按钮（单步入）、（单步跳）和（单步出）完成。这三个按钮表示三种不同类型的单步执行方式。（单步入）表示单步进入程序流程，并在下一个数据节点前停下来；（单步跳）表示单步进入程序流程，并在下一个数据节点执行后停下来；（单步出）表示停止单步执行方式，即在执行完当前节点的内容后立即暂停。

下面仍旧结合上面的例程介绍单步运行调试程序的方法。

单击 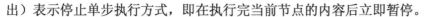（单步入）按钮，程序开始以单步方式执行，程序每执行一步，便停下来并且高亮显示当前程序执行到的位置，如图 0-38 所示。

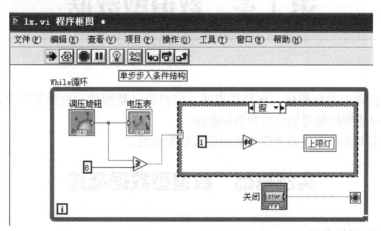

图 0-38 单步执行程序

每当程序完成当前循环，开始下一个循环时，会显示一个箭头，以指示循环执行的方向。

在 LabVIEW 中支持循环运行方式，LabVIEW 8.2 中的循环运行按钮为。所谓循环运行方式，是指当程序中的数据流流经最后一个对象时，程序会自动重新运行，直到用户手动按下"停止"按钮为止。

第 1 章 数值型数据

数值型数据是一种标量值,包括浮点数、定点数、整型数、复数等类型,不同数据类型的差别在于存储数据使用的位数和值的范围。

本章通过实例介绍数值型控件与数值型数据的使用。

实例基础 数值型数据概述

1. 数值型数据的分类

在 LabVIEW 中,数值型数据分类比较详细,按照精度和数据的范围可以分为表 1-1 所示的几类。

表 1-1 数值型数据类型表

数据类型	标记	简要说明
单精度浮点数	SGL	内存存储格式 32 位
双精度浮点数	DBL	内存存储格式 64 位
扩展精度浮点数	EXT	内存存储格式 80 位
复数单精度浮点数	CSG	实部和虚部内存存储格式均为 32 位
复数双精度浮点数	CDB	实部和虚部内存存储格式均为 64 位
复数扩展精度浮点数	CXT	实部和虚部内存存储格式均为 80 位
8 位整型数	I8	有符号字节型,取值范围-128~127
16 位整型数	I16	有符号字型,取值范围-32 768~32 767
32 位整型数	I32	有符号长整型,取值范围-2 147 483 648~2 147 483 647
无符号 8 位整型数	U8	无符号字节型,取值范围 0~255
无符号 16 位整型数	U16	无符号字型,取值范围 0~65535
无符号 32 位整型数	U32	无符号长整型,取值范围 0~4 294 967 295

上面的数值型数据类型,随着精度的提高和数据类型所表示数据范围的扩大,其消耗的系统资源(内存)也随之增长。因而,在程序设计时,为了提高程序运行的效率,在满足使用要求的前提下,应该尽量选择精度低和数据范围相对小的数据类型。

当然有些情况下,变量的取值范围是不能确定的,这时可以取较大的数据类型以保证程序的安全性。在 LabVIEW 中,数据类型是隐含在控制、指示及常量之中的。

2. 数值型数据的创建

数值类型的前面板对象包含在控件选板的数值子选板中，如图1-1所示。

数值子选板中的前面板对象就相当于传统编程语言中的数字变量，而LabVIEW中的数字常量是不出现在前面板窗口中的，只存在于框图程序窗口中，在函数选板数值子选板中有一个名为数值常量的节点，这个节点就是LabVIEW中的数值常量，如图1-2所示。

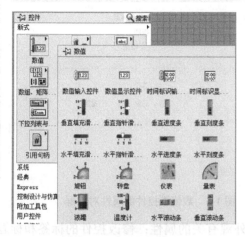
图1-1 前面板数值子选板

图1-2 数值常量节点

前面板数值子选板包括多种不同形式的输入和指示，它们的外观各不相同，有数字量、滚动条、水箱、温度计、旋钮、表头、刻度盘及颜色框等，但本质都是完全相同的，都是数值型，只是外观不同而已。LabVIEW的这一特点为创建虚拟仪器的前面板提供了很大的方便。只要理解了其中一个的用法，就可以掌握其他全部数值类型的前面板对象的用法。

下面以数值子选板中的数值输入控件为例，介绍如何定义其数据类型。

首先在VI前面板窗口中创建一个数值输入控件。然后在该控件的右键弹出菜单中选择"表示法"，出现一个图形化下拉菜单，在菜单中可以设定数据类型，如图1-3所示。

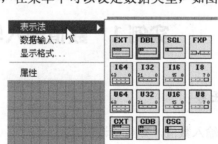

图1-3 数值表示法

3. 设置数值型控件的属性

LabVIEW中的数值型控件有着许多公有属性，每个控件又有自己独特的属性，这里只对控件的公有属性作简单的介绍。

在前面板数值型控件的图标上单击鼠标右键，弹出如图1-4所示的快捷菜单，从菜单中可以通过选择标签、标题等切换是否显示控件的这些属性，另外，可以通过工具选板中的文本按钮 A 来修改标签和标题的内容。

数值型控件的其他属性可以通过它的属性对话框进行设置,在控件的图标上单击鼠标右键,并从弹出的快捷菜单中选择"属性",可以打开如图 1-5 所示的属性对话框。对话框中包括"外观"、"数据类型"、"显示格式"、"说明信息"和"数据绑定"选项卡。

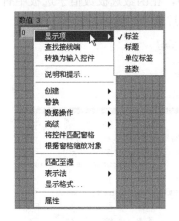

图 1-4 数值型控件的属性快捷菜单　　　　　　图 1-5 数值型控件的属性对话框

在"外观"选项卡中,用户可以设置与控件外观有关的属性;修改控件的标签和标题属性,以及设置其是否可见;可以设置控件的激活状态,以决定控件是否可以被程序调用;在"外观"选项卡中,用户也可以设置控件的颜色和风格。

在"数据类型"选项卡中,用户可以设置数值型控件的数据范围及默认值。

在"显示格式"选项卡中,用户可以设置控件的数据显示格式及精度。也可以用该选项将数值记为时间和日期格式。LabVIEW 显示数字控制量的默认格式是带两位小数的十进制计数法。

LabVIEW 为用户提供了丰富、形象而且功能强大的数值型控件,用于数值型数据的控制和显示,合理地设置这些控件的属性是使用它们进行前面板设计的有力保证。

实例 1 数值输入与显示

一、设计任务

在程序前面板输入数值,并显示该值。

二、任务实现

1. 程序前面板设计

(1) 为输入数值,添加 1 个数值输入控件:控件→新式→数值→数值输入控件,其位置如图 1-6 所示。将标签改为"数值输入"。

(2)为显示数值,添加 1 个数值显示控件:控件→新式→数值→数值显示控件,其位置如图 1-6 所示。将标签改为"数值显示"。

设计的程序前面板如图 1-7 所示。

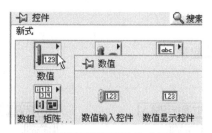

图 1-6 数值输入与显示控件位置

图 1-7 程序前面板

2. 框图程序设计

将数值输入控件与数值显示控件相连。
连线后的框图程序如图 1-8 所示。

3. 运行程序

执行"连续运行"。在程序前面板单击数值输入框上、下箭头得到数值或直接输入数值,如 3.5,并显示该值。

程序运行界面如图 1-9 所示。

图 1-8 框图程序

图 1-9 程序运行界面

实例 2　时间标识输入与显示

一、设计任务

在程序前面板输入当前时间,并显示该时间。

二、任务实现

1. 程序前面板设计

(1)为获得当前时间,添加 1 个时间标识输入控件:控件→新式→数值→时间标识输入控件,将标签改为"时间标识输入"。

(2)为显示时间,添加 1 个时间标识显示控件:控件→新式→数值→时间标识显示控件,将标签改为"时间标识显示"。

设计的程序前面板如图 1-10 所示。

2. 框图程序设计

将时间标识输入控件与时间标识显示控件连接起来。

连线后的框图程序如图 1-11 所示。

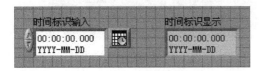

图 1-10　程序前面板　　　　　　　图 1-11　框图程序

3. 运行程序

执行"连续运行"。单击输入框右边的图标,设置当前时间,并显示时间。

程序运行界面如图 1-12 所示。

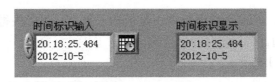

图 1-12　程序运行界面

实例 3　滑动杆输出

一、设计任务

通过滑动杆得到数值,通过量表、温度计、液罐输出显示。

二、任务实现

1. 程序前面板设计

(1)为产生数值,添加滑动杆控件:控件→新式→数值→垂直填充滑动杆。

同样添加水平填充滑动杆控件、垂直指针滑动杆控件、水平指针滑动杆控件。

(2)为显示数值,添加数值显示控件:控件→新式→数值→数值显示控件。

同样添加量表控件、温度计控件、液罐控件。

设计的程序前面板如图 1-13 所示。

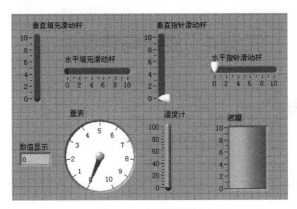

图 1-13　程序前面板

2. 框图程序设计

（1）将垂直填充滑动杆控件与数值显示控件相连。
（2）将水平填充滑动杆控件与量表控件相连。
（3）将垂直指针滑动杆控件与温度计控件相连。
（4）将水平指针滑动杆控件与液罐控件相连。

连线后的框图程序如图 1-14 所示。

图 1-14　框图程序

3. 运行程序

执行"连续运行"。通过鼠标推动滑动杆改变输出数值，数值显示控件、量表控件、温度计控件、液罐控件的显示值发生同样变化。

程序运行界面如图 1-15 所示。

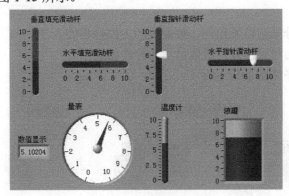

图 1-15　程序运行界面

实例 4　旋钮与转盘输出

一、设计任务

通过旋钮、转盘得到数值，通过仪表、量表输出显示。

二、任务实现

1. 程序前面板设计

（1）为产生数值，添加 1 个旋钮控件：控件→新式→数值→旋钮。
同样添加 1 个转盘控件。
（2）为显示数值，添加 1 个仪表控件：控件→新式→数值→仪表。
同样添加 1 个量表控件、2 个数值显示控件。
设计的程序前面板如图 1-16 所示。

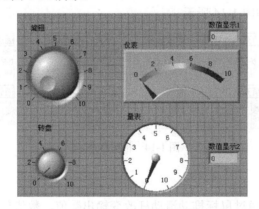

图 1-16　程序前面板

2. 框图程序设计

（1）将旋钮控件分别与仪表控件、数值显示 1 控件相连。
（2）将转盘控件与量表控件、数值显示 2 控件相连。
连线后的框图程序如图 1-17 所示。

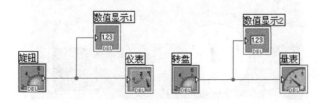

图 1-17　框图程序

3. 运行程序

执行"连续运行"。通过鼠标转动旋钮或转盘改变输出数值，仪表控件、量表控件指针随着转动输出相同数值，并在数值显示控件输出显示。

程序运行界面如图1-18所示。

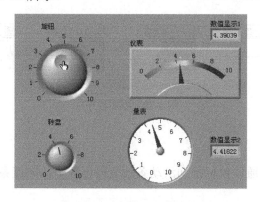

图1-18 程序运行界面

实例5 滚动条与刻度条

一、设计任务

通过滚动条得到数值，通过刻度条输出显示。

二、任务实现

1. 程序前面板设计

（1）为产生数值，添加1个水平滚动条控件：控件→新式→数值→水平滚动条。
同样添加1个垂直滚动条控件。
（2）为了显示数值，添加1个水平刻度条控件：控件→新式→数值→水平刻度条。
同样添加1个垂直刻度条控件。将数据范围标尺刻度最大值改为10。
设计的程序前面板如图1-19所示。

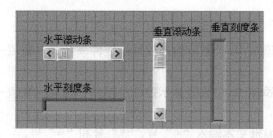

图1-19 程序前面板

2. 框图程序设计

（1）将水平滚动条控件与水平刻度条控件相连。
（2）将垂直滚动条控件与垂直刻度条控件相连。
连线后的框图程序如图 1-20 所示。

图 1-20　框图程序

3. 运行程序

执行"连续运行"。通过鼠标推动滚动条改变输出数值，刻度条控件的显示值发生同样变化。

程序运行界面如图 1-21 所示。

图 1-21　程序运行界面

实例 6　数值算术运算

一、设计任务

2 个数值相加或相乘，将结果输出显示。

二、任务实现

1. 程序前面板设计

（1）为输入数值，添加 4 个数值输入控件：控件→新式→数值→数值输入控件，将标签改为 a、b、d、e。
（2）为显示数值，添加 2 个数值显示控件：控件→新式→数值→数值显示控件，将标签改为 c、f。
（3）通过工具选板编辑文本输入"+"号、"*"号和"="号。
设计的程序前面板如图 1-22 所示。

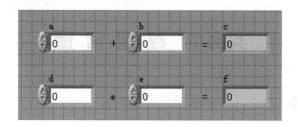

图 1-22 程序前面板

2．框图程序设计

（1）添加 1 个加法函数：编程→数值→加。
（2）将数值输入控件 a 与加法函数的输入端口 x 相连
（3）将数值输入控件 b 与加法函数的输入端口 y 相连。
（4）将加法函数的输出端口 x+y 与数值显示控件 c 相连。
（5）添加 1 个乘法函数：编程→数值→乘。
（6）将数值输入控件 d 与乘法函数的输入端口 x 相连。
（7）将数值输入控件 e 与乘法函数的输入端口 y 相连。
（8）将乘法函数的输出端口 x*y 与数值显示控件 f 相连。

连线后的框图程序如图 1-23 所示。

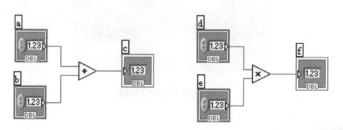

图 1-23 框图程序

3．运行程序

执行"连续运行"。改变数值输入控件 a、b、d、e 的值，数值显示控件 c 显示 a 与 b 相加的结果，数值显示控件 f 显示 d 与 e 相乘的结果。

程序运行界面如图 1-24 所示。

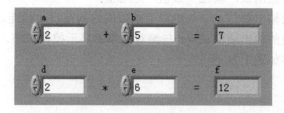

图 1-24 程序运行界面

实例 7 数 值 常 量

一、设计任务

将某数值与一个数值常量相减,结果求绝对值后输出显示。

二、任务实现

1. 程序前面板设计

(1) 为输入数值,添加 1 个数值输入控件:控件→新式→数值→数值输入控件,将标签改为"a"。

(2) 为了显示输出结果,添加 3 个数值显示控件:控件→新式→数值→数值显示控件,将标签分别改为"数值常量"、"相减输出"和"绝对值输出"。

设计的程序前面板如图 1-25 所示。

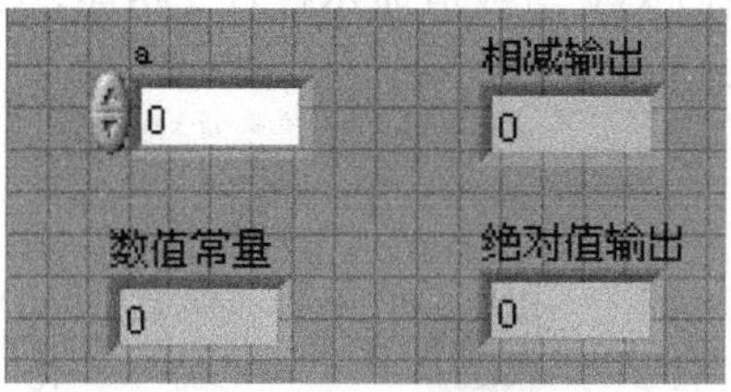

图 1-25 程序前面板

2. 框图程序设计

(1) 添加 1 个减法函数:编程→数值→减。
(2) 添加 1 个数值常量:编程→数值→数值常量。将值改为 20。
(3) 将数值输入控件 a 与减法函数的输入端口 x 相连。
(4) 将数值常量 20 分别与减法函数的输入端口 y、数值常量显示控件相连。
(5) 将减法函数的输出端口 x-y 与相减输出显示控件相连。
(6) 添加 1 个绝对值函数:编程→数值→绝对值。
(7) 将减法函数的输出端口 x-y 与绝对值函数的输入端口 x 相连。
(8) 将绝对值函数的输出端口 abs(x)与绝对值输出显示控件相连。

连线后的框图程序如图 1-26 所示。

3. 运行程序

执行"连续运行"。改变数值输入控件 a 的值,与数值常量 20 相减后输出结果,并输出绝对值。

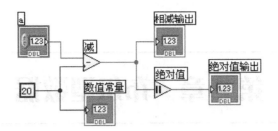

图 1-26 框图程序

程序运行界面如图 1-27 所示。

图 1-27 程序运行界面

第 2 章 布尔型数据

布尔型数据即逻辑型数据，它的值为真（True 或 1）或假（False 或 0）。LabVIEW 使用 8 位（1 字节）的数值来存储布尔型数据。

本章通过实例介绍布尔控件与布尔型数据的使用。

实例基础 布尔型数据概述

1．布尔型数据的创建

布尔型数据是一种二值数据，非 0 即 1。在 LabVIEW 中，布尔型控件用于布尔型数据的输入和显示。作为输入控件，主要表现为一些开关和按钮，用来改变布尔型控件的状态，用于控制程序的运行或切换其运行状态；作为显示控件，则主要表现为如指示灯（LED）等用于显示布尔量状态的控件及程序的运行状态。

在 LabVIEW 中，布尔型数据体现在布尔型前面板对象中。布尔型前面板对象包含在控件选板布尔子选板中，如图 2-1 所示。

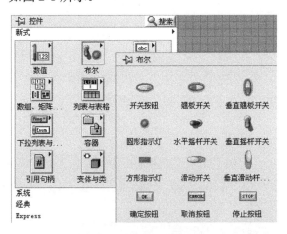

图 2-1 前面板布尔子选板

可以看到，布尔选板中有各种不同的布尔型前面板对象，如不同形状的按钮、指示灯和开关等，这都是从实际仪器的开关、按钮演化来的，十分形象。采用这些布尔按钮，可以设计出逼真的虚拟仪器前面板。这些不同的布尔控制也是外观不同，内涵相同，都是布尔型，只有 0 和 1 两个值。

与数值量类似,布尔子选板中的布尔型前面板对象相当于传统编程语言中的布尔变量,LabVIEW 中的布尔常量则存在于框图程序中。在函数选板布尔子选板中有一个名为布尔常量的节点,这个节点就是 LabVIEW 中的布尔常量,如图 2-2 所示。

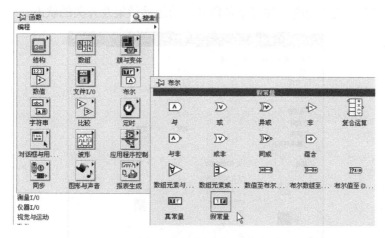

图 2-2 布尔常量节点

2. 设置布尔型控件的属性

与传统编程语言中的逻辑量不同的是,这些布尔型前面板对象有一个独特的属性,称为机械动作属性,这是模拟实际继电器开关触点开/闭特性的一种专门开关控制特性。在一个布尔控件的右键弹出菜单中选择"机械动作"命令,会出现一个图形化的下拉菜单,如图 2-3 所示,菜单中有 6 种不同的机械动作属性:按照从左向右、自上而下的顺序,它们的含义分别为:当按下按钮时触发,当松开按钮时触发,当按钮处于按下状态时触发,按下按钮后以"点动"方式触发,松开按钮时以"点动"方式触发,松开按钮前结束。

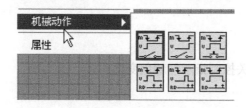

图 2-3 机械动作

现在解释一下机械动作属性的含义。例如,一个按钮,在弹起状态时它的值为 0,在按下状态时它的值为 1。机械动作属性定义了用鼠标单击按钮时,按钮的值在什么时刻由 0 阶跃为 1。这一点对于真实的仪器按钮来说非常重要。由于 LabVIEW 是用来设计虚拟仪器的,因此这一点也显得很重要。灵活使用按钮的这种属性,对于能否开发出优秀的虚拟仪器具有一定的意义。菜单中的图标很直观地显示出了鼠标的单击动作与按钮 0、1 值的变化关系。

布尔型控件需要设置的选项相对较少,设置方法也相对简单,通过其属性对话框可以对其属性进行设置。

布尔型控件的属性对话框包括"外观"、"操作"、"说明信息"及"数据绑定"选项卡，如图 2-4 所示。在"外观"选项卡中，用户可以调整开关或按钮的颜色等外观参数。"操作"是布尔型控件所特有的属性页，在这里用户可以设定按钮或开关的机械动作类型，对每种动作类型有相应的说明，并可以预览开关的运动效果及开关的状态。

图 2-4 "布尔属性"对话框

布尔型控件可以用文字的方式在控件上显示其状态，如果要显示开关的状态，只需要在布尔型控件的"外观"选项卡中选中"显示布尔文本"复选框即可。

实例 8　开关与指示灯

一、设计任务

在程序前面板通过开关控制指示灯颜色变化。

二、任务实现

1. 程序前面板设计

（1）添加 1 个开关控件：控件→新式→布尔→垂直摇杆开关，将标签改为"开关 1"。

同样添加 1 个滑动开关，标签为"开关 2"。

（2）添加 1 个指示灯控件：控件→新式→布尔→圆形指示灯，将标签改为"指示灯 1"。

同样添加 1 个方形指示灯，标签为"指示灯 2"。

设计的程序前面板如图 2-5 所示。

第 2 章　布尔型数据

图 2-5　程序前面板

2．框图程序设计

（1）将开关 1 控件与指示灯 1 控件相连。
（2）将开关 2 控件与指示灯 2 控件相连。
连线后的框图程序如图 2-6 所示。

图 2-6　框图程序

3．运行程序

执行"连续运行"。在程序前面板单击开关，指示灯颜色发生变化。
程序运行界面如图 2-7 所示。

图 2-7　程序运行界面

实例 9　数 值 比 较

一、设计任务

比较两个数值的大小，通过指示灯的颜色变化来显示比较的结果。

二、任务实现

1．程序前面板设计

（1）添加两个数值输入控件：控件→新式→数值→数值输入控件，将标签分别改为"数值 1"和"数值 2"。

(2) 添加 1 个指示灯控件：控件→新式→布尔→圆形指示灯，将标签改为"指示灯"。

设计的程序前面板如图 2-8 所示。

2. 框图程序设计

(1) 添加 1 个比较函数：函数→编程→比较→大于等于？。
(2) 将数值 1 控件与"大于等于？"比较函数的输入端口 x 相连。
(3) 将数值 2 控件与"大于等于？"比较函数的输入端口 y 相连。
(4) 将"大于等于？"比较函数的输出端口"x≥y？"与指示灯控件相连。

连线后的框图程序如图 2-9 所示。

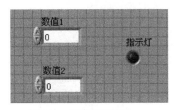
图 2-8　程序前面板

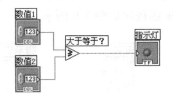
图 2-9　框图程序

3. 运行程序

执行"连续运行"。改变数值 1 和数值 2 大小，当数值 1 大于等于数值 2 时，指示灯变为绿色，否则为棕色（也可能是其他颜色，与指示灯控件颜色设置有关）。

程序运行界面如图 2-10 所示。

图 2-10　程序运行界面

实例 10　数值逻辑运算

一、设计任务

当两个数值同时大于某个数值时，指示灯的颜色发生变化。

二、任务实现

1. 程序前面板设计

(1) 添加两个数值输入控件：控件→新式→数值→数值输入控件，将标签分别改为"a"和"b"。

(2)添加 1 个指示灯控件：控件→新式→布尔→圆形指示灯，将标签改为"指示灯"。设计的程序前面板如图 2-11 所示。

2．框图程序设计

（1）添加 1 个布尔与函数：函数→编程→布尔→与。
（2）添加 1 个比较函数：函数→编程→比较→大于？。
（3）添加 1 个数值常量：函数→编程→数值→数值常量。将数值改为 5。
（4）将数值 a 控件与"与"函数的输入端口 x 相连。
（5）将数值 b 控件与"与"函数的输入端口 y 相连。
（6）将"与"函数的输出端口"x 与 y?"与"大于？"比较函数的输入端口 x 相连。
（7）将数值常量 5 与"大于？"比较函数的输入端口 y 相连。
（8）将"大于？"比较函数的输出端口"x>y?" 与指示灯控件相连。

连线后的框图程序如图 2-12 所示。

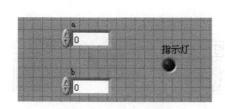

图 2-11　程序前面板

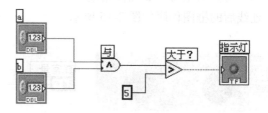

图 2-12　框图程序

3．运行程序

执行"连续运行"。改变数值 a 和数值 b 大小，当数值 a 和数值 b 同时大于数值 5 时，指示灯变为绿色，否则为棕色（也可能是其他颜色，与指示灯控件颜色设置有关）。

程序运行界面如图 2-13 所示。

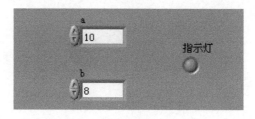

图 2-13　程序运行界面

实例 11　真常量与假常量

一、设计任务

通过真常量或假常量来改变指示灯的颜色。

二、任务实现

1. 程序前面板设计

添加两个指示灯控件：控件→新式→布尔→圆形指示灯，将标签分别改为"灯 1"和"灯 2"。

设计的程序前面板如图 2-14 所示。

2. 框图程序设计

（1）添加 1 个真常量：函数→编程→布尔→真常量。
（2）添加 1 个假常量：函数→编程→布尔→假常量。
（3）将真常量与灯 1 控件相连。
（4）将假常量与灯 2 控件相连。
连线后的框图程序如图 2-15 所示。

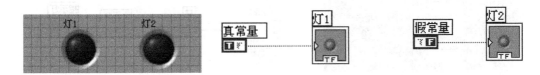

图 2-14　程序前面板　　　　　　　图 2-15　框图程序

3. 运行程序

执行"连续运行"。与真常量相连的灯 1 颜色为绿色，与假常量相连的灯 2 颜色为棕色（也可能是其他颜色，与指示灯控件颜色设置有关）。

程序运行界面如图 2-16 所示。

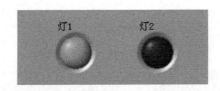

图 2-16　程序运行界面

实例 12　确定按钮

一、设计任务

单击"确定"按钮，指示灯颜色发生变化。

二、任务实现

1. 程序前面板设计

（1）添加 1 个确定按钮：控件→新式→布尔→确定按钮。
（2）添加 1 个指示灯控件：控件→新式→布尔→圆形指示灯，将标签改为"指示灯"。
设计的程序前面板如图 2-17 所示。

2. 框图程序设计

（1）添加 1 个条件结构：函数→编程→结构→条件结构。
（2）在条件结构真选项中添加 1 个真常量：函数→编程→布尔→真常量。
（3）将确定按钮与条件结构的选择端口"？"相连。
（4）将指示灯控件的图标移到条件结构真选项中。
（5）将真常量与指示灯相连。
连线后的框图程序如图 2-18 所示。

图 2-17　程序前面板

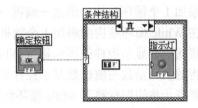
图 2-18　框图程序

3. 运行程序

执行"连续运行"。单击"确定"按钮，指示灯颜色发生变化（再次单击指示灯颜色不变化，若要变化需在条件结构假选项中添加程序，见实例 70　局部变量）。
程序运行界面如图 2-19 所示。

图 2-19　程序运行界面

实例 13　停止按钮

一、设计任务

单击"停止"按钮，随机数停止变化，程序退出。

二、任务实现

1. 程序前面板设计

(1) 添加1个停止按钮：控件→新式→布尔→停止按钮。
(2) 添加1个数值显示控件：控件→新式→数值→数值显示控件，将标签改为"随机数显示"。

设计的程序前面板如图 2-20 所示。

图 2-20　程序前面板

2. 框图程序设计

(1) 添加1个循环结构：函数→编程→结构→While 循环。
(2) 在 While 循环结构中添加1个随机数函数：函数→编程→数值→随机数(0-1)。
(3) 将随机数显示控件的图标移到 While 循环结构中。
(4) 将随机数函数与随机数显示控件相连。
(5) 将停止按钮图标移到 while 循环结构中，再与循环结构中的条件端口相连。

连线后的框图程序如图 2-21 所示。

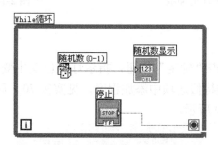

图 2-21　框图程序

3. 运行程序

执行"运行"，随机数显示值不断变化，单击"停止"按钮，程序退出。

程序运行界面如图 2-22 所示。

图 2-22　程序运行界面

实例 14 单选按钮

一、设计任务

通过单选按钮，分别显示数值和字符串。

二、任务实现

1. 程序前面板设计

（1）添加 1 个单选按钮控件：控件→新式→布尔→单选按钮。
（2）添加 1 个数值显示控件：控件→新式→数值→数值显示控件。
（3）添加 1 个字符串显示控件：控件→新式→字符串与路径→字符串显示控件。
设计的程序前面板如图 2-23 所示。

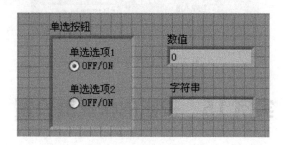

图 2-23　程序前面板

2. 框图程序设计

（1）添加 1 个条件结构：函数→编程→结构→条件结构。
（2）在条件结构真选项中添加 1 个数值常量：函数→编程→数值→数值常量。值改为 100。
（3）在条件结构假选项中添加 1 个字符串常量：函数→编程→字符串→字符串常量。值改为"LabVIEW"。
（4）将数值显示控件的图标移到条件结构的真选项中。
（5）将数值常量 100 与数值显示控件相连。
（6）将字符串显示控件的图标移到条件结构的假选项中。
（7）将字符串常量"LabVIEW"与字符串显示控件相连。
（8）将单选按钮与条件结构的选择端口"？"相连。此时条件结构的框架标识符发生变化。
连线后的框图程序如图 2-24 所示。

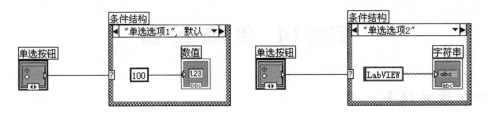

图 2-24　框图程序

3. 运行程序

执行"连续运行"。首先显示数值 100，单击单选选项 2 后，显示字符串"LabVIEW"。程序运行界面如图 2-25 所示。

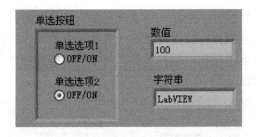

图 2-25　程序运行界面

实例 15　按钮的快捷键设置

一、实例说明

用户可以对前面板上的控件分配快捷键，这样可以使用户在不使用鼠标的情况下通过键盘来操控前面板上的控件。在对控件分配快捷键时，可以使用组合键，一般使用 Shift 和 Ctrl 键，但要保证在前面板上控件的快捷键不能重复。当然快捷键只对控制件有效，显示件是不能被分配快捷键的。以下通过实例说明对控件分配快捷键的一般方法。

二、设计任务

给开关按钮分配快捷键"Return（回车键）"。

三、任务实现

1. 程序前面板设计

（1）添加 1 个开关按钮：控件→新式→布尔→开关按钮。标签为"状态测试"。

(2)添加 1 个字符串显示控件：控件→新式→字符串与路径→字符串显示控件，标签为"命令按钮状态"。

设计的程序前面板如图 2-26 所示。

图 2-26　程序前面板

2．快捷键设置

在前面板右键单击"状态测试"按钮控件，在快捷菜单中选择"高级"→"快捷键"，系统会弹出图 2-27 所示的快捷键设置对话框。在选中列表框中选择回车键"Return"键，就将"状态测试"按钮与回车键绑定。Tab 键动作选项可以禁止键盘的 Tab 键对该控件的访问。单击"确定"按钮确认。

图 2-27　分配快捷键

3．框图程序设计

(1)添加1个条件结构：函数→编程→结构→条件结构。

(2)在条件结构真选项中添加 1 个字符串常量：函数→编程→字符串→字符串常量。将值改为"按钮被按下"。

(3)在条件结构假选项中添加 1 个字符串常量：函数→编程→字符串→字符串常量。将值改为"按钮被松开"。

(4)在条件结构假选项中创建1个局部变量：函数→编程→结构→局部变量。

选择局部变量，单击鼠标右键，在弹出菜单的选项中，为局部变量选择关联控件："命令按钮状态"。

（5）将命令按钮状态显示控件的图标移到条件结构真选项中。

（6）将状态测试按钮控件与条件结构的选择端口"？"相连。

（7）在条件结构真选项中，将字符串常量"按钮被按下"与命令按钮状态显示控件相连。

（8）在条件结构假选项中，将字符串常量"按钮被松开"与命令按钮状态局部变量相连。

连线后的框图程序如图 2-28 所示。

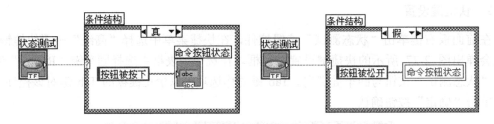

图 2-28　框图程序

4．运行程序

执行"连续运行"。首先使用鼠标单击"状态测试"按钮，则文本显示框的内容会根据按钮的状态显示不同的信息。测试快捷键功能，按下回车键，其效果同单击"状态测试"按钮一样。

程序运行界面如图 2-29 所示。

图 2-29　程序运行界面

由于允许键盘的 Tab 键对控件的访问，所以即使不使用快捷键也同样可以控制前面板上的控制件。运行程序，依次按 Tab 键，会发现控制焦点依次停在前面板的控制对象上，让焦点停止在"状态测试"按钮上，回车键的效果和鼠标单击的效果是一样的。如果要禁止 Tab 键对前面板对象的访问，则在快捷键分配对话框中选中"按 Tab 键时忽略该控件"复选框。

第3章 字符串数据

字符串是 LabVIEW 中一种重要的数据类型。字符串、字符串数组和含字符串的簇都是在前面板设计、仪器控制和文件管理等任务中常见的数据结构,也是使用比较灵活复杂的数据结构。

本章通过实例介绍字符串数据的创建和常用字符串函数的使用。

实例基础 字符串数据概述

1. 字符串数据的作用

字符串控件就是 LabVIEW 控件选板提供的专用于字符串前面板对象创建与设置的子选板,而字符串节点则是 LabVIEW 功能选板提供的专用于字符串处理与操作的节点。

在 LabVIEW 的编程中,常用到字符串控件或字符串常量,用于显示一些屏幕信息。

字符串是一系列 ASCII 码字符的集合,这些字符可能是可显示的,也可能是不可显示的,如换行符、制表位等。

程序通常在以下情况用到字符串:传递文本信息;用 ASCII 码格式存储数据;与传统仪器的通信。把数值型的数据作为 ASCII 码文件存盘,必须先把它转换为字符串。在仪器控制中,需要把数值型的数据作为字符串传递,然后再转换为数字。

2. 字符串数据的创建

在 LabVIEW 的前面板上,与创建字符串数据相关的控件位于控件选板的字符串与路径子选板中,如图 3-1 所示。

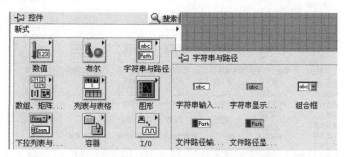

图 3-1 字符串与路径子选板

用得最频繁的字符串控件是字符串输入控件和字符串显示控件，两个控件分别是字符串的输入量和显示量。对于字符串输入控件，可以用工具选板中的使用操作工具或标签工具在字符串控件中输入或修改文本。对于字符串显示控件，则主要用于字符串的显示。如果控件中有多行文本，可以拖动控件边框改变其大小，使文本得以全部显示。

用操作工具或标签工具单击字符串输入控件的显示区，即可在控件显示区的光标位置进行字符串的输入和修改。字符串的输入修改操作与常见的文本编辑操作几乎完全一样，LabVIEW 的一个字符串输入控件就是一个简单的文本编辑器。可以通过双击鼠标并拖动来选定一部分字符，对已选定的文字进行剪切、复制和粘贴等编辑操作，还可改变选定文字的大小、字体和颜色等属性。同样，常用的文本编辑功能键在输入字符串时同样有效，如光标键、换页、退格键和删除键等。

对于不可见的控制字符，如制表符 Tab 和 Esc 等，其输入要依赖于其他输入方法，而不能直接在控件中输入。

当字符输入完毕后，可以在其右键弹出菜单中选择"数据操作"→"当前值设置为默认值项保存"，下次重新启动该 VI 时，字符串的内容将保持不变。LabVIEW 的字符串控件可同时输入或输出多行的文本，为了便于观察，可用定位工具来调整显示区大小。

简单字符控件的用法与字符串输入控件的用法一样，只是没有立体装饰边框，常用来在 VI 面板上显示一些说明性的文字。

在 LabVIEW 的后面板上也可以创建字符串数据，创建的方式有两种，一种是通过用于创建字符串的函数及 VI 创建字符串数据，另一种方式是利用函数选板中的相应控件直接创建字符串常量。两种方式用到的函数、VIs 及控件位于函数选板中的字符串子选板中。可以利用该子选板中的字符串常量、空字符串常量等控件在后面板上创建字符串常量。

LabVIEW 提供了大量的用于字符串处理的函数，它们位于函数选板的字符串函数子选板中，如图 3-2 所示。

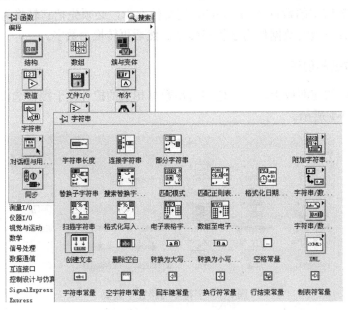

图 3-2 字符串函数子选板

3. 设置字符串数据的属性

字符串显示控件可通过右键菜单在不同的显示形式之间进行切换，如图 3-3 所示。

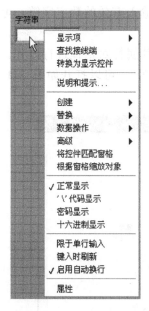

图 3-3　字符串的显示形式

字符串的显示形式有以下几种。

（1）正常显示：正常显示字符串。

（2）"\"代码显示：控制码显示。对非显示符号加"\"代码。其他"\"代码参见表 3-1。

表 3-1　LabVIEW 的 "\" 代码

代　　码	含　　义
\b	退格符（Backspace，相当于\08）
\f	进格符（Formfeed，相当于\0C）
\n	换行符（Linefeed，相当于\0A）
\r	回车符（Return，相当于\0D）
\t	制表符（Tab，相当于\09）
\s	空格符（Space，相当于\20）
\\	反斜线（Backslash，相当于\5C）

（3）密码显示：用显示密码的方式显示字符串，主要用于输入口令。用"*"代替所有字符。

（4）十六进制显示：用十六进制数显示所有字符的 ASCII 码值。

在字符串控件右键菜单中还有几项功能：

限于单行输入。该选项有效后，可以防止在输入字符串时输入一个回车符。因为在 VI 通信中回车符常常意味着一次通信的结束。

键入时刷新。在默认情况下（此选项未被选中），控件只有在字符串输入完全结束后，才会把输入结果传递给其端口。如果此选项有效，则输入或更改每一个字符的结果都会同步地被传递到端口上，即此时它是逐个字符即时更新到程序端口上的。在需要监视用户输入的有效性时，这个选项非常有用。例如，限制用户仅输入有效的数字字符，可先使该选项有效，然后就可以在框图中逐个检查字符的有效性。

字符串输入控件和显示控件的属性，可以通过其属性对话框进行设置。在控件的图标上单击鼠标右键，并从弹出的快捷菜单中选择"属性"，可以打开如图 3-4 所示的属性对话框。

图 3-4　字符串型控件的属性对话框

字符串控件属性对话框包括"外观"、"说明信息"、"数据绑定"及"快捷键"选项卡。在"外观"选项卡下，用户不仅可以设置标签和标题等属性，而且可以设置文本的显示方式。

在属性对话框中，如果选中"显示垂直滚动条"复选框，则当文本框中的字符串不只一行时会显示滚动条；如果选中"限于单行输入"复选框，那么将限制用户在单行输入字符串，而不能回车换行；如果选中"键入时刷新"复选框，那么文本框的值会随用户输入的字符而实时改变，不会等到用户输入回车后才改变。

实例16　计算字符串的长度

一、设计任务

计算1个字符串的长度。

二、任务实现

1. 程序前面板设计

（1）为了输入字符串，添加 1 个字符串输入控件：控件→新式→字符串与路径→字符串输入控件，将标签改为"字符串"。

（2）为了显示字符串的长度，添加 1 个数值显示控件：控件→新式→数值→数值显示控件，将标签改为"长度"。

设计的程序前面板如图 3-5 所示。

2. 框图程序设计

（1）为了计算字符串的长度，添加 1 个字符串长度函数：函数→编程→字符串→字符串长度。

（2）将字符串输入控件与字符串长度函数的输入端口字符串相连。

（3）将字符串长度函数的输出端口长度与数值显示控件相连。

连线后的框图程序如图 3-6 所示。

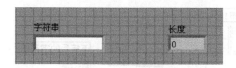

图 3-5　程序前面板

图 3-6　框图程序

3. 运行程序

执行"连续运行"。计算字符串"LabVIEW8.2"的长度，结果是"10"；计算字符串"学习 LabVIEW"的长度，结果是"11"。在字符串中，一个英文字符和数字的长度是 1，一个汉字的长度是 2。

程序运行界面如图 3-7 所示。

图 3-7　程序运行界面

实例 17　连接字符串

一、设计任务

将两个字符串连接成一个新的字符串

二、任务实现

1. 程序前面板设计

（1）为输入字符串，添加两个字符串输入控件：控件→新式→字符串与路径→字符串输入控件，将标签分别改为"字符串 1"和"字符串 2"。

（2）为显示连接后的字符串，添加 1 个字符串显示控件：控件→新式→字符串与路径→字符串显示控件，将标签改为"连接后的字符串"。

设计的程序前面板如图 3-8 所示。

2. 框图程序设计

（1）为了将两个字符串连接起来，添加 1 个连接字符串函数：函数→编程→字符串→连接字符串。

（2）将两个字符串输入控件分别与连接字符串函数的输入端口字符串相连。

（3）将连接字符串函数的输出端口连接的字符串与字符串显示控件相连。

连线后的框图程序如图 3-9 所示。

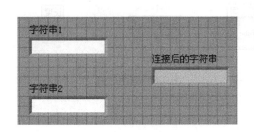

图 3-8　程序前面板

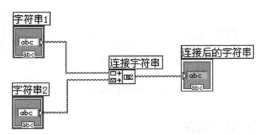

图 3-9　框图程序

3. 运行程序

执行"连续运行"。将两个字符串"LabVIEW 8.2"和"入门与提高"连接成一个新的字符串"LabVIEW 8.2 入门与提高"，并作为结果显示。

程序运行界面如图 3-10 所示。

图 3-10　程序运行界面

实例 18　截取字符串

一、设计任务

得到 1 个字符串的子字符串。

二、任务实现

1. 程序前面板设计

（1）为了输入字符串，添加 1 个字符串输入控件：控件→新式→字符串与路径→字符串输入控件，将标签改为"字符串"。

（2）为了显示子字符串，添加 1 个字符串显示控件：控件→新式→字符串与路径→字符串显示控件，将标签改为"子字符串"。

设计的程序前面板如图 3-11 所示。

2. 框图程序设计

（1）为了截取字符，添加 1 个部分字符串函数：函数→编程→字符串→部分字符串。

（2）为了设置偏移量，添加 1 个数值常量：函数→编程→数值→数值常量，将值改为 2。

说明：参数"偏移量"指定了子字符串在原字符串中的起始位置。

（3）为了设置截取长度，添加 1 个数值常量：函数→编程→数值→数值常量，将值改为 3。

说明：参数"长度"指定了子字符串的长度。

（4）将字符串输入控件与部分字符串函数的输入端口字符串相连。

（5）将数值常量 2、3 分别与部分字符串函数的输入端口偏移量、长度相连。

（6）将部分字符串函数的输出端口子字符串与字符串显示控件相连。

连线后的框图程序如图 3-12 所示。

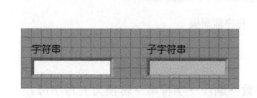
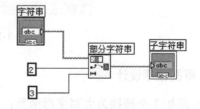

图 3-11　程序前面板　　　　图 3-12　框图程序

3. 运行程序

执行"连续运行"。从字符串"LabVIEW8.2"的第 2 位取 3 个字符，得到子字符串"bVI"。

程序运行界面如图 3-13 所示。

图 3-13 程序运行界面

实例 19 字符串大小写转换

一、设计任务

（1）将字符串中的小写字符转换为大写字符；
（2）将字符串中的大写字符转换为小写字符。

二、任务实现

1. 程序前面板设计

（1）为输入字符串，添加两个字符串输入控件：控件→新式→字符串与路径→字符串输入控件，将标签分别改为"小写字符串"和"大写字符串"。

（2）为显示转换后的字符串，添加两个字符串显示控件：控件→新式→字符串与路径→字符串显示控件，将标签分别改为"大写字符串"和"小写字符串"。

设计的程序前面板如图 3-14 所示。

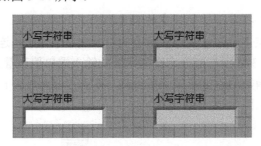

图 3-14 程序前面板

2. 框图程序设计

（1）添加 1 个转换为大写字母函数：函数→编程→字符串→转换为大写字母。
（2）添加 1 个转换为小写字母函数：函数→编程→字符串→转换为小写字母。
（3）将两个字符串输入控件分别与转换为大写字母函数、转换为小写字母函数的输入端口字符串相连。
（4）将转换为大写字母函数的输出端口所有大写字母字符串与大写字符串输出控件相连。

（5）将转换为小写字母函数的输出端口所有小写字母字符串与小写字符串输出控件相连。

连线后的框图程序如图 3-15 所示。

3．运行程序

执行"连续运行"。小写字符串"abcdef"转换为大写字符串"ABCDEF"；大写字符串"QWERTY"转换为小写字符串"qwerty"。

程序运行界面如图 3-16 所示。

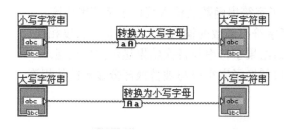

图 3-15　框图程序

图 3-16　程序运行界面

实例 20　替换子字符串

一、设计任务

（1）把原字符串中指定的位置开始，指定长度的子字符串替换掉。
（2）把原字符串中指定的位置开始，指定长度的子字符串删除。
（3）在原字符串中指定的位置开始插入 1 个字符串。

二、任务实现

任务 1

1．程序前面板设计

为了显示结果字符串，添加两个字符串显示控件：控件→新式→字符串与路径→字符串显示控件，将标签分别改为"替换结果"和"被替换部分"。

设计的程序前面板如图 3-17 所示。

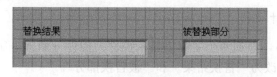

图 3-17　程序前面板

2．框图程序设计

（1）添加 1 个替换子字符串函数：函数→编程→字符串→替换子字符串。

（2）添加两个字符串常量：函数→编程→字符串→字符串常量，将值分别改为"LabVIEW String Operate Function"和"Array"。

（3）为设置偏移量，添加 1 个数值常量：函数→编程→数值→数值常量，将值改为 8。

（4）为设置长度，添加 1 个数值常量：函数→编程→数值→数值常量，将值改为 6。

（5）将字符串常量"LabVIEW String Operate Function"与替换子字符串函数的输入端口字符串相连。

（6）将字符串常量"Array"与替换子字符串函数的输入端口子字符串相连。

（7）将数值常量 8、6 分别与替换子字符串函数的输入端口偏移量、长度相连。

（8）将替换子字符串函数的输出端口结果字符串与替换结果显示控件相连。

（9）将替换子字符串函数的输出端口替换子字符串与被替换部分显示控件相连。

连线后的框图程序如图 3-18 所示。

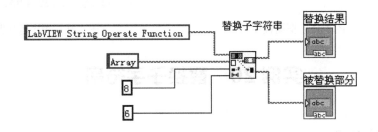

图 3-18　框图程序

3．运行程序

执行"连续运行"。把字符串"LabVIEW String Operate Function"中从第 8 个字符开始长度为 6 的子字符串"String"用指定的子字符串"Array"替换掉。

程序运行界面如图 3-19 所示。

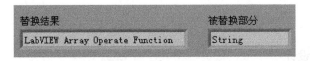

图 3-19　程序运行界面

任务 2

1．程序前面板设计

为显示结果字符串，添加两个字符串显示控件：控件→新式→字符串与路径→字符串显示控件，将标签分别改为"替换结果"和"被替换部分"。

设计的程序前面板如图 3-20 所示。

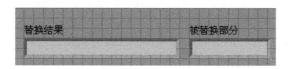

图 3-20 程序前面板

2. 框图程序设计

（1）添加 1 个替换子字符串函数：函数→编程→字符串→替换子字符串。

（2）添加 1 个字符串常量：函数→编程→字符串→字符串常量，将值改为"LabVIEW String Operate Function"。

（3）为设置偏移量，添加 1 个数值常量：函数→编程→数值→数值常量，将值改为 8。

（4）为设置长度，添加 1 个数值常量：函数→编程→数值→数值常量，将值改为 6。

（5）将字符串常量"LabVIEW String Operate Function"与替换子字符串函数的输入端口字符串相连。

（6）将数值常量 8、6 分别与替换子字符串函数的输入端口偏移量、长度相连。

（7）将替换子字符串函数的输出端口结果字符串与替换结果显示控件相连。

（8）将替换子字符串函数的输出端口替换子字符串与被替换部分显示控件相连。

连线后的框图程序如图 3-21 所示。

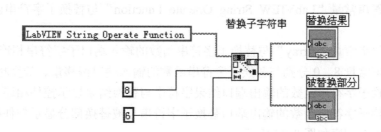

图 3-21 框图程序

3. 运行程序

执行"连续运行"。把字符串"LabVIEW String Operate Function"中从第 8 个字符开始长度为 6 的子字符串"String"删除掉。

程序运行界面如图 3-22 所示。

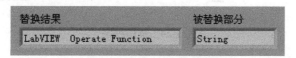

图 3-22 程序运行界面

任务 3

1．程序前面板设计

为了显示结果字符串，添加两个字符串显示控件：控件→新式→字符串与路径→字符串显示控件，将标签分别改为"替换结果"和"被替换部分"。

设计的程序前面板如图 3-23 所示。

图 3-23　程序前面板

2．框图程序设计

（1）添加 1 个替换子字符串函数：函数→编程→字符串→替换子字符串。

（2）添加两个字符串常量：函数→编程→字符串→字符串常量，将值分别改为"LabVIEW String Operate Function"和"Array"。

（3）为设置偏移量，添加 1 个数值常量：函数→编程→数值→数值常量，将值改为 8。

（4）为设置长度，添加 1 个数值常量：函数→编程→数值→数值常量，将值改为 0。

（5）将字符串常量"LabVIEW String Operate Function"与替换子字符串函数的输入端口字符串相连。

（6）将字符串常量"Array"与替换子字符串函数的输入端口子字符串相连。

（7）将数值常量 8、0 分别与替换子字符串函数的输入端口偏移量、长度相连。

（8）将替换子字符串函数的输出端口结果字符串与替换结果显示控件相连。

（9）将替换子字符串函数的输出端口替换子字符串与被替换部分显示控件相连。

连线后的框图程序如图 3-24 所示。

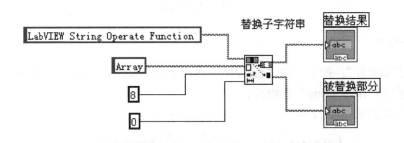

图 3-24　框图程序

3．运行程序

执行"连续运行"。把字符串"LabVIEW String Operate Function"中从第 8 个字符开始插入 1 个指定的子字符串"Array"。

程序运行界面如图 3-25 所示。

第3章 字符串数据

图 3-25 程序运行界面

实例 21 搜索替换字符串

一、设计任务

（1）从一个字符串中查找与指定子字符串一致的子字符串，用另一个子字符串替换。
（2）从一个字符串中删除与指定子字符串一致的子字符串。

二、任务实现

任务 1

1. 程序前面板设计

为显示结果字符串，添加 1 个字符串显示控件：控件→新式→字符串与路径→字符串显示控件，将标签改为"替换结果"。

设计的程序前面板如图 3-26 所示。

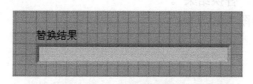

图 3-26 程序前面板

2. 框图程序设计

（1）添加 1 个搜索替换字符串函数：函数→编程→字符串→搜索替换字符串。
（2）添加 3 个字符串常量：函数→编程→字符串→字符串常量，将值分别改为"LabVIEW String Operate Function"、"String"和"Array"。
（3）将字符串常量"LabVIEW String Operate Function"与搜索替换字符串函数的输入端口输入字符串相连。
（4）将字符串常量"String"与搜索替换字符串函数的输入端口搜索字符串相连。
（5）将字符串常量"Array"与搜索替换字符串函数的输入端口替换字符串相连。
（6）将搜索替换字符串函数的输出端口结果字符串与替换结果显示控件相连。
连线后的框图程序如图 3-27 所示。

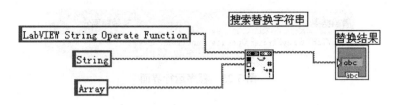

图 3-27　框图程序

3. 运行程序

执行"连续运行"。从一个字符串"LabVIEW String Operate Function"中查找与子字符串"String"一致的子字符串，用另一个子字符串"Array"替换。

程序运行界面如图 3-28 所示。

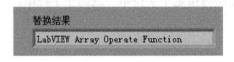

图 3-28　程序运行界面

任务 2

1. 程序前面板设计

为了显示结果字符串，添加 1 个字符串显示控件：控件→新式→字符串与路径→字符串显示控件，将标签改为"替换结果"。

设计的程序前面板如图 3-29 所示。

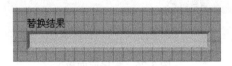

图 3-29　程序前面板

2. 框图程序设计

（1）添加 1 个搜索替换字符串函数：函数→编程→字符串→搜索替换字符串。

（2）添加两个字符串常量：函数→编程→字符串→字符串常量，将值分别改为"LabVIEW String Operate Function"和"String"。

（3）将字符串常量"LabVIEW String Operate Function"与搜索替换字符串函数的输入端口输入字符串相连。

（4）将字符串常量"String"与搜索替换字符串函数的输入端口搜索字符串相连。

（5）将搜索替换字符串函数的输出端口结果字符串与替换结果显示控件相连。

连线后的框图程序如图 3-30 所示。

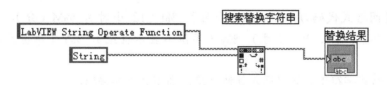

图 3-30　框图程序

3. 运行程序

执行"连续运行"。从一个字符串"LabVIEW String Operate Function"中删除与子字符串"String"一致的子字符串。

程序运行界面如图 3-31 所示。

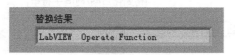

图 3-31　程序运行界面

实例 22　格式化日期/时间字符串

一、设计任务

按指定的格式输出系统时间及日期。

二、任务实现

1. 程序前面板设计

为了显示结果字符串，添加 1 个字符串显示控件：控件→新式→字符串与路径→字符串显示控件，将标签改为"系统日期与时间"。

设计的程序前面板如图 3-32 所示。

图 3-32　程序前面板

2. 框图程序设计

（1）添加 1 个格式化日期/时间字符串函数：函数→编程→字符串→格式化日期/时间字符串。

（2）添加 1 个字符串常量：函数→编程→字符串→字符串常量，将值改为"%y 年%m 月%d 日%I 时%M 分%S 秒"。

说明：时间格式代码为：%H（24 小时），%I（12 小时），%M（分），%S（秒），%p（上、下午），%d（日），%m（月），%y（年份不显示世纪），%Y（年份显示世纪），%a（星期缩写）。

输入时间格式字符串时如果插入其他字符，则将其原样输出。

（3）将字符串常量"%y年%m月%d日 %I时%M分%S秒"与格式化日期/时间字符串函数的输入端口时间格式化字符串相连。

（4）将"格式化日期/时间字符串"函数的输出端口日期/时间字符串与"系统日期与时间"显示控件相连。

连线后的框图程序如图 3-33 所示。

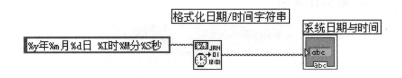

图 3-33　框图程序

3．运行程序

执行"连续运行"，程序运行界面如图 3-34 所示。

图 3-34　程序运行界面

实例 23　格式化写入字符串

一、设计任务

按照指定的格式，将输入数据转换成字符串并连接在一起。

二、任务实现

1．程序前面板设计

为了显示结果字符串，添加 1 个字符串显示控件：控件→新式→字符串与路径→字符串显示控件，将标签改为"格式化输出字符串"。

设计的程序前面板如图 3-35 示。

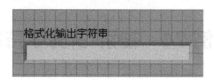

图 3-35　程序前面板

2．框图程序设计

（1）添加 1 个格式化写入字符串函数：函数→编程→字符串→格式化写入字符串。将其输入端口设置为 3 个。

（2）添加 3 个字符串常量：函数→编程→字符串→字符串常量，将值分别改为"%s %5.2f %s"、"String"和"LabVIEW"。

（3）添加 1 个数值常量：函数→编程→数值→数值常量，将值改为"3.141592"。

（4）将字符串常量"%s %5.2f %s"与格式化写入字符串函数的输入端口格式化字符串相连。

（5）将字符串常量"String"、"LabVIEW"分别与格式化写入字符串函数的输入端口输入 1 和输入 3 相连。

（6）将数值常量"3.141592"与"格式化写入字符串"函数的输入端口输入 2 相连。

（7）将"格式化写入字符串"函数的输出端口结果字符串与"格式化输出字符串"显示控件相连。

连线后的框图程序如图 3-36 所示。

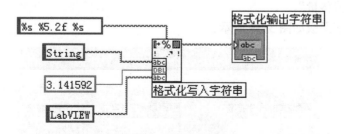

图 3-36　框图程序

3．运行程序

执行"连续运行"。把字符串"String"、数字"3.141592"和字符串"LabVIEW"按照指定的格式连接成字符串"String 3.14 LabVIEW"。

程序运行界面如图 3-37 所示。

图 3-37　程序运行界面

实例 24 搜索/拆分字符串

一、设计任务

（1）搜索已有字符串中的字符或字符串，并在该字符处将已有字符串拆分成两个字符串；

（2）指定截断字符串的位置，并在该位置将已有的字符串截断成两个子字符串。

二、任务实现

任务 1

1．程序前面板设计

（1）为输入字符串，添加 1 个字符串输入控件：控件→新式→字符串与路径→字符串输入控件，将标签改为"字符串"。

（2）为显示字符串，添加两个字符串显示控件：控件→新式→字符串与路径→字符串显示控件，将标签分别改为"匹配之前的子字符串"和"匹配+剩余字符串"。

（3）为显示偏移量，添加 1 个数值显示控件：控件→新式→数值→数值显示控件，将标签改为"匹配偏移量"。

设计的程序前面板如图 3-38 所示。

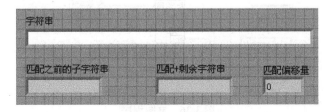

图 3-38 程序前面板

2．框图程序设计

（1）添加 1 个搜索/拆分字符串函数：函数→编程→字符串→附加字符串函数→搜索/拆分字符串。

说明：该函数"字符串"数据端口连接已有的字符串；"搜索字符串/字符"输入数据端口用于连接搜索的字符或字符串；输出数据端口"匹配之前的子字符串"用于显示字符串被截断处前面的字符串；输出数据端口"匹配+剩余字符串"用于显示字符串被截断处后面的字符串；输出数据端口"匹配偏移量"显示截断字符串的位置。

附加字符串函数选板如图 3-39 所示。

图 3-39　附加字符串函数选板

（2）添加 1 个字符串常量：函数→编程→字符串→字符串常量，将值改为"8.2"。

（3）将字符串输入控件与搜索/拆分字符串函数的输入端口字符串相连。

（4）将字符串常量"8.2"与搜索/拆分字符串函数的输入端口搜索字符串/字符相连。

（5）将搜索/拆分字符串函数的输出端口匹配之前的子字符串、匹配+剩余字符串、匹配偏移量分别与相应字符串显示控件相连。

连线后的框图程序如图 3-40 所示。

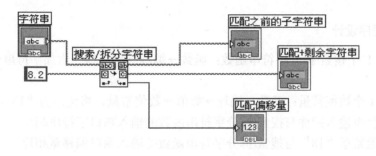

图 3-40　框图程序

3．运行程序

执行"连续运行"。从字符串"Study LabVIEW 8.2 从入门到测控应用"中搜索子字符串"8.2"，在该子字符串处将已有字符串拆分成"Study LabVIEW"和"8.2"两个字符串。

程序运行界面如图 3-41 所示。

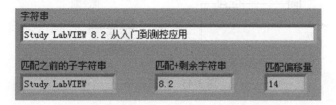

图 3-41　程序运行界面

任务 2

1. 程序前面板设计

（1）为输入字符串，添加 1 个字符串输入控件：控件→新式→字符串与路径→字符串输入控件，将标签改为"字符串"。

（2）为显示字符串，添加两个字符串显示控件：控件→新式→字符串与路径→字符串显示控件，将标签分别改为"匹配之前的子字符串"和"匹配+剩余字符串"。

（3）为显示偏移量，添加 1 个数值显示控件：控件→新式→数值→数值显示控件，将标签改为"匹配偏移量"。

设计的程序前面板如图 3-42 所示。

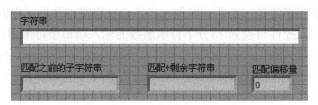

图 3-42　程序前面板

2. 框图程序设计

（1）添加 1 个搜索/拆分字符串函数：函数→编程→字符串→附加字符串函数→搜索/拆分字符串。

（2）添加 1 个数值常量：函数→编程→数值→数值常量，将值改为"18"。

（3）将字符串输入控件与搜索/拆分字符串函数的输入端口字符串相连。

（4）将数值常量"18"与搜索/拆分字符串函数的输入端口偏移量相连。

（5）将搜索/拆分字符串函数的输出端口匹配之前的子字符串、匹配+剩余字符串、匹配偏移量分别与相应的显示控件相连。

连线后的框图程序如图 3-43 所示。

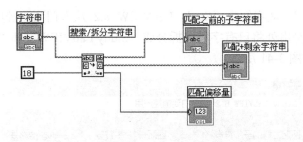

图 3-43　框图程序

3. 运行程序

执行"连续运行"。从字符串"Study LabVIEW 8.2 从入门到测控应用"第 18 个字符开始，将该字符串截断成两个子字符串"Study LabVIEW 8.2"和"从入门到测控应用"。

程序运行界面如图 3-44 所示。

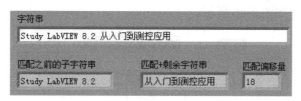

图 3-44　程序运行界面

实例 25　选行并添加至字符串

一、设计任务

从一个多行的字符串中获得某一行，作为一个新的字符串，并且和另外一个字符串进行拼接，重新构成一个字符串。

二、任务实现

1. 程序前面板设计

（1）为输入字符串，添加 1 个字符串输入控件：控件→新式→字符串与路径→字符串输入控件，将标签改为"字符串"。输入字符串"LabVIEW8.2 测控程序设计"，分成两行。

（2）为显示字符串，添加 1 个字符串显示控件：控件→新式→字符串与路径→字符串显示控件，将标签改为"输出字符串"。

设计的程序前面板如图 3-45 所示。

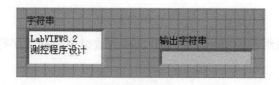

图 3-45　程序前面板

2. 框图程序设计

（1）添加 1 个选行并添加至字符串函数：函数→编程→字符串→附加字符串函数→选行并添加至字符串。

（2）添加 1 个字符串常量：函数→编程→字符串→字符串常量，将值改为"学习"。

（3）添加 1 个数值常量：函数→编程→数值→数值常量，将值改为"0"。

（4）将字符串常量"学习"与选行并添加至字符串函数的输入端口字符串相连。

（5）将字符串输入控件与选行并添加至字符串函数的输入端口多行字符串相连。

（6）将数值常量"0"与选行并添加至字符串函数的输入端口行索引相连。

（7）将选行并添加至字符串函数的输出端口输出字符串与字符串显示控件相连。
连线后的框图程序如图3-46所示。

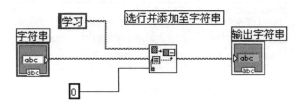

图3-46　框图程序

3. 运行程序

执行"连续运行"。将字符串"LabVIEW8.2 测控程序设计"的第一行"LabVIEW8.2"取出，作为一个新的字符串，并和"学习"字符串进行拼接，将拼接后的结果作为另外一个新的字符串"学习LabVIEW8.2"输出。

程序运行界面如图3-47所示。

图3-47　程序运行界面

实例26　匹配字符串

一、设计任务

比较一个字符串数组中的每一个字符串，找到数组中与指定字符串相同字符串元素的位置。

二、任务实现

1. 程序前面板设计

（1）为了输入字符串数组，添加 1 个数组控件：控件→新式→数组、矩阵与簇→数组，标签为"数组"。
再往数组控件中放入字符串输入控件，将数组元素设置为 4 个。

（2）为了显示匹配的字符串位置，添加 1 个数值显示控件：控件→新式→数值→数值显示控件，将标签改为"位置"。

设计的程序前面板如图3-48所示。

第 3 章 字符串数据

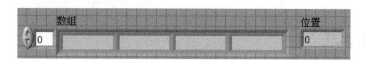

图 3-48 程序前面板

2. 框图程序设计

（1）添加 1 个匹配字符串函数：函数→编程→字符串→附加字符串函数→匹配字符串。
（2）添加 1 个字符串常量：函数→编程→字符串→字符串常量，将值改为"字符串"。
（3）将字符串常量"字符串"与匹配字符串函数的输入端口字符串相连。
（4）将数组控件与匹配字符串函数的输入端口字符串数组相连。
（5）将匹配字符串函数的输出端口索引与数值显示控件相连。
连线后的框图程序如图 3-49 所示。

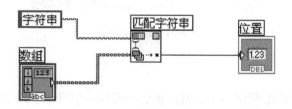

图 3-49 框图程序

3. 运行程序

执行"连续运行"。在本程序中，数组包含"数组"、"字符串"、"簇"和"波形数据"四个元素，其中"字符串"处于第 1 个位置（第一个元素的位置为 0），因而位置输出为"1"。

程序运行界面如图 3-50 所示。

图 3-50 程序运行界面

实例 27 匹配真/假字符串

一、设计任务

判断已有的字符串与其他两个字符串中的哪一个匹配。即用一个字符串与其他两个字符串相比较，如果和第一个字符串匹配，那么给出"真"信息，反之，给出"假"信息。

二、任务实现

1. 程序前面板设计

（1）为了输入字符串，添加 3 个字符串输入控件：控件→新式→字符串与路径→字符串输入控件，将标签分别改为"字符串"、"字符串1"和"字符串2"。

（2）为了显示比较结果，添加 1 个指示灯控件：控件→新式→布尔→圆形指示灯，将标签改为"结果"。

设计的程序前面板如图3-51所示。

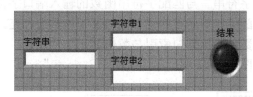

图3-51 程序前面板

2. 框图程序设计

（1）添加 1 个匹配真/假字符串函数：函数→编程→字符串→附加字符串函数→匹配真/假字符串。

（2）将字符串、字符串1、字符串2 输入控件分别与匹配真/假字符串的输入端口字符串、真字符串、假字符串相连。

（3）将匹配真/假字符串函数的输出端口选择与指示灯控件相连。

连线后的框图程序如图3-52所示。

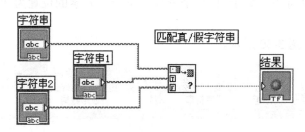

图3-52 框图程序

3. 运行程序

执行"连续运行"。字符串"LabVIEW 8.2"与"LabVIEW 8.2"、"LabVIEW6.1"两个字符串相比较，字符串"LabVIEW 8.2"与"LabVIEW6.1"分别连接函数的"真字符串"和"假字符串"两个输入数据端口，原有的字符串和连接"真字符串"的字符串相匹配，并给出"真"信息，指示灯颜色变化。

程序运行界面如图3-53所示。

图 3-53 程序运行界面

实例 28 组 合 框

一、设计任务

通过组合框下拉列表选择输入不同的值。

二、任务实现

1. 程序前面板设计

(1) 添加 1 个组合框控件生成下拉列表，用于输入选择：控件→新式→字符串与路径→组合框，标签为"组合框"。

(2) 添加 1 个字符串显示控件：控件→新式→字符串与路径→字符串显示控件，将标签改为"字符串正常显示"。

(3) 添加 1 个组合框控件用于显示密码：控件→新式→字符串与路径→组合框，将标签改为"密码形式显示"。

右键单击该组合框控件，在弹出的快捷菜单中选择"转换为显示控件"和"密码显示"。

设计的程序前面板如图 3-54 所示。

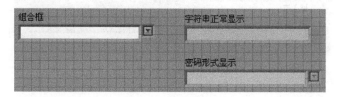

图 3-54 程序前面板

2. 组合框编辑

右键单击前面板组合框控件，在弹出的快捷菜单中选择"编辑项…"命令，出现组合框属性对话框，如图 3-55 所示。

单击"Insert"按钮，在左侧输入"输入值 1"，再重复单击"Insert"按钮两次，分别输入"输入值 2"和"登录密码"。

下拉列表编辑完成后，单击"确定"按钮确认。

3. 框图程序设计

将组合框控件与字符串正常显示控件、密码形式显示控件相连。

连线后的框图程序如图 3-56 所示。

图 3-55 组合框编辑　　　　　　图 3-56 框图程序

4. 运行程序

执行"连续运行"。单击组合框右侧的箭头出现一下拉列表，选择不同的值，分别正常显示和密码显示。

程序运行界面如图 3-57 所示。

图 3-57 程序运行界面

第4章 数组数据

在程序设计语言中,"数组"是一种常用的数据类型,是相同数据类型数据的集合,是一种存储和组织相同类型数据的良好方式。

本章通过实例介绍数组数据的创建和常用数组函数的使用。

实例基础 数组数据概述

1. 数组数据的组成

LabVIEW 中的数组是由同一类型数据元素组成的大小可变的集合,这些元素可以是数值型、布尔型、字符型等各种类型,也可以是簇,但是不能是数组。这些元素必须同时都是控件或同时都是指示器。在前面板的数组对象往往由一个盛放数据的容器和数据本身构成,在后面板上则体现为一个一维或多维矩阵。

数组可以是一维的,也可以是多维的。一维数组是一行或一列数据,可以描绘平面上的一条曲线。二维数组是由若干行和列数据组成的,可以在一个平面上描绘多条曲线。三维数组由若干页组成,每一页是一个二维数组。

LabVIEW 是图形化编程语言,因此,LabVIEW 中数组的表现形式与其他语言有所不同,数组由 3 部分组成:数据类型、数据索引和数据,其中数据类型隐含在数据中,如图 4-1 所示。

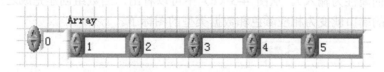

图 4-1 一维数组的组成

在数组中,数组元素位于右侧的数组框架中,按照元素索引由小到大的顺序,从左至右或从上至下排列,图 4-1 仅显示了数组元素由左至右排列时的情形。数组左侧为索引显示,其中的索引值是位于数组框架中最左面或最上面元素的索引值,这样做是由于数组中能够显示的数组元素个数是有限的,用户通过索引显示可以很容易地查看数组中的任何一个元素。

对数组成员的访问是通过数组索引进行的,数组中的每一个元素都有其唯一的索引数值,可以通过索引值来访问数组中的数据。索引值的范围是 $0 \sim n-1$,n 是数组成员的数目。

每一个数组成员有一个唯一的索引值，数组索引值从 0 开始，到 n-1 结束。例如，图 4-2 中二维数组里的数值 8 的行索引值是 1，列索引值 3。

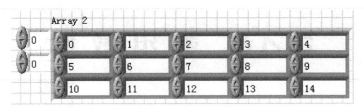

图 4-2 二维数组的组成

LabVIEW 中的数组比其他编程语言灵活。如 C 语言，在使用一个数组时，必须首先定义该数组的长度，但 LabVIIEW 却不必如此，它会自动确定数组的长度。数组中元素的数据类型必须完全相同，如都是无符号 16 位整数，或都是布尔型等。

2．数组数据的创建

在 LabVIEW 中，可以用多种方法来创建数组数据。其中常用的有以下三种方式：第一，在前面板上创建数组数据；第二，在框图程序中创建数组数据；第三，用函数、VIs 及 Express VIs 动态生成数组数据。

1）在前面板上创建数组

在前面板设计时，数组的创建分两步进行：

（1）从控件选板的数组、矩阵与簇子选板中选择数组框架，如图 4-3（b）所示。注意，此时创建的只是一个数组框架，不包含任何内容，对应在框图程序中的端口只是一个黑色中空的矩形图标。

（2）根据需要将相应数据类型的前面板对象放入数组框架中。可以直接从控件选板中选择对象放进数组框架内，也可以把前面板上已有的对象拖进数组框架内。这个数组的数据类型，以及它是控件还是指示器完全取决于放入的对象。

图 4-3（c）所示的是将一个数值量输入控件放入数组框架，这样就创建了一个数值类型数组（数组的属性为输入）。从图 4-3（c）中可以看出，当数组创建完成之后，数组在框图程序中相应的端口就变为相应颜色和数据类型的图标了。

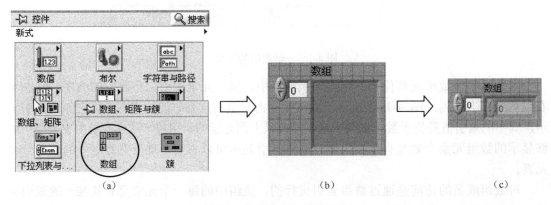

图 4-3 在前面板上创建数组

数组在创建之初都是一维数组，如果需要创建一个多维数组，则需要把定位工具放在数组索引框任意一角轻微移动，向上或向下拖动鼠标增加索引框数量就可以增加数组的维数，如图 4-4（a）所示；或者在索引框上的弹出菜单中选择"添加维度"命令，图 4-4（b）所示为已经变为二维数组。

在图 4-4（b）中有两个索引框，上面一个是行索引，下面一个是列索引。光标放在数组索引框左侧时不仅可以上下拖动增加索引框数量，还可以向左拖动扩大索引框面积。刚刚创建的数组只显示一个成员，如果需要显示更多的数组成员，则需要把定位工具放在数组数据显示区任意一角，当光标形状变成网状折角时，向任意方向拖动增加数组成员数量就可以显示更多数据，如图 4-4b）所示。数组索引框中的数值是显示在左上角的数组成员的索引值。

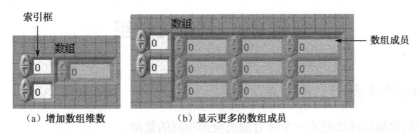

图 4-4　增加数组成员

2）在框图程序中创建数组常量

在框图程序中创建数组常量最一般的方法类似于在前面板上创建数组。

先从函数选板的数组子选板中选择数组常量对象放到框图程序窗口中，然后根据需要选择一个数据常量放到空数组中。图 4-5 中选择了一个字符型常量，然后用标签工具给它赋值 abc。

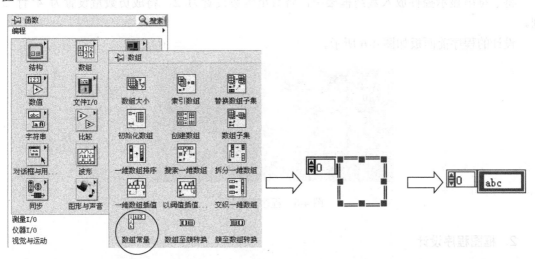

图 4-5　在框图程序中创建数组常量

3）数组成员赋值

用上述方法创建的数组是空的，从外观上看数组成员都显示为灰色，根据需要用操作工具或定位工具为数组成员逐个赋值。若跳过前面的成员为后面的成员赋值，则前面成员根据数据类型自动赋一个空值,例如,0、F 或空字符串。数组赋值后,在赋值范围以外的成员显示仍然是灰色的。

其他创建数组的方法包括:用数组函数创建数组;某些 VI 的输出参数创建数组;用程序结构创建数组。

3. 数组数据的使用

在框图程序设计中,对一个数组进行操作,无非是求数组的长度、对数据排序、取出数组中的元素、替换数组中的元素或初始化数组等各种运算。传统编程语言主要依靠各种数组函数来实现这些运算,而在 LabVIEW 中,这些函数是以功能函数节点的形式来表现的。

实例 29 初始化数组

一、设计任务

使用初始化数组函数建立一个所有成员全部相同的数组。

二、任务实现

1. 程序前面板设计

添加 1 个数组控件:控件→新式→数组、矩阵与簇→数组,标签为"数组"。

将字符串显示控件放入数组框架中,将数组维数设置为 2,将成员数量设置为 4 行 5 列。

设计的程序前面板如图 4-6 所示。

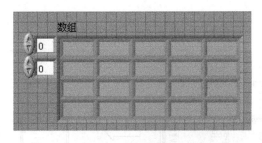

图 4-6 程序前面板

2. 框图程序设计

(1)添加 1 个初始化数组函数:函数→编程→数组→初始化数组。将维数大小端口设置为 2。

(2)添加 1 个字符串常量:函数→编程→字符串→字符串常量,将值改为"a"。

(3)添加两个数值常量:函数→编程→数值→数值常量,将值分别改为 3、4。

(4)将字符串常量"a"与初始化数组函数的输入端口元素相连。

(5)将数值常量 3、4 分别与初始化数组函数的输入端口维数大小相连。
(6)将初始化数组函数的输出端口初始化的数组与数组控件相连。
连线后的框图程序如图 4-7 所示。

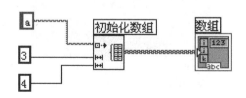

图 4-7　框图程序

3．运行程序

执行"连续运行"。本例创建了一个 3 行 4 列，所有成员都是"a"的字符常量数组。程序运行界面如图 4-8 所示。

图 4-8　程序运行界面

实例 30　创 建 数 组

一、设计任务

(1)将多个数值或字符串创建成一个一维数组；
(2)将多个一维数组创建成一个二维数组。

二、任务实现

任务 1

1．程序前面板设计

(1)添加 1 个数组控件：控件→新式→数组、矩阵与簇→数组，标签为"数值数组"。将数值显示控件放入数组框架中，将成员数量设置为 3 列。
(2)添加 1 个数组控件：控件→新式→数组、矩阵与簇→数组，标签为"字符串数组"。

将字符串显示控件放入数组框架中,将成员数量设置为 3 列。

设计的程序前面板如图 4-9 所示。

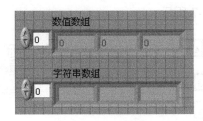

图 4-9 程序前面板

2. 框图程序设计

(1)添加两个创建数组函数:函数→编程→数组→创建数组。将元素端口均设置为 3 个。

(2)添加 3 个数值常量:函数→编程→数值→数值常量,将值分别改为 12、30、5。

(3)将 3 个数值常量分别与第一个创建数组函数的输入端口元素相连。

(4)将第一个创建数组函数的输出端口添加的数组与数值数组控件相连。

(5)添加 3 个字符串常量:函数→编程→字符串→字符串常量,将值改为"Study"、"LabVIEW"、"8.2"。

(6)将 3 个字符串常量分别与第二个创建数组函数的输入端口元素相连。

(7)将第二个创建数组函数的输出端口添加的数组与字符串数组控件相连。

连线后的框图程序如图 4-10 所示。

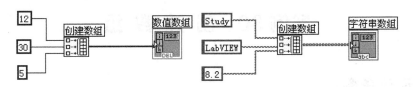

图 4-10 框图程序

3. 运行程序

执行"连续运行"。本例中将 3 个数值建成一个一维数值数组;将 3 个字符串建成一个一维字符串数组。

程序运行界面如图 4-11 所示。

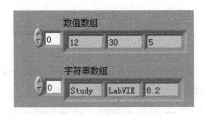

图 4-11 程序运行界面

任务 2

1. 程序前面板设计

添加 1 个数组控件：控件→新式→数组、矩阵与簇→数组，标签为"数组"。
将数值显示控件放入数组框架中，将数组维数设置为 2，将成员数量设置为 2 行 3 列。
设计的程序前面板如图 4-12 所示。

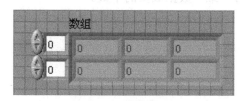

图 4-12　程序前面板

2. 框图程序设计

（1）添加 1 个创建数组函数：函数→编程→数组→创建数组。将元素端口设置为两个。
（2）添加两个数组常量：函数→编程→数组→数组常量。
（3）向两个数组常量中添加数值常量，将列数均设置为 3，分别输入数值 1、2、3 和 4、5、6。
（4）将两个数组常量分别与创建数组函数的输入端口元素相连。
（5）将创建数组函数的输出端口添加的数组与数值数组控件相连。
连线后的框图程序如图 4-13 所示。

图 4-13　框图程序

3. 运行程序

执行"连续运行"。本例将两个一维数组合成一个二维数组。
程序运行界面如图 4-14 所示。

图 4-14　程序运行界面

实例 31　计算数组大小

一、设计任务

计算一维或二维数组每一维中数据成员的个数。

二、任务实现

1. 程序前面板设计

（1）添加 1 个数值显示控件：控件→新式→数值→数值显示控件，将标签改为"一维数组大小"。

（2）添加 1 个数组控件：控件→新式→数组、矩阵与簇→数组，将标签改为"二维数组大小"。

将数值显示控件放入数组框架中，将成员数量设置为 2 列。

设计的程序前面板如图 4-15 所示。

图 4-15　程序前面板

2. 框图程序设计

（1）添加两个计算数组大小函数：函数→编程→数组→数组大小。

（2）添加两个数组常量：函数→编程→数组→数组常量。

向第一个数组常量中添加数值常量，成员数量设置为 1 行 7 列，并输入 7 个数值。

向第二个数组常量中添加字符串常量，将维数设置为 2，成员数量设置为 2 行 8 列，并输入字符串。

（3）将数值数组常量与第一个数组大小函数的输入端口数组相连。

（4）将字符串数组常量与第二个数组大小函数的输入端口数组相连。

（5）将第一个数组大小函数的输出端口与一维数组大小控件相连。

（6）将第二个数组大小函数的输出端口与二维数组大小控件相连。

连线后的框图程序如图 4-16 所示。

3. 运行程序

执行"连续运行"。给数组大小函数连接一维数组时，它返回一个数值 6，表示数组有 6 个成员；给它连接二维数组时，它返回一个一维数组，前一个数值表示输入的二维数组有 3 行，后一个数值表示输入的二维数组有 5 列。

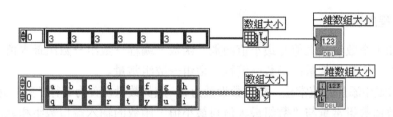

图 4-16 框图程序

程序运行界面如图 4-17 所示。

图 4-17 程序运行界面

实例 32　求数组最大值与最小值

一、设计任务

找出数组中元素的最大值和最小值及其所在位置的索引值。

二、任务实现

1. 程序前面板设计

（1）添加两个数值显示控件：控件→新式→数值→数值显示控件，将标签分别改为"最大值"和"最小值"。

（2）添加两个数组控件：控件→新式→数组、矩阵与簇→数组，将标签分别改为"最大值索引"和"最小值索引"。

将数值显示控件放入两个数组框架中，将成员数量均设置为 2 列。

设计的程序前面板如图 4-18 所示。

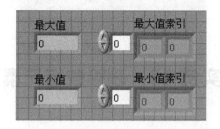

图 4-18 程序前面板

2. 框图程序设计

（1）添加 1 个数组最大值与最小值函数：函数→编程→数组→数组最大值与最小值。
（2）添加 1 个数组常量：函数→编程→数组→数组常量。
往数组常量中添加数值常量，将维数设置为 2，成员数量设置为 5 行 7 列，并输入数值。
（3）将数值数组常量与"数组最大值与最小值"函数的输入端口数组相连。
（4）将"数组最大值与最小值"函数的输出端口最大值与最大值显示控件相连；将"数组最大值与最小值"函数的输出端口最大索引与最大值索引显示控件相连。
（5）将"数组最大值与最小值函数"的输出端口最小值和最小值显示控件相连；将"数组最大值与最小值"函数的输出端口最小索引和最小值索引显示控件相连。

连线后的框图程序如图 4-19 所示。

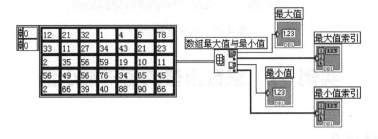

图 4-19　框图程序

3. 运行程序

执行"连续运行"。本例是一个二维数组，其最大值是 90，在第 4 行第 5 列；最小值是 1，在第 0 行第 3 列。

如果在一个数组中有多个相同的最大值和最小值，则索引值为第一个最大值或最小值的索引值。

程序运行界面如图 4-20 所示。

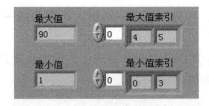

图 4-20　程序运行界面

实例 33　删除数组元素

一、设计任务

从一个数组中删除一些行或一些列。

二、任务实现

1. 程序前面板设计

添加 2 个数组控件：控件→新式→数组、矩阵与簇→数组，将标签分别改为"被删除的数组"和"被删除后的数组"。

将数值显示控件放入两个数组框架中，将维数均设置为 2，成员数量均设置为 4 行 6 列。

设计的程序前面板如图 4-21 所示。

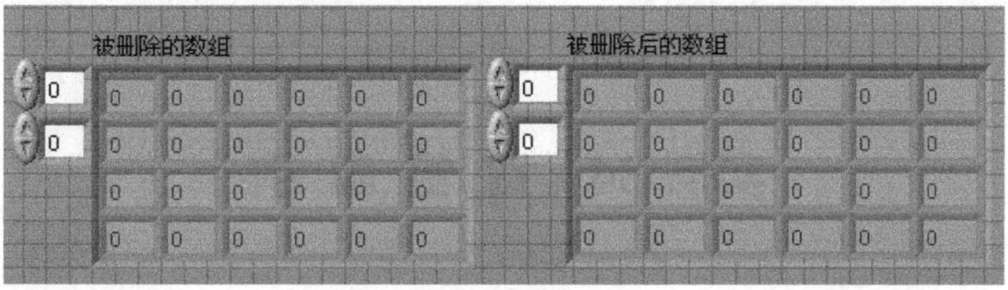

图 4-21　程序前面板

2. 框图程序设计

（1）添加 1 个删除数组元素函数：函数→编程→数组→删除数组元素。

说明：其中输入数据端口"长度"用于指定删除行或列的个数，输入数据端口"索引"用来确定删除的行或列的位置。两个输出数据端口"已删除元素的数组子集"和"已删除的部分"则分别用于显示输出的数组和被删除的数组。

（2）添加 1 个数组常量：函数→编程→数组→数组常量。

向数组常量中添加数值常量，将维数设置为 2，成员数量设置为 4 行 6 列，并输入数值。

（3）将数值数组常量与删除数组元素函数的输入端口数组相连。

（4）添加两个数值常量：函数→编程→数值→数值常量，将值分别改为 2、1。

（5）将数值常量 2 与删除数组元素函数的输入端口长度相连；将数值常量 1 与删除数组元素函数的输入端口索引相连。

（6）将删除数组元素函数的输出端口已删除元素的数组子集与被删除后的数组控件相连；将删除数组元素函数的输出端口已删除的部分与被删除的数组控件相连。

连线后的框图程序如图 4-22 所示。

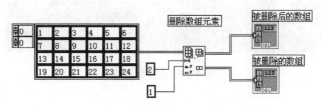

图 4-22　框图程序

3. 运行程序

执行"连续运行"。本例中，原数组的第 1 行和第 2 行被删除，程序中显示了被删除的数组和被删除后的数组。

程序运行界面如图 4-23 所示。

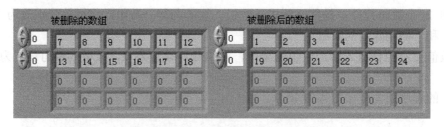

图 4-23　程序运行界面

实例 34　数组索引

一、设计任务

用数组索引函数获得数组中每一个数值。

二、任务实现

1. 程序前面板设计

（1）添加 1 个数组控件：控件→新式→数组、矩阵与簇→数组，标签为"数组"。将数值显示控件放入数组框架中，将维数设置为 2，成员数量设置为 3 行 3 列。

（2）添加两个数值输入控件：控件→新式→数值→数值输入控件，将标签分别改为"行索引"和"列索引"。

（3）添加 1 个数值显示控件：控件→新式→数值→数值显示控件，将标签改为"元素"。

设计的程序前面板如图 4-24 所示。

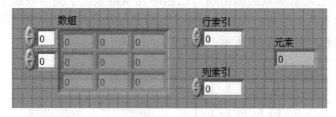

图 4-24　程序前面板

2. 框图程序设计

（1）添加1个索引数组函数：函数→编程→数组→索引数组。

说明：其中输入数据端口"数组"连接被索引的数组，数据端口"索引"表示数组的索引值。输出数据端口"元素"是用行索引值和列索引值索引后得到的子数组或元素。

（2）添加1个数组常量：函数→编程→数组→数组常量。

向数组常量中添加数值常量，将维数设置为2，成员数量设置为3行3列，并输入数值。

（3）将数值数组常量与索引数组函数的输入端口数组相连；将数值数组常量与数组显示控件相连。

（4）将行索引数值输入控件与索引数组函数的输入端口索引（行）相连。

（5）将列索引数值输入控件与索引数组函数的输入端口索引（列）相连。

（6）将索引数组函数的输出端口元素与元素数值显示控件相连；

连线后的框图程序如图4-25所示。

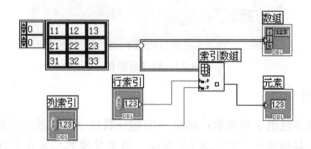

图 4-25　框图程序

3. 运行程序

执行"连续运行"。改变行索引号（如1）及列索引号（如1），得到第2行第2列元素22。程序运行界面如图4-26所示。

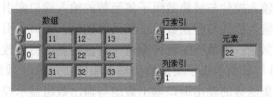

图 4-26　程序运行界面

实例 35　替换数组子集

一、设计任务

将原数组某一位置的元素或子数组用另一个元素或子数组替换。

二、任务实现

1. 程序前面板设计

（1）添加 1 个数组控件：控件→新式→数组、矩阵与簇→数组，标签改为"输出数组"。

将数值显示控件放入数组框架中，将维数设置为 2，成员数量设置为 3 行 3 列。

（2）添加两个数值输入控件：控件→新式→数值→数值输入控件，将标签分别改为"行索引"和"列索引"。

设计的程序前面板如图 4-27 所示。

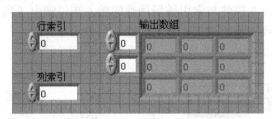

图 4-27　程序前面板

2. 框图程序设计

（1）添加 1 个替换数组子集函数：函数→编程→数组→替换数组子集。

说明：其中输入数据端口"新元素/子数组"为要替换的元素或子数组，输出数据端口"输出数组"为替换后的新数组。

（2）添加 1 个数组常量：函数→编程→数组→数组常量。

往数组常量中添加数值常量，将维数设置为 2，成员数量设置为 3 行 3 列，并输入数值。

（3）将数值数组常量与替换数组子集函数的输入端口数组相连。

（4）将行索引数值输入控件与替换数组子集函数的输入端口索引（行）相连。

（5）将列索引数值输入控件与替换数组子集函数的输入端口索引（列）相连。

（6）添加 1 个数值常量：函数→编程→数值→数值常量，将值改为 10。

（7）将数值常量 10 与替换数组子集函数的输入端口新元素/子数组相连。

（8）将替换数组子集函数的输出端口输出数组与输出数组显示控件相连。

连线后的框图程序如图 4-28 所示。

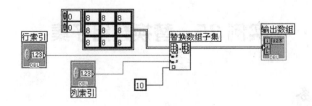

图 4-28　框图程序

3．运行程序

执行"连续运行"。改变行索引号（如 1）及列索引号（如 1），将该位置的原数值 8 用新数值 10 替换。

程序运行界面如图 4-29 所示。

图 4-29　程序运行界面

实例 36　提取子数组

一、设计任务

用数组子集函数得到原来数组的子数组。

二、任务实现

1．程序前面板设计

（1）添加 1 个数组显示控件：控件→新式→数组、矩阵与簇→数组，标签为"数组"。将数值显示控件放入数组框架中，将维数设置为 2，成员数量设置为 5 行 5 列。

（2）添加 1 个数组控件：控件→新式→数组、矩阵与簇→数组，标签为"子数组"。将数值显示控件放入数组框架中，将维数设置为 2，成员数量设置为 2 行 2 列。

设计的程序前面板如图 4-30 所示。

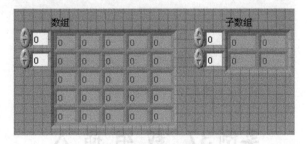

图 4-30　程序前面板

2．框图程序设计

（1）添加 1 个数组子集函数：函数→编程→数组→数组子集。将索引和长度端口各设置为两个。

说明： 在使用这个函数时只要用其行索引数据端口和列索引数据端口确定子数组的位置，用"长度"数据端口确定子数组的行数和列数，就可以得到原数组的子数组。

（2）添加1个数组常量：函数→编程→数组→数组常量。

向数组常量中添加数值常量，将维数设置为2，成员数量设置为5行5列，并输入数值。

（3）将数组常量与数组子集函数的输入端口数组相连；再与数组显示控件相连。

（4）添加4个数值常量：函数→编程→数值→数值常量，将值分别改为0、2、1、2。

（5）将4个数值常量分别与数组子集函数的输入端口索引、长度相连。

（6）将数组子集函数的输出端口子数组与子数组显示控件相连。

连线后的框图程序如图4-31所示。

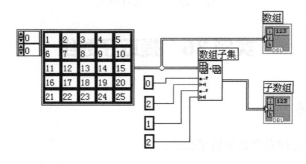

图 4-31　框图程序

3．运行程序

执行"连续运行"。本例中将原数组从第0行第1列开始的两行、两列元素取出，作为一个新的数组输出。

程序运行界面如图4-32所示。

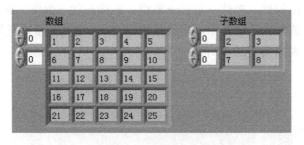

图 4-32　程序运行界面

实例 37　数 组 插 入

一、设计任务

在原数组中指定的位置插入新的元素或子数组构成新的数组。

二、任务实现

1. 程序前面板设计

（1）添加 1 个数组控件：控件→新式→数组、矩阵与簇→数组，标签为"数组"。
将数值输入控件放入数组框架中，将成员数量设置为 3 列。
（2）添加 1 个数组控件：控件→新式→数组、矩阵与簇→数组，标签为"输出数组"。
将数值显示控件放入数组框架中，将成员数量设置 6 列。
设计的程序前面板如图 4-33 所示。

图 4-33　程序前面板

2. 框图程序设计

（1）添加 1 个数组插入函数：函数→编程→数组→数组插入。
（2）添加 1 个数组常量：函数→编程→数组→数组常量。
向数组常量中添加数值常量，将成员数量设置为 3 列，并输入数值。
（3）将数组常量与数组插入函数的输入端口数组相连。
（4）添加 1 个数值常量：函数→编程→数值→数值常量，将值改为 2。
（5）将数值常量与数组插入函数的输入端口索引相连。
（6）将数组输入控件与数组插入函数的输入端口新元素/子数组相连。
（7）将数组插入函数的输出端口输出数组与输出数组显示控件相连。
连线后的框图程序如图 4-34 所示。

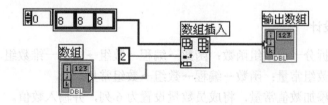

图 4-34　框图程序

3. 运行程序

执行"连续运行"。改变数组各列的值，如（1,2,3），在原数组（8,8,8）第 2 个位置开始插入数组（1,2,3），得到新的数组（8,8,1,2,3,8）。
程序运行界面如图 4-35 所示。

图 4-35　程序运行界面

实例 38　拆分一维数组

一、设计任务

将原数组从指定的位置开始拆分成为两个子数组。

二、任务实现

1. 程序前面板设计

添加 3 个数组控件：控件→新式→数组、矩阵与簇→数组，将标签分别改为"数组"、"第 1 个数组"和"第 2 个数组"。

将数值显示控件放入 3 个数组框架中，将成员数量均设置 6 列。

设计的程序前面板如图 4-36 所示。

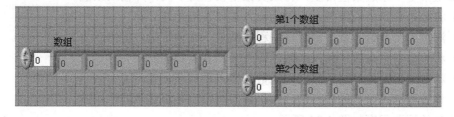

图 4-36　程序前面板

2. 框图程序设计

（1）添加 1 个拆分一维数组函数：函数→编程→数组→拆分一维数组。

（2）添加 1 个数组常量：函数→编程→数组→数组常量。

往数组常量中添加数值常量，将成员数量设置为 6 列，并输入数值。

（3）将数组常量与拆分一维数组函数的输入端口数组相连；再与数组显示控件相连。

（4）添加 1 个数值常量：函数→编程→数值→数值常量，将值改为 2。

（5）将数值常量与拆分一维数组函数的输入端口索引相连。

（6）将拆分一维数组函数的输出端口第一个子数组与第 1 个数组显示控件相连；将输出端口第二个子数组与第 2 个数组显示控件相连。

连线后的框图程序如图 4-37 所示。

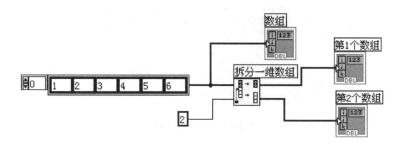

图 4-37 框图程序

3. 运行程序

执行"连续运行"。本例中，在数组（1,2,3,4,5,6）第 2 个位置开始分成两个数组（1,2）和（3,4,5,6）。

程序运行界面如图 4-38 所示。

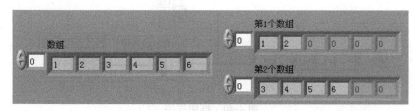

图 4-38 程序运行界面

实例 39 一维数组排序

一、设计任务

将一维数组各元素从小到大排序后输出。

二、任务实现

1. 程序前面板设计

添加两个数组控件：控件→新式→数组、矩阵与簇→数组，将标签分别改为"原数组"、和"排序后的数组"。

将数值显示控件放入两个数组框架中，将成员数量均设置 5 列。

设计的程序前面板如图 4-39 所示。

2. 框图程序设计

（1）添加 1 个一维数组排序函数：函数→编程→数组→一维数组排序。

（2）添加 1 个数组常量：函数→编程→数组→数组常量。

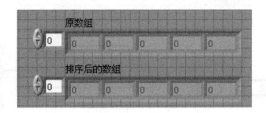

图 4-39　程序前面板

向数组常量中添加数值常量,将成员数量设置为 5 列,并输入数值。

(3) 将数组常量与一维数组排序函数的输入端口数组相连;再与原数组显示控件相连。

(4) 将一维数组排序函数的输出端口已排序的数组与排序后的数组显示控件相连。

连线后的框图程序如图 4-40 所示。

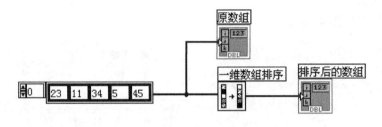

图 4-40　框图程序

3. 运行程序

执行"连续运行"。本例中,将数组(23,11,34,5,45)从小到大排序后得到(5,11,23,34,45)。

程序运行界面如图 4-41 所示。

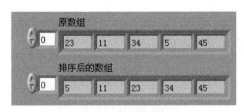

图 4-41　程序运行界面

实例 40　搜索一维数组

一、设计任务

从一维数组各元素中找到指定的元素。

二、任务实现

1. 程序前面板设计

（1）添加1个数组控件：控件→新式→数组、矩阵与簇→数组，标签为"数组"。
将数值显示控件放入数组框架中，将成员数量设置6列。

（2）添加两个数值显示控件：控件→新式→数值→数值显示控件，将标签分别改为"搜索元素"和"位置"。

设计的程序前面板如图4-42所示。

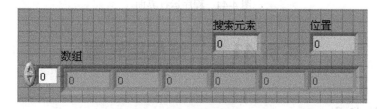

图4-42　程序前面板

2. 框图程序设计

（1）添加1个搜索一维数组函数：函数→编程→数组→搜索一维数组。

（2）添加1个数组常量：函数→编程→数组→数组常量。
向数组常量中添加数值常量，将成员数量设置为6列，并输入数值。

（3）添加两个数值常量：函数→编程→数值→数值常量。将值分别改为5和1。

（4）将数组常量分别与搜索一维数组函数的输入端口一维数组、数组显示控件相连。

（5）将数值常量 5 分别与搜索一维数组函数的输入端口元素、搜索元素显示控件相连。

（6）将数值常量1与搜索一维数组函数的输入端口开始索引相连。

（7）将搜索一维数组函数的输出端口元素索引与位置显示控件相连。

连线后的框图程序如图4-43所示。

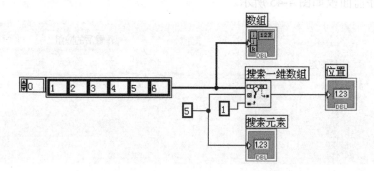

图4-43　框图程序

3．运行程序

执行"连续运行"。本例中，从数组（1,2,3,4,5,6）中搜索元素 5，该元素位置是 4（从 0 开始算）。

程序运行界面如图 4-44 所示。

图 4-44　程序运行界面

实例 41　二维数组转置

一、设计任务

将一个二维数组转置后得到一个新的二维数组。

二、任务实现

1．程序前面板设计

（1）添加 1 个数组显示控件：控件→新式→数组、矩阵与簇→数组，标签为"原数组"。

将数值显示控件放入数组框架中，将维数设置为 2，成员数量设置为 3 行 5 列。

（2）添加 1 个数组控件：控件→新式→数组、矩阵与簇→数组，标签为"转置后的数组"。

将数值显示控件放入数组框架中，将维数设置为 2，成员数量设置为 5 行 3 列。

设计的程序前面板如图 4-45 所示。

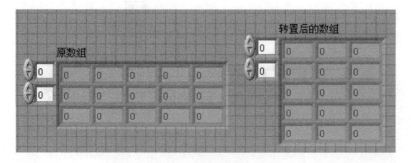

图 4-45　程序前面板

2. 框图程序设计

（1）添加 1 个二维数组转置函数：函数→编程→数组→二维数组转置。
（2）添加 1 个数组常量：函数→编程→数组→数组常量。
向数组常量中添加数值常量，将维数设置为 2，成员数量设置为 3 行 5 列，并输入数值。
（3）将数组常量与二维数组转置函数的输入端口二维数组相连；再与原数组显示控件相连。
（4）将二维数组转置函数的输出端口已转置的数组与转置后的数组显示控件相连。
连线后的框图程序如图 4-46 所示。

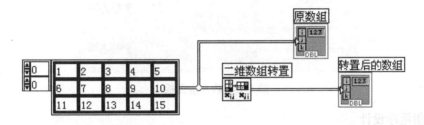

图 4-46 框图程序

3. 运行程序

执行"连续运行"。本例中一个 3 行 5 列的二维数组转置后得到一个 5 行 3 列的二维数组。
程序运行界面如图 4-47 所示。

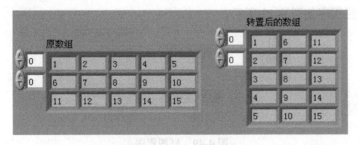

图 4-47 程序运行界面

实例 42 数组元素算术运算

一、设计任务

将一维数组中各元素相加或相乘，并输出结果。

二、任务实现

1. 程序前面板设计

（1）添加 1 个数组控件：控件→新式→数组、矩阵与簇→数组，标签为"数组"。将数值输入控件放入数组框架中，将成员数量设置 4 列。

（2）添加两个数值显示控件：控件→新式→数值→数值显示控件，将标签分别改为"数组元素之和"、"数组元素之积"。

设计的程序前面板如图 4-48 所示。

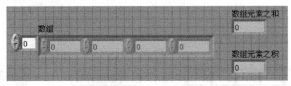

图 4-48　程序前面板

2. 框图程序设计

（1）添加 1 个数组元素相加函数：函数→编程→数值→数组元素相加。
（2）添加 1 个数组元素相乘函数：函数→编程→数值→数组元素相乘。
（3）将数组控件分别与数组元素相加函数、数组元素相乘函数的输入端口数值数组相连。
（4）将数组元素相加函数的输出端口和与数组元素之和显示控件相连。
（5）将数组元素相乘函数的输出端口积与数组元素之积显示控件相连。

连线后的框图程序如图 4-49 所示。

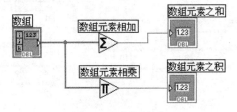

图 4-49　框图程序

3. 运行程序

执行"连续运行"。改变数组控件中各元素值，将各元素相加和相乘并输出结果。

程序运行界面如图 4-50 所示。

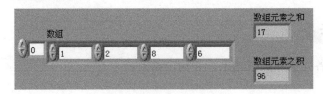

图 4-50　程序运行界面

第5章 簇 数 据

簇是 LabVIEW 中一个比较特别的数据类型,它可以将几种不同的数据类型集中到一个单元中形成一个整体。

本章通过实例介绍簇数据的创建和常用簇函数的使用。

实例基础 簇数据概述

1. 簇数据的组成

在程序设计时,仅有整型、浮点型、布尔型、字符串型和数组型数据是不够的,有时为便于引用,还需要将不同的数据类型组合成一个有机的整体。例如,一个学生的学号、姓名、性别、年龄、成绩和家庭地址等数据项,这些数据项都与某一个学生相联系。如果将这些数据项分别定义为相互独立的简单变量,是难以反映它们之间的内在联系的。应当把它们组成一个组合项,在组合项中再包含若干个类型不同(当然也可以相同)的数据项。簇就是这样一种数据结构。

簇是一种类似数组的数据结构,用于分组数据。一个簇就是一个由若干不同数据类型的成员组成的集合体,类似于 C 语言中的结构体。可以把簇想象成一束通信电缆线,电缆中每一根线就是簇中一个不同的数据元素。

使用簇可以为编程带来以下便利。

(1)簇通常可将框图程序中多个地方的相关数据元素集中到一起,这样只需一条数据连线即可把多个节点连接到一起,减少了数据连线。

(2)子程序有多个不同数据类型的参数输入/输出时,把它们攒成一个簇以减少连接板上端口的数量。

(3)某些控件和函数必须要簇这种数据类型的参数。

簇的成员有一种逻辑上的顺序,这是由它们放进簇的先后顺序决定的,与它们在簇中摆放的位置无关。前面的簇成员被删除时,后面的成员会递补。

改变簇成员逻辑顺序的方法是在簇的弹出菜单上,选择"重新排序簇中控件..."命令,弹出一个对话框,依次为簇成员指定新的逻辑顺序。

簇的成员可以是任意的数据类型,但是必须同时都是控件或同时都是指示器。

2. 簇数据的创建

1) 在前面板上创建簇

在前面板设计时，簇的创建类似于数组的创建。首先在控件选板数组、矩阵与簇子选板中创建簇的框架，然后向框架中添加所需的元素，最后根据编程需要更改簇和簇中各元素的名称。这个簇的数据类型，以及它是控件还是指示器完全取决于放入的对象。

在簇中添加一个数值型控件、一个字符型控件以及一个布尔型控件，如图5-1所示。

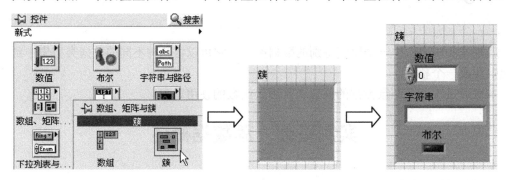

图 5-1　在前面板创建簇

在 LabVIEW 中，簇只能包含控制和指示中的一种，不能既包含控制又包含指示。但可以用修饰子选板中的图形元素，将二者集中在一起，但这种集中仅是位置上的集中。若确实需要对一个簇既读又写，那么可用簇的本地变量解决，但并不推荐用本地变量对簇进行连续读、写。使用簇时应当遵循一个原则：在一个高度交互的面板中，不要把一个簇既作为输入元素又作为输出元素。

2) 在框图程序中创建簇常量

在程序框图中创建簇常量类似于在前面板上创建数组。先从簇与变体函数子选板中选择簇常量的框架放到程序框图中，然后根据需要选择一些数据常量放到空簇中。图 5-2 选择了一个数值型常量、一个字符型常量及一个布尔型常量。也可以把前面板上的簇控件拖动或复制到框图窗口中产生一个簇常量。只有数值型成员的簇边框是棕色的，其他为粉红色。

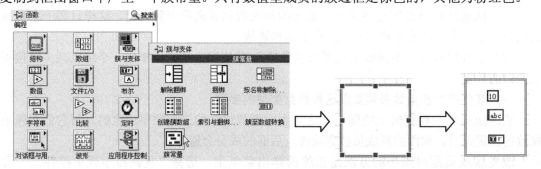

图 5-2　在框图程序中创建簇常量

用上述方法创建的簇常量，其成员还没有有效的值，从外观上看都显示为灰色。可根据需要用操作工具或定位工具为簇成员逐个赋值。

簇成员按照它们放入簇的先后顺序排序,簇框架中的第一个对象标记为 0,放入的第二个对象标记为 1,以此类推。如果要访问簇中单个元素,必须记住簇顺序,因为簇中的单个元素是按顺序而不是按名字访问的。

在框图程序设计中,用户在使用一个簇时,主要是访问簇中的各个元素,或将不同类型但相互关联的数据组成一个簇。

实例43 捆　　绑

一、设计任务

将一些基本数据类型的数据元素合成一个簇数据。

二、任务实现

1. 程序前面板设计

(1) 添加 1 个簇控件:控件→新式→数组、矩阵与簇→簇,标签为"簇"。

将 1 个数值显示控件、1 个圆形指示灯控件、1 个字符串显示控件放入簇框架中。

(2) 添加 1 个旋钮控件:控件→新式→数值→旋钮,标签为"旋钮"。

(3) 添加 1 个开关控件:控件→新式→布尔→翘板开关,标签为"布尔"。

(4) 添加 1 个字符串输入控件:控件→新式→字符串与路径→字符串输入控件,标签为"字符串"。

设计的程序前面板如图 5-3 所示。

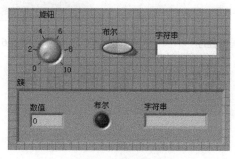

图 5-3　程序前面板

2. 框图程序设计

(1) 添加 1 个捆绑函数:函数→编程→簇与变体→捆绑,其位置如图 5-4 所示。

将捆绑函数节点的输入端口设置为 3 个(选中图标,向下拖动图标边框即可)。捆绑函数的输入端口数量也是可以任意增/减的。

(2) 将旋钮控件、开关控件、字符串输入控件分别与捆绑函数的 3 个输入端口相连。

(3) 将捆绑函数的输出端口输出簇与簇控件相连。

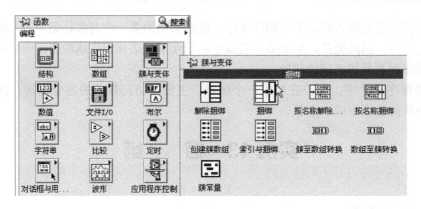

图 5-4 簇数据操作函数的位置

连线后的框图程序如图 5-5 所示。

3. 运行程序

执行"连续运行"。转动旋钮，单击布尔开关，输入字符串，在簇数据中显示变化结果。

程序运行界面如图 5-6 所示。

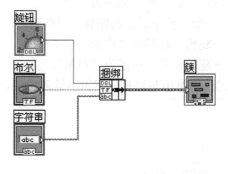

图 5-5 框图程序

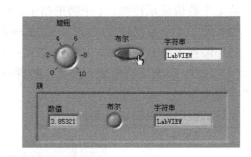

图 5-6 程序运行界面

实例 44 解除捆绑

一、设计任务

将一个簇中的每个数据成员进行分解，并将分解后的数据成员作为函数的结果输出。

二、任务实现

1. 程序前面板设计

（1）添加 1 个簇控件：控件→新式→数组、矩阵与簇→簇，标签为"簇"。

将 1 个旋钮控件、1 个数值输入控件、1 个布尔开关控件、1 个字符串输入控件放入簇框架中。

(2) 添加两个数值显示控件：控件→新式→数值→数值显示控件，标签分别改为"旋钮输出"、"数值输出"。

(3) 添加 1 个指示灯控件：控件→新式→布尔→圆形指示灯，标签为"布尔输出"。

(4) 添加 1 个字符串输出控件：控件→新式→字符串与路径→字符串输出控件，标签为"字符串"。

设计的程序前面板如图 5-7 所示。

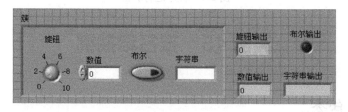

图 5-7　程序前面板

2．框图程序设计

(1) 添加 1 个解除捆绑函数：函数→编程→簇与变体→解除捆绑。

(2) 将簇控件与解除捆绑函数的输入端口簇相连。

说明：当用户将解除捆绑函数的输入数据端口和一个簇数据相连时，其输出数据端口自动和其数据成员一一对应。

解除捆绑函数刚放进程序框图时，有一个输入端口和两个输出端口。连接一个输入簇以后，端口数量自动增/减到与簇的成员数一致，而且不能再改变。每个输出端口对应一个簇成员，端口上显示出这个成员的数据类型。各个簇成员在端口上出现的顺序与它的逻辑顺序一致，连接几个输出是任意的。

(3) 将解除捆绑函数的输出端口旋钮、数值、布尔、字符串分别与旋钮输出控件、数值输出控件、布尔输出控件、字符串输出控件相连。

连线后的框图程序如图 5-8 所示。

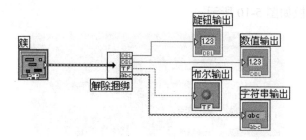

图 5-8　框图程序

3．运行程序

执行"连续运行"。在簇数据中转动旋钮、改变数值大小、单击布尔开关、输入字符串，旋钮输出值、数值输出值、布尔输出值、字符串输出值发生同样变化。

程序运行界面如图 5-9 所示。

图 5-9　程序运行界面

实例 45　按名称捆绑

一、设计任务

按照元素的名称替换掉原有簇中相应数据类型的数据，并合成一个新的簇对象。

二、任务实现

1. 程序前面板设计

（1）添加 1 个簇控件：控件→新式→数组、矩阵与簇→簇，标签为"簇"。
将 1 个数值输入控件、1 个字符串输入控件放入簇框架中。
（2）再添加 1 个簇控件：控件→新式→数组、矩阵与簇→簇，标签为"输出簇"。
将 1 个数值显示控件、1 个字符串显示控件放入簇框架中。
（3）添加 1 个数值输入控件：控件→新式→数值→数值输入控件，标签改为"替换数值"。
（4）添加 1 个字符串输入控件：控件→新式→字符串与路径→字符串输入控件，标签为"替换字符串"。

设计的程序前面板如图 5-10 所示。

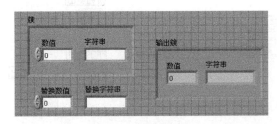

图 5-10　程序前面板

2. 框图程序设计

（1）添加 1 个按名称捆绑函数：函数→编程→簇与变体→按名称捆绑。
（2）将簇控件与按名称捆绑函数的输入端口输入簇相连；

(3）将按名称捆绑函数的输入端口设置为两个。可以看到函数出现"数值"和"字符串"输入端口。

(4）将替换数值输入控件与按名称捆绑函数的输入端口数值相连。

(5）将替换字符串输入控件与按名称捆绑函数的输入端口字符串相连。

(6）将按名称捆绑函数的输出端口输出簇与输出簇控件相连。

连线后的框图程序如图 5-11 所示。

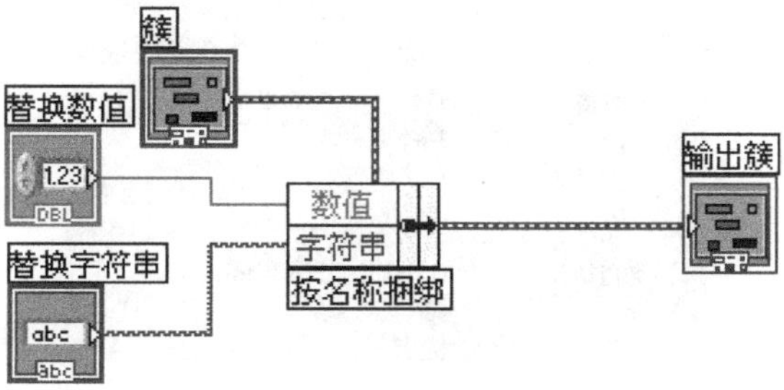

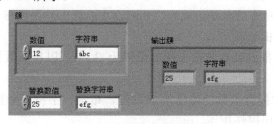

图 5-11　框图程序

3．运行程序

执行"连续运行"。在簇数据中改变数值大小，输入 1 个字符串；改变替换数值大小，在替换字符串中输入另一字符串，输出簇中数值和字符串发生相应变化（被替换）。

程序运行界面如图 5-12 所示。

图 5-12　程序运行界面

实例 46　按名称解除捆绑

一、设计任务

按照簇中所包含的数据的名称将簇分解成组成簇的各个元素。

二、任务实现

1．程序前面板设计

(1）添加 1 个簇控件：控件→新式→数组、矩阵与簇→簇，标签为"簇"。

将 1 个数值输入控件、1 个指示灯控件、1 个字符串输入控件放入簇框架中。

(2) 添加 1 个数值显示控件：控件→新式→数值→数值显示控件，标签改为"数值输出"。

(3) 添加 1 个指示灯控件：控件→新式→布尔→圆形指示灯，标签为"布尔输出"。

(4) 添加 1 个字符串输出控件：控件→新式→字符串与路径→字符串输出控件，标签为"字符串输出"。

设计的程序前面板如图 5-13 所示。

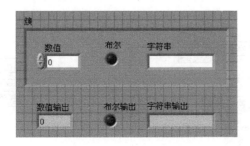

图 5-13　程序前面板

2．框图程序设计

(1) 添加 1 个按名称解除捆绑函数：函数→编程→簇与变体→按名称解除捆绑。

(2) 将簇控件与按名称解除捆绑函数的输入端口输入簇相连。

说明：假如函数的输出数据端口没有显示出组成簇的所有数据，那么可以拖动函数图标的下沿，使其显示出所有的数据。此外，也可以在函数上单击鼠标左键，选择簇数据的某个元素，作为函数的输出数据。

本例将按名称解除捆绑函数的输出端口设置为 3 个，以显示数值、布尔、字符串输出端口。

(3) 将按名称解除捆绑函数的输出端口数值、布尔、字符串分别与数值输出控件、布尔输出控件、字符串输出控件相连。

连线后的框图程序如图 5-14 所示。

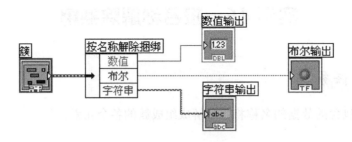

图 5-14　框图程序

3．运行程序

执行"连续运行"。在簇数据中改变数值大小、单击布尔指示灯、输入字符串，数值输出值、布尔输出值、字符串输出值发生同样变化。

程序运行界面如图 5-15 所示。

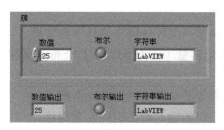

图 5-15　程序运行界面

实例 47　创建簇数组

一、设计任务

将输入的多个簇数据转换为以簇为元素的数组数据，并作为该函数的输出。

二、任务实现

1. 程序前面板设计

（1）添加 1 个簇控件：控件→新式→数组、矩阵与簇→簇，标签为"簇"。

将 1 个数值输入控件、1 个按钮控件、1 个字符串输入控件放入簇框架中。

（2）添加 1 个数组控件：控件→新式→数组、矩阵与簇→数组，将标签改为"簇数组"。

将 1 个簇控件放入数组框架中，再将 1 个数值显示控件、1 个指示灯控件和 1 个字符串显示控件放入簇框架中（如果是输入控件，单击右键转换为显示控件）。将数组成员数量设置为 2 列。设计的程序前面板如图 5-16 所示。

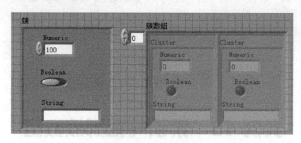

图 5-16　程序前面板

2. 框图程序设计

（1）添加 1 个创建簇数组函数：函数→编程→簇与变体→创建簇数组。将输入端口设置为两个。

说明：创建簇数组函数只要求输入数据类型全一致，不管它们是什么数据类型，一律转换成簇，然后连成一个数组。

（2）添加1个簇常量：函数→编程→簇与变体→簇常量。

往簇常量中添加 1 个数值常量（值为 532）、1 个布尔真常量和 1 个字符串常量（值为 LabVIEW）。

（3）将簇控件与创建簇数组的输入端口组件元素相连。

（4）将簇常量与创建簇数组的输入端口组件元素相连。

（5）将创建簇数组的输出端口簇数组与簇数组控件相连。

连线后的框图程序如图 5-17 所示。

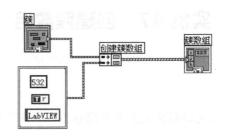

图 5-17　框图程序

3．运行程序

执行"连续运行"。本例中，前面板中的簇数据与框图程序中的簇常量构成一个簇数组。

程序运行界面如图 5-18 所示。

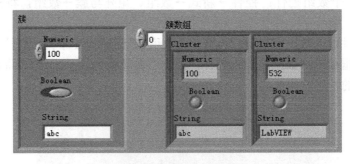

图 5-18　程序运行界面

实例 48　索引与捆绑簇数组

一、设计任务

从输入的多个一维数组中依次取值，按照索引值重新构成一个新的簇数组，构成簇数组的长度和最小的一维数组的长度相同。

二、任务实现

1．程序前面板设计

添加1个数组控件：控件→新式→数组、矩阵与簇→数组，标签为"数组"。

将1个簇控件放入数组框架中，再将1个数值显示控件和1个字符串显示控件放入簇框架中。将数组成员数量设置为4列。

设计的程序前面板如图5-19所示。

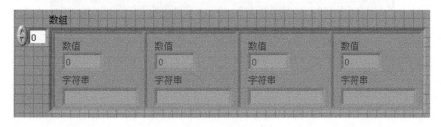

图5-19　程序前面板

2．框图程序设计

（1）添加1个索引与捆绑簇数组函数：函数→编程→簇与变体→索引与捆绑簇数组。将输入端口设置为两个。

说明：该函数从输入的 n 个一维数组中依次取值，相同索引值的数据被攒成一个簇，所有的簇构成一个一维数组。插接成的簇数组长度与输入数组中长度最短的一个相等，长数组最后多余的数据被甩掉。

（2）添加1个数组常量：函数→编程→数组→数组常量。

向数组常量中添加数值常量，将列数设置为4，输入数值1、2、3、4。

（3）添加1个数组常量：函数→编程→数组→数组常量。

向数组常量中添加字符串常量，将列数设置为4，输入字符a、b、c、d。

（4）将数值数组、字符串数组分别与索引与捆绑簇数组函数的输入端口组件数组相连。

（5）将索引与捆绑簇数组函数的输出端口簇数组与数组控件相连。

连线后的框图程序如图5-20所示。

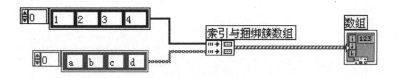

图5-20　框图程序

3. 运行程序

执行"连续运行"。本例数组中有 4 个簇数据,其中数值从数值数组常量中依次取值 1、2、3、4,字符串从字符串数组常量中依次取值 a、b、c、d。

程序运行界面如图 5-21 所示。

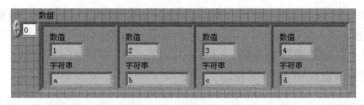

图 5-21 程序运行界面

第6章 数据类型转换

由于程序设计的具体需要，有些时候需要进行数据类型间的转换，即将一种数据类型转换为另一种数据类型。

本章通过实例介绍字符串、数值、数组、簇及布尔等数据类型之间的相互转换。

实例基础 数据类型转换概述

在 LabVIEW 中，数据类型转换主要依赖于数据类型转换函数来完成，这些函数按照功能被安排在函数选板的各个子选板中。例如，用于数值型对象与其他对象之间进行数据类型转换的函数位于函数选板中的数值子选板中；用于字符串与数值型对象之间数据类型转换的函数位于函数选板中的字符串子选板中；用于字符串、数组及路径对象之间数据类型转换的函数位于函数选板中的字符串子选板中。

当在不同的数据类型的端口连线时，LabVIEW 将要根据以下规则进行数据类型的转换。

（1）有符号或无符号的整数可转换为浮点数，这种转换除长整型数据转换为单精度浮点数外，都没有精度损失。长整型数据转换为单精度浮点数时，LabVIEW 将数据长度从 32 位降低为 24 位。

（2）浮点数转换为有符号或无符号的整数时，LabVIEW 会产生数据溢出而使转换后的数据为整型数的最大值或最小值。例如，转换任意负的浮点数为一个无符号的整数，都将变为整数的最大值。

（3）枚举数据类型被认为是无符号的整数。如果要转换浮点数-1 为无符号的整数，则转换后的数值被强制于该枚举类型的范围内，如该枚举类型的范围是 0～25，则-1 被转换为 25（枚举类型的最大值）。

（4）整数之间的转换，LabVIEW 不会产生数据溢出。如果源数据类型比目标数据类型小，则 LabVIEW 自动以 0 填充，以求和目标数据类型一致。如果源数据类型比目标数据类型大，LabVIEW 只复制源数值的最小有效位数。

一般用户使用的输入量和显示量都是 32 位双精度浮点数。但是 LabVIEW 包含丰富的数值型数据类型，它们可以是整型（一个字节长、一个字长或长整型），也可以是浮点型（单精度、双精度或扩展精度）。一个数值型量的默认类型是双精度浮点型。

如果把两个不同数据类型的端口连接在一起，LabVIEW 自动将它们转换一致，并且在发生转化的端口留下一个小灰点，即"强制转换符"，作为标记。

例如，For 循环的计数端口要求长整型量，如果用户给它连接了一个双精度浮点数，LabVIEW 语言就将它转换为长整型数，并且在计数端口留下一个小灰点。

LabVIEW 在将浮点数转换为整型数时，将它圆整到最接近的整数。如果恰好在两个数中间，则圆整到最接近的偶数。例如，6.5 圆整到 6，7.5 圆整到 8。这是国际电器工程师协会（IEEE）规定的数值圆整方法。

如果在根本不能相互转换的数据类型之间连线，如把数字控制件的输出连接到显示件的数组上，则连接不会成功，直线以虚线表示，并且运行按钮以断裂的箭头表示。

实例 49　字符串至路径转换

一、设计任务

将 1 个字符串转换为文件路径。

二、任务实现

1. 程序前面板设计

（1）添加 1 个字符串输入控件：控件→新式→字符串与路径→字符串输入控件，将标签改为"输入字符串"。

（2）添加 1 个路径显示控件：控件→新式→字符串与路径→文件路径显示控件，将标签改为"显示路径"。

设计的程序前面板如图 6-1 所示。

图 6-1　程序前面板

2. 框图程序设计

（1）添加 1 个字符串至路径转换函数：函数→编程→字符串→字符串/数组/路径转换→字符串至路径转换。

字符串/数组/路径转换函数选板如图 6-2 所示。

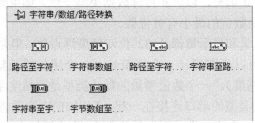

图 6-2　字符串/数组/路径转换函数选板

(2)将字符串输入控件与字符串至路径转换函数的输入端口字符串相连。
(3)将字符串至路径转换函数的输出端口路径与路径显示控件相连。
连线后的框图程序如图 6-3 所示。

图 6-3　框图程序

3．运行程序

执行"连续运行"。输入字符串"C:\LabVIEW.vi",转换为文件路径"C:\LabVIEW.vi"。程序运行界面如图 6-4 所示。

图 6-4　程序运行界面

实例 50　路径至字符串转换

一、设计任务

将文件路径转换为字符串。

二、任务实现

1．程序前面板设计

(1)添加 1 个路径输入控件:控件→新式→字符串与路径→文件路径输入控件,将标签改为"输入路径"。
(2)添加 1 个字符串显示控件:控件→新式→字符串与路径→字符串显示控件,将标签改为"输出字符串"。
设计的程序前面板如图 6-5 所示。

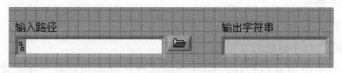

图 6-5　程序前面板

2. 框图程序设计

（1）添加 1 个路径至字符串转换函数：函数→编程→字符串→字符串/数组/路径转换→路径至字符串转换。

（2）将文件路径输入控件与路径至字符串转换函数的输入端口路径相连。

（3）将路径至字符串转换函数的输出端口字符串与输出字符串显示控件相连。

连线后的框图程序如图 6-6 所示。

图 6-6　框图程序

3. 运行程序

执行"连续运行"。通过单击输入路径文本框右侧的图标，选择一个文件，在输出字符串文本框显示该文件路径。

程序运行界面如图 6-7 所示。

图 6-7　程序运行界面

实例 51　数值至字符串转换

一、设计任务

将十进制数值转换为十进制数字符串和十六进制数字符串；将小数格式化后以字符串形式输出。

二、任务实现

1. 程序前面板设计

（1）添加两个数值输入控件：控件→新式→数值→数值输入控件，将标签分别改为"十进制数值 1"和"十进制数值 2"。

（2）添加 3 个字符串显示控件：控件→新式→字符串与路径→字符串显示控件，将标签分别改为"十进制数字符串"、"十六进制数字符串"和"格式字符串"。

设计的程序前面板如图 6-8 所示。

第6章 数据类型转换

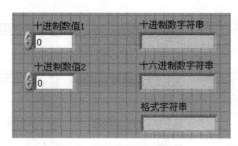

图6-8 程序前面板

2. 框图程序设计

（1）添加1个数值至十进制数字符串转换函数：函数→编程→字符串→字符串/数值转换→数值至十进制数字符串转换。

字符串/数值转换函数选板如图6-9所示。

图6-9 字符串/数值转换函数选板

（2）添加1个数值至十六进制数字符串转换函数：函数→编程→字符串→字符串/数值转换→数值至十六进制数字符串转换。

（3）添加1个数值至小数字符串转换函数：函数→编程→字符串→字符串/数值转换→数值至小数字符串转换。

（4）添加两个数值常量：函数→编程→数值→数值常量。将值改为3.1415926和5。

（5）将十进制数值1控件与数值至十进制数字符串转换函数的输入端口数字相连。

（6）将数值至十进制数字符串转换函数的输出端口十进制整型字符串与十进制数字符串显示控件相连。

（7）将十进制数值2控件与数值至十六进制数字符串转换函数的输入端口数字相连。

（8）将数值至十六进制数字符串转换函数的输出端口十六进制整型字符串与十六进制数字符串显示控件相连。

（9）将数值常量3.1415926与数值至小数字符串转换函数的输入端口数字相连。

（10）将数值常量5与数值至小数字符串转换函数的输入端口精度相连。

（11）将数值至小数字符串转换函数的输出端口F-格式字符串与格式字符串显示控件相连。

连线后的框图程序如图6-10所示。

3. 运行程序

执行"连续运行"。本例中，十进制数6.8转换为十进制数字符串"7"输出，十进制数12转换为十六进制数字符串"C"输出，小数3.1415926按照5位精度转换后的字符串为"3.14159"。

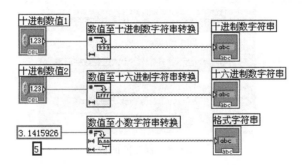

图 6-10　框图程序

程序运行界面如图 6-11 所示。

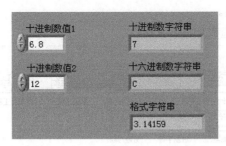

图 6-11　程序运行界面

实例 52　字符串至数值转换

一、设计任务

将十进制数字符串和十六进制数字符串转换为十进制数值。

二、任务实现

1. 程序前面板设计

（1）添加两个字符串输入控件：控件→新式→字符串与路径→字符串输入控件，将标签分别改为"十进制数字符串"和"十六进制数字符串"。

（2）添加两个数值显示控件：控件→新式→数值→数值显示控件，将标签分别改为"数值1"和"数值2"。

设计的程序前面板如图 6-12 所示。

2. 框图程序设计

（1）添加 1 个十进制数字符串至数值转换函数：函数→编程→字符串→字符串/数值转换→十进制数字符串至数值转换。

图 6-12　程序前面板

（2）添加 1 个十六进制数字符串至数值转换函数：函数→编程→字符串→字符串/数值转换→十六进制数字符串至数值转换。

（3）将十进制数字符串控件与十进制数字符串至数值转换函数的输入端口字符串相连。

（4）将十进制数字符串至数值转换函数的输出端口数字与数值 1 显示控件相连。

（5）将十六进制数字符串控件与十六进制数字符串至数值转换函数的输入端口字符串相连。

（6）将十六进制数字符串至数值转换函数的输出端口数字与数值 2 显示控件相连。

连线后的框图程序如图 6-13 所示。

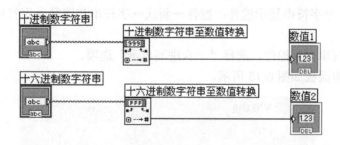

图 6-13　框图程序

3．运行程序

执行"连续运行"。本例中，十进制数字符串 12 转换为十进制数 12；十六进制数字符串 12 转换为十进制数 18。

程序运行界面如图 6-14 所示。

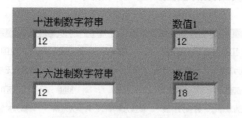

图 6-14　程序运行界面

实例 53　字节数组至字符串转换

一、设计任务

将字节数组转换为字符串输出。

二、任务实现

1. 程序前面板设计

（1）添加 1 个数组控件：控件→新式→数组、矩阵与簇→数组，标签改为"字节数组"。

将数值显示控件放入数组框架中，将成员数量设置为 4 列。

右键单击数值显示控件，选择"格式与精度"选项，在出现的数值属性对话框中，选择数据范围项，将表示法设为"无符号单字节"；再选择格式与精度项，选择"十六进制"。

（2）添加 1 个字符串显示控件：控件→新式→字符串与路径→字符串显示控件，标签为"字符串"。

右键单击字符串显示控件，选择"十六进制显示"选项。

设计的程序前面板如图 6-15 所示。

图 6-15　程序前面板

2. 框图程序设计

（1）添加 1 个字节数组至字符串转换函数：函数→编程→数值→转换→字节数组至字符串转换。

字节数组至字符串转换函数的位置如图 6-16 所示。

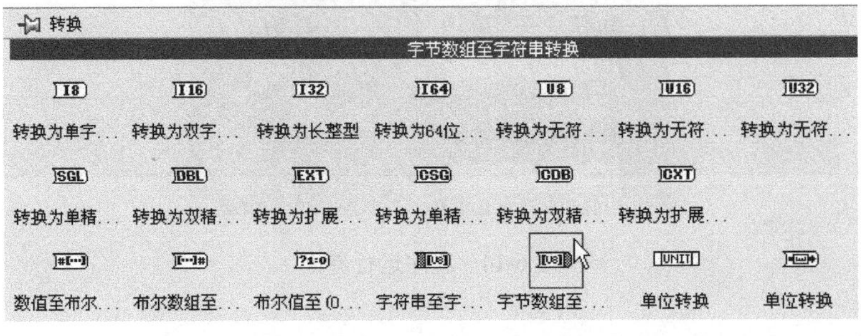

图 6-16　字节数组至字符串转换函数的位置

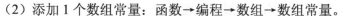

(2)添加 1 个数组常量:函数→编程→数组→数组常量。

再往数组常量中添加数值常量,设置为 4 列,将其数据格式设置为十六进制,方法为:选中数组常量中的数值常量,单击右键,执行"格式与精度"命令,在出现的对话框中,从格式与精度选项中选择十六进制,单击"确定"按钮确认。将 4 个数值常量的值分别改为 1A、21、C2、FF。

(3)将数组常量与字节数组至字符串转换函数的输入端口无符号字节数组相连,再将数组常量与字节数组显示控件相连。

(4)将字节数组至字符串转换函数的输出端口字符串与字符串显示控件相连。

连线后的框图程序如图 6-17 所示。

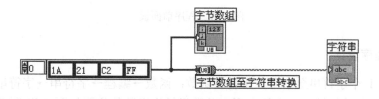

图 6-17　框图程序

3. 运行程序

执行"连续运行"。本例中,字节数组控件显示 1A、21、C2、FF,字符串显示控件显示"1A21 C2FF"。

程序运行界面如图 6-18 所示。

图 6-18　程序运行界面

实例 54　字符串至字节数组转换

一、设计任务

将字符串转换为字节数组输出。

二、任务实现

1. 程序前面板设计

(1)添加 1 个字符串输入控件:控件→新式→字符串与路径→字符串输入控件,标签为"十六进制数字符串"。

右键单击字符串显示控件,选择"十六进制显示"选项。

(2)添加 1 个数组控件:控件→新式→数组、矩阵与簇→数组,标签改为"字节数组"。将数值显示控件放入数组框架中,将成员数量设置为 4 列。

右键单击数值显示控件,选择"格式与精度"选项,在出现的数值属性对话框中,选择数据范围项,将表示法设为"无符号单字节";再选择格式与精度项,选择"十六进制"。

设计的程序前面板如图 6-19 所示。

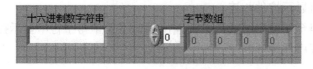

图 6-19　程序前面板

2．框图程序设计

(1)添加 1 个字符串至字节数组转换函数:函数→编程→字符串→字符串/数组/路径转换→字符串至字节数组转换。字符串至字节数组转换函数的位置如图 6-20 所示。

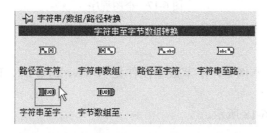

图 6-20　字符串至字节数组转换函数位置

(2)将十六进制数字符串输入控件与字符串至字节数组转换函数的输入端口字符串相连。

(3)将字符串至字节数组转换函数的输出端口无符号字节数组与字节数组显示控件相连。

连线后的框图程序如图 6-21 所示。

图 6-21　框图程序

3．运行程序

执行"连续运行"。将字符串"1A21 33FF"复制到十六进制数字符串文本框中,在字节数组控件中以字节形式显示。

程序运行界面如图 6-22 所示。

图 6-22　程序运行界面

实例 55　数组至簇转换

一、设计任务

将 1 个数组数据转换为簇数据。

二、任务实现

1．程序前面板设计

（1）添加 1 个数组控件：控件→新式→数组、矩阵与簇→数组，标签为"数组"。将旋钮控件放入数组框架中，将成员数量设置为 3 列。

（2）添加 1 个簇控件：控件→新式→数组、矩阵与簇→簇，标签为"簇"。将 3 个数值显示控件放入簇框架中。

设计的程序前面板如图 6-23 所示。

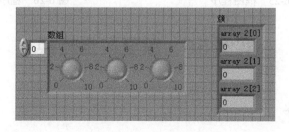

图 6-23　程序前面板

2．框图程序设计

（1）添加 1 个数组至簇转换函数：函数→编程→数组→数组至簇转换。

数组至簇转换函数位置如图 6-24 所示。

（2）将数组控件与数组至簇转换函数的输入端口数组相连。

（3）将数组至簇转换函数的输出端口簇与簇控件相连。

连线后的框图程序如图 6-25 所示。

3．运行程序

执行"连续运行"。改变数组控件中各个旋钮位置，簇控件中各数值显示控件中的值随着改变。

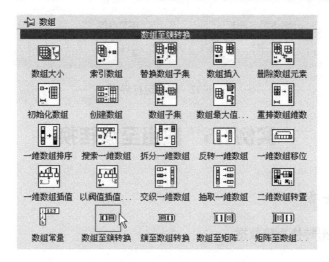

图 6-24 数组至簇转换函数位置

程序运行界面如图 6-26 所示。

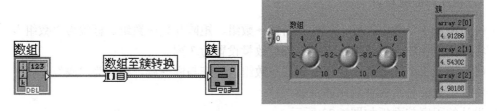

图 6-25 框图程序　　　　　　图 6-26 程序运行界面

实例 56　簇至数组转换

一、设计任务

将 1 个簇数据转换为数组数据。

二、任务实现

1. 程序前面板设计

（1）添加 1 个簇控件：控件→新式→数组、矩阵与簇→簇，标签为"簇"。
将 1 个旋钮控件、1 个数值输入控件放入簇框架中。
（2）添加 1 个数组控件：控件→新式→数组、矩阵与簇→数组，标签为"数组"。
将数值显示控件放入数组框架中，将成员数量设置为 2 列。
设计的程序前面板如图 6-27 所示。

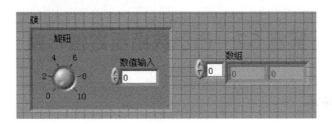

图 6-27　程序前面板

2. 框图程序设计

（1）添加 1 个簇至数组转换函数：函数→编程→簇与变体→簇至数组转换。

簇至数组转换函数位置如图 6-28 所示。

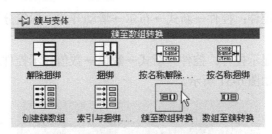

图 6-28　簇至数组转换函数位置

（2）将簇控件与簇至数组转换函数的输入端口簇相连。

（3）将簇至数组转换函数的输出端口数组与数组控件相连。

连线后的框图程序如图 6-29 所示。

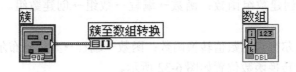

图 6-29　框图程序

3. 运行程序

执行"连续运行"。改变簇控件中旋钮的位置、数值输入控件的值，数组控件同时显示旋钮值、数值输入值。

程序运行界面如图 6-30 所示。

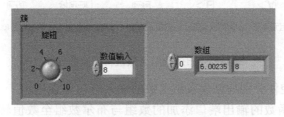

图 6-30　程序运行界面

实例 57　布尔数组至数值转换

一、设计任务

将布尔数组转换为数值显示。

二、任务实现

1. 程序前面板设计

（1）添加两个开关控件：控件→新式→布尔→滑动开关，标签分别为"开关 1"和"开关 2"。

（2）添加 1 个数值显示控件：控件→新式→数值→数值显示控件，标签为"数值"。

设计的程序前面板如图 6-31 所示。

图 6-31　程序前面板

2. 框图程序设计

（1）添加 1 个创建数组函数：函数→编程→数组→创建数组。将元素端口设置为两个。

（2）添加 1 个布尔数组至数值转换函数：函数→编程→布尔→布尔数组至数值转换。

布尔数组至数值转换函数位置如图 6-32 所示。

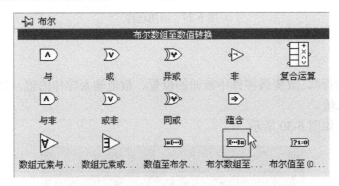

图 6-32　布尔数组至数值转换函数位置

（3）将两个开关控件分别与创建数组函数的输入端口元素相连。

（4）将创建数组函数的输出端口添加的数组与布尔数组至数值转换函数的输入端口布尔数组相连。

(5)将布尔数组至数值转换函数的输出端口数字与数值显示控件相连。

连线后的框图程序如图 6-33 所示。

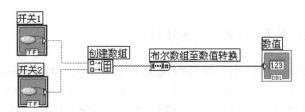

图 6-33　框图程序

3．运行程序

执行"连续运行"。单击两个滑动开关,当两个开关键在不同位置时,数值显示控件显示 0、1、2 或 3。

程序运行界面如图 6-34 所示。

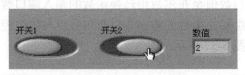

图 6-34　程序运行界面

实例 58　数值至布尔数组转换

一、设计任务

将数值转换为布尔数组显示。

二、任务实现

1．程序前面板设计

(1)添加 1 个数值输入控件:控件→新式→数值→数值输入控件,标签为"数值"。
(2)添加 1 个数组控件:控件→新式→数组、矩阵与簇→数组,标签为"布尔数组"。
将圆形指示灯控件放入数组框架中,将成员数量设置为 2 列。
设计的程序前面板如图 6-35 所示。

图 6-35　程序前面板

2. 框图程序设计

（1）添加 1 个数值至布尔数组转换函数：函数→编程→数值→转换→数值至布尔数组转换。

数值至布尔数组转换函数位置如图 6-36 所示。

图 6-36　数值至布尔数组转换函数位置

（2）将数值输入控件与数值至布尔数组转换函数的输入端口数字相连。

（3）将数值至布尔数组转换函数的输出端口布尔数组与数组控件相连。

连线后的框图程序如图 6-37 所示。

图 6-37　框图程序

3. 运行程序

执行"连续运行"。将输入数值变为 0、1、2 或 3，布尔数组中的两个指示灯颜色发生不同变化。程序运行界面如图 6-38 所示。

图 6-38　程序运行界面

实例 59　布尔值至（0,1）转换

一、设计任务

将一个布尔数据转换为 0 或 1 显示。

二、任务实现

1. 程序前面板设计

（1）添加 1 个开关控件：控件→新式→布尔→滑动开关，标签为"滑动开关"。
（2）添加 1 个数值显示控件：控件→新式→数值→数值显示控件，标签为"数值"。
设计的程序前面板如图 6-39 所示。

图 6-39　程序前面板

2. 框图程序设计

（1）添加 1 个布尔值至(0,1)转换函数：函数→编程→布尔→布尔值至(0,1)转换。
布尔值至(0,1)转换函数位置如图 6-40 所示。

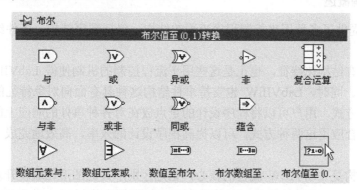

图 6-40　布尔值至(0,1)转换函数位置

（2）将滑动开关控件与布尔值至(0,1)转换函数的输入端口布尔相连。
（3）将布尔值至(0,1)转换函数的输出端口(0,1)与数值显示控件相连。
连线后的框图程序如图 6-41 所示。

3. 运行程序

执行"连续运行"。单击滑动开关，数值显示控件显示 0 或 1。
程序运行界面如图 6-42 所示。

图 6-41　框图程序

图 6-42　程序运行界面

第 7 章 程 序 结 构

本章通过实例介绍 LabVIEW 框图程序设计中的程序结构，包括 For 循环结构、While 循环结构、条件结构、顺序结构、定时结构、事件结构和禁用结构的创建与使用。

实例 60　For 循环结构

一、实例说明

1. 程序结构概述

LabVIEW 提供了多种用来控制程序流程的结构，包括顺序结构、条件结构、循环结构等框架。

流程控制具有结构化特征，也正是这些用于流程控制的机制使得 LabVIEW 的结构化程序设计成为可能。同时，LabVIEW 也支持事件结构这种具有面向对象特征的程序流程控制方式，利用这种方式，用户可以将程序设计的重点放在对各种事件的响应上面，流程的控制被大大简化。综合应用这两种方式，可以提高程序设计的效率，高效地完成 LabVIEW 的程序设计。

流程控制结构是 LabVIEW 编程的核心，也是区别于其他图形化编程开发环境的独特与灵活之处。LabVIEW 提供的结构定义简单直观，但应用变换灵活，形式多种多样，要完全掌握并灵活运用并不是一件容易的事。

2. For 循环的组成和建立

For 循环就是使其边框内的代码即子框图程序重复执行，执行到计数端口预先确定的次数后跳出循环。

For 循环是 LabVIEW 最基本的结构之一，它执行指定次数的循环。

LabVIEW 中的 For 循环可从框图函数选板的结构子选板中创建。

最基本的 For 循环结构由循环框架、计数端口、循环端口组成，如图 7-1 所示。

For 循环执行的是包含在循环框架内的程序节点。

循环端口相当于 C 语言 For 循环中的 i，初始值为 0，每次循环的递增步长为 1。注意，循环端口的初始值和步长在 LabVIEW 中是固定不变的，若要用到不同的初始值或步长，可对循环端口产生的数据进行一定的数据运算，也可用移位寄存器来实现。

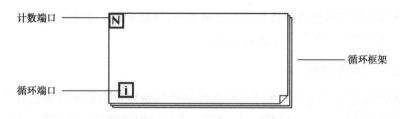

图 7-1 For 循环结构的组成

计数端口相当于 C 语言 For 循环中的循环次数 N，在程序运行前必须赋值。通常情况下，该值为整型，若将其他数据类型连接到该端口上，For 循环会自动将其转换为整型数据。

3．移位寄存器与框架通道

为实现 For 循环的各种功能，LabVIEW 在 For 循环中引入了移位寄存器和框架通道两个独具特色的新概念。

移位寄存器的功能是将第 i-1，i-2，i-3，…次循环的计算结果保存在 For 循环的缓冲区内，并在第 i 次循环时将这些数据从循环框架左侧的移位寄存器中送出，供循环框架内的节点使用。

选中循环框架，单击右键，在弹出菜单中选择"添加移位寄存器"选项，可创建一个移位寄存器，如图 7-2 所示。

用鼠标（定位工具状态）在左侧移位寄存器的右下角向下拖动，或在左侧移位寄存器的右键弹出菜单中选择"添加元素"选项，可创建多个左侧移位寄存器，如图 7-3 所示。

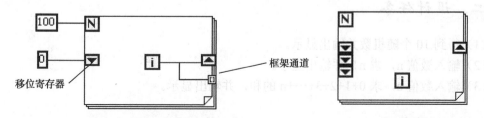

图 7-2 移位寄存器和框架通道　　　　图 7-3 创建多个移位寄存器

此时，在第 i 次循环开始时，左侧每一个移位寄存器便会将前几次循环由右侧移位寄存器存储到缓冲区的数据送出来，供循环框架内的各种节点使用。左侧第 1 个移位寄存器送出的是第 i-1 次循环时存储的数据，第 2 个移位寄存器送出的是第 i-2 次循环时存储的数据，第 3 个、第 4 个……移位寄存器送出的数据依次类推。数据在移位寄存器中流动。

当 For 循环在执行第 0 次循环时，For 循环的数据缓冲区并没有数据存储，所以在使用移位寄存器时，必须根据编程需要对左侧的移位寄存器进行初始化，否则，左侧的移位寄存器在第 0 次循环时的输出值为默认值 0。另外，连至右侧移位寄存器的数据类型和用于初始化左侧移位寄存器的数据类型必须一致，如都是数值型，或都是布尔型等。

框架通道是 For 循环与循环外部进行数据交换的数据通道，其功能是在 For 循环开始运行前，将循环外其他节点产生的数据送至循环内，供循环框架内的节点使用。还可在 For 循环运行结束时将循环框架内节点产生的数据送至循环外，供循环外的其他节点使用。用连线工具将数据连线从循环框架内直接拖至循环框架外，LabVIEW 会自动生成一个框架通道。框架通道共有两种属性，即有索引和无索引。

4．For 循环的时间控制

在循环条件满足的情况下，循环结构会以最快的速度执行循环体内的程序，即一次循环结束后将立即开始执行下一次循环。可以通过函数选板的定时函数子选板中的时间延迟函数或等待下一个整数倍毫秒函数来控制循环的执行速度。

（1）使用时间延迟函数。将时间延迟图标放入循环框内，同时出现其属性对话框，在对话框中设置循环延迟时间。在程序执行到此函数时，就会等待到设置的延长时间，然后执行下一次循环。

（2）使用等待下一个整数倍毫秒函数。其延迟时间设置可用数值常数直接赋值或通过单击右键选择创建常量来设置，以 ms（毫秒）为单位。

5．For 循环的特点

与其他编程语言相比，LabVIEW 中的 For 循环除具有一般 For 循环所共有的特点之外，还具有一些一般 For 循环所没有的特点。

LabVIEW 没有类似于其他编程语言中的 Goto 之类的转移语句，故编程者不能随心所欲地将程序从一个正在执行的 For 循环中跳转出去。也就是说，一旦确定了 For 循环执行的次数，当 For 循环开始执行后，就必须等其执行完相应次数的循环后才能终止其运行。若在编程时确实需要跳出循环，可用 While 循环来替代。

二、设计任务

（1）得到 10 个随机数并输出显示。
（2）输入数值 n，求 n! 并输出显示。
（3）输入数值 n，求 0+1+2+3+…+n 的和，并输出显示。

三、任务实现

任务 1

1．程序前面板设计

添加两个数值显示控件：控件→新式→数值→数值显示控件，将标签分别改为"循环数"和"随机数：0-1"。

设计的程序前面板如图 7-4 所示。

2．框图程序设计

（1）添加 1 个 For 循环结构：函数→编程→结构→For 循环，其位置如图 7-5 所示。

图 7-4 程序前面板

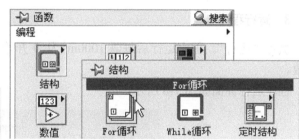

图 7-5 For 循环结构的位置

（2）添加 1 个数值常量：函数→编程→数值→数值常量。将值改为 10。
（3）将数值常量 10 与 For 循环结构的计数端口 N 相连。
（4）在 For 循环结构中添加 1 个随机数函数：函数→编程→数值→随机数(0-1)。
（5）在 For 循环结构中添加 1 个数值常量：函数→编程→数值→数值常量。将值改为 1000。
（6）在 For 循环结构中添加 1 个定时函数：函数→编程→定时→等待下一个整数倍毫秒，其位置如图 7-6 所示。

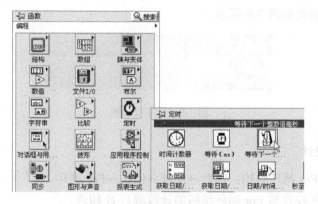

图 7-6 定时结构的位置

（7）将"循环数"显示控件、"随机数：0-1"显示控件的图标移到 For 循环结构中。
（8）将随机数(0-1)函数与"随机数：0-1"显示控件相连。
（9）将数值常量 1000 与等待下一个整数倍毫秒函数的输入端口毫秒倍数相连。
（10）将循环端口与循环数显示控件相连。
连线后的框图程序如图 7-7 所示。

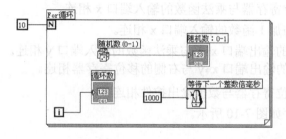

图 7-7 框图程序

3．运行程序

执行"运行"。程序运行后每隔 1000ms 从 0 开始计数，直到 9，并显示 10 个 0-1 的随机数。

程序运行界面如图 7-8 所示。

图 7-8　程序运行界面

任务 2

1．程序前面板设计

（1）添加 1 个数值输入控件：控件→新式→数值→数值输入控件，将标签改为"n"。
（2）添加 1 个数值显示控件：控件→新式→数值→数值显示控件，将标签改为"n!"。

设计的程序前面板如图 7-9 所示。

图 7-9　程序前面板

2．框图程序设计

（1）添加 1 个 For 循环结构：函数→编程→结构→For 循环。
（2）将数值输入控件与 For 循环结构的计数端口 N 相连。
（3）添加 1 个数值常量：函数→编程→数值→数值常量。将值改为 1。
（4）在 For 循环结构中添加 1 个乘法函数：函数→编程→数值→乘。
（5）在 For 循环结构中添加 1 个加 1 函数：函数→编程→数值→加 1。
（6）选中循环框架边框，单击右键，在弹出菜单中选择"添加移位寄存器"选项，创建一个移位寄存器。
（7）将数值常量 1 与 For 循环结构左侧的移位寄存器相连（寄存器初始化）。
（8）将左侧的移位寄存器与乘法函数的输入端口 x 相连。
（9）将循环端口与加 1 函数的输入端口 x 相连。
（10）将加 1 函数的输出端口 x+1 与乘法函数的输入端口 y 相连。
（11）将乘法函数的输出端口 x∗y 与右侧的移位寄存器相连。
（12）将右侧的移位寄存器与数值输出控件相连。

连线后的框图程序如图 7-10 所示。

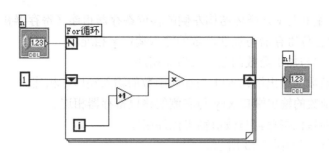

图 7-10 框图程序

3．运行程序

执行"运行"。输入数值，如 5，求 5！并显示结果 120。

程序运行界面如图 7-11 所示。

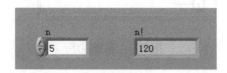

图 7-11 程序运行界面

任务 3

1．程序前面板设计

（1）添加 1 个数值输入控件：控件→新式→数值→数值输入控件，将标签改为"n"。

（2）添加 1 个数值显示控件：控件→新式→数值→数值显示控件，将标签改为"0+1+2+3+…+n"。

设计的程序前面板如图 7-12 所示。

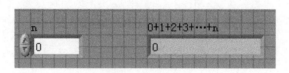

图 7-12 程序前面板

2．框图程序设计

（1）添加 1 个 For 循环结构：函数→编程→结构→For 循环。
（2）将数值输入控件与 For 循环结构的计数端口 N 相连。
（3）添加 1 个数值常量：函数→编程→数值→数值常量。值为 0。
（4）在 For 循环结构中添加 1 个加法函数：函数→编程→数值→加。
（5）在 For 循环结构中添加 1 个加 1 函数：函数→编程→数值→加 1。
（6）选中循环框架边框，单击右键，在弹出菜单中选择"添加移位寄存器"选项，创建一个移位寄存器。

（7）将数值常量 0 与 For 循环结构左侧的移位寄存器相连（寄存器初始化）。
（8）将左侧的移位寄存器与加法函数的输入端口 x 相连。
（9）将循环端口与加 1 函数的输入端口 x 相连。
（10）将加 1 函数的输出端口 x+1 与加法函数的输入端口 y 相连。
（11）将加法函数的输出端口 x+y 与右侧的移位寄存器相连。
（12）将右侧的移位寄存器与数值输出控件相连。
连线后的框图程序如图 7-13 所示。

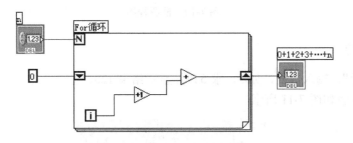

图 7-13　框图程序

3．运行程序

执行"运行"。输入数值，如 100，求 0+1+2+3+…+100，并显示结果 5050。
程序运行界面如图 7-14 所示。

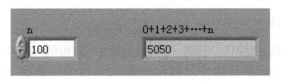

图 7-14　程序运行界面

实例 61　While 循环结构

一、实例说明

1．While 循环的组成和建立

While 循环控制程序反复执行一段代码，直到某个条件发生。当循环的次数不定时，就需用到 While 循环。

While 循环可从函数选板中的结构子选板创建。

最基本的 While 循环由循环框架、循环端口及条件端口组成，如图 7-15 所示。

与 For 循环类似，While 循环执行的是包含在其循环框架中的程序模块，但执行的循环次数却不固定，只有当满足给定的条件时才停止循环的执行。

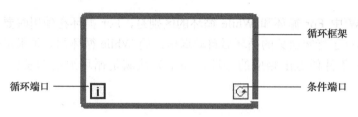

图 7-15 While 循环结构的组成

循环端口是一个输出端口，它输出当前循环执行的次数，循环计数是从 0 开始的。循环端口相当于 C 语言 For 循环中的 i，初始值为 0，每次循环的递增步长为 1。注意，循环端口的初始值和步长在 LabVIEW 中是固定不变的，若要用到不同的初始值或步长，可对循环端口产生的数据进行一定的数据运算，也可用移位寄存器来实现。

条件端口的功能是控制循环是否执行。每次循环结束时，条件端口便会检测通过数据连线输入的布尔值。条件端口是一个布尔量，条件端口的默认值是假。如果条件端口值是真，那么执行下一次循环，直到条件端口的值为假时循环才结束。

请注意，若在编程时不给条件端口赋值，则 While 循环只执行一次。输入端口程序在每一次循环结束时才检查条件端口，因此 While 循环总是至少执行一次。

用鼠标（定位工具状态）在 While 循环框架的一角拖动，可改变循环框架的大小。While 循环也有框架通道和传递寄存器，其用法与 For 循环完全相同。

2．While 循环编程要点

由于循环结构在进入循环后将不再理会循环框外面数据的变化，因此产生循环终止条件的数据源（如停止按钮）一定要放在循环框内，否则会造成死循环。

While 循环的自动索引、循环时间控制方法及使用移位寄存器等功能与 For 循环也都是非常相似的。

但是在使用数组自动索引功能时应该注意，While 循环的循环次数不是事先确定的，在对进入循环的数组进行索引时，如果数组成员已经索引结束，则 LabVIEW 会自动在后面追加默认值。例如，一个数值型数组有 10 个成员，那么从第 11 次循环开始，从数组通道进入循环的数值就是 0；假如数组是布尔型的，追加的就是 False 等。While 循环使用自动索引时，输出数组的长度一般在事前也是未知的。

3．While 循环的特点

与 For 循环类似，LabVIEW 中的 While 循环与其他编程语言相比也独具特色。

While 循环是由条件端口来控制的。如果连接到条件端口上的是一个布尔常量，其值为真，在程序运行时该值是固定不变的，则此 While 循环将永远运行下去。若编程时出现逻辑错误，将导致 While 循环出现死循环。

所以，用户在编程时要尽量避免这种情况的出现。通常的做法是，编程时在前面板上临时添加一个布尔按钮，与逻辑控制条件相与后再连至条件端口。这样，程序运行时一旦出现逻辑错误而导致死循环时，可通过这个布尔按钮来强行结束程序的运行。等完成所有程序开发，经检验程序运行无误后，再将这个布尔按钮去掉。当然，出现死循环时，通过窗口工具条上的停止按钮也可以强行终止程序的运行。

在 LabVIEW 中 For 循环和 While 循环的区别是，For 循环在使用时要预先指定循环次数，当循环体运行了指定次数的循环后自动退出；而 While 循环则无须指定循环次数，只要满足循环退出的条件便退出相应的循环，如果无法满足循环退出的条件，则循环变为死循环。

二、设计任务

（1）得到随机数并输出显示。
（2）输入数值 n，求 n！并输出显示。
（3）输入数值 n，求 0+1+2+3+…+n 的和，并输出显示。

三、任务实现

任务 1

1．程序前面板设计

（1）添加两个数值显示控件：控件→新式→数值→数值显示控件，将标签分别改为"循环数"和"随机数 0-1"。
（2）添加 1 个停止按钮：控件→新式→布尔→停止按钮。
设计的程序前面板如图 7-16 所示。

图 7-16　程序前面板

2．框图程序设计

（1）添加 1 个 While 循环结构：函数→编程→结构→While 循环，其位置如图 7-17 所示。

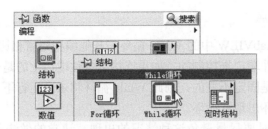

图 7-17　While 循环结构的位置

（2）在 While 循环结构中添加 1 个随机数函数：函数→编程→数值→随机数（0-1）。
（3）在 While 循环结构中添加 1 个数值常量：函数→编程→数值→数值常量。将值改为 1000。

(4) 在 While 循环结构中添加 1 个定时函数：函数→编程→定时→等待下一个整数倍毫秒。

(5) 将"循环数"显示控件、"随机数 0-1"显示控件、停止按钮控件的图标移到 While 循环结构中。

(6) 将随机数(0-1)函数与"循环数 0-1"显示控件相连。

(7) 将数值常量 1000 与等待下一个整数倍毫秒函数的输入端口毫秒倍数相连。

(8) 将循环端口与循环数显示控件相连。

(9) 将停止按钮控件与 While 循环的条件端口相连（按钮的值为真时停止循环并终止程序）。

连线后的框图程序如图 7-18 所示。

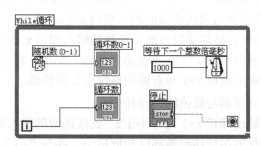

图 7-18　框图程序

3．运行程序

执行"运行"。程序运行后每隔 1000ms 从 0 开始累加计数，并显示 0-1 的随机数，单击"停止"按钮退出循环终止程序。

程序运行界面如图 7-19 所示。

图 7-19　程序运行界面

任务 2

1．程序前面板设计

(1) 添加 1 个数值输入控件：控件→新式→数值→数值输入控件，将标签改为"n"。

(2) 添加 1 个数值显示控件：控件→新式→数值→数值显示控件，将标签改为"n!"。

设计的程序前面板如图 7-20 所示。

图 7-20　程序前面板

2. 框图程序设计

(1) 添加 1 个 While 循环结构：函数→编程→结构→While 循环。
右键单击条件端口，选择"真(T)时继续"选项。
(2) 添加 1 个数值常量：函数→编程→数值→数值常量。将值改为 1。
(3) 在 While 循环结构中添加 1 个乘法函数：函数→编程→数值→乘。
(4) 在 While 循环结构中添加 1 个加 1 函数：函数→编程→数值→加 1。
(5) 在 While 循环结构中添加 1 个比较函数：函数→编程→比较→小于？。
(6) 选中循环框架边框，单击右键，在弹出菜单中选择"添加移位寄存器"选项，创建一个移位寄存器。
(7) 将数值常量 1 与 While 循环结构左侧的移位寄存器相连（寄存器初始化）。
(8) 将左侧的移位寄存器与乘法函数的输入端口 x 相连。
(9) 将 While 循环结构的循环端口与加 1 函数的输入端口 x 相连。
(10) 将加 1 函数的输出端口 x+1 与乘法函数的输入端口 y 相连。
(11) 将乘法函数的输出端口 x*y 与右侧的移位寄存器相连。
(12) 将右侧的移位寄存器与数值输出控件相连。
(13) 将加 1 函数的输出端口 x+1 与"小于？"比较函数的输入端口 x 相连。
(14) 将数值输入控件的图标移到循环结构框架中，并与"小于？"比较函数的输入端口 y 相连。
(15) 将"小于？"比较函数的输出端口"x<y?"与 While 循环结构的条件端口相连。
连线后的框图程序如图 7-21 所示。

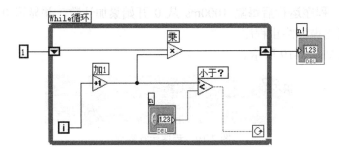

图 7-21　框图程序

3. 运行程序

执行"运行"。输入数值，如 6，求 6! 并显示结果 720。
程序运行界面如图 7-22 所示。

图 7-22　程序运行界面

任务3

1. 程序前面板设计

(1) 添加1个数值输入控件: 控件→新式→数值→数值输入控件, 将标签改为"n"。

(2) 添加1个数值显示控件: 控件→新式→数值→数值显示控件, 将标签改为"0+1+2+3+…+n"。

设计的程序前面板如图7-23所示。

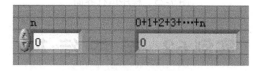

图7-23 程序前面板

2. 框图程序设计

(1) 添加1个While循环结构: 函数→编程→结构→While循环。

右键单击条件端口, 选择"真(T)时继续"选项。

(2) 添加1个数值常量: 函数→编程→数值→数值常量。值为0。

(3) 在While循环结构中添加1个加法函数: 函数→编程→数值→加。

(4) 在While循环结构中添加1个比较函数: 函数→编程→比较→小于?。

(5) 选中循环框架边框, 单击右键, 在弹出菜单中选择"添加移位寄存器"选项, 创建一个移位寄存器。

(6) 将数值常量0与While循环结构左侧的移位寄存器相连(寄存器初始化)。

(7) 将左侧的移位寄存器与加法函数的输入端口x相连。

(8) 将循环端口与加法函数的输入端口y相连。

(9) 将加法函数的输出端口x+y与右侧的移位寄存器相连。

(10) 将右侧的移位寄存器与数值输出控件相连。

(11) 将循环端口与"小于?"比较函数的输入端口x相连。

(12) 将数值输入控件的图标移到循环结构框架中, 并与"小于?"比较函数的输入端口y相连。

(13) 将"小于?"比较函数的输出端口"x<y?"与While循环结构的条件端口相连。

连线后的框图程序如图7-24所示。

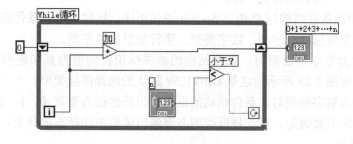

图7-24 框图程序

3. 运行程序

执行"运行"。输入数值，如 100，求 0+1+2+3+…+100，并显示结果 5050。
程序运行界面如图 7-25 所示。

图 7-25　程序运行界面

实例 62　条件结构

一、实例说明

1. 条件结构的组成与建立

条件结构根据条件的不同，控制程序执行不同的过程。

从函数选板的结构子选板上将条件结构拖至程序框图中，其原始形状如图 7-26 所示，由选择框架、条件选择端口、框架标识符、框架切换钮组成。

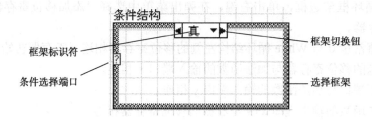

图 7-26　条件结构的组成

在条件结构中，选择端口相当于 C 语言 Switch 语句中的"表达式"，框架标识符相当于"常量表达式 n"。编程时，将外部控制条件连接至条件选择端口上，程序运行时选择端口会判断送来的控制条件，引导条件结构执行相应框架中的内容。

条件结构包含多个子框图，每个子框图的程序代码与一个条件选项对应。这些子框图全部重叠在一起，一次只能看到一张。

LabVIEW 中的条件结构与 C 语言 Switch 语句相比，比较灵活，条件选择端口中的外部控制条件的数据类型包括布尔型、数字整型、字符串型或枚举型。

当控制条件为布尔型数据时，条件结构的框图标识符的值为真和假两种，即有真和假两种选择框架，如图 7-26 所示，这是 LabVIEW 默认的选择框架类型。

当控制条件为数字整型时，条件结构的框图标识符的值为整数 0，1，2，…，选择框架的个数可根据实际需要确定。在选择框架的右键弹出菜单中选择添加分支，可以添加选择框架，如图 7-27 所示。

当控制条件为字符串型数据时，条件结构的框架标识符的值为由双引号括起来的字符串"1"，选择框架的个数也是根据实际需要确定的，如图 7-28 所示。

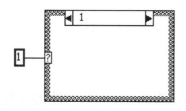 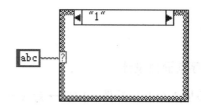

图 7-27　控制条件为数字整型　　　　图 7-28　控制条件为字符串型

注意： 在使用条件结构时，控制条件的数据类型必须与框图标识符中的数据类型一致，二者若不匹配，LabVIEW 会报错，同时，框图标识符中字体的颜色将变为红色。

在 VI 处于编辑状态时，用鼠标（操作工具状态）单击递增/递减按钮可将当前的选择框架切换到前一个或后一个选择框架；用鼠标单击框图标识符，可在下拉菜单中选择切换到任意一个选择框架。

2．条件结构分支的添加、删除与排序

条件结构分支的添加、删除与排序可以在其边框上的弹出菜单中选择相应的选项完成。选择在后面添加分支则在当前显示的分支后添加分支，选择在前面添加分支则在当前显示的分支前添加分支，复制分支则复制当前显示的分支。当执行以上操作时，框图标识符也随之更新以反映出插入或删除的子框图。选择重排分支进行分支排序时，在分支列表中将想要移动的分支直接拖到合适的位置即可。重新排序后的结构不会影响条件结构的运行性能，只是由于编程习惯而已。

3．条件结构数据的输入与输出

为与选择框架外部交换数据，条件结构也有边框通道。条件结构的边框通道与顺序结构的框架通道类似。不过条件结构的边框通道还是具有其自身特点的。

条件结构所有输入端口的数据，其任何子框图都可以通过连线甚至不用连线也可使用。当外部数据连接到选择框架上供其内部节点使用时，条件结构的每一个子框架都能从该通道中获得输入的外部数据。

如果任意子框图输出数据时，则所有其他的分支也必须有数据从该数据通道输出。若其中一个子框图连接了输出，则所有子框图在同一位置出现一个中空的数据通道。只有所有子框图都连接了该输出数据，数据通道才会变为实心且程序才可运行。

LabVIEW 的条件结构与其他语言的条件结构相比，简洁明了，结构简单，不但相当于 Switch 语句，还可以实现多个 if...else 语句的功能。

二、设计任务

（1）通过开关改变指示灯颜色，并显示开关状态信息。
（2）通过滑动杆改变数值，当该数值大于等于设定值时，指示灯颜色改变。

三、任务实现

任务 1

1. 程序前面板设计

（1）添加 1 个开关控件：控件→新式→布尔→垂直滑动杆开关，将标签改为"开关"。

（2）添加 1 个字符串显示控件：控件→新式→字符串与路径→字符串显示控件。将标签改为"状态"。

（3）添加 1 个指示灯控件：控件→新式→布尔→圆形指示灯，将标签改为"指示灯"。

设计的程序前面板如图 7-29 所示。

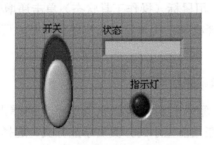

图 7-29　程序前面板

2. 框图程序设计

（1）添加 1 个条件结构：函数→编程→结构→条件结构，其位置如图 7-30 所示。

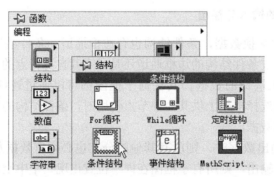

图 7-30　条件结构的位置

（2）在条件结构的真选项中添加 1 个字符串常量：函数→编程→字符串→字符串常量。值为"打开！"。

（3）在条件结构的真选项中添加 1 个真常量：函数→编程→布尔→真常量。

（4）在条件结构的假选项中添加 1 个字符串常量：函数→编程→字符串→字符串常量。值为"关闭！"。

（5）在条件结构的假选项中添加 1 个假常量：函数→编程→布尔→假常量。

(6)将开关控件与条件结构的选择端口☒相连。
(7)将条件结构真选项中的字符串常量"打开!"与状态显示控件相连。
(8)将条件结构真选项中的真常量与指示灯控件相连。
(9)将条件结构假选项中的字符串常量"关闭!"与状态显示控件相连。
(10)将条件结构假选项中的假常量与指示灯控件相连。
连线后的框图程序如图 7-31 所示。

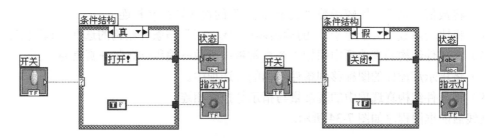

图 7-31　框图程序

3．运行程序

执行"连续运行"。在程序前面板单击开关,指示灯颜色发生变化,状态框显示"打开!"或"关闭!"。

程序运行界面如图 7-32 所示。

图 7-32　程序运行界面

任务 2

1．程序前面板设计

(1)添加 1 个滑动杆控件:控件→新式→数值→水平指针滑动杆,标签为"滑动杆"。
(2)添加 1 个数值显示控件:控件→新式→数值→数值显示控件,标签为"数值"。
(3)添加 1 个指示灯控件:控件→新式→布尔→圆形指示灯,标签为"指示灯"。
设计的程序前面板如图 7-33 所示。

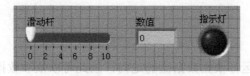

图 7-33　程序前面板

2. 框图程序设计

（1）添加 1 个条件结构：函数→编程→结构→条件结构。
（2）添加 1 个比较函数：函数→编程→比较→大于等于?。
（3）添加 1 个数值常量：函数→编程→数值→数值常量。值改为 5。
（4）将滑动杆控件与数值显示控件相连，再与比较函数"大于等于?"的输入端口 x 相连。
（5）将数值常量 5 与比较函数"大于等于?"的输入端口 y 相连。
（6）将比较函数"大于等于?"的输出端口"x>=y?"与条件结构的选择端口 相连。
（7）在条件结构的真选项中添加 1 个真常量：函数→编程→布尔→真常量。
（8）将指示灯控件的图标移到条件结构的真选项中。
（9）将条件结构真选项中的真常量与指示灯控件相连。

连线后的框图程序如图 7-34 所示。

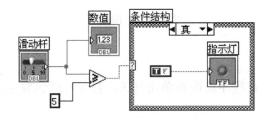

图 7-34　框图程序

3. 运行程序

执行"连续运行"。在程序前面板单击滑动杆触点，当其数值大于等于 5 时，指示灯颜色发生变化。

程序运行界面如图 7-35 所示。

图 7-35　程序运行界面

实例 63　层叠式顺序结构

一、实例说明

1. 顺序结构概述

LabVIEW 中程序的运行依据数据流的走向，因此可以依靠数据连线来限定程序执行顺序结构，另外还可以通过顺序结构来强制规定程序执行顺序。

LabVIEW 提供了两种顺序结构：层叠式顺序结构和平铺式顺序结构。层叠式顺序结构中所有的子框图全部重叠在一起，每次只能看到一个子框图，执行时按照子框图的排列序号执行。平铺式顺序结构像一卷展开的电影胶片，所有的子框图在一个平面上，在执行过程中按由左至右的顺序依次执行到最后边的一个子框图。顺序结构的每一个子框图称为一个"帧"，子框图从 0 开始依次编号。

2．层叠式顺序结构的组成与建立

从函数选板的结构子选板上将层叠式顺序结构拖至程序框图中，其原始形状如图 7-36（a）所示，这时只有一个子框图，类似胶片的框架组成，框架内部就是需要控制执行顺序的程序体。

按照上述方法创建的是单框架顺序结构，只能执行一步操作。但大多数情况下，用户需要按顺序执行多步操作。因此，需要在单框架的基础上创建多框架顺序结构。

选中顺序框架，单击右键，在弹出菜单中选择"在后面添加帧"或"在前面添加帧"选项，就可添加框架，增加子框图后的层叠顺序结构如图 7-36（b）所示。边框的顶部出现子框图标识框，它的中间是子框图标识，显示出当前框在顺序结构序列中的号码（0～n-1），以及此顺序结构共有几个子框图。子框图标识两边分别是降序、升序按钮，单击它们可以分别查看前一个或后一个子框图。

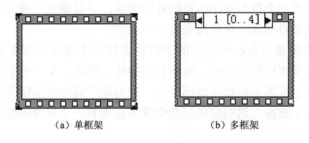

（a）单框架　　　　（b）多框架

图 7-36　层叠式顺序结构的组成

程序运行时，顺序结构就会按框图标识符 0，1，2，…的顺序逐步执行各个框架中的程序。

在程序编辑状态时，用鼠标单击递增/递减按钮可将当前编号的顺序框架切换到前一编号或后一编号的顺序框架；用鼠标（操作工具）单击框图标识符，可从下拉菜单中选择切换到任意编号的顺序框架，如图 7-37 所示。

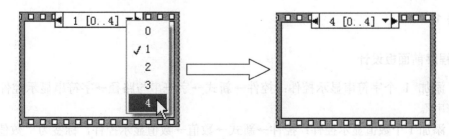

图 7-37　顺序框架的切换

通过层叠顺序结构边框上弹出的快捷菜单，可以进行子框图的复制帧、删除本帧，或者移除整个顺序结构，此时只剩下顶层内的程序框图。在右键弹出快捷菜单中选择"本帧设置为"选项，可以为当前帧指定顺序号，此顺序号原有的代码与它交换位置。

在层叠顺序结构边框的右键快捷菜单中选择"替换"选项，可以把它替换为平铺顺序结构或分支结构。分支结构也可以替换为层叠顺序结构。

为与顺序框架外部的程序节点进行数据交换，顺序结构中也存在框架通道。

输入端口的数据，其任何子框图都可以通过连线或者不用连线使用，但是向外输出数据时，各个子框图只能有一个连接这个数据通道，并且这个通道上的数据只有所有的子框图执行完后才能输出。

3．顺序结构局部变量的创建

在编程时，常常需要将前一个顺序框架中产生的数据传递到后续顺序框架中使用，为此 LabVIEW 在顺序框架中引入了局部变量的概念，通过顺序框架局部变量结果，就可以在顺序框架中向后传递数据。

在各个子框图之间传递数据，层叠顺序结构要借助于顺序局部变量。

建立层叠式顺序结构局部变量的方法是，在顺序式结构边框的右键快捷菜单中，选择"添加顺序局部变量"选项。这时在弹出快捷菜单的位置出现一个黄色小方框，这个小方框连接数据后，中间出现一个指向顺序结构框外的箭头，并且颜色也变为与连接的数据类型相符，这时一个数据已经存储到顺序局部变量中了。

不能在一个顺序局部变量赋值之前的子框图访问这个顺序局部变量中的数据。在这些子框图中顺序局部变量图标没有箭头，也不允许连线。例如，在 1 号子框图为顺序局部变量赋值，就不能在 0 号子框图访问顺序局部变量。在为顺序局部变量赋值的子框图之后，所有子框图都可以访问这个数据，这些顺序局部变量图标都有一个向内的箭头。

二、设计任务

（1）使用层叠式顺序结构先显示一个字符串，隔 5 秒后再显示一个数值。
（2）使用层叠式顺序结构将前一个框架中产生的数据传递到后续框架中使用。

三、任务实现

任务 1

1．程序前面板设计

（1）添加 1 个字符串显示控件：控件→新式→字符串与路径→字符串显示控件，标签为"字符串"。
（2）添加 1 个数值显示控件：控件→新式→数值→数值显示控件，标签为"数值"。
设计的程序前面板如图 7-38 所示。

图 7-38　程序前面板

2. 框图程序设计

（1）添加 1 个顺序结构：函数→编程→结构→层叠式顺序结构，其位置如图 7-39 所示。

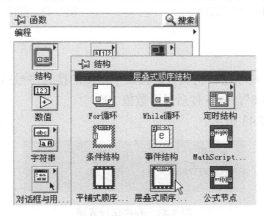

图 7-39　层叠式顺序结构位置

将顺序结构框架设置为 3 个（0-2）。方法是右键单击顺序式结构上边框，在弹出的快捷菜单中选择"在后面添加帧"选项。

（2）在顺序结构框架 0 中添加 1 个字符串常量：函数→编程→字符串→字符串常量。值改为"LabVIEW8.6"。

（3）将字符串显示控件的图标移到顺序结构框架 0 中，将字符串常量"LabVIEW8.6"与字符串显示控件相连，如图 7-40 所示。

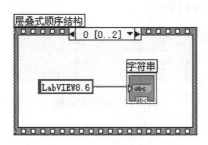

图 7-40　框图程序 1

（4）在顺序结构框架 1 中添加 1 个定时函数：函数→编程→定时→时间延迟。延迟时间设置为 5 秒，如图 7-41 所示。

（5）在顺序结构框架 2 中添加 1 个数值常量：函数→编程→数值→数值常量。将值改为 100。

（6）将数值显示控件的图标移到顺序结构框架 2 中，将数值常量 100 与数值显示控件相连，如图 7-42 所示。

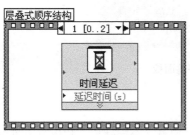
图7-41 框图程序2

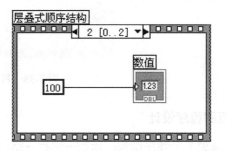
图7-42 框图程序3

3．运行程序

执行"运行"。层叠式顺序结构执行时按照子框图的排列序号执行。本例程序运行后先显示字符串"LabVIEW8.6"，隔5秒后显示数值100。

程序运行界面如图7-43所示。

图7-43 程序运行界面

任务2

1．程序前面板设计

（1）添加1个数值输入控件：控件→新式→数值→数值输入控件，将标签改为"IN"。

（2）添加1个数值显示控件：控件→新式→数值→数值显示控件，将标签改为"OUT"。

设计的程序前面板如图7-44所示。

图7-44 程序前面板

2．框图程序设计

（1）添加1个顺序结构：函数→编程→结构→层叠式顺序结构。

将顺序结构框架设置为3个（0-2）。方法是右键单击顺序式结构上边框，在弹出的快捷菜单中选择"在后面添加帧"选项。

（2）将数值输入控件的图标移到顺序结构框架0中，将数值显示控件的图标移到顺序结构框架2中。

（3）在顺序结构框架1中添加1个定时函数：函数→编程→定时→时间延迟。延迟时间设置为5秒。

(4)右键单击顺序式结构下边框,在弹出的快捷菜单中选择"添加顺序局部变量"选项。这时在弹出快捷菜单的位置出现一个黄色小方框。

(5)在顺序结构框架 0 中,将数值输入控件与顺序局部变量相连。小方框连接数据后中间出现一个指向顺序结构框外的箭头,后续框架顺序局部变量图标都有一个向内的箭头。

(6)在顺序结构框架 2 中,将顺序局部变量与数值显示控件相连。

连线后的框图程序如图 7-45 所示。

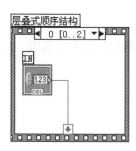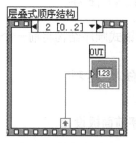

图 7-45　框图程序

3. 运行程序

执行"运行"。本例输入数值 8,隔 5 秒后显示 8。

程序运行界面如图 7-46 所示。

图 7-46　程序运行界面

实例 64　平铺式顺序结构

一、实例说明

从功能选板的结构子选板上将平铺式顺序结构拖至程序框图中,这时只有一个子框图。选中顺序框架,单击右键,在弹出菜单中选择"在后面添加帧"或"在前面添加帧"选项,即可添加框架,增加子框图后的平铺式顺序结构如图 7-47 所示。

图 7-47　平铺式顺序结构

平铺式顺序结构与层叠顺序结构主要有以下几点不同：
(1) 不可以复制子框图。
(2) 只能替换为层叠顺序结构，不能直接替换为条件结构。
(3) 移除平铺顺序结构后，各个子框图的代码都保留。
(4) 在各个子框图之间传递数据，平铺顺序结构可以直接连线。

二、设计任务

使用平铺式顺序结构将前一个框架中产生的数据传递到后续框架中使用。

三、任务实现

1. 程序前面板设计

(1) 添加 1 个数值输入控件：控件→新式→数值→数值输入控件，将标签改为"IN"。
(2) 添加 1 个数值显示控件：控件→新式→数值→数值显示控件，将标签改为"OUT"。

设计的程序前面板如图 7-48 所示。

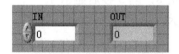

图 7-48　程序前面板

2. 框图程序设计

(1) 添加 1 个顺序结构：函数→编程→结构→平铺式顺序结构，其位置如图 7-49 所示。

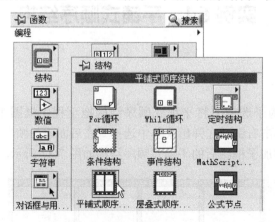

图 7-49　平铺式顺序结构的位置

将顺序结构框架设置为 4 个。方法是右键单击顺序式结构边框，在弹出的快捷菜单中选择"在后面添加帧"选项。

(2)将数值输入控件的图标移到顺序结构框架 0 中,将数值显示控件的图标移到顺序结构框架 3 中。

(3)在顺序结构框架 2 中添加 1 个定时函数:函数→编程→定时→时间延迟。延迟时间设置为 5 秒。

(4)将顺序结构框架 0 中的数值输入控件直接与顺序结构框架 3 中的数值显示控件相连。

连线后的框图程序如图 7-50 所示。

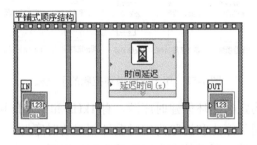

图 7-50　框图程序

3.运行程序

执行"运行"。本例输入数值 8,隔 5 秒后显示 8。

程序运行界面如图 7-51 所示。

图 7-51　程序运行界面

实例 65　定时循环结构

一、实例说明

定时结构是 LabVIEW 8.0 版以后引入的一项新功能。实质上,是 LabVIEW 8.0 中一个经过改进的 While 循环,有了它,用户可以设定精确的代码定时、协调多个对时间要求严格的测量任务,并定义不同优先级的循环,以创建多采样率的应用程序。

在 LabVIEW 8.2 中,函数选板结构子选板中专门为定时结构设计了一个小的选板,如图 7-52 所示。在该选板中放置了多个 VIs 和 Express VIs,用于定时循环的设计与控制。

下面分别介绍这些 VIs 和 Express VIs 的功能。

(1)定时循环,用于创建定时循环,是一种特殊的循环结构。

(2)定时顺序,用于创建定时顺序结构,是一种特殊的顺序结构。

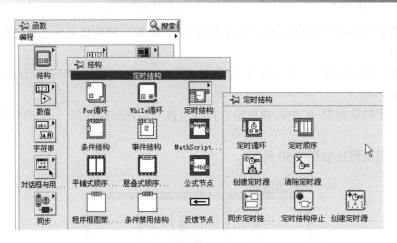

图 7-52 用于定时循环控制的子选板

（3）创建定时源，为定时循环创建时序源，有 1kHz 和 1MHz 两种选择。
（4）清除定时源，用于停止和清除为定时循环创建的时序源。
（5）同步定时结构开始，用于使多个定时循环同步运行。
（6）定时结构停止，用于停止定时循环的运行。
（7）创建定时源层次结构，用于创建定时循环的时序源层次。

定时循环是在 While 循环的基础上改进的，它具备 While 循环的基本特征：无须指定循环次数，依靠一定的退出条件退出循环。但是它有一些 While 循环所不具备的新功能。

二、设计任务

（1）得到随机数并输出显示。
（2）输入数值 n，求 n！并输出显示。
（3）输入数值 n，求 0+1+2+3+…+n 的和并输出显示。

三、任务实现

任务 1

1. 程序前面板设计

（1）添加两个数值显示控件：控件→新式→数值→数值显示控件，将标签分别改为"循环数"和"随机数 0-1"。
（2）添加 1 个停止按钮：控件→新式→布尔→停止按钮。
设计的程序前面板如图 7-53 所示。

图 7-53 程序前面板

2. 框图程序设计

（1）添加 1 个定时循环结构：函数→编程→结构→定时结构→定时循环。

（2）双击定时循环结构左侧的输入节点，打开"配置定时循环"对话框，设置其运行周期为 500ms，优先级为 100，如图 7-54 所示。

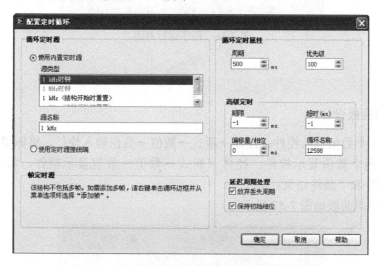

图 7-54　配置定时循环

（3）在定时循环结构中添加 1 个随机数函数：函数→编程→数值→随机数(0-1)。

（4）将"循环数"显示控件、"随机数 0-1"显示控件、停止按钮控件的图标移到定时循环结构中。

（5）将随机数（0-1）函数与"随机数：0-1"显示控件相连。

（6）将循环端口与循环数显示控件相连。

（7）将停止按钮控件与定时循环的条件端口相连（按钮的值为真时停止循环并终止程序）。

连线后的框图程序如图 7-55 所示。

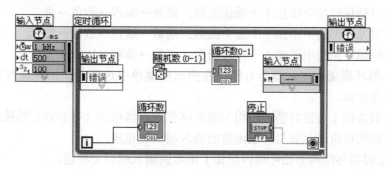

图 7-55　框图程序

3. 运行程序

执行"运行"。程序运行后每隔 1000ms 从 0 开始累加计数，并显示 0-1 的随机数，单击"停止"按钮退出循环终止程序。

程序运行界面如图 7-56 所示。

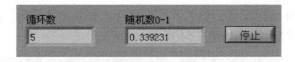

图 7-56　程序运行界面

任务 2

1. 程序前面板设计

(1) 添加 1 个数值输入控件:控件→新式→数值→数值输入控件,将标签改为"n"。

(2) 添加两个数值显示控件:控件→新式→数值→数值显示控件,将标签分别改为"过程结果:n!"和"最终结果:n!"。

设计的程序前面板如图 7-57 所示。

图 7-57　程序前面板

2. 框图程序设计

(1) 添加 1 个定时循环结构:函数→编程→结构→定时结构→定时循环。

右键单击条件端口,在弹出的快捷菜单中选择"真(T)时继续"选项。

(2) 双击定时循环结构左侧的输入节点,打开"配置定时循环"对话框,设置其运行周期为 1000ms,其余参数保持默认。

(3) 添加 1 个数值常量:函数→编程→数值→数值常量。将值改为 1。

(4) 在定时循环结构中添加 1 个乘法函数:函数→编程→数值→乘。

(5) 在定时循环结构中添加 1 个加 1 函数:函数→编程→数值→加 1。

(6) 在定时循环结构中添加 1 个比较函数:函数→编程→比较→小于?。

(7) 选中循环框架边框,单击右键,在弹出的菜单中选择"添加移位寄存器"选项,创建一个移位寄存器。

(8) 将数值常量 1 与定时循环结构左侧的移位寄存器相连(寄存器初始化)。

(9) 将左侧的移位寄存器与乘法函数的输入端口 x 相连。

(10) 将定时循环结构的循环端口与加 1 函数的输入端口 x 相连。

(11) 将加 1 函数的输出端口 x+1 与乘法函数的输入端口 y 相连。

(12) 将过程结果显示控件移入定时循环结构框架中;将乘法函数的输出端口 x*y 与过程结果显示控件相连,再与右侧的移位寄存器相连。

(13) 将右侧的移位寄存器与最终结果输出控件相连。

(14) 将加 1 函数的输出端口 x+1 与"小于?"比较函数的输入端口 x 相连。

(15) 将数值输入控件的图标移到循环结构框架中,并与"小于?"比较函数的输入端口 y 相连。

(16) 将"小于?"比较函数的输出端口"x<y?"与定时循环结构的条件端口相连。

连线后的框图程序如图 7-58 所示。

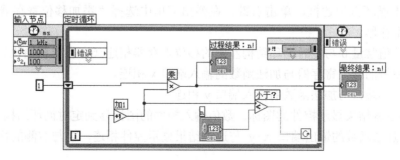

图 7-58　框图程序

3. 运行程序

执行"运行"。输入数值,如 5,求 5!,过程结果不断变化,并显示最终结果 120。程序运行界面如图 7-59 所示。

图 7-59　程序运行界面

任务 3

1. 程序前面板设计

(1) 添加 1 个数值输入控件:控件→新式→数值→数值输入控件,将标签改为"n"。

(2) 添加两个数值显示控件:控件→新式→数值→数值显示控件,将标签分别改为"过程结果:0+1+2+3+…+n"和"最终结果:0+1+2+3+…+n"。

设计的程序前面板如图 7-60 所示。

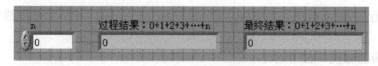

图 7-60　程序前面板

2. 框图程序设计

(1) 添加 1 个定时循环结构:函数→编程→结构→定时结构→定时循环。

右键单击条件端口,选择"真(T)时继续"选项。

(2)双击定时循环结构左侧的输入节点,打开配置定时循环对话框,设置其运行周期为 100ms。

(3)添加 1 个数值常量:函数→编程→数值→数值常量。值为 0。

(4)在定时循环结构中添加 1 个加法函数:函数→编程→数值→加。

(5)在定时循环结构中添加 1 个比较函数:函数→编程→比较→小于?。

(6)选中循环框架边框,单击右键,在弹出菜单中选择"添加移位寄存器"选项,创建一个移位寄存器。

(7)将数值常量 0 与定时循环结构左侧的移位寄存器相连(寄存器初始化)。

(8)将左侧的移位寄存器与加法函数的输入端口 x 相连。

(9)将循环端口与加法函数的输入端口 y 相连。

(10)将过程结果显示控件的图标、数值输入控件的图标移到定时循环结构中。

(11)将加法函数的输出端口 x+y 与过程结果显示控件相连,再与右侧的移位寄存器相连。

(12)将右侧的移位寄存器与最终结果输出控件相连。

(13)将循环端口与"小于?"比较函数的输入端口 x 相连。

(14)将数值输入控件与"小于?"比较函数的输入端口 y 相连。

(15)将"小于?"比较函数的输出端口"x<y?"与定时循环结构的条件端口相连。

连线后的框图程序如图 7-61 所示。

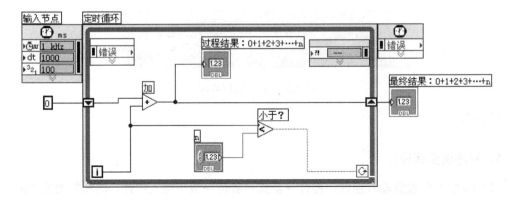

图 7-61 框图程序

3. 运行程序

执行"运行"。输入数值,如 100,求 0+1+2+3+…+100,并显示过程结果和最终结果 5050。

程序运行界面如图 7-62 所示。

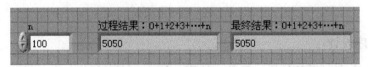

图 7-62 程序运行界面

实例 66 定时顺序结构

一、实例说明

定时顺序是一种在设定时间下按顺序执行程序框图内容的结构。它最大的好处是不用手动设置,自动按一定顺序进行。

定时顺序结构由一个或多个子程序框图(也称"帧")组成,在内部或外部定时源控制下按顺序执行。与定时循环不同,定时顺序结构的每个帧只执行一次,不重复执行。

定时顺序结构适用于开发只执行一次的精确定时、执行反馈、定时特征等动态改变或有多层执行优先级的 VI。

右键单击定时顺序结构的边框可实现添加、删除、插入及合并帧等功能。

二、设计任务

使用定时顺序结构将前一个框架中产生的数据传递到后续框架中使用。

三、任务实现

1. 程序前面板设计

(1)添加 1 个数值输入控件:控件→新式→数值→数值输入控件,将标签改为"IN"。

(2)添加 1 个数值显示控件:控件→新式→数值→数值显示控件,将标签改为"OUT"。

设计的程序前面板如图 7-63 所示。

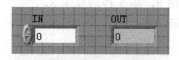

图 7-63 程序前面板

2. 框图程序设计

(1)添加 1 个定时顺序结构:函数→编程→结构→定时结构→定时顺序,其位置如图 7-64 所示。

将顺序结构框架设置为 3 个。方法是右键单击顺序式结构边框,在弹出的快捷菜单中选择"在后面添加帧"选项。

(2)将数值输入控件的图标移到顺序结构框架 0 中,将数值显示控件的图标移到顺序结构框架 2 中。

(3)在顺序结构框架 1 中添加 1 个定时函数:函数→编程→定时→时间延迟。延迟时间设置为 5 秒。

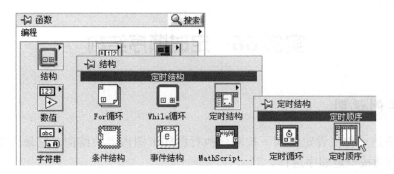

图 7-64　定时顺序结构位置

（4）将顺序结构框架 0 中的数值输入控件直接与顺序结构框架 2 中的数值显示控件相连。

连线后的框图程序如图 7-65 所示。

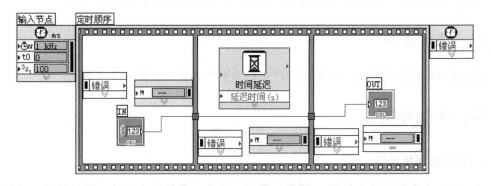

图 7-65　框图程序

3. 运行程序

执行"运行"。本例输入数值 8，隔 5 秒后显示 8。

程序运行界面如图 7-66 所示。

图 7-66　程序运行界面

实例 67　事件结构

一、实例说明

事件结构也是一种可改变数据流执行方式的结构。使用事件结构可实现用户在前面板的操作（事件）与程序执行的互动。

1. 事件驱动的概念

LabVIEW 的程序设计主要是基于一种数据流驱动方式进行的，这种驱动方式的含义是，将整个程序看做一个数据流的通道，数据按照程序流程从控制量到显示量流动。在这种结构中，顺序、分支和循环等流程控制函数对数据流的流向起着十分重要的作用。

数据流驱动的方式在图形化的编程语言中有其独特的优势，这种方式可以形象地表现出图标之间的相互关系及程序的流程，使程序流程简单、明了，结构化特征很强。本章中的例程都是采用数据流驱动的方式编写的。但是数据流驱动的方式也有其缺点和不尽完善之处，这是由于它过分依赖程序的流程，使得很多代码用在了对其流程的控制上。这在一定程度上增加了程序的复杂性，降低了其可读性。

"面向对象技术"的诞生使得这种局面得到改善，"面向对象技术"引入的一个重要概念就是"事件驱动"的方式。在这种驱动方式中，系统会等待并响应用户或其他触发事件的对象发出的消息。这时，用户就不必在研究数据流的走向上面花费很大的精力，而把主要的精力花在编写"事件驱动程序"——即对事件进行响应上。这在一定程度上减轻了用户编写代码进行程序流程控制的负担。

正是基于以上原因，LabVIEW 引入了"事件驱动"的机制。

LabVIEW 在编程中可以设置某些事件，对数据流进行干预。这些事件就是用户在前面板的互动操作，例如，单击鼠标产生的鼠标事件、按下键盘产生的键盘事件等。

在事件驱动程序中，首先是等待事件发生，然后按照对应指定事件的程序代码对事件进行响应，以后再回到等待事件状态。

在 LabVIEW 中，如果需要进行用户和程序间的互动操作，可以用事件结构实现。使用事件结构，程序可以响应用户在前面板上面的一些操作，如按下某个按钮、改变窗体大小、退出程序等。

2. 事件结构的创建

LabVIEW 中的事件结构位于函数选板中的结构子选板中，与其他几种具有结构化特征并采用数据流驱动方式用于程序流程控制的机制不同，事件结构具有面向对象的特征，用事件驱动的方式控制程序流程。

事件结构的图标外形与条件结构极其相似，但是事件结构可以只有一个子框图，这一个子框图可以设置为响应多个事件；也可以建立多个子框图，设置为分别响应各自的事件。在程序框图中，放置事件结构的方法、结构边框的自动增长、边框大小的手动调整等与其他结构是一样的。

图 7-67 所示是刚放进程序框图中的事件结构图标，其中包括超时端口、子框图标识符和事件数据节点三个元件。

这时，LabVIEW 已经为用户建立了一个默认的事件——超时，事件的名称显示在事件结构图框的上方。为事件结构编写程序主要分为两个部分。首先，为事件结构建立事件列表，列表中的所有事件都会显示在事件结构图框的上方；其次，是为每一个事件编写其驱动程序，即编写对每一个事件的响应代码。

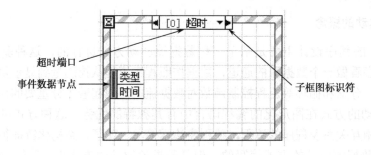

图 7-67　事件结构图标

超时端口用于连接一个数值指定等待事件的毫秒数。默认值为-1，即无限等待。超过设置的时间没有发生事件，LabVIEW 就产生一个超时事件。可以设置一个处理超时事件的子框图。

事件数据节点用于访问事件数据值。可以缩放事件数据节点显示多个事件数据项。右键单击事件数据项，在弹出的快捷菜单中，可以选择访问哪个事件数据成员。

右键单击事件结构边框，在弹出的快捷菜单中，可以选择"添加事件分支"命令添加子框图。右键单击事件结构边框，在弹出的菜单中选择"编辑本分支所处理的事件"命令可以为子图形代码框设置事件。

二、设计任务

单击滑动杆时，出现提示对话框；单击按钮时，出现提示对话框。

三、任务实现

1. 程序前面板设计

（1）添加 1 个滑动杆控件：控件→新式→数值→水平指针滑动杆，标签为"滑动杆"。

（2）添加 1 个按钮控件：控件→新式→布尔→确定按钮，标签为"确定按钮"。

设计的程序前面板如图 7-68 所示。

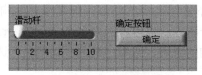

图 7-68　程序前面板

2. 框图程序设计

（1）添加 1 个事件结构：函数→编程→结构→事件结构，其位置如图 7-69 所示。

（2）在事件结构的图框上单击鼠标右键，从弹出的快捷菜单中选择"编辑本分支所处理的事件"选项，打开如图 7-70 所示的"编辑事件"对话框。

单击按钮 ⊠ 删除超时事件。在事件源中选择"滑动杆"，从相应的事件窗口中选择"值改变"。单击"确定"按钮退出"编辑事件"对话框。

（3）在事件结构图框上单击鼠标右键，从弹出的快捷菜单中选择"添加事件分支…"选项，打开"编辑事件"对话框。在事件源中选择"确定按钮"，从相应的事件窗口中选择"鼠标按下"。这时，程序的"编辑事件"对话框如图 7-71 所示。单击"确定"按钮，退出对话框。

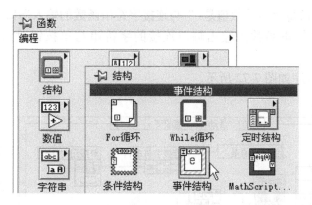

图 7-69　事件结构位置

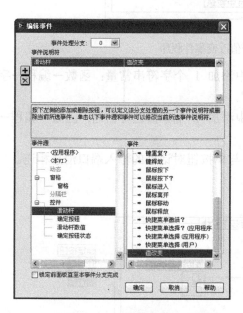

图 7-70　"编辑事件"对话框

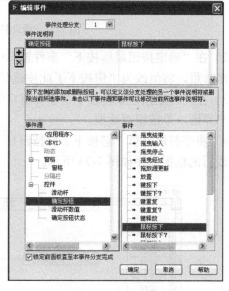

图 7-71　增加新的事件

（4）在"滑动杆值改变"事件窗口中添加1个数值至小数字符串转换函数：函数→编程→字符串→字符串/数值转换→数值至小数字符串转换。

（5）在"滑动杆值改变"事件窗口中添加1个连接字符串函数：函数→编程→字符串→连接字符串。

（6）在"滑动杆值改变"事件窗口中添加1个字符串常量：函数→编程→字符串→字符串常量，将值改为"当前数值是："。

（7）在"滑动杆值改变"事件窗口中添加1个单按钮对话框：函数→编程→对话框与用户界面→单按钮对话框。

(8)将滑动杆控件的图标移到"滑动杆值改变"事件窗口中;将滑动杆控件与数值至小数字符串转换函数的输入端口数字相连。

(9)将数值至小数字符串转换函数的输出端口 F-格式字符串与连接字符串函数的输入端口字符串相连。

(10)将字符串常量"当前数值是:"与连接字符串函数的输入端口字符串相连。

(11)将连接字符串函数的输出端口连接的字符串与单按钮对话框的输入端口消息相连。

连线后的框图程序如图 7-72 所示。

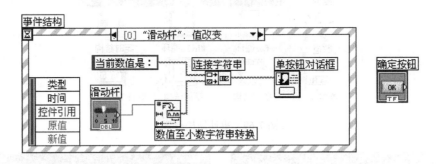

图 7-72　滑动杆值改变事件程序

(12)在"确定按钮鼠标按下"事件窗口中添加 1 个字符串常量:函数→编程→字符串→字符串常量,将值改为"您按下了此按钮!"。

(13)在"确定按钮鼠标按下"事件窗口中添加 1 个单按钮对话框:函数→编程→对话框与用户界面→单按钮对话框。

(14)将字符串常量"您按下了此按钮!"与单按钮对话框的输入端口消息相连。

连线后的框图程序如图 7-73 所示。

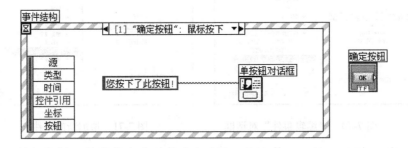

图 7-73　按钮事件程序

3. 运行程序

执行"连续运行"。当更改水平指针滑动杆对象的数值时,出现提示对话框"当前数值是:…";当按下"确定"按钮时,出现提示对话框"您按下了此按钮!"。

程序运行界面如图 7-74 所示。

图 7-74　程序运行界面

实例 68　禁 用 结 构

一、实例说明

程序框图禁用结构用于禁用一部分程序框图，仅有启用的子程序框图可执行。它是对一些不想执行的程序进行屏蔽的手段。

它的程序框图类似于条件结构，包括一个或多个子程序框图（分支），可添加或删除。

二、设计任务

使用禁用结构，不显示数值输出，显示字符串输出。

三、任务实现

1. 程序前面板设计

（1）添加 1 个数值显示控件：控件→新式→数值→数值显示控件，将标签改为"数值输出"。

（2）添加 1 个字符串显示控件：控件→新式→字符串与路径→字符串显示控件，将标签改为"字符串输出"。

设计的程序前面板如图 7-75 所示。

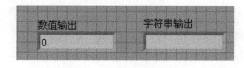

图 7-75　程序前面板

2. 框图程序设计

（1）添加 1 个禁用结构：函数→编程→结构→程序框图禁用结构，其位置如图 7-76 所示。
（2）在禁用结构的"禁用"框架中添加 1 个数值常量，值为 100。
（3）在禁用结构的"启用"框架中添加 1 个字符串常量，值为"显示字符串！"。

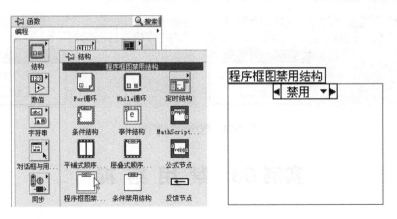

图 7-76 禁用结构

（4）将数值输出控件的图标移到"禁用"框架中；将字符串输出控件的图标移到"启用"框架中。

（5）将数值常量 100 与数值输出控件相连。

（6）将字符串常量"显示字符串！"与字符串输出控件相连。

连线后的框图程序如图 7-77 所示。

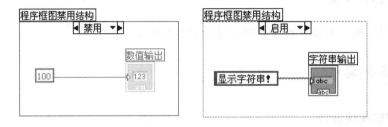

图 7-77 框图程序

3．运行程序

执行"运行"。程序运行后，没有显示数值输出；字符串输出"显示字符串！"。

程序运行界面如图 7-78 所示。

图 7-78 程序运行界面

第8章 变量与节点

本章通过实例介绍 LabVIEW 框图程序设计中变量（包括局部变量和全局变量）的创建及使用；节点（包括公式节点、反馈节点、表达式节点、属性节点）的创建及使用；子程序的创建与使用等。

实例 69 局 部 变 量

一、实例说明

1. 变量概述

在 LabVIEW 环境中，各个对象之间传递数据的基本途径是通过连线。但是需要在几个同时运行的程序之间传递数据时，显然是不能通过连线的。即使在一个程序内部各部分之间传递数据时，有时也会遇到连线的困难。另外，需要在程序中多个位置访问同一个面板对象，甚至有些是对它写入数据，有些是由它读出数据。在这些情况下，就需要使用变量。因此，变量是 LabVIEW 环境中传递数据的工具，主要解决数据和对象在同一 VI 程序中的复用和在不同 VI 程序中的共享问题。

LabVIEW 中的变量有局部变量和全局变量两种。和其他编程语言不一样，变量不能直接创建，必须关联到一个前面板对象，依靠此对象来存储、读取数据。也就是说变量相当于前面板对象的一个副本，区别是变量既可以存储数据，也可以读取数据，而不像前面板对象只能进行其中一种操作。

2. 局部变量的作用

局部变量只能在变量生成的程序中使用，它类似于传统编程语言中的局部变量。但由于 LabVIEW 的特殊性，局部变量又具有与传统编程语言中的局部变量不同的地方。

在 LabVIEW 中，前面板上的每一个控制或指示在框图程序上都有一个与之对应的端口。控制通过这个端口将数据传送给框图程序的其他节点。框图程序也可以通过这个端口为指示赋值。但是，这个端口是唯一的，一个控制或一个指示只有一个端口。用户在编程时，经常需要在同一个 VI 的框图程序中的不同位置多次为指示赋值，多次从控制中取出数据；或者是为控制赋值，从指示中取出数据。显然，这时仅用一个端口是无法实现这些操作的，而端口仅有一个。这不同于传统的编程语言，如定义一个变量 a，在程序的任何地方，需要用到这个变量时，写一个 a 就可解决问题。局部变量的引入解决了以上问题。

3．局部变量的使用

根据需要，用户经常要为输入控件赋值或从显示控件中读出数据。但通过前面板对象的端口，用户不能为输入控件赋值，也不能从显示控件中读出数据。利用局部变量，就可以解决这个问题。局部变量有"读"和"写"两种属性。当属性为"读"时，可以从局部变量中读出数据；当属性为"写"时，可以给这个局部变量赋值。通过这种方法，就可以达到给输入控件赋值或从显示控件中读出数据的目的。即局部变量既可以是输入量也可以是显示量。

在局部变量的右键弹出菜单中，选择"转换为读取"或"转换为写入"选项，可改变局部变量的属性。请注意，当局部变量的属性为"读"时，局部变量图标的边框用粗线来强调；当局部变量的属性为"写"时，局部变量图标的边框用细线表示。这就为用户编程提供了很大的灵活度。通过局部变量图标边框线条的粗细，用户可以很容易地区分出一个局部变量的属性。

4．局部变量的特点

局部变量的引入为用户使用 LabVIEW 提供了方便。它具有许多特点，了解了这些特点，可以帮助用户更好地学习和使用 LabVIEW。

一个局部变量就是其相应前面板对象的一个数据复件，它要占用一定的内存。所以，应该在程序中控制使用局部变量，特别是对于那些包含大量数据的数组。若在程序中使用多个这种数组的局部变量，那么这些局部变量就会占用大量的内存，从而降低了程序运行效率。

LabVIEW 是一种并行处理语言，只要模块的输入有效，模块就会执行程序。当程序中有多个局部变量时，要特别注意这一点，因为这种并行执行可能造成意想不到的错误。例如，在程序的某一个地方，用户从一个输入控件的局部变量中读出数据；在另一个地方，又根据需要为这个输入控件的另一个局部变量赋值。如果这两个过程是并行发生的，就有可能使得读出的数据不是前面板对象原来的数据，而是赋值后的数据。这种错误不是明显的逻辑错误，很难发现，因此在编程过程中要特别注意，尽量避免这种错误的发生。

局部变量的另外一个特点与传统编程语言中的局部变量相似，就是它只能在同一个 VI 中使用，不能在不同的 VI 之间使用。若需要在不同的 VI 间进行数据传递，可使用全局变量。

使用局部变量可以在框图程序的不同位置访问前面板对象。前面板对象的局部变量相当于其端口的一个复件，它的值与该端口同步，也就是说，两者所包含的数据是相同的。

二、设计任务

通过旋钮改变数值大小，当旋钮数值大于等于 5 时，指示灯为一种颜色，小于 5 时为另一种颜色。

三、任务实现

1．程序前面板设计

（1）添加 1 个旋钮控件：控件→新式→数值→旋钮。标签为"旋钮"。

(2)添加 1 个仪表控件：控件→新式→数值→仪表，标签为"仪表"。
(3)添加 1 个指示灯控件：控件→新式→布尔→圆形指示灯，标签为"上限灯"。
(4)添加 1 个停止按钮控件：控件→新式→布尔→停止按钮，标签为"旋钮"。
设计的程序前面板如图 8-1 所示。

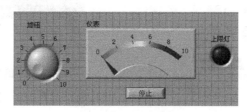

图 8-1　程序前面板

2．框图程序设计

(1)添加 1 个 While 循环结构：函数→编程→结构→While 循环。
(2)在 While 循环结构中添加 1 个数值常量：函数→编程→数值→数值常量。将值改为 5。
(3)在 While 循环结构中添加 1 个比较函数：函数→编程→比较→大于等于?。
(4)在 While 循环结构中添加 1 个条件结构：函数→编程→结构→条件结构。
(5)在条件结构真选项中添加 1 个真常量：函数→编程→布尔→真常量。
(6)在条件结构假选项中添加 1 个假常量：函数→编程→布尔→假常量。
(7)在条件结构假选项中创建 1 个局部变量：函数→编程→结构→局部变量，其位置如图 8-2 所示。

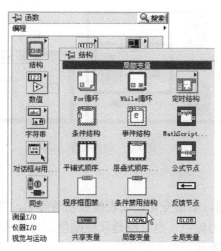

图 8-2　局部变量的位置

开始时局部变量的图标上有一个问号，此时的局部变量没有任何用处，因为它并没有与前面板上的输入或显示相关联。用操作工具右击图标，会出现一个弹出下拉菜单，选择"选择项"选项，菜单会将前面板上所有输入或显示控件的名称列出，选择所需要的名称"上限灯"，如图 8-3 所示，完成前面板对象的一个局部变量的创建工作，此时局部变量中间会出现被选择控件的名称。

创建局部变量的另一种方法是在前面板中，选择变量所要关联的对象如"上限灯"，然后右键单击，在出现的菜单中选择"创建"→"局部变量"命令，如图 8-4 所示，便可创建一个和前面板对象"上限灯"关联的局部变量。

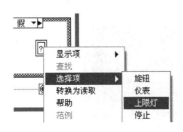

图 8-3　建立局部变量关联

图 8-4　创建局部变量

（8）将旋钮控件、仪表控件、停止按钮控件的图标移到 While 循环结构中；将上限灯控件图标移到条件结构真选项中。

（9）将旋钮控件与比较函数"大于等于?"的输入端口 x 相连；再与仪表控件相连。

（10）将数值常量 5 与比较函数"大于等于?"的输入端口 y 相连。

（11）将比较函数"大于等于?"的输出端口"x>=y?"与条件结构的选择端口 ? 相连。

（12）在条件结构真选项中将真常量与上限灯相连。

（13）在条件结构假选项中将假常量与上限灯局部变量相连。

（14）将停止按钮与循环结构的条件端口相连。

连线后的框图程序如图 8-5 所示。

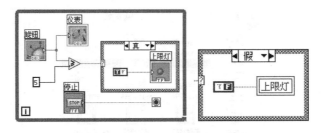

图 8-5　框图程序

3．运行程序

执行"运行"。转动旋钮，数值变化，仪表指针随着转动，当旋钮数值大于等于 5 时，指示灯变为绿色，小于 5 时为棕色（也可能是其他颜色，与指示灯控件颜色设置有关）。

程序运行界面如图 8-6 所示。

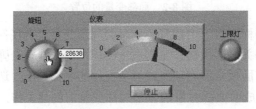

图 8-6　程序运行界面

实例 70　全 局 变 量

一、实例说明

1. 全局变量的作用

全局变量是 LabVIEW 中的一个对象。通过全局变量，可以在不同的 VI 之间进行数据传递。LabVIEW 中的全局变量与传统编程语言中的全局变量类似，但也有它的独特之处。

全局变量可以在任何 LabVIEW 程序中使用，用于程序之间的数据交换。全局变量同样需要关联到前面板对象，专门有一个程序文件来保存全局变量的关联对象，此程序只有前面板而无程序框图，前面板中可放置多个数据控制或显示对象。

2. 全局变量的特点

全局变量也有读和写两种属性，其用法和设置方法与局部变量相同。

LabVIEW 中的全局变量与传统编程语言中的全局变量相比有很大的不同之处。在传统编程语言中，全局变量只能是一个变量，一种数据类型。而 LabVIEW 中的全局变量则显得较为灵活，它以独立文件的形式存在，并且在一个全局变量中可以包含多个对象，拥有多种数据类型。

全局变量与子 VI 的不同之处在于它不是一个真正的 LabVIEW 程序，不能进行编程，只能用于简单的数据存储。但全局变量的数据交换速度是其他大多数数据类型的 10 倍。全局变量的另一个优点是可将所有的 Global 数据放入一个全局变量中，并且在程序执行时分别访问。由于 LabVIEW 中全局变量这些特点的存在，使得全局变量的功能非常强大，而且使用方便，易于管理。

通过全局变量在不同的 VI 之间进行数据交换，只是 LabVIEW 中 VI 之间数据交换的方式之一。通过 DDE（动态数据交换）也可以进行数据交换。

不管是局部变量还是全局变量，其图标中均显示其关联对象的标签文本，因此，关联对象的标签文本需要修改为能代表此变量含义的标签文本，以便变量的使用。全局变量与局部变量外观上的区别是全局变量图标中有一个小圆框。

多个变量可关联到同一对象，此时这些变量和其关联对象之间的数据同步，改变其中任何一个数据，其他变量或对象中的数据都跟着改变。

3. 全局变量的使用

将全局变量用在程序设计中有两种方法，一种是直接在程序之间复制/粘贴；另一种需要单击函数选板中的"选择 VI…"选项，从弹出的对话框中选中全局变量存储文件，就在程序框图中创建了一个全局变量，然后将光标替换为工具选板中的手形，便可将此全局变量关联到全局变量文件前面板中的任意对象。

4．局部变量和全局变量使用注意事项

NI 公司为 LabVIEW 提供了局部变量和全局变量这两种传递数据的工具，但是 NI 公司却并不提倡过多地使用它们。很多使用 LabVIEW 开发应用程序的人也认为，局部变量和全局变量的使用是 LabVIEW 编程的难点。LabVIEW 程序最大的特点就是它的数据流驱动的执行方式，但是局部变量和全局变量从本质上讲并不是数据流的一个组成部分。它们掩盖了数据流的进程，使程序变得难以读懂。另外，使用局部变量和全局变量还要注意以下问题。

（1）局部变量和全局变量的初始化。

在使用局部变量和全局变量的程序运行之前，局部变量和全局变量的值是与它们相关的前面板对象的默认值。如果不能够确信这些值是否符合程序执行的要求，就需要对它们进行初始化，即赋予它们能够保证使程序得到预期结果的正确初始值。

（2）使用局部变量和全局变量时对于计算机内存的考虑。

主调程序通过端口板端口连线的方式向被调用的子程序传递数据时，端口板并不会在缓冲区中建立数据副本。但是使用局部变量传递数据时，就需要在内存中将与它相关的前面板控件复制出一个数据副本。如果需要传递大量数据，就会占用大量内存，使程序的执行变得缓慢。

程序由全局变量读取数据时，LabVIEW 也为全局变量存储的数据建立了一个副本。这样当操作大的数组或字符串时，内存与性能问题变得非常突出。特别是对数组操作，修改数组中的一个成员，LabVIEW 就会重新存储整个数组。从程序中几个不同位置读取全局变量时，就会建立几个数据缓冲区。

二、设计任务

创建一个全局变量和两个 VI。第一个 VI 程序中的数值变化传递到第二个 VI 程序中。

三、任务实现

1．全局变量的创建

1）程序前面板设计

（1）添加 1 个旋钮控件：控件→新式→数值→旋钮。标签为"旋钮"。

（2）添加 1 个仪表控件：控件→新式→数值→仪表。标签为"仪表"。

（3）添加 1 个停止按钮：控件→新式→布尔→停止按钮。

设计的程序前面板如图 8-7 所示。

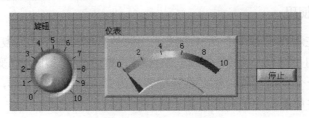

图 8-7　程序前面板

2）框图程序设计

（1）添加 1 个 While 循环结构：函数→编程→结构→While 循环。

（2）在 While 循环结构中创建 1 个全局变量：函数→编程→结构→全局变量。

将全局变量图标放至框图程序中。双击全局变量图标，打开其前面板，如图 8-8 所示。

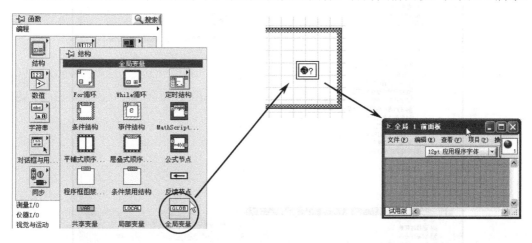

图 8-8　创建全局变量 1

在程序前面板中选择需要的控件对象，如仪表，并将其拖入全局变量的前面板中，如图 8-9 所示。注意对象类型必须与全局变量将要传递的数据类型一致。

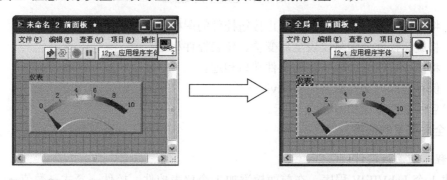

图 8-9　将前面板"仪表"图标拖入全局变量窗口

保存这个全局变量，最好以"Global"结尾命名此文件，如"TestGlobal.vi"，以便其他程序中的全局变量与前面板对象关联时快速定位。然后关闭全局变量的前面板窗口。

将鼠标切换至操作工具状态，右键单击所创建的全局变量的图标，在弹出的菜单中选择"选择项"选项，将会出现一个弹出菜单。菜单会将全局变量中包含的所有对象的名称列出，然后根据需要选择相应的对象（如"仪表"）与全局变量关联，如图 8-10 所示。

图 8-10　建立全局变量关联

至此，就完成了一个全局变量的创建。

创建全局变量的另一种方法是在前面板中，选择菜单命令"文件"→"新建"，在"新建"对话框中选择全局变量，如图 8-11 所示，单击"确定"按钮后可以打开设计全局变量窗口，这是一个没有后面板的 LabVIEW 程序。也就是说它仅仅是一个盛放前面板中控件的容器，没有任何代码，编辑后保存成为一个 VI，便建立了一个全局变量。

图 8-11　创建全局变量 2

（3）将旋钮控件、仪表控件、停止按钮控件的图标移到 While 循环结构中。
（4）将旋钮控件分别与仪表全局变量、仪表控件相连。
（5）将停止按钮与循环结构的条件端口相连。
（6）保存程序，文件命名为 VI1.vi。
连线后的框图程序如图 8-12 所示。

2．全局变量的使用

1）程序前面板设计

新建 1 个 LabVIEW 程序，在前面板添加 1 个仪表控件：控件→新式→数值→仪表。标签为"仪表"。

设计的程序前面板如图 8-13 所示。

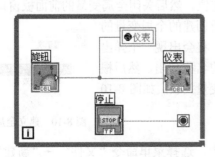

图 8-12　框图程序

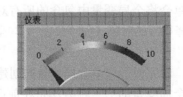

图 8-13　程序前面板

2)框图程序设计

(1)添加全局变量:进入函数选板,执行"选择 VI..."命令,出现"选择需打开的 VI"对话框,选择全局变量所在的程序文件 testGlobal.vi,如图 8-14 所示,单击"确定"按钮,将全局变量图标放至框图程序中。

(2)右键单击全局变量图标,在出现的菜单中选择"转换为读取"选项,如图 8-15 所示。

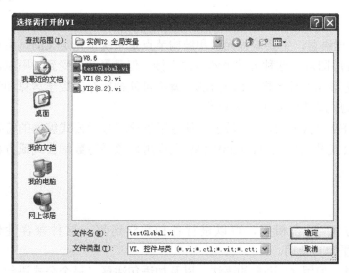

图 8-14 选择全局变量 VI

图 8-15 全局变量读写属性设置

(3)将全局变量与仪表控件输入端口相连。

(4)保存程序,文件命名为 VI2.vi。

连线后的框图程序如图 8-16 所示。

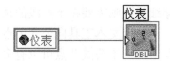

图 8-16 框图程序

3)运行程序

同时运行两个 VI 程序。在 VI1.vi 程序中,转动旋钮,数值变化,仪表指针随着转动。同时旋钮数值也存到了全局变量(写属性)中,VI1.vi 程序运行界面如图 8-17 所示。

VI2.vi 程序从全局变量(读属性)中将数值读出,并送至前面板上的仪表中将数值变化显示出来,VI2.vi 程序运行界面如图 8-18 所示。

可以看到 VI2.vi 程序界面中的仪表指针与 VI1.vi 程序中仪表指针转动一致。

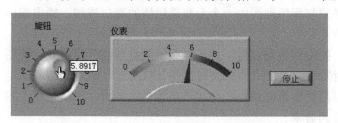

图 8-17 VI1.vi 程序运行界面

图 8-18 VI2.vi 程序运行界面

实例71 公式节点

一、实例说明

1. 公式节点的作用

LabVIEW 是一种图形化编程语言，主要编程元素和结构节点是系统预先定义的，用户只需要调用相应节点构成框图程序即可，这种方式虽然方便直接，但是灵活性受到了限制，尤其对于复杂的数学处理，变化形式多种多样，LabVIEW 就不可能把所存的数学运算和组合方式都形成图标，这样会使程序显得冗杂且难以读懂。

为了解决这一问题，LabVIEW 另辟蹊径，提供了一种专用于处理数学公式编程的特殊结构形式，称为公式节点。在公式节点框架内，LabVIEW 允许用户像书写数学公式或方程式一样直接编写数学处理节点。

2. 公式节点的语法

公式节点中代码的语法与 C 语言相同，可以进行各种数学运算，这种兼容性使 LabVIEW 的功能更加强大，也更容易使用。

公式节点中也可以声明变量，使用 C 语言的语法，以及加语句注释，每个公式语句也是以分号结束的。公式节点的变量可以与输入/输出端口连线无关，但是变量不能有单位。

公式节点中允许使用的函数名可以在上下文帮助窗口中找到。而运算符、语法和函数的详细说明则需要在下一级的帮助窗口中才能找到。

使用文本工具向公式节点中输入公式，也可以将符合语法要求的代码直接复制到公式节点中。一个公式节点可以有多个公式。

在公式节点中不能使用循环结构和复杂的条件结构，但可以使用简单的条件结构。

3. 公式节点的特点

右键单击端口，在弹出的快捷菜单中选择"转换为输出"或"转换为输入"命令，可以对输入/输出端口数据流方向进行转换。在端口的方框中输入变量名，变量名要区分大小写。一个公式节点可以有多个变量，输入端口不能重名，输出端口也不能重名，但是输入和输出端口可以重名。每个输入端口必须与程序框图中一个为变量赋值的端口连线。输出端口连接到显示件或需要此数据的后续节点。

公式节点的引入使得 LabVIEW 的编程更加灵活，对于一些稍微复杂的计算公式，用图形化编程可能会显得有些烦琐，此时若采用公式节点来实现这些计算公式，会减少编程的工作量。在进行 LabVIEW 编程时，可根据图形化编程和公式节点各自的特点，灵活使用不同的编程方法，这样可以大大提高编程的效率。

使用公式节点时，有一点应当注意：在公式节点框架中出现的所有变量必须有一个相对应的输入端口或输出端口，否则 LabVIEW 会报错。

LabVIEW 会自动检查公式中的语法错误。

二、设计任务

利用公式节点计算 y=100+10*x。

三、任务实现

1. 程序前面板设计

（1）添加 1 个数值输入控件：控件→新式→数值→数值输入控件，将标签改为"x"。
（2）添加 1 个数值显示控件：控件→新式→数值→数值显示控件，将标签改为"y"。
设计的程序前面板如图 8-19 所示。

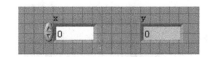

图 8-19　程序前面板

2. 框图程序设计

（1）添加 1 个公式节点：函数→编程→结构→公式节点，用鼠标在框图程序中拖动，画出公式节点的图框，如图 8-20 所示。

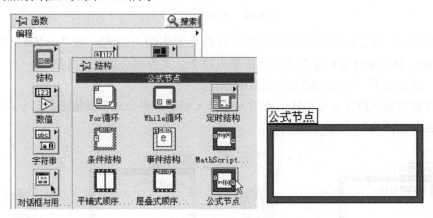

图 8-20　添加公式节点

（2）添加输入端口：在公式节点框架的左边单击鼠标右键，从弹出菜单中选择"添加输入"选项，然后在出现的端口图标中输入变量名称，如 x，至此就完成了一个输入端口的创建，如图 8-21 所示。

（3）添加输出端口：在公式节点图框的右边单击鼠标右键，从弹出菜单中选择"添加输出"选项，然后在出现的端口图标中输入变量名称，如 y，至此就完成了一个输出端口的创建，如图 8-22 所示。

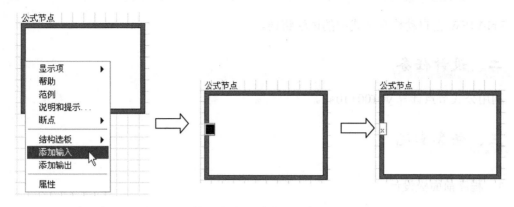

图 8-21　添加输入端口

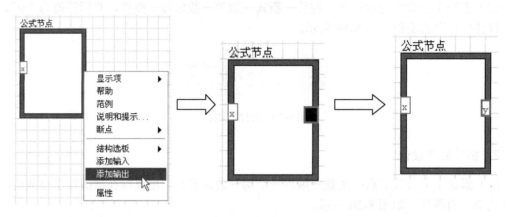

图 8-22　添加输出端口

（4）按照 C 语言的语法规则在公式节点的框架中输入公式，如"y=100+10*x;"，如图 8-23 所示。特别要注意的是公式节点框架内每个公式后都必须以分号结尾。

至此，就完成了一个完整的公式节点的创建。

（5）将数值输入控件 x 与公式节点输入端口 x 相连；将公式节点输出端口 y 与数值显示控件 y 相连，如图 8-24 所示。

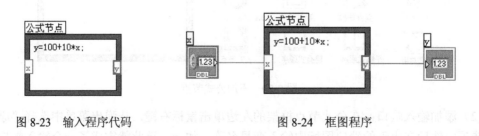

图 8-23　输入程序代码　　　　　　图 8-24　框图程序

3．运行程序

执行"运行"。输入数值 x，如 5，通过公式节点中的公式"y=100+10*x;"计算得到数值 y=150。程序运行界面如图 8-25 所示。

图 8-25　程序运行界面

实例 72　反 馈 节 点

一、实例说明

当 For 循环或 While 循环框比较大时，使用移位寄存器会造成过长的连线，因此 LabVIEW 提供了反馈节点。在 For 循环或 While 循环中，当用户把一个节点的输出连接到它的输入时，连线中会自动插入一个反馈节点，同时自动创建一个初始化端口。

反馈节点的功能是在 While 循环或者 For 循环中，将数据从一次循环传递到下一次循环。从这一点来讲，反馈节点的功能和循环结构中的移位寄存器的功能非常相似，因而在循环结构中这两种对象可以相互代替使用。

反馈节点只能用在 While 循环或者 For 循环中，是为循环结构设置的一种传递数据的机制。用反馈节点代替循环结构中的移位寄存器，在某些时候会使程序结构变得简洁。

反馈节点箭头的方向表示数据流的方向。反馈节点有两个端口，输入端口在每次循环结束时将当前值存入，输出端口在每次循环开始时把上一次循环存入的值输出。

二、设计任务

利用反馈节点实现数值累加。

三、任务实现

1. 程序前面板设计

（1）添加 1 个数值显示控件：控件→新式→数值→数值显示控件，标签为"数值"。

（2）添加 1 个按钮控件：控件→新式→布尔→停止按钮。

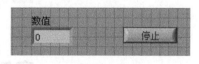

图 8-26　程序前面板

设计的程序前面板如图 8-26 所示。

2. 框图程序设计

（1）添加 1 个 While 循环结构：函数→编程→结构→While 循环。

（2）在 While 循环结构中添加 1 个数值常量：函数→编程→数值→数值常量。值为 1。

（3）在 While 循环结构中添加 1 个加法函数：函数→编程→数值→加。

（4）在 While 循环结构中添加 1 个反馈节点：函数→编程→结构→反馈节点，其位置如

图 8-27 所示。

(5) 在 While 循环结构中添加 1 个定时函数：函数→编程→定时→时间延迟。
(6) 将数值显示控件、停止按钮控件的图标移到 While 循环结构中。
(7) 将数值常量与加法函数的输入端口 y 相连。
(8) 将加法函数的输出端口 x+y 与反馈节点的输入端口先前值相连。
(9) 将反馈节点的输出端口新值与加法函数的输入端口 x 相连。
(10) 将加法函数的输出端口 x+y 与数值显示控件相连。
(11) 将停止按钮控件与 While 循环结构的条件端口相连。

连线后的框图程序如图 8-28 所示。

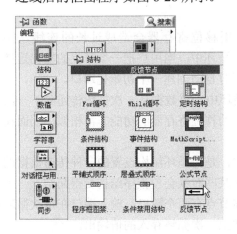

图 8-27 反馈节点位置

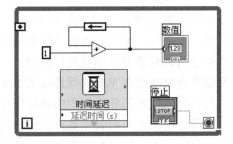

图 8-28 框图程序

3. 运行程序

执行"运行"。程序运行后，数值从 1 开始每隔 1 秒加 1，并输出显示，单击"停止"按钮，停止累加，退出程序。

程序运行界面如图 8-29 所示。

图 8-29 程序运行界面

实例 73 表达式节点

一、实例说明

在 LabVIEW 的数值函数子选板中还有一个与公式节点类似的表达式节点。

表达式节点可以视为一个简单的公式节点，因为公式节点的大部分函数、运算符和语法规则在这里都可以用，但是它只有一个输入端口和一个输出端口，这意味着它只能接收一个变量，求出一个值。它的语句也不需要以分号来结束。

表达式节点放进程序框图后即可以用文本工具来输入数学表达式，它的边框大小与表达式是自动适应的。左边的端口连接输入变量，右边的端口连接输出值。

如果输入变量连接一个数组或簇，则输出值也是数组或簇，表达式节点依次对数组或簇中的所有成员数据进行计算，输出各个计算值。

二、设计任务

利用表达式节点计算 y=3*x+100。

三、任务实现

1. 程序前面板设计

（1）添加 1 个数值输入控件：控件→新式→数值→数值输入控件，将标签改为"x"。
（2）添加 1 个数值显示控件：控件→新式→数值→数值显示控件，将标签改为"y"。
设计的程序前面板如图 8-30 所示。

图 8-30　程序前面板

2. 框图程序设计

（1）添加 1 个表达式节点：函数→编程→数值→表达式节点，用鼠标在框图程序中拖动，画出表达式节点的图框，如图 8-31 所示。

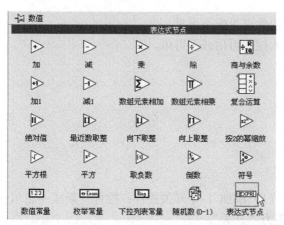

图 8-31　表达式节点

（2）在表达式节点的框架中输入公式，如"3*x+100"。注意，表达式节点框架内公式后不需要以分号结尾。

(3)将数值输入控件 x 与表达式节点输入端口相连；将表达式节点输出端口与数值显示控件 y 相连。

连线后的框图程序如图 8-32 所示。

3．运行程序

执行"连续运行"。输入数值 x，如 10，经过表达式节点中的公式"3*x+100"计算得到数值 y=130。

程序运行界面如图 8-33 所示。

图 8-32　框图程序　　　　　　　图 8-33　程序运行界面

实例 74　属性节点

一、实例说明

在程序的执行过程中，用户可以通过属性节点获取或设置与属性节点关联的前面板控件的属性。例如，在程序运行的某个特定阶段，希望禁用某些前面板控件，以避免用户的误操作；而在程序运行的其他阶段，又希望启用这些控件，利用属性节点便可以实现这些功能的动态设置。

二、设计任务

（1）利用属性节点使指示灯控件可见或不可见。
（2）利用属性节点使数值输入控件可用或不可用。

三、任务实现

任务 1

1．程序前面板设计

（1）添加 1 个开关控件：控件→新式→布尔→滑动开关，标签为"开关"。
（2）添加 1 个指示灯控件：控件→新式→布尔→圆形指示灯，标签为"灯"。

设计的程序前面板如图 8-34 所示。

图 8-34　程序前面板

2. 框图程序设计

（1）右键单击前面板指示灯控件，在弹出的快捷菜单中选择"创建"→"属性节点"命令，此时将会弹出一个下级子菜单，该菜单包含指示灯控件的所有可选属性，如图 8-35 所示。用户选定某项属性后，如"可见"，便可在程序框图窗口创建一个属性节点。

图 8-35　指示灯属性节点设置

说明：当属性节点与指示灯控件的"可见"属性相关联时，属性节点的输入端口属于布尔型端口。当输入为"真"时，指示灯控件在前面板是可见的；当输入为"假"时，指示灯控件在前面板则是不可见的。

用户还可以给属性节点添加与其相关联的属性。直接用鼠标左键拖动属性节点上下边框的尺寸控制点，即可添加属性。

（2）将属性节点设置成"写入"状态。在默认情况下，属性节点处于"读取"状态，用户可以将属性节点设置成"写入"状态。右键单击属性节点，在弹出的快捷菜单中选择"转换为写入"选项，即可将属性节点设置成"写入"状态。

（3）将开关控件与灯属性节点的输入端口"可见"相连。

连线后的框图程序如图 8-36 所示。

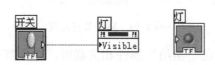

图 8-36　框图程序

3. 运行程序

执行"连续运行"。程序运行后看不见指示灯；单击开关使开关键置于右侧位置，指示灯出现（可见）。

程序运行界面如图 8-37 所示。

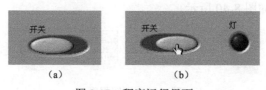

图 8-37　程序运行界面

任务 2

1. 程序前面板设计

（1）添加两个数值输入控件：控件→新式→数值→数值输入控件，标签分别改为"数值条件"和"数值输入"。

（2）添加 1 个数值显示控件：控件→新式→数值→数值显示控件，标签改为"数值显示"。

设计的程序前面板如图 8-38 所示。

图 8-38　程序前面板

2. 框图程序设计

（1）右键单击前面板"数值输入"控件，在弹出的快捷菜单中选择"创建"→"属性节点"命令，此时将会弹出一个下级子菜单，该菜单包含数值输入控件的所有可选属性，如图 8-39 所示。用户选定某项属性后，如"禁用"，便可在程序框图窗口创建一个属性节点。

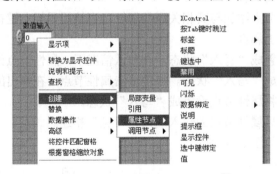

图 8-39　属性节点设置

当属性节点与数值控件的"禁用"属性相关联时，属性节点的输入端口属于 U8 型端口。

（2）将属性节点设置成"写入"状态。在默认情况下，属性节点处于"读取"状态，用户可以将属性节点设置成"写入"状态。右键单击属性节点，在弹出的快捷菜单中选择"转换为写入"选项，即可将属性节点设置成"写入"状态。

（3）将数值条件输入控件与数值输入属性节点的输入端口"禁用"相连。

（4）将数值输入控件与数值显示控件相连。

连线后的框图程序如图 8-40 所示。

图 8-40　框图程序

3. 运行程序

执行"连续运行"。当数值条件控件输入为 0 时，数值输入控件处于"启用"状态，用户可以使用该控件，如图 8-41（a）所示；当数值条件控件输入为 1 时，数值输入控件处于"禁用"状态，用户不能使用该控件，如图 8-41（b）所示；当数值条件控件输入为 2 时，数值输入控件处于"禁用并变灰"状态，用户不能使用该控件，且该控件变成灰色，如图 8-41（c）所示。

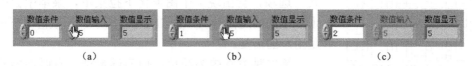

图 8-41　程序运行界面

实例 75　子程序设计

一、实例说明

LabVIEW 子程序（SubVI）相当于常规编程语言中的子程序，在 LabVIEW 中，用户可以把任何一个 VI 作为 SubVI 来调用。因此在使用 LabVIEW 编程时，应与其他编程语言一样，尽量采用模块化编程的思想，有效地利用 SubVI，简化 VI 框图程序的结构，使其更加简洁，易于理解，以提高 VI 的运行效率。

VI 由 3 部分组成，除前面板对象、框图程序外，还有图标的连接端口，连接端口的功能是与调用它的 VI 交换数据。

选中 VI 前面板或框图程序面板的右上角图标，在右键菜单中选择"显示连线板"选项，原来图标的位置就会显现一个连接端口，如图 8-42 所示。

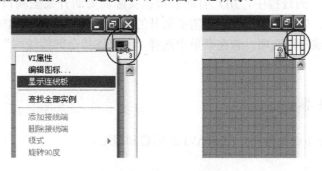

图 8-42　连接端口的建立

连接端口由输入端口和输出端口组成，在某种意义上，输入端口就相当于 C 语言子程序中的虚参，而输出端口就相当于 C 语言子程序中 return() 语句括号中的参数。

第一次打开连接端口时，LabVIEW 会自动根据前面板中的控制和指示建立相应个数的端口，当然，这些端口并没有与控制或指示建立起关联关系，需要用户自己定义。但通常情况下，用户并不需要把所有的控制或指示都与一个端口建立关联，与外部交换数据，因此就需要改变连接端口中端口的个数。

LabVIEW 提供了两种方法来改变端口的个数：

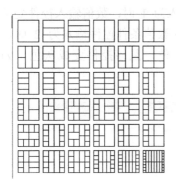

图 8-43 "模式"图形下拉菜单

第一种方法是在连接端口右键弹出菜单中选择"添加接线端"或"删除接线端"选项，逐个添加或删除连接端口。这种方法较为灵活，但也比较烦琐。

第二种方法是在连接端口右键弹出菜单中选择"模式"选项，会出现一个图形化下拉菜单，菜单中会列出几十种不同的连接端口，如图 8-43 所示。一般情况下可以满足用户的需要。

第二种方法较为简单，但不够灵活，有时不能满足需要。通常的做法是先用第二种方法选择一个与实际需要比较接近的连接端口，然后再用第一种方法对选好的连接端口进行修正。

连接端口的颜色是由与之关联的前面板对象的数据类型来确定的，不同的类型对应不同的颜色。例如，与布尔量相关联的端口颜色是绿色。

完成了连接端口的创建之后，需要定义前面板中的控件和指示与连接端口中各输入、输出端口的关联关系。

创建完成一个 VI 后，再按照一定的规则定义好 VI 的连接端口，该 VI 就可以作为一个 SubVI 来使用了。

按照 LabVIEW 的定义，与控件相关联的连接端口都作为输入端口。在 SubVI 被其他 VI 调用时，只能向输入端口中输入数据，而不能从输入端口中向外输出数据。当某一个输入端口没有连接数据连线时，LabVIEW 就会将与该端口相关联的那个控件中的数据默认值作为该端口的数据输入值。相反，与指示相关联的连接端口都作为输出端口，只能向外输出数据，而不能向内输入数据。

在编辑调试 VI 的过程中，用户有时会根据实际需要断开某些端口与前面板对象的关联，具体做法如下：先用连线工具选中需要断开的端口，然后在该端口的右键弹出菜单中选择"断开连接本接线端"选项。若在菜单中选择"断开连接全部接线端"选项，则会断开所有端口的关联。

二、设计任务

以两数之和（a+b=c）为例介绍 SubVI 的创建和调用。

三、任务实现

1. 子程序的创建

1）程序前面板设计

（1）添加两个数值输入控件：控件→新式→数值→数值输入控件，将标签分别改为"a"和"b"。

（2）添加 1 个数值显示控件：控件→新式→数值→数值显示控件，将标签改为"c"。

设计的程序前面板如图 8-44 所示。

2）连接端口的创建

（1）右键单击 VI 前面板的右上角图标，在弹出菜单中选择"显示连线板"选项，原来图标的位置就会显现一个连接端口，如图 8-45 所示。

（2）右键单击连接端口，在弹出的菜单中选择"模式"选项，会出现一个图形化下拉菜单，选择其中一个连接端口，如图 8-46 所示。

图 8-44 子 VI 前面板

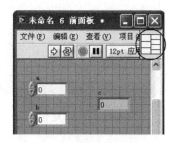 

图 8-45 显示连接端口　　　　　图 8-46 选择的连接端口

（3）在工具选板中将鼠标变为连线工具状态。

（4）用鼠标在控件 a 上单击，选中控件 a，此时控件 a 的图标周围会出现一个虚线框。

（5）将鼠标移动至连接端口的一个端口上并单击，此时这个端口就建立了与控件 a 的关联关系，端口的名称为 a，颜色为棕色。

当其他 VI 调用这个 SubVI 时，从这个连接端口输入的数据就会输入到控件 a 中，然后程序从控件 a 在框图程序中所对应的端口中将数据取出，进行相应的处理。

采用同样的方法建立数值输入控件 b、数值显示控件 c 与连接端口的关联关系，如图 8-47 所示。

图 8-47 建立控件 a、b、c 与连接端口的关联关系

在完成了连接端口的定义之后，这个 VI 就可以作为 SubVI 来调用了。

3）框图程序设计

（1）添加 1 个加法函数：函数→编程→数值→加。

（2）将数值输入控件 a 与加法函数的输入端口 x 相连。
（3）将数值输入控件 b 与加法函数的输入端口 y 相连。
（4）将加法函数的输出端口 x+y 与数值显示控件 c 相连。
（5）将程序保存为 addSub.vi。

连线后的框图程序如图 8-48 所示。

4）运行程序

执行"连续运行"。改变数值输入控件 a、b 的值，数值显示控件 c 显示 a 与 b 相加的结果。

程序运行界面如图 8-49 所示。

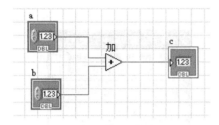
图 8-48　子 VI 框图程序

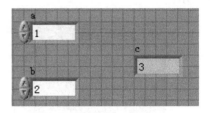
图 8-49　子 VI 运行界面

2．子程序的调用

新建一个 LabVIEW 程序。

1）程序前面板设计

（1）添加两个数值输入控件：控件→新式→数值→数值输入控件，将标签分别改为"a"和"b"。

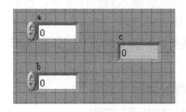
图 8-50　主 VI 前面板

（2）添加 1 个数值显示控件：控件→新式→数值→数值显示控件，将标签改为"c"。

设计的程序前面板如图 8-50 所示。

2）框图程序设计

（1）添加 SubVI：选择函数选板中的"选择 VI…"子选板，弹出"选择需打开的 VI"对话框，在该对话框中找到需要调用的 SubVI，本例是 addSub.vi，选中后单击"确定"按钮，如图 8-51 所示。

（2）将 addSub.vi 的图标放至主 VI 框图程序窗口中。

此时，在鼠标上会出现 addSub.vi 图标的虚框，将其移动到框图程序窗口中的适当位置上，单击鼠标左键，将图标加入到主 VI 的框图程序中。

（3）将数值输入控件 a 与 addSub.vi 图标的输入端口 a 相连。
（4）将数值输入控件 b 与 addSub.vi 图标的输入端口 b 相连。
（5）将 addSub.vi 图标的输出端口 c 与数值显示控件 c 相连。
（6）将程序保存为 addMain.vi。

第8章 变量与节点

图 8-51　选择 SubVI

连线后的框图程序如图 8-52 所示。

3）运行程序

执行"连续运行"。改变数值输入控件 a、b 的值，数值显示控件 c 显示 a 与 b 相加的结果。程序运行界面如图 8-53 所示。

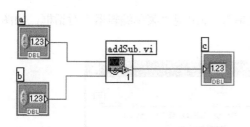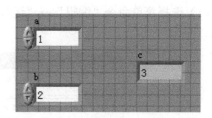

图 8-52　主 VI 框图程序　　　　　　图 8-53　主 VI 运行界面

实例 76　菜 单 设 计

一、实例说明

菜单通常是一个程序不可或缺的组成部分，作为一种优秀的编程语言，LabVIEW 有着强大的菜单设计功能。

除了在设计界面时完成菜单设计，LabVIEW 还允许用户在程序代码中生成程序的控制菜单。

下面结合实例介绍菜单的设计方法。

二、设计任务

在程序界运行界面显示菜单,并在执行菜单项时给出提示或响应。

三、任务实现

1. 程序前面板设计

(1)添加1个数值输入控件:控件→新式→数值→数值输入控件,标签为"数值"。
(2)添加1个仪表控件:控件→新式→数值→仪表,标签为"仪表"。
(3)添加1按钮控件:控件→新式→布尔→停止按钮。
设计的程序前面板如图8-54所示。

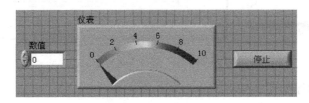

图 8-54 显示连接端口

2. 菜单编辑

(1)选择菜单命令"编辑"→"运行时菜单",弹出现"菜单编辑器"对话框,如图 8-55 所示。

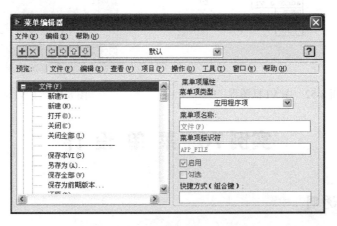

图 8-55 "菜单编辑器"对话框

(2)将菜单项类型"默认"改为"自定义",菜单项类型变为"用户项"。
(3)在菜单项名称中填写"_File",在菜单项标识符中填写"File"。
(4)单击"➕"添加一个新的菜单项,单击"➡"使其成为"File"菜单项的子菜单项。
(5)在菜单项名称中填写"_Exit",在菜单项标识符中填写"Exit"。

（6）单击"+"添加一个新的菜单项，然后单击⇦使插入的菜单成为"File"菜单并列的菜单项。

（7）在菜单项名称中填写"_Edit"，在菜单项标识符中填写"Edit"。

（8）单击"+"添加一个新的菜单项，单击⇨使其成为"Edit"菜单项的子菜单项。

（9）在菜单项名称中填写"_Cut"，在菜单项标识符中填写"Cut"。

（10）单击"+"添加一个新的菜单项，然后单击⇦使插入的菜单成为与"Edit"菜单并列的菜单项。

（11）在菜单项名称中填写"_Help"，在菜单项标识符中填写"Help"。

（12）单击"+"添加一个新的菜单项，单击⇨使其成为"Help"菜单项的子菜单项。

（13）在菜单项名称中填写"_About"，在菜单项标识符中填写"About"。

完成了菜单的设置，这时在预览窗口中已经完整地显示出菜单项的内容，此时菜单编辑器窗口如图 8-56 所示。

图 8-56　菜单预览窗口

进入菜单编辑器文件菜单，将菜单保存为 menu.rtm。关闭菜单编辑器，系统将提示"将运行时菜单转换为 menu.rtm"，单击"是"按钮，退出菜单编辑器。

3．框图程序设计

（1）添加 1 个 While 循环结构：函数→编程→结构→While 循环。

（2）添加 1 个菜单操作函数：函数→编程→对话框与用户界面→菜单→当前 VI 菜单栏。菜单函数选板如图 8-57 所示。

（3）在 While 循环结构中添加 1 个菜单操作函数：函数→编程→对话框与用户界面→菜单→获取所选菜单项。

（4）将当前 VI 菜单栏函数的输出端口菜单引用与获取所选菜单项函数的输入端口菜单引用相连。

（5）将数值输入控件、仪表控件、停止按钮控件的图标移到 While 循环结构框架中。

（6）将数值输入控件与仪表控件相连。

（7）将停止按钮控件与 While 循环结构的条件端口相连。

(8) 添加 1 个条件结构：函数→编程→结构→条件结构。

(9) 将获取所选菜单项函数的输出端口项标识符与条件结构的选择端口🔲相连。

(10) 将条件结构真选项中的文字"真"修改为"Exit"，将假选项中的文字"假"修改为"Cut"。注意引号为英文输入法中的双引号。

(11) 增加两个条件结构的分支：右键单击条件结构的边框，选择"在后面添加分支"选项，执行两次。

(12) 将第 3 个分支的条件行文字改为"About"；将第 4 个分支的条件行文字改为"Other"，然后右键单击第 4 个分支条件行，选择"本分支设置为默认分支"选项。

条件结构的条件设置完成后变为如图 8-58 所示的 4 个选项。

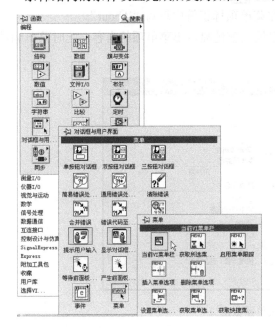

图 8-57 菜单函数选板

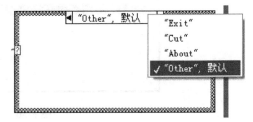

图 8-58 设置条件结构的条件选项

(13) 在条件结构的"Exit"选项中添加 1 个停止函数：函数→编程→应用程序控制→停止。

当前框图程序如图 8-59 所示。

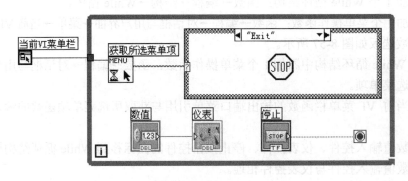

图 8-59 框图程序

(14)在条件结构的"Cut"选项中添加 1 个字符串常量:函数→编程→字符串→字符串常量。值为"您选择了 Cut 命令!"。

(15)在条件结构的"Cut"选项中添加 1 个单按钮对话框:函数→编程→对话框与用户界面→单按钮对话框。

(16)在条件结构的"Cut"选项中将字符串常量"您选择了 Cut 命令!"与单按钮对话框相连,如图 8-60 所示。

(17)在条件结构的"About"选项中添加 1 个字符串常量:函数→编程→字符串→字符串常量。值为"关于菜单设计"。

(18)在条件结构的"About"选项中添加 1 个单按钮对话框:函数→编程→对话框与用户界面→单按钮对话框。

(19)在条件结构的"About"选项中将字符串常量"关于菜单设计"与单按钮对话框相连,如图 8-61 所示。

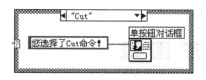 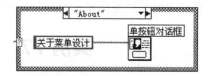

图 8-60 条件结构"Cut"选项　　　　图 8-61 条件结构"About"选项

4. 运行程序

执行"运行"。程序运行界面出现"File"、"Edit"和"Help"3 个菜单项。

其中,"Edit"菜单下有"Cut"子菜单,选择该子菜单项,弹出"您选择了 Cut 命令!"对话框;"Help"菜单下有"About"子菜单,选择该子菜单项,弹出"关于菜单设计"对话框;"File"菜单下有"Exit"子菜单,选择该子菜单项,停止程序运行。

程序运行界面如图 8-62 所示。

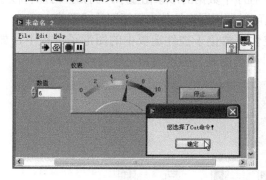 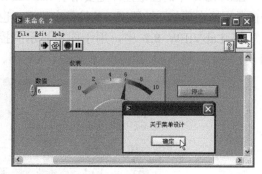

图 8-62 程序运行界面

第9章 图形显示

数据采集 DAQ 作为 LabVIEW 最重要的组成部分,数据的显示自然成为 LabVIEW 中的重要内容。数据的图形化显示具有直观明了的优点,能够增强数据的表达能力,许多实际仪器,如示波器,都提供了丰富的图形显示。虚拟仪器程序设计也秉承了这一优点,LabVIEW 对图形化显示提供了强大的支持。

本章通过实例介绍图形显示控件的功能和用法。

实例77 波形图表

一、实例说明

1. 图形显示概述

LabVIEW 提供了两个基本的图形显示工具:图和图表。图采集所有需要显示的数据,并可以对数据进行处理后一次性显示结果;图表将采集的数据逐点地显示为图形,可以反映数据的变化趋势,类似于传统的模拟示波器、波形记录仪。

LabVIEW 中的图形控件主要用于 LabVIEW 程序中数据的形象化显示,例如,可以将程序中的数据流在形如示波器窗口的控件中显示,也可以利用图形控件来显示图片或图像。

在 LabVIEW 8.2 中,用于图形显示的控件主要位于控件选板中的图形子选板中,如图 9-1 所示,包括波形图表、波形图、XY 图、强度图表、强度图和三维曲线图等。

图 9-1 图形子选板

2. 波形图表控件概述

波形图表控件实时显示一个数据点或若干个数据点，而且新输入的数据点添加到已有曲线的尾部进行连续显示，因而这种显示方式可以直观地反映被测参数的变化趋势，例如，显示一个实时变化的电压/电流波形或曲线，传统的模拟示波器、波形记录仪就是基于这种显示原理的。

波形图表控件可以接收标量数据（一个数据点），也可以接收数组（若干个数据点）。如果接收的是单点数据，波形图表控件将数据顺序地添加到原有曲线的尾部，若波形超过横轴（或称时间轴、X 标尺）设定的显示范围，曲线将在横轴方向上一位一位地向左移动更新；如果接收的是数组，波形图表控件将会把数组中的元素一次性地添加到原有曲线的尾部，若波形超过横轴设定的显示范围，曲线将在横轴方向上、向左移动，每次移动的位数是输入数组元素的个数。

波形图表控件开辟一个显示缓冲器，这个缓冲器按照先进先出的规则工作，该显示缓冲器用于保存部分历史数据。

波形图表控件如图 9-2 所示。

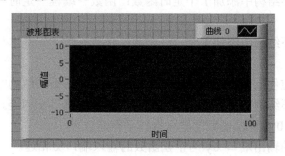

图 9-2 波形图表控件

二、设计任务

（1）实时绘制正弦曲线。
（2）实时绘制随机曲线。

三、任务实现

任务 1

1. 程序前面板设计

（1）添加 1 个波形图表控件：控件→新式→图形→波形图表。
（2）添加 1 个停止按钮：控件→新式→布尔→停止按钮。
设计的程序前面板如图 9-3 所示。

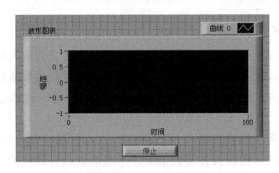

图 9-3　程序前面板

2. 框图程序设计

（1）添加 1 个 While 循环结构：函数→编程→结构→While 循环。

（2）在 While 循环结构中添加 1 个除法函数：函数→编程→数值→除。

（3）在 While 循环结构中添加 1 个数值常量：函数→编程→数值→数值常量，值改为 10。

（4）在 While 循环结构中添加 1 个定时函数：函数→编程→定时→时间延迟，延迟时间设为 0.5 秒。

（5）在 While 循环结构中添加 1 个正弦函数：函数→数学→基本与特殊函数→三角函数→正弦。

（6）将波形图表控件、停止按钮控件的图标移到 While 循环结构中。

（7）将 While 循环结构的循环端口与除法函数的输入端口 x 相连。

（8）将数值常量 10 与除法函数的输入端口 y 相连。

（9）将除法函数的输出端口 x/y 与正弦函数的输入端口 x 相连。

（10）将正弦函数的输出端口 sin(x)与波形图表控件相连。

（11）将停止按钮控件与 While 循环的条件端口相连。

连线后的框图程序如图 9-4 所示。

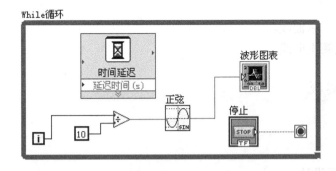

图 9-4　框图程序

3. 运行程序

执行"运行"。程序实时绘制正弦曲线。

程序运行界面如图 9-5 所示。

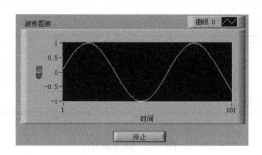

图 9-5　程序运行界面

任务 2

1．程序前面板设计

添加 1 个波形图表控件：控件→新式→图形→波形图表。

设计的程序前面板如图 9-6 所示。

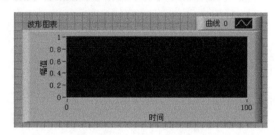

图 9-6　程序前面板

2．框图程序设计

（1）添加 1 个 For 循环结构：函数→编程→结构→For 循环。

（2）添加 1 个数值常量：函数→编程→数值→数值常量。将值改为 100。

（3）将数值常量 100 与 For 循环结构的计数端口 N 相连。

（4）在 For 循环结构中添加 1 个随机数函数：函数→编程→数值→随机数（0-1）。

（5）将波形图表控件的图标移到 For 循环结构中。

（6）将随机数函数（0-1）与波形图表控件相连。

（7）在 For 循环结构中添加 1 个数值常量：函数→编程→数值→数值常量。将值改为 100。

（8）在 For 循环结构中添加 1 个定时函数：函数→编程→定时→等待（ms）。

（9）在 For 循环结构中将数值常量 100 与定时函数等待（ms）的输入端口等待时间相连。

连线后的框图程序如图 9-7 所示。

3．运行程序

执行"运行"。程序实时绘制随机曲线。

程序运行界面如图 9-8 所示。

图 9-7　框图程序

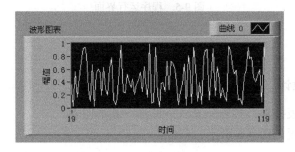

图 9-8　程序运行界面

实例 78　波　形　图

一、实例说明

波形图表控件和波形图控件是 LabVIEW 中的两大类图形显示控件，两者具有许多相似的性质，但两者在数据刷新方式等诸多方面存在不同的特性。波形图表控件具有不同的数据刷新模式，而波形图控件则不具备这样的特性。波形图控件不能接收标量数据，其基本的输入数据类型是一维 DBL 型数组。波形图控件将输入的一维数组数据一次性地显示出来，同时清除前一次显示的波形。而波形图表控件则是实时地显示一个或若干个数据点，并且这些数据点将被添加到原来波形的尾部，原来的波形并没有被清除。

波形图控件位于"波形"子选板上。波形图控件如图 9-9 所示。从图中可以看出波形图控件与波形图表控件的组件及其功能基本上是相同的。

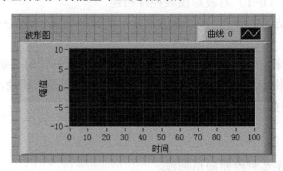

图 9-9　波形图控件

由于波形图表控件是具有实时显示特性的控件,因此该控件的系统内存开销要比波形图控件大。在使用 LabVIEW 开发应用程序的过程中,究竟该使用哪个控件,要结合各个方面的因素综合考虑。既要考虑显示的实际需要,还需考虑系统的硬件配置。

二、设计任务

(1)绘制正弦曲线和随机曲线。
(2)比较波形图表控件和波形图控件的数据刷新方式。

三、任务实现

任务 1

1. 程序前面板设计

添加两个波形图控件:控件→新式→图形→波形图。标签分别为"波形图 1"和"波形图 2"。

设计的程序前面板如图 9-10 所示。

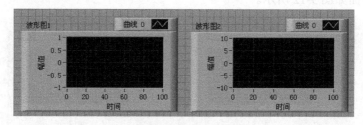

图 9-10 程序前面板

2. 框图程序设计

(1)添加 1 个 For 循环结构:函数→编程→结构→For 循环。
(2)添加 1 个数值常量:函数→编程→数值→数值常量。将值改为 100。
(3)将数值常量 100 与 For 循环结构的计数端口 N 相连。
(4)在 For 循环结构中添加 1 个随机数函数:函数→编程→数值→随机数(0-1)。
(5)将随机数函数(0-1)与波形图 2 控件相连。
(6)在 For 循环结构中添加 1 个除法函数:函数→编程→数值→除。
(7)在 For 循环结构中添加 1 个数值常量:函数→编程→数值→数值常量,值改为 10。
(8)在 For 循环结构中添加 1 个正弦函数:函数→数学→基本与特殊函数→三角函数→正弦。
(9)将 For 循环结构的循环端口与除法函数的输入端口 x 相连。
(10)将数值常量 10 与除法函数的输入端口 y 相连。
(11)将除法函数的输出端口 x/y 与正弦函数的输入端口 x 相连。
(12)将正弦函数的输出端口 sin(x)与波形图 1 控件相连。

(13) 在 For 循环结构中添加 1 个数值常量：函数→编程→数值→数值常量。将值改为 50。
(14) 在 For 循环结构中添加 1 个定时函数：函数→编程→定时→等待（ms）。
(15) 在 For 循环结构中将数值常量 50 与定时函数等待（ms）的输入端口等待时间相连。连线后的框图程序如图 9-11 所示。

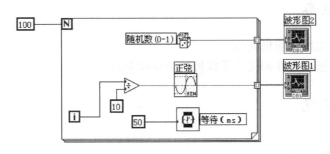

图 9-11　框图程序

3．运行程序

执行"运行"。程序执行后，等待 5000ms，界面上的两个波形图控件一次性显示正弦曲线和随机曲线，并终止程序。

程序运行界面如图 9-12 所示。

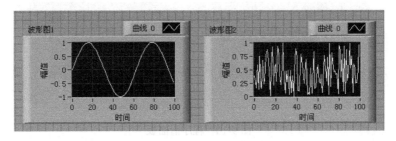

图 9-12　程序运行界面

任务 2

1．程序前面板设计

（1）添加 1 个波形图表控件：控件→新式→图形→波形图表。
（2）添加 1 个波形图控件：控件→新式→图形→波形图。
设计的程序前面板如图 9-13 所示。

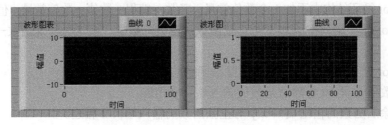

图 9-13　程序前面板

2. 框图程序设计

（1）添加 1 个 For 循环结构：函数→编程→结构→For 循环。
（2）添加 1 个数值常量：函数→编程→数值→数值常量。将值改为 100。
（3）将数值常量 100 与 For 循环结构的计数端口 N 相连。
（4）在 For 循环结构中添加 1 个随机数函数：函数→编程→数值→随机数（0-1）。
（5）将随机数函数（0-1）与循环结构框架内的波形图表控件相连，再与循环结构框架外的波形图控件相连。
（6）在 For 循环结构中添加 1 个数值常量：函数→编程→数值→数值常量。将值改为 50。
（7）在 For 循环结构中添加 1 个定时函数：函数→编程→定时→等待（ms）。
（8）在 For 循环结构中将数值常量 50 与定时函数等待（ms）的输入端口等待时间相连。

连线后的框图程序如图 9-14 所示。

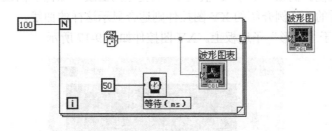

图 9-14 框图程序

3. 运行程序

执行"运行"。本例使用波形图和波形图表控件显示同一个"随机数（0-1）"函数产生的随机数，通过比较显示结果可以直观地看出波形图和波形图表控件的差异。两个控件最终显示的波形是一样的，但是两者的显示机制却是完全不同的。

在 VI 的运行过程中，可以看到随机数（0-1）函数产生的随机数逐个地在波形图表控件上显示，如果 VI 没有执行完毕，波形图控件并不显示任何波形，如图 9-15 所示。VI 运行结束时，VI 产生的 100 个随机数构成一个一维数组，并在波形图控件上一次性地显示出来，如图 9-16 所示。

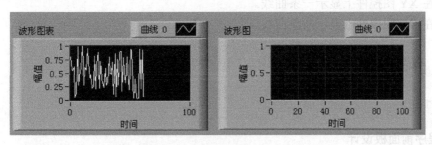

图 9-15 程序运行界面（一）

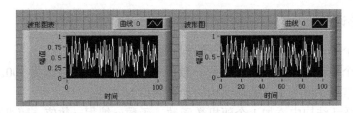

图 9-16 程序运行界面（二）

实例 79　XY 图

一、实例说明

上面介绍的波形图表和波形图控件的 X 标尺都是等间距均匀分布的，这在实际的应用中会有一定的局限性。例如，对于 Y 值随 X 值变化的曲线，如椭圆曲线，使用上述两种控件显示都是不合适的。本例介绍的 XY 图控件则适合显示这样的曲线。

XY 图控件位于"波形"子选板上。XY 图控件如图 9-17 所示。

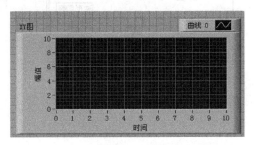

图 9-17　XY 图控件

XY 图控件与波形图控件的显示机制类似，都是一次性地显示全部的输入数据，但两者的基本输入数据类型却是不同的。XY 图控件接收的是簇数组数据，簇数组中的两个元素（均为一维数组）分别代表 X 标尺和 Y 标尺的坐标值。

二、设计任务

（1）在 XY 图控件上显示一条曲线。
（2）在 XY 图控件上显示两条曲线。

三、任务实现

任务 1

1．程序前面板设计

添加 1 个 XY 图控件：控件→新式→图形→XY 图。

设计的程序前面板如图9-18所示。

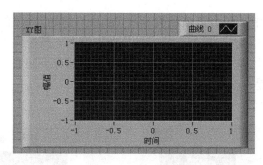

图9-18 程序前面板

2. 框图程序设计

（1）添加1个For循环结构：函数→编程→结构→For循环。

（2）添加1个数值常量：函数→编程→数值→数值常量。将值改为3。

（3）将数值常量3与For循环结构的计数端口N相连。

（4）在For循环结构中添加1个条件结构：函数→编程→结构→条件结构。

（5）将For循环结构的循环端口与条件结构的选择端口?相连。此时条件结构的框架标识符自动变为0和1。右键单击框架1，在弹出的菜单中选择"在后面添加分支"选项。

（6）在条件结构框架0、1和2中分别添加数值常量：函数→编程→数值→数值常量。值分别改为45、70和90。

（7）在For循环结构中添加两个正弦信号函数：函数→信号处理→信号生成→正弦信号。

（8）在For循环结构中添加1个捆绑函数：函数→编程→簇与变体→捆绑。

（9）将条件结构中的3个数值常量与下面的正弦信号函数的输入端口相位（度）相连。

（10）分别将两个正弦信号函数的输出端口正弦信号与捆绑函数的两个输入端口相连。

（11）将XY图控件的图标移到For循环结构中。然后将捆绑函数的输出端口输出簇与XY图控件相连。

（12）在For循环结构中添加1个定时函数：函数→编程→定时→等待下一个整数倍毫秒。

（13）在For循环结构中添加1个数值常量：函数→编程→数值→数值常量。将值改为500。

（14）将数值常量500与等待下一个整数倍毫秒函数的输入端口毫秒倍数相连。

连线后的框图程序如图9-19所示。

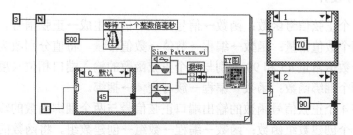

图9-19 框图程序

3. 运行程序

执行"运行"。本例中,两个正弦函数 Sine Pattern.vi 节点产生的正弦信号经"捆绑"节点打包后送往 XY 图控件显示。两个正弦信号分别作为 XY 图控件的横坐标和纵坐标,如果两者的相位差相差为 45°和 70°,显示的结果是两个具有不同曲率的椭圆;如果两者相位差为 90°,显示的结果是一个正圆。

程序运行界面如图 9-20 所示。

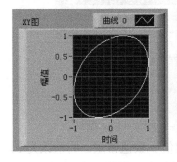 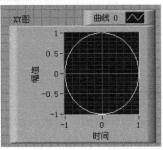

图 9-20 程序运行界面

任务 2

1. 程序前面板设计

添加 1 个 XY 图控件:控件→新式→图形→XY 图。

设计的程序前面板如图 9-21 所示。

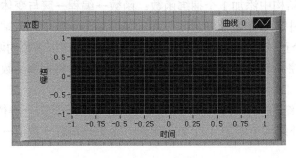

图 9-21 程序前面板

2. 框图程序设计

(1)添加 4 个正弦信号函数:函数→信号处理→信号生成→正弦信号。

(2)添加两个数值常量:函数→编程→数值→数值常量。将值分别改为 45 和 90。

(3)将两个数值常量 45 和 90 分别与两个正弦函数的输入端口相位(度)相连。

(4)添加两个捆绑函数:函数→编程→簇与变体→捆绑。

(5)分别将 4 个正弦信号函数的输出端口正弦信号与两个捆绑函数的输入端口相连。

(6)添加 1 个创建数组函数:函数→编程→数组→创建数组。将函数的输入端口元素设置为两个。

（7）分别将两个捆绑函数的输出端口输出簇与创建数组函数的输入端口元素相连。

（8）将创建数组函数的输出端口添加的数组与XY图控件相连。

连线后的框图程序如图9-22所示。

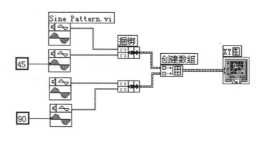

图9-22 框图程序

3．运行程序

执行"连续运行"。本例中，调用"创建数组"节点将两个簇数组构成一个一维数组，然后送往XY图控件显示，这样即可在XY图控件上显示两条曲线。

程序运行界面如图9-23所示。

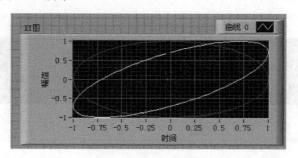

图9-23 程序运行界面

实例80 强 度 图

一、实例说明

强度图表控件和强度图控件提供了一种在二维平面上表现三维数据的机制，其基本的输入数据类型是DBL型的二维数组。在默认情况下，二维数组的行、列索引分别对应强度图表控件X、Y标尺的坐标，而二维数组元素的值在强度图表控件上使用蓝色的具有不同亮度的小方格来表示，相当于三维坐标中的Z轴坐标。

强度图表控件与强度图控件之间的异同，类似于前面介绍的波形图表与波形图之间的异同，两者的主要差别主要在于数据的刷新方式不同。

对于显示区域每个小方格（代表一个数据点）的颜色，用户是可以自行设置的。右键单击强度图表控件或强度图控件右侧梯度组件的某一刻度，在弹出的快捷菜单中选择"刻度颜色"选项,此时将会弹出一个颜色设置窗口,在该窗口上可以给刻度设置各种颜色。当然,用户还可以在该快捷菜单上进行添加刻度的操作,并为添加的刻度设置颜色。

强度图表控件和强度图控件位于"波形"子选板上。

二、设计任务

使用强度图表控件和强度图控件显示一组相同的二维数组数据,通过显示结果比较强度图表控件和强度图控件的差异。

三、任务实现

1. 程序前面板设计

(1) 添加 1 个强度图表控件:控件→新式→图形→强度图表。
(2) 添加 1 个强度图控件:控件→新式→图形→强度图。
将两个控件的频率均设置为 0~4,将时间均设置为 0~2。
设计的程序前面板如图 9-24 所示。

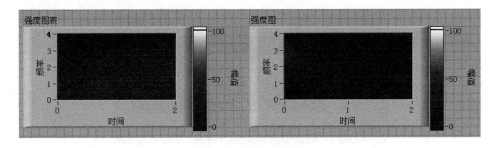

图 9-24 程序前面板

2. 框图程序设计

(1) 添加 1 个 For 循环结构:函数→编程→结构→For 循环。
(2) 添加 1 个数值常量:函数→编程→数值→数值常量。将值改为 3。
(3) 将数值常量 3 与 For 循环结构的计数端口 N 相连。
(4) 在 For 循环结构中添加 1 个条件结构:函数→编程→结构→条件结构。
(5) 将 For 循环结构的循环端口与条件结构的选择端口相连。此时条件结构的框架标识符自动变为 0 和 1。右键单击框架 1,在弹出的菜单中选择"在后面添加分支"选项。
(6) 在条件结构框架 0、1 和 2 中分别添加数组常量:函数→编程→数组→数组常量。
将数值显示控件放入数组框架中,将数组维数设置为 2,将成员数量设置为 2 行 4 列。填入相应的数值。
(7) 将强度图表控件和强度图控件的图标移到 For 循环结构中。
(8) 将条件结构中的 3 个数组常量分别与强度图表控件、强度图控件相连。
(9) 在 For 循环结构中添加 1 个定时函数:函数→编程→定时→等待下一个整数倍毫秒。

（10）在 For 循环结构中添加 1 个数值常量：函数→编程→数值→数值常量。将值改为 500。

（11）将数值常量 500 与等待下一个整数倍毫秒函数的输入端口毫秒倍数相连。

连线后的框图程序如图 9-25 所示。

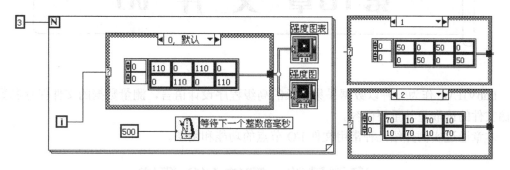

图 9-25　框图程序

3．运行程序

执行"运行"。运行本例程序，可以很明显地看出强度图表控件和强度图控件在数据刷新模式方面的差异，强度图表控件的显示缓存保存了各次循环的历史数据，而强度图控件的历史数据则被新数据覆盖了。

程序运行界面如图 9-26 所示。

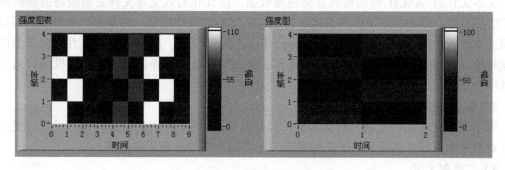

图 9-26　程序运行界面

第10章 文 件 I/O

LabVIEW 作为一种以数据采集见长的高级程序设计语言,测量数据的文件保存和数据存储文件的读取是其重要内容。

本章通过实例介绍几种常用文件 I/O 节点的功能和用法。

实例基础 文件 I/O 概述

1. 文件类型

LabVIEW 提供多种类型的文件供用户使用,下面介绍几种在数据采集中时常用到的文件类型。

1)文本文件

文本文件以 ASCII 码的格式存储测量数据,因此在写入文本文件之前须将数据转换为 ASCII 字符串。因为文本文件具有这个特点,所以其通用性很好,许多文本编辑工具都可以访问文本文件,如常用的 Microsoft Word、Excel 等。但由于在保存/读取文件之前需要进行数据转换,导致数据的写入/读取速度受到了很大的影响。另外,用户不能随机地访问文本文件中的某个数据。

2)电子表格文件

电子表格文件实际上是一种文本文件,数据仍以 ASCII 码的格式存储,只是该类型的文件对输入的数据在格式上作了一些规定,如用制表符 Tab 表示列标记。

3)二进制文件

使用二进制文件格式对测量数据进行读/写操作时不需要任何的数据转换,因此这种文件格式是一种效率很高的文件存储格式,而且这种格式的记录文件占用的硬盘空间比较小。但二进制文件不能使用普通的文本编辑工具对其进行访问,因此这种格式的数据记录文件的通用性比较差。

4)数据记录文件

数据记录文件本质上也是一种二进制格式的文件,所不同的是,数据记录文件以记录的格式存储数据,一个记录中可以包含多种不同类型的数据。另外,这种数据记录文件只能使用 LabVIEW 对其进行读/写操作。

5)波形文件

波形文件能够将波形数据的许多信息保存下来,如波形的起始时刻、采样间隔等。

2. 文件操作

LabVIEW 对文件的操作包括以下多个方面的内容：打开/创建一个文件；读、写文件；关闭文件；文件的移动/重命名；修改文件属性。

文件操作过程中需要用到引用句柄。引用句柄是一种特殊的数据类型，位于控件选板的"新式"→"引用句柄"控件子选板中。每次打开/新建一个文件时，LabVIEW 都会返回一个引用句柄。引用句柄包含该文件许多相关的信息，包括文件的大小、访问权限等，所有针对该文件的操作都可以通过这个引用句柄进行。文件被关闭后，引用句柄将被释放。每次打开文件时返回的引用句柄是不相同的。

LabVIEW 提供众多的文件 I/O 节点，以满足用户不同的需求。文件 I/O 节点位于函数选板上的"编程"→"文件 I/O"函数子选板中，如图 10-1 所示。

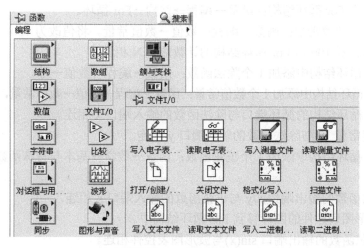

图 10-1 文件 I/O 节点

下面分别介绍上述几种类型文件的 I/O 节点的功能和用法。

实例 81　写入文本文件

一、设计任务

实时绘制正弦曲线，并将绘图数据存入文本文件中。

二、任务实现

1. 程序前面板设计

添加 1 个波形图表控件：控件→新式→图形→波形图表。
设计的程序前面板如图 10-2 所示。

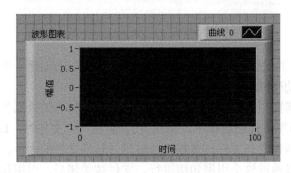

图 10-2　程序前面板

2. 框图程序设计

（1）添加 1 个 For 循环结构：函数→编程→结构→For 循环。

（2）添加 1 个数值常量：函数→编程→数值→数值常量。将值改为 100。

（3）将数值常量 100 与 For 循环结构的计数端口 N 相连。

（4）在 For 循环结构中添加 1 个除法函数：函数→编程→数值→除。

（5）在 For 循环结构中添加 1 个数值常量：函数→编程→数值→数值常量，值改为 10。

（6）将 For 循环结构的循环端口与除法函数的输入端口 x 相连。

（7）将数值常量 10 与除法函数的输入端口 y 相连。

（8）在 For 循环结构中添加 1 个正弦函数：函数→数学→基本与特殊函数→三角函数→正弦。

（9）将除法函数的输出端口 x/y 与正弦函数的输入端口 x 相连。

（10）将波形图表控件的图标移到 For 循环结构中。

（11）将正弦函数的输出端口 sin(x)与波形图表控件相连。

（12）在 For 循环结构中添加 1 个字符串常量：函数→编程→字符串→字符串常量，值改为"%.4f"。

（13）在 For 循环结构中添加 1 个格式化写入字符串函数：函数→编程→字符串→格式化写入字符串。

（14）将正弦函数的输出端口 sin(x)与格式化写入函数的输入端口输入 1 相连。

（15）将字符串常量"%.4f"与格式化写入函数的输入端口格式字符串相连。

（16）在 For 循环结构中添加 1 个数值常量：函数→编程→数值→数值常量。将值改为 50。

（17）在 For 循环结构中添加 1 个定时函数：函数→编程→定时→等待（ms）。

（18）在 For 循环结构中将数值常量 50 与定时函数等待（ms）的输入端口等待时间相连。

（19）添加 1 个字符串常量：函数→编程→字符串→字符串常量，值改为"输入文件名"。

（20）添加 1 个文件对话框函数：函数→编程→文件 I/O→高级文件函数→文件对话框。

（21）添加 1 个写入文本文件函数：函数→编程→文件 I/O→写入文本文件。

（22）将字符串常量"输入文件名"与文件对话框函数的输入端口提示相连。

（23）将格式化写入字符串函数的输出端口结果字符串与写入文本文件函数的输入端口文本相连。

(24)将文件对话框函数的输出端口所选路径与写入文本文件函数的输入端口文件(使用对话框)相连。

连线后的框图程序如图 10-3 所示。

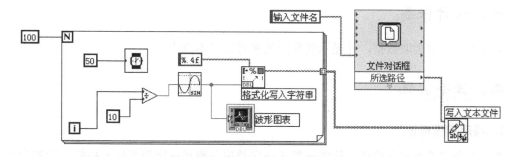

图 10-3 框图程序

3. 运行程序

执行"运行"。程序实时绘制正弦曲线,同时出现"输入文件名"对话框,如图 10-4 所示,选择或输入文本文件名,如 test.txt,绘制曲线的数据保存到指定的文本文件 test.txt 中。可使用"记事本"程序打开文本文件 test.txt,观察保存的数据,如图 10-5 所示。

图 10-4 输入文件名对话框　　图 10-5 使用记事本观察保存的数据

程序运行界面如图 10-6 所示。

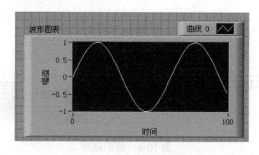

图 10-6 程序运行界面

实例 82 读取文本文件

一、设计任务

从文本文件中读取数据,并显示到界面的字符串文本框中。

二、任务实现

1. 程序前面板设计

添加 1 个字符串显示控件:控件→新式→字符串与路径→字符串显示控件,标签为"字符串"。

设计的程序前面板如图 10-7 所示。

2. 框图程序设计

(1)添加 1 个字符串常量:函数→编程→字符串→字符串常量,值改为"请选择文本文件"。
(2)添加 1 个文件对话框函数:函数→编程→文件 I/O→高级文件函数→文件对话框。
(3)添加 1 个读取文本文件函数:函数→编程→文件 I/O→读取文本文件。
(4)将字符串常量"请选择文本文件"与文件对话框函数的输入端口提示相连。
(5)将文件对话框函数的输出端口所选路径与读取文本文件函数的输入端口文件(使用对话框)相连。
(6)将读取文本文件函数的输出端口文本与字符显示控件相连。

连线后的框图程序如图 10-8 所示。

3. 运行程序

执行"运行"。程序运行后,首先出现"请选择文本文件"对话框,本例选择实例 81 生成的文本文件 test.txt,读取后将文件中的数据显示出来,可与图 10-5 中的数据比较。

程序运行界面如图 10-9 所示。

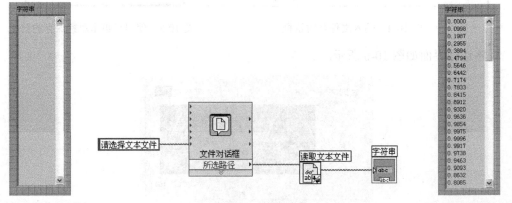

图 10-7 程序前面板　　　　图 10-8 框图程序　　　　图 10-9 程序运行界面

实例 83　写入二进制文件

一、设计任务

实时绘制随机曲线，并将绘图数据存入二进制文件中。

二、任务实现

1. 程序前面板设计

（1）添加 1 个波形图控件：控件→新式→图形→波形图，标签为"波形图"。
（2）添加 1 个数组控件：控件→新式→数组、矩阵与簇→数组，标签为"数组"。将数值显示控件放入数组框架中，将成员数量设置为 10 列。
设计的程序前面板如图 10-10 所示。

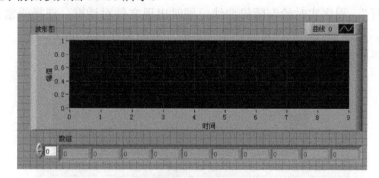

图 10-10　程序前面板

2. 框图程序设计

（1）添加 1 个 For 循环结构：函数→编程→结构→For 循环。
（2）添加 1 个数值常量：函数→编程→数值→数值常量。将值改为 10。
（3）将数值常量 10 与 For 循环结构的计数端口 N 相连。
（4）在 For 循环结构中添加 1 个随机数函数：函数→编程→数值→随机数（0-1）。
（5）在 For 循环结构中添加 1 个写入二进制文件函数：函数→编程→文件 I/O→写入二进制文件。
（6）将随机数（0-1）函数与写入二进制文件函数的输入端口数据相连。
（7）将随机数（0-1）函数与波形图控件、数组显示控件相连。
（8）添加 1 个字符串常量：函数→编程→字符串→字符串常量，值改为"请输入二进制文件名"。
（9）添加 1 个文件对话框函数：函数→编程→文件 I/O→高级文件函数→文件对话框。
（10）将字符串常量"请输入二进制文件名"与文件对话框函数的输入端口提示相连。

（11）添加 1 个打开/创建/替换文件函数：函数→编程→文件 I/O→打开/创建/替换文件。

（12）将文件对话框函数的输出端口所选路径与打开/创建/替换文件函数的输入端口文件路径（使用对话框）相连。

（13）将打开/创建/替换文件函数的输出端口引用句柄输出与写入二进制文件函数的输入端口文件（使用对话框）相连。

连线后的框图程序如图 10-11 所示。

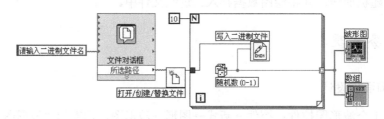

图 10-11　框图程序

3．运行程序

执行"运行"。程序实时绘制随机曲线，同时出现文件对话框，选择或输入二进制文件名，如 test.bin，绘制曲线的数据将保存到指定的二进制文件 test.bin 中。

程序运行界面如图 10-12 所示。

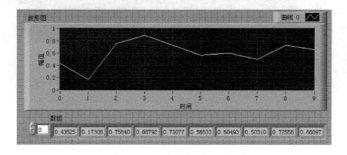

图 10-12　程序运行界面

实例 84　读取二进制文件

一、设计任务

从二进制文件中读取数据，并显示。

二、任务实现

1．程序前面板设计

（1）添加 1 个波形图控件：控件→新式→图形→波形图，标签为"波形图"。

(2) 添加 1 个数组控件：控件→新式→数组、矩阵与簇→数组，标签为"数组"。将数值显示控件放入数组框架中，将成员数量设置为 10 列。

设计的程序前面板如图 10-13 所示。

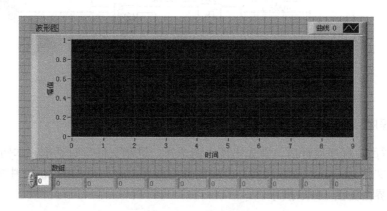

图 10-13　程序前面板

2．框图程序设计

（1）添加 1 个字符串常量：函数→编程→字符串→字符串常量，值改为"请选择二进制文件"。

（2）添加 1 个文件对话框函数：函数→编程→文件 I/O→高级文件函数→文件对话框。

（3）将字符串常量"请选择二进制文件"与文件对话框函数的输入端口提示相连。

（4）添加 1 个打开/创建/替换文件函数：函数→编程→文件 I/O→打开/创建/替换文件。

（5）将文件对话框函数的输出端口所选路径与打开/创建/替换文件函数的输入端口文件路径（使用对话框）相连。

（6）添加 1 个读取二进制文件函数：函数→编程→文件 I/O→读取二进制文件。

（7）将打开/创建/替换文件函数的输出端口引用句柄输出与读取二进制文件函数的输入端口文件（使用对话框）相连。

（8）添加 1 个数值常量：函数→编程→数值→数值常量，值改为 10。

（9）将数值常量 10 与读取二进制文件函数的输入端口总数（1）相连。

（10）添加 1 个数值常量：函数→编程→数值→数值常量，值为 0。右键单击数值常量 0，选择"表示法"→"扩展精度"命令。

（11）将数值常量 0 与读取二进制文件函数的输入端口数据类型相连。

（12）添加 1 个关闭文件函数：函数→编程→文件 I/O→关闭文件。

（13）将读取二进制文件函数的输出端口引用句柄输出与关闭文件函数的输入端口引用句柄相连。

（14）将读取二进制文件函数的输出端口数据与波形图控件、数组显示控件相连。

连线后的框图程序如图 10-14 所示。

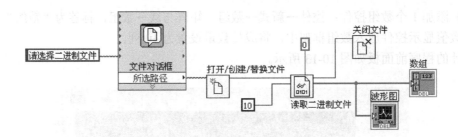

图 10-14 框图程序

3. 运行程序

执行"运行"。程序运行后，首先出现"请选择二进制文件"对话框，本例选择实例 83 生成的二进制文件 test.bin，读取后将文件中的数据显示出来，可与图 10-12 中的数据比较。

程序运行界面如图 10-15 所示。

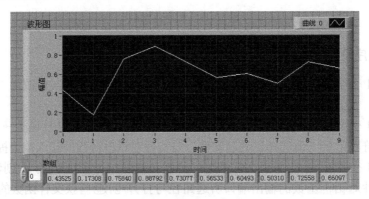

图 10-15 程序运行界面

实例 85　写入波形至文件

一、设计任务

实时绘制正弦曲线，并将绘图数据存入波形文件中。

二、任务实现

1. 程序前面板设计

添加 1 个波形图控件：控件→新式→图形→波形图，标签为"波形图"。

设计的程序前面板如图 10-16 所示。

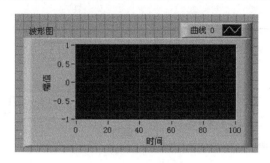

图10-16 程序前面板

2. 框图程序设计

（1）添加1个For循环结构：函数→编程→结构→For循环。
（2）添加1个数值常量：函数→编程→数值→数值常量。将值改为100。
（3）将数值常量100与For循环结构的计数端口N相连。
（4）在For循环结构中添加1个除法函数：函数→编程→数值→除。
（5）在For循环结构中添加1个数值常量：函数→编程→数值→数值常量，值改为10。
（6）将For循环结构的循环端口与除法函数的输入端口x相连。
（7）将数值常量10与除法函数的输入端口y相连。
（8）在For循环结构中添加1个正弦函数：函数→数学→基本与特殊函数→三角函数→正弦。
（9）将除法函数的输出端口x/y与正弦函数的输入端口x相连。
（10）将正弦函数的输出端口sin(x)与波形图控件相连。
（11）在For循环结构中添加1个数值常量：函数→编程→数值→数值常量。将值改为50。
（12）在For循环结构中添加1个定时函数：函数→编程→定时→等待（ms）。
（13）在For循环结构中将数值常量50与定时函数等待（ms）的输入端口等待时间相连。
（14）添加1个文件对话框函数：函数→编程→文件I/O→高级文件函数→文件对话框。
（15）添加1个写入波形至文件函数：函数→编程→波形→波形文件I/O→写入波形至文件。
（16）添加1个布尔真常量：函数→编程→布尔→真常量。
（17）将文件对话框函数的输出端口所选路径与写入波形至文件函数的输入端口文件路径（空时为对话框）相连。
（18）将正弦函数的输出端口sin(x)与写入波形至文件函数的输入端口波形相连。
（19）将真常量与写入波形至文件函数的输入端口"添加至文件？"相连。
连线后的框图程序如图10-17所示。

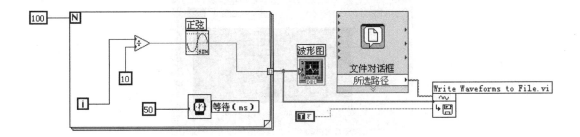

图 10-17　框图程序

3. 运行程序

执行"运行"。程序实时绘制正弦曲线，同时出现文件对话框，选择或输入波形文件名，如 test.dat，绘制曲线的数据保存到指定的波形文件 test.dat 中。

程序运行界面如图 10-18 所示。

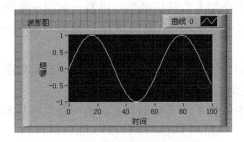

图 10-18　程序运行界面

实例 86　从文件读取波形

一、设计任务

从波形文件中读取数据，并通过波形控件显示。

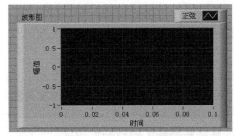

图 10-19　程序前面板

二、任务实现

1. 程序前面板设计

添加 1 个波形图控件：控件→新式→图形→波形图，标签为"波形图"。

设计的程序前面板如图 10-19 所示。

2. 框图程序设计

（1）添加 1 个文件对话框函数：函数→编程→文件 I/O→高级文件函数→文件对话框。

（2）添加 1 个从文件读取波形函数：函数→编程→波形→波形文件 I/O→从文件读取波形。

（3）将文件对话框函数的输出端口所选路径与从文件读取波形函数的输入端口文件路径（空时为对话框）相连。

（4）将从文件读取波形函数的输出端口记录中所有波形与波形图控件相连。

连线后的框图程序如图 10-20 所示。

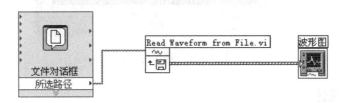

图 10-20　框图程序

3．运行程序

执行"运行"。程序运行后，出现选择文件对话框，本例选择实例 85 生成的波形文件 test.dat，读取后显示波形。

程序运行界面如图 10-21 所示。

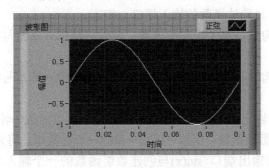

图 10-21　程序运行界面

实例 87　写入电子表格文件

一、设计任务

在一个波形图控件上同时绘制正弦曲线和余弦曲线，并将绘图数据存入电子表格文件中。

二、任务实现

1．程序前面板设计

添加 1 个波形图控件：控件→新式→图形→波形图，标签为"波形图"。

设计的程序前面板如图 10-22 所示。

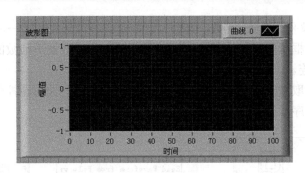

图 10-22 程序前面板

2．框图程序设计

（1）添加 1 个 For 循环结构：函数→编程→结构→For 循环。

（2）添加 1 个数值常量：函数→编程→数值→数值常量。将值改为 100。

（3）将数值常量 100 与 For 循环结构的计数端口 N 相连。

（4）在 For 循环结构中添加 1 个除法函数：函数→编程→数值→除。

（5）在 For 循环结构中添加 1 个数值常量：函数→编程→数值→数值常量，值改为 10。

（6）将 For 循环结构的循环端口与除法函数的输入端口 x 相连。

（7）将数值常量 10 与除法函数的输入端口 y 相连。

（8）在 For 循环结构中添加 1 个正弦函数：函数→数学→基本与特殊函数→三角函数→正弦。

（9）在 For 循环结构中添加 1 个余弦函数：函数→数学→基本与特殊函数→三角函数→余弦。

（10）将除法函数的输出端口 x/y 分别与正弦函数、余弦函数的输入端口 x 相连。

（11）添加 1 个创建数组函数：函数→编程→数组→创建数组。将元素端口设置为两个。

（12）将正弦函数的输出端口 sin(x) 与创建数组函数的一个输入端口元素相连；将余弦函数的输出端口 cos(x) 与创建数组函数的另一个输入端口元素相连。

（13）将创建数组函数的输出端口添加的数组与波形图控件相连。

（14）添加 1 个文件对话框函数：函数→编程→文件 I/O→高级文件函数→文件对话框。

（15）添加两个写入电子表格文件函数：函数→编程→文件 I/O→写入电子表格文件。

（16）添加两个布尔真常量：函数→编程→布尔→真常量。

（17）将正弦函数的输出端口 sin(x) 与一个写入电子表格文件函数的输入端口一维数据相连；将余弦函数的输出端口 cos(x) 与另一个写入电子表格文件函数的输入端口一维数据相连。

（18）将文件对话框函数的输出端口所选路径分别与两个写入电子表格文件函数的输入端口文件路径（空时为对话框）相连。

（19）将两个真常量分别与两个写入电子表格文件函数的输入端口"添加至文件？"相连。

连线后的框图程序如图 10-23 所示。

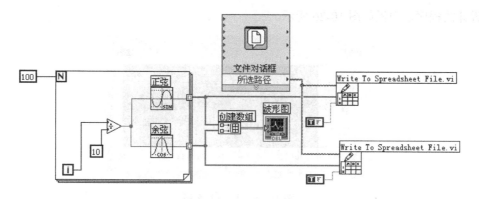

图 10-23　框图程序

3. 运行程序

执行“运行”。程序实时绘制正弦曲线和余弦曲线，同时出现文件对话框，选择或输入电子表格文件名，如 test.xls，绘制曲线的数据保存到指定的电子表格文件 test.xls 中。

程序运行界面如图 10-24 所示。可使用 Excel 程序打开电子表格文件 test.xls，观察保存的数据，如图 10-25 所示。

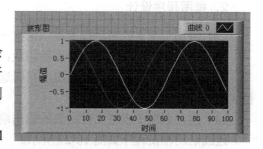

图 10-24　程序运行界面

	A	B	C	D	E	F	G
1	1	0.995	0.98	0.955	0.921	0.878	0.825
2	0	0.1	0.199	0.296	0.389	0.479	0.565
3							

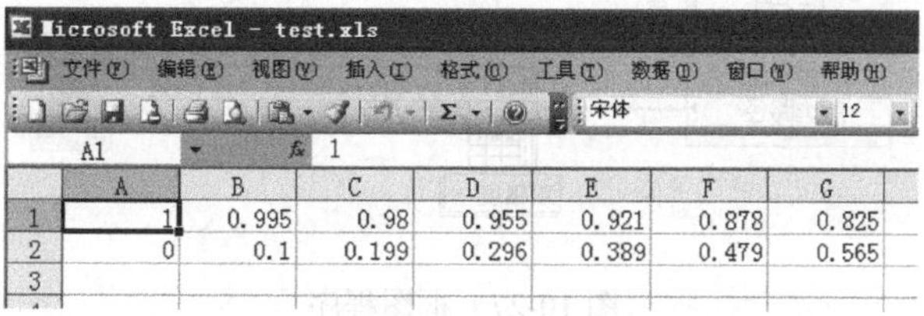

图 10-25　使用 Excel 程序观察数据

实例 88　读取电子表格文件

一、设计任务

从电子表格文件中读取数据，并通过波形控件显示。

二、任务实现

1. 程序前面板设计

添加 1 个波形图控件：控件→新式→图形→波形图，标签为“波形图”。

设计的程序前面板如图 10-26 所示。

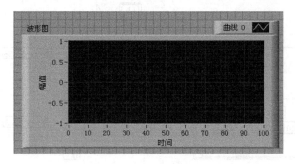

图 10-26　程序前面板

2. 框图程序设计

（1）添加 1 个文件对话框函数：函数→编程→文件 I/O→高级文件函数→文件对话框。

（2）添加 1 个读取电子表格文件函数：函数→编程→文件 I/O→读取电子表格文件。

（3）将文件对话框函数的输出端口所选路径与读取电子表格文件函数的输入端口文件路径（空时为对话框）相连。

（4）将读取电子表格文件函数的输出端口所有行与波形图控件相连。

连线后的框图程序如图 10-27 所示。

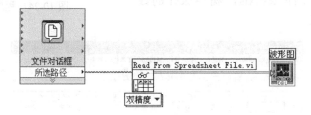

图 10-27　框图程序

3. 运行程序

执行"运行"。程序运行后，出现选择文件对话框，本例选择实例 87 生成的电子表格文件 test.xls，读取后显示波形。

程序运行界面如图 10-28 所示（可与图 10-24 进行比较）。

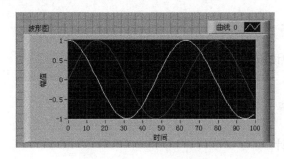

图 10-28　程序运行界面

测控应用篇

●●●●●● 第11章　PC通信与单片机测控
（实例89~实例101）

●●●●●● 第12章　远程I/O模块与PLC测控
（实例102~实例116）

●●●●●● 第13章　LabVIEW数据采集
（实例117~实例130）

第 11 章　PC 通信与单片机测控

以 PC 作为上位机，以各种监控模块、PLC、单片机、摄像头云台、数控机床及智能设备等作为下位机，这种系统广泛应用于测控领域。本章举几个典型实例，详细介绍采用 LabVIEW 实现 PC 与 PC、PC 与单片机、PC 与智能仪器串口通信的程序设计方法。

实例 89　PC 与 PC 串口通信

一、线路连接

在实际使用中常使用串口通信线将两个串口设备连接起来。串口线的制作方法非常简单：准备两个 9 针的串口接线端子（因为计算机上的串口为公头，因此连接线为母头），准备 3 根导线（最好采用 3 芯屏蔽线），按图 11-1 所示将导线焊接到接线端子上。

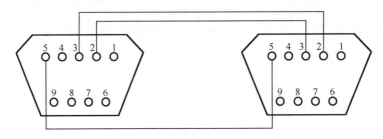

图 11-1　串口通信线的制作

图 11-1 中的 2 号接收脚与 3 号发送脚交叉连接是因为在采用直连方式时，将通信双方都视为数据终端设备，双方都可发也可收。在这种方式下，通信双方的任何一方，只要请求发送 RTS 有效和数据终端 DTR 有效就能开始发送和接收。

在计算机通电前，按图 11-2 所示将两台 PC 的 COM1 口用串口线连接起来。

图 11-2　PC 与 PC 串口通信线路

注意：连接串口线时，计算机严禁通电，否则极易烧毁串口。

二、设计任务

采用 LabVIEW 编写程序实现 PC 与 PC 串口通信。任务要求如下：两台计算机互发字符并自动接收，如 PC1 输入字符串"收到信息请回字符 abc123"，执行"发送字符"命令，PC2 若收到，就输入字符串"收到，abc123"，执行"发送字符"命令，信息返回到 PC1。

本实例实际上就是编写一个简单的双机聊天程序。

三、任务实现

1. 程序前面板设计

（1）为输入要发送的字符串，添加 1 个字符串输入控件：控件→ 新式→字符串与路径→字符串输入控件，将标签改为"发送区："。

（2）为显示接收到的字符串，添加 1 个字符串显示控件：控件→新式→字符串与路径→字符串显示控件，将标签改为"接收区："。

（3）为获得串行端口号，添加 1 个串口资源检测控件：控件→新式→ I/O → VISA 资源名称；单击控件箭头，选择串口号，如 ASRL1:或 COM1。

（4）为执行发送字符命令，添加 1 个确定按钮控件：控件→新式→布尔→确定按钮，将标题改为"发送字符"。

（5）为执行关闭程序命令，添加 1 个停止按钮控件：控件→新式→布尔→停止按钮，将标题改为"关闭程序"。

设计的程序前面板如图 11-3 所示。

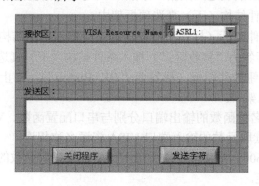

图 11-3　程序前面板

2. 框图程序设计

（1）为设置通信参数，添加 1 个配置串口函数：函数→编程→仪器 I/O →串口→VISA 配置串口。

（2）为设置通信参数值，添加 4 个数值常量：函数→编程→数值→数值常量，值分别为 9600（波特率）、8（数据位）、0（校验位，无）、1（停止位）。

（3）为关闭串口，添加两个关闭串口函数：函数→仪器 I/O→串口→ VISA 关闭。

（4）为周期性地监测串口接收缓冲区的数据，添加 1 个 While 循环结构：函数→编程→结构→While 循环。

以下添加的节点或结构放置在循环结构框架中。

（5）为以一定的周期监测串口接收缓冲区的数据，添加 1 个时钟函数：函数→编程→定时→等待下一个整数倍毫秒。

（6）为设置检测周期，添加 1 个数值常量：函数→编程→数值→ 数值常量，将值改为 500（时钟频率值）。

（7）为获得串口缓冲区数据个数，添加 1 个串口字节数函数：函数→仪器 I/O→串口→VISA 串口字节数，标签为"Property Node"。

（8）添加 1 个数值常量：函数→编程→数值→数值常量，将值改为 0（比较值）。

（9）为判断串口缓冲区是否有数据，添加 1 个比较函数：函数→编程→比较→不等于？。

只有当串口接收缓冲区的数据个数不等于 0 时，才将数据读入到接收区。

（10）添加 1 个转换函数：函数→编程→布尔→非。

添加理由：当关闭程序时，将关闭按钮的值"真"变为"假"，从而退出循环。如果将循环结构的条件端子 设置为"真时停止"，则不需要添加非节点。

（11）添加两个条件结构：函数→编程→结构→条件结构。

添加理由：发送字符时，需要单击"发送字符"按钮，因此需要判断是否单击了该按钮；接收数据时，需要判断串口接收缓冲区的数据个数是否为 0。

（12）为发送数据到串口，添加 1 个串口写入函数：函数→仪器 I/O→串口→VISA 写入。并拖入条件结构（上）真选项框架中。

（13）为从串口缓冲区获取返回数据，添加 1 个串口读取函数：函数→仪器 I/O→串口→VISA 读取。并拖入条件结构（下）真选项框架中。

（14）将字符输入控件图标（标签为"发送区:"）拖入条件结构（上）真选项框架中；将字符显示控件图标（标签为"接收区:"）拖入条件结构（下）真选项框架中.

（15）分别将确定按钮控件图标（标签为"OK Button"）、停止按钮控件图标（标签为"Stop"）拖入循环结构框架中。

（16）将 VISA 资源名称函数的输出端口分别与串口配置函数、VISA 串口字节数函数、VISA 写入函数、VISA 读取函数的输入端口 VISA 资源名称相连。

（17）将数值常量 9600、8、0、1 分别与 VISA 配置串口函数的输入端口波特率、数据比特、奇偶、停止位相连。

（18）将数值常数节点（值为 500）与时钟函数的输入端口"毫秒倍数"相连。

（19）将按钮图标"OK Button"与条件结构（上）的选择端口 相连.

（20）将 VISA 串口字节数函数的输出端口 Number of bytes at Serial port 与比较函数"不等于？"的输入端口 x 相连。

（21）将 VISA 串口字节数函数的输出端口 Number of bytes at Serial port 与 VISA 读取函数的输入端口"字节总数"相连。

（22）将数值常数节点（值为 0）与比较函数"不等于？"的输入端口 y 相连。

（23）将比较函数"不等于？"的输出端口"x != y?"与条件结构（下）的选择端口相连。

（24）在条件结构（上）中将字符输入控件图标（标签为"发送区:"）与 VISA 写入函数的输入端口"写入缓冲区"相连。

（25）在条件结构（下）中将 VISA 读取函数的输出端口"读取缓冲区"与字符显示控件图标（标签为"接收区:"）相连。

（26）将按钮节点 Stop 与转换函数非（Not）的输入端口 x 相连。

（27）将转换函数非（Not）的输出端口"not x ?"与循环结构的条件端子 相连。

（28）在条件结构（上）真选项中将 VISA 写入函数的输出端口"VISA 资源名称输出"与 VISA 关闭函数（上）的输入端口"VISA 资源名称"相连。

（29）在条件结构（下）真（True）选项中将 VISA 读取函数的输出端口"VISA 资源名称输出"与 VISA 关闭函数（下）的输入端口"VISA 资源名称"相连。

（30）进入两个条件结构的假选项，将节点 VISA 资源名称的输出端口分别与 VISA 关闭函数（上、下）的输入端口"VISA 资源名称"相连。

连线后的框图程序如图 11-4 所示。

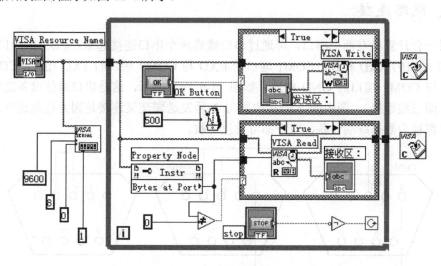

图 11-4　框图程序

3．运行程序

进入程序前面板，保存设计好的 VI 程序。单击快捷工具栏"运行"按钮，运行程序。

注： 两台计算机同时运行本程序。

在一台计算机程序窗体中发送字符区输入要发送的字符，如"收到信息请回字符 abc123"，单击"发送字符"按钮，发送区的字符串通过 COM1 口发送出去.

如果联网通信的另一台计算机程序收到字符，则返回字符串，如"收到，abc123"，如果通信正常该字符串将显示在接收区中。

程序运行界面如图 11-5 所示。

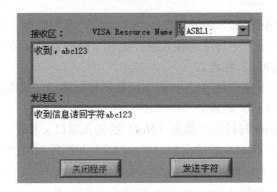

图 11-5　程序运行界面

实例 90　PC 双串口互通信

一、线路连接

如果一台计算机有两个串口，可通过串口线将两个串口连接起来：COM1 端口的 TXD 与 COM2 端口的 RXD 相连；COM1 端口的 RXD 与 COM2 端口的 TXD 相连；COM1 端口的 GND 与 COM2 端口的 GND 相连，如图 11-6（a）所示，这是串口通信设备之间的最简单连接（即三线连接），图中的 2 号接收脚与 3 号发送脚交叉连接是因为在直连方式时，将通信双方都视为数据终端设备，双方都可发也可收。

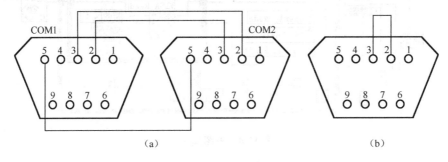

图 11-6　串口设备最简单连接

如果一台计算机只有 1 个串行通信端口可以使用，那么将第 2 脚与第 3 脚短路，如图 11-6（b）所示，那么第 3 脚的输出信号就会被传送到第 2 脚，进而送到同一串行端口的输入缓冲区，程序只要再通过相同的串行端口进行读取操作，即可将数据读入，一样可以形成一个测试环境。

注意：连接串口线时，计算机严禁通电，否则极易烧毁串口。

二、设计任务

采用 LabVIEW 编写程序实现 PC 的 COM1 口与 COM2 口串行通信：
（1）在程序界面的一个文本框中输入字符，通过 COM1 口发送出去。

(2) 通过 COM2 口接收到这些字符，在另一个文本框中显示。
(3) 使用手动发送与自动接收方式。

三、任务实现

1. 程序前面板设计

（1）为输入要发送的字符串，添加 1 个字符串输入控件：控件→新式→字符串与路径→字符串输入控件，将标签改为"发送数据区"。

（2）为显示接收到的字符串，添加 1 个字符串显示控件：控件→新式→字符串与路径→字符串显示控件，将标签改为"接收数据区"。

（3）为实现双串口通信，添加两个串口资源检测控件：控件→新式→I/O→VISA 资源名称，标签分别为"接收端口号"、"发送端口号"；单击控件箭头，选择串口号，如 ASRL1: 或 COM1。

（4）为执行发送字符命令，添加 1 个确定按钮控件：控件→新式→布尔→确定按钮，将标题改为"发送"。

（5）为执行关闭程序命令，添加 1 个停止按钮控件：控件→新式→布尔→停止按钮，将标题改为"停止"。

设计的程序前面板如图 11-7 所示。

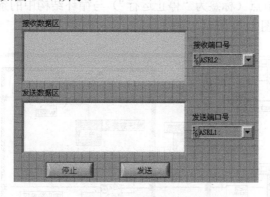

图 11-7　程序前面板

2. 框图程序设计

（1）为设置通信参数，添加两个配置串口函数：函数→仪器 I/O→串口→VISA 配置串口。

（2）为关闭串口，添加两个关闭串口函数：函数→仪器 I/O→串口→VISA 关闭，并拖入循环结构框架中。

（3）为周期性地监测串口接收缓冲区的数据，添加 1 个 While 循环结构：函数→编程→结构→While 循环。

以下添加的节点或结构放置在循环结构框架中：

（4）为了判断是否执行发送命令，添加 1 个条件结构：函数→编程→结构→条件结构。

（5）为了发送数据到串口，添加 1 个串口写入函数：函数→仪器 I/O→串口→VISA 写入,并拖入条件结构真选项框架中。

(6) 为了从串口缓冲区获取返回数据,添加 1 个串口读取函数:函数→仪器 I/O→串口→VISA 读取,并拖入条件结构真选项框架中。

(7) 分别将字符输入控件图标(标签为"发送数据区")、字符显示控件图标(标签为"接收数据区")拖入条件结构真 True 选项框架中。

(8) 分别将 OK 按钮控件图标(标签为"发送数据")、Stop 按钮控件图标(标签为"停止")拖入循环结构框架中。

(9) 将 VISA 资源名称函数的输出端口分别与 VISA 串口配置函数、VISA 写入函数、VISA 读取函数的输入端口 VISA 资源名称相连。

(10) 在条件结构真选项中将 VISA 写入函数的输出端口"VISA 资源名称输出"与 VISA 关闭函数(上)的输入端口"VISA 资源名称"相连。

(11) 在条件结构真选项中将 VISA 读取函数的输出端口"VISA 资源名称输出"与 VISA 关闭函数(下)的输入端口"VISA 资源名称"相连。

(12) 将 OK 按钮节点(标签为"发送数据")与条件结构上的选择端口?相连。

(13) 将字符串输入控件图标(标签为"发送数据区")与 VISA 写入函数的输入端口"写入缓冲区"相连。

(14) 将 VISA 读取函数的输出端口"读取缓冲区"与字符串显示控件图标(标签为"接收数据区")相连。

(15) 将 Stop 按钮节点(标签为"停止运行")与循环结构中的条件端口相连。

设计的框图程序如图 11-8 所示。

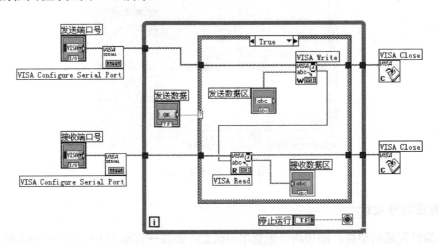

图 11-8 框图程序

3. 运行程序

单击快捷工具栏"运行"按钮,运行程序。

首先在程序窗体中发送字符区输入要发送的字符,单击"发送"按钮,发送区的字符串通过 COM1 的口 3 脚发送出去;COM1 口传送过来的字符串由 COM2 口的 2 脚输入缓冲区并自动读入,显示在接收区中。单击"停止"按钮将终止程序的运行。

程序运行界面如图 11-9 所示。

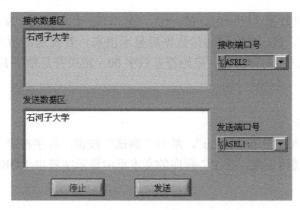

图 11-9　程序运行界面

实例 91　PC 与单个单片机串口通信

一、线路连接

如图 11-10 所示，数据通信的硬件上采用 3 线制，将单片机和 PC 串口的 3 个引脚（RXD、TXD、GND）分别连在一起，即将 PC 和单片机的发送数据线 TXD 与接收数据 RXD 交叉连接，两者的地线 GND 直接相连，而其他信号线如握手信号线均不用。

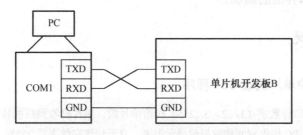

图 11-10　PC 与单片机串口通信线路

51 单片机有一个全双工的串行通信口，所以单片机和 PC 之间可以进行串口通信。但由于单片机的 TTL 逻辑电平和 PC 的 RS-232C 的电气特性不同，RS-232C 的逻辑 0 电平规定为+3～+15V 之间，逻辑 1 电平为-3～-15V 之间，因此在将 PC 和单片机的 RXD 和 TXD 交叉连接时必须进行电平转换，这里使用的是 MAX232 电平转换芯片。

有关单片机开发板 B 的详细信息请查询电子开发网 http://www.dzkfw.com/。

二、设计任务

采用 Keil C51 语言和 LabVIEW 语言编写程序实现 PC 与单个单片机串口通信。
任务要求如下。

1. 设计任务1

PC 通过串行口将数字（00，01，02，03，…，FF，十六进制）发送给单片机，单片机收到后回传这个数字，PC 接收到回传数据后显示出来，若发送的数据和接收到的数据相等，则串行通信正确，否则有错误。启始符是数字 00，结束符是数字 FF。

2. 设计任务2

1）测试通信状态

先在文本框中输入字符串"Hello"，单击"测试"按钮，将字符串"Hello"发送到单片机，若 PC 与单片机通信正常，在 PC 程序的文本框中显示字符串"OK!"，否则显示字符串"ERROR!"。

2）循环计数

单击"开始"按钮，文本框中数字从 0 开始累加，0，1，2，3，…，并将此数发送到单片机的显示器上显示；当累加到 10 时，回到 0 重新开始累加，依次循环；任何时候，单击"停止"按钮，PC 程序中和单片机显示器都停止累加，再单击"开始"按钮，接着停下的数继续累加。

3）控制指示灯

在单片机继电器接线端子的两个通道上分别接上两个指示灯，在 PC 程序界面上选择指示灯号，如 1 号灯，单击界面"打开"按钮，单片机上 1 号灯亮，同时蜂鸣器响；单击界面"关闭"按钮，1 号灯灭，蜂鸣器停止响；同样控制 2 号灯的亮灭（蜂鸣器同时动作）。

单片机和 PC 通信，在程序设计上涉及两个部分的内容：一是单片机的 C51 程序；二是 PC 的串口通信程序和界面的编制。

三、任务实现

1. 设计任务1中单片机端 C51 程序

```
/*PC 通过串行口将数字（1，2，3...255）传给单片机，单片机收到后回传这个数字，并存入自己
内部一段连续的空间中，PC 接收到回传数据后显示出来，直至传送完结束符 255*/
# pragma db code
# include<reg51.h>
# define uchar unsigned char
void rece(void);
void init(void);
uchar re[17];
/*主程序*/
void main(void)
{
uchar temp;
init();
```

```c
    do{
        while(RI==0);
        temp=SBUF;
        if(temp==0x00)
          {rece();}
        else break;
    }while(1);
}
/*串口初始化*/
void init(void)
{
    TMOD=0x20;              //定时器1-方式2
    PCON=0x80;              //电源控制
    SCON=0x50;              //方式1
    TL1=0xFa;
    TH1=0xFa;               //22.1184MHz 晶振，波特率为 4800 0xf3    9600 0xfa    19200 0xfd
    TR1=1;                  //启动定时
}
/*接收返回数据*/
void rece(void)
{
    char i;
    i=0;
    do{while(RI==0);
      re[i]=SBUF;
      RI=0;
      SBUF=re[i];
      while(TI==0);
      TI=0;
      i++;
    }while(re[i-1]!=255);
}
```

将 C51 程序编译生成 HEX 文件，然后采用 STC-ISP 软件将 HEX 文件下载到单片机中。

打开"串口调试助手"程序（ScomAssistant.exe），首先设置串口号为 COM1、波特率为 9600、校验位为 NONE、数据位为 8、停止位为 1 等参数（注意：设置的参数必须与单片机一致），选择"十六进制显示"和"十六进制发送"，打开串口。

在发送框输入数字 00，01，02，…，FF（2 位十六进制数），单击"手动发送"按钮，将数据发送到单片机，若通信正常，单片机返回数据 00，01，02，03，…，FF（十六进制数）并在接收框显示，如图 11-11 所示。

图 11-11　串口调试助手

2. 设计任务 1 中 PC 端 LabVIEW 程序

1）程序前面板设计

（1）为输入要发送的字符串，添加 1 个字符串输入控件：控件→新式→字符串与路径→字符串输入控件，将标签改为"发送数据（十六进制）"，右键单击该控件，选择"十六进制显示"选项。

（2）为显示接收到的字符串，添加 1 个字符串显示控件：控件→新式→字符串与路径→字符串显示控件，将标签改为"返回数据（十六进制）"，右键单击该控件，选择"十六进制显示"选项。

（3）为显示通信状态，添加 1 个字符显示控件：控件→新式→字符串与路径→字符串显示控件，将标签改为"通信状态："。

（4）为获得串行端口号，添加 1 个串口资源检测控件：控件→新式→I/O→VISA 资源名称；单击控件箭头，选择串口号，如 ASRL1:或 COM1。

（5）为执行发送字符命令，添加 1 个确定按钮控件：控件→新式→布尔→确定按钮，将标签改为"发送"。

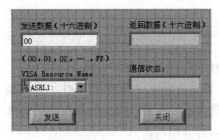

图 11-12　程序前面板

（6）为执行关闭程序命令，添加 1 个停止按钮控件：控件→新式→布尔→停止按钮，将标题改为"关闭"。

设计的程序前面板如图 11-12 所示。

2）框图程序设计

（1）为设置通信参数，添加 1 个配置串口函数：函数→仪器 I/O→串口→VISA 配置串口。

（2）为设置通信参数值，添加 4 个数值常量：函数→编程→数值→数值常量，值分别为 4800（波特率）、8（数据位）、0（校验位，无）、1（停止位）。

（3）为周期性地监测串口接收缓冲区的数据，添加 1 个 While 循环结构：函数→编程→

结构→While 循环。

(4) 为关闭串口,添加 1 个关闭串口函数:函数→仪器 I/O→串口→VISA 关闭。

(5) 为判断是否发送数据,在 While 循环结构中添加 1 个条件结构:函数→编程→结构→条件结构。

(6) 在条件结构中添加 1 个顺序结构:函数→编程→结构→层叠式顺序结构。

将其帧设置为 4 个(序号 0-3)。设置方法:选中层叠式顺序结构上边框,单击右键,执行"在后面添加帧"命令 3 次。

(7) 为发送数据到串口,在顺序结构的 Frame 0 中添加 1 个串口写入函数:函数→仪器 I/O→串口→VISA 写入。

(8) 将控件"发送数据(十六进制)"的图标拖入顺序结构的 Frame 0 中;分别将确定按钮(OK Button)、停止按钮(Stop Button)的图标拖入循环结构中。

(9) 将 VISA 资源名称函数的输出端口分别与 VISA 串口配置函数、VISA 写入函数(在顺序结构 Frame 0 中)、VISA 关闭函数的输入端口 VISA 资源名称相连。

(10) 将数值常量 4800、8、0、1 分别与 VISA 配置串口函数的输入端口波特率、数据比特、奇偶、停止位相连。

(11) 右键选择循环结构的条件端子,设置为"真时停止",图标变为;将停止按钮与循环结构的条件端子相连。

(12) 将确定按钮与条件结构的选择端口相连。

(13) 将函数"发送数据(十六进制)"与 VISA 写入函数的输入端口写入缓冲区相连。

连接好的框图程序如图 11-13 所示。

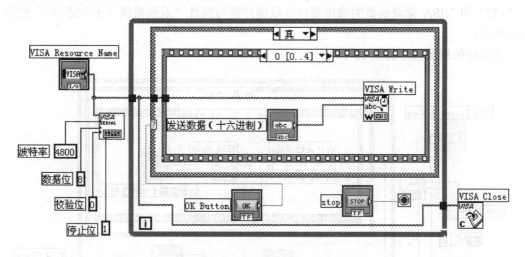

图 11-13 写数据框图程序

(14) 为了以一定的周期监测串口接收缓冲区的数据,在顺序结构的 Frame 1 中添加 1 个时钟函数:函数→编程→定时→等待下一个整数倍毫秒。

(15) 为设置检测周期,在顺序结构的 Frame 1 中添加 1 个数值常量:函数→编程→数值→数值常量,将值改为 200(时钟频率值)。

(16) 在顺序结构的 Frame 1 中将数值常量(值为 200)与等待下一个整数倍毫秒函数

的输入端口毫秒倍数相连。

连接好的框图程序如图 11-14 所示。

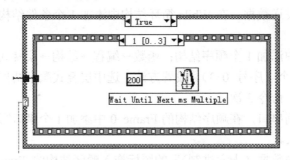

图 11-14 延时框图程序

（17）为获得串口缓冲区数据个数，在顺序结构的 Frame 2 中，添加 1 个串口字节数函数：函数→仪器 I/O→串口→VISA 串口字节数，标签为 "Property Node"。

（18）为从串口缓冲区获取返回数据，在顺序结构的 Frame 2 中，添加 1 个串口读取函数：函数→仪器 I/O→串口→VISA 读取。

（19）将控件"返回数据（十六进制）"的图标拖入顺序结构的 Frame 2 中。

（20）将 VISA 串口字节数函数的输出端口 VISA 资源名称与 VISA 读取函数的输入端口 VISA 资源名称相连。

（21）将 VISA 串口字节数函数的输出端口 Number of bytes at Serial port 与 VISA 读取函数的输入端口字节总数相连。

（22）将 VISA 读取函数的输出端口读取缓冲区与控件"返回数据（十六进制）"的输入端口相连。

连接好的框图程序如图 11-15 所示。

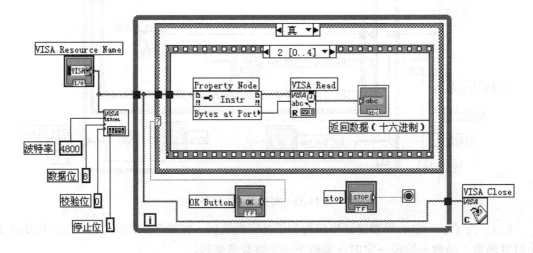

图 11-15 读数据框图程序

（23）因为多处用的发送数据文本框和返回数据文本框，在顺序结构的 Frame 3 中，添加两个局部变量：函数→编程→结构→局部变量。

选择局部变量，单击鼠标右键，在弹出菜单的"选择项"选项下，为局部变量分别选择对象："返回数据（十六进制）"和"发送数据（十六进制）"，将其读/写属性设置为"转换为读取"。

（24）为比较返回数据与发送数据是否相同，在顺序结构的 Frame 3 中，添加 1 个比较函数：函数→编程→比较→等于?。

（25）为判断通信是否正常，在顺序结构的 Frame 3 中，添加 1 个条件结构：函数→编程→结构→条件结构。

（26）将局部变量"返回数据（十六进制）"和"发送数据（十六进制）"分别与比较函数"等于?"的输入端口 x 和 y 相连。

（27）将比较函数"等于?"的输出端口"x=y?"与条件结构的选择端口 ? 相连。

（28）为显示通信状态，在条件结构的真选项中，添加 1 个字符串常量：函数→编程→字符串→字符串常量，将其值改为"通信正常！"。

（29）将控件"通信状态"拖入条件结构中。

（30）将字符串常量"通信正常！"与控件"通信状态"的输入端口相连。

（31）在条件结构的假选项中，添加 1 个字符串常量，将其值改为"通信异常！"。

（32）在条件结构的假选项中，添加 1 个局部变量，为局部变量选择对象"通信状态"，属性默认为："写"。

（33）将字符串常量"通信异常！"与局部变量"通信状态"相连。

连接好的框图程序如图 11-16 所示。

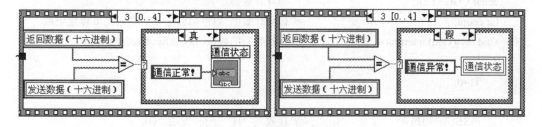

图 11-16　显示状态框图程序

3）运行程序

进入程序前面板，保存设计好的 VI 程序。单击快捷工具栏"运行"按钮，运行程序。

在"发送数据"框中输入 2 位的十六进制数字（00，01，02，03，…，FF），单击"发送"按钮，将数据发送给单片机；单片机收到后回传这个数字，PC 接收到回传数据后在"返回数据"框中显示出来（十六进制），若发送的数据和接收到的数据相等，则在"通信状态："框中显示"通信正常！"，否则显示"通信异常！"。

当发送"FF"后，要想继续发送数据，必须先发送"00"。

程序运行界面如图 11-17 所示。

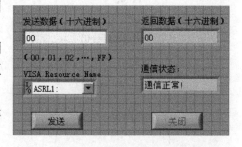

图 11-17　程序运行界面

3. 设计任务 2 中单片机端 C51 程序

```
/*PC 发送    MCU 响应
    H       返回字符串"OK"
    R       开始记数
    S       停止记数
    A       1 号灯亮，同时蜂鸣器响
    B       1 号灯灭，蜂鸣器停止响
    C       2 号灯亮，同时蜂鸣器响
    D       2 号灯灭，蜂鸣器停止响
*/
#include <reg51.h>
#define uint    unsigned int
#define uchar   unsigned char
uchar tab[10]={0xcf,0x03,0x5d,0x5b,0x93,0xda,0xde,0x43,0xdf,0xdb};//字段转换表
sbit LIGHT1=P2^4;
sbit LIGHT2=P2^3;
sbit BUZZER=P2^5;
sbit PS2=P2^7;                    // 数码管十位
sbit PS1=P2^6;                    // 数码管个位
uchar COUNTER;                    // 循环计数器
bit count;                        // 循环计数器 启停标志位 1 启动记数 0 停止记数
void uart(void) interrupt 4       // 把接收到的数据写入 ucReceiveData()
{
   TI=0;
   RI=0;
   if(SBUF=='H')                  // 接收到 'H' 字符 发送 'OK'
   {
     SBUF='O';
        while(TI==0)
        ;
        TI=0;
     SBUF='K';
        while(TI==0)
        ;
        TI=0;
   }
   else if(SBUF=='R')             // 接收到 0
   {
    count=1;
   }
```

```c
    else if(SBUF=='S')
    {
      count=0;
    }
    else if(SBUF=='A')
    {
      LIGHT1=1;
      BUZZER=0;
    }
    else if(SBUF=='B')
    {
      LIGHT1=0;
      BUZZER=1;
    }
    else if(SBUF=='C')
    {
      LIGHT2=1;
      BUZZER=0;
    }
    else if(SBUF=='D')
    {
      LIGHT2=0;
      BUZZER=1;
    }
}
void _delay_ms(uint ms)
{
    uint i;
    ms++;
    while(--ms)
    {
      i=199;
      while(--i);                     // 1ms
    }
}
uchar htd(uchar a)
{
    uchar b,c;
    b=a%10;
    c=b;
```

```c
    a=a/10;
    b=a%10;
    c=c|b<<4;
    return c;
}
void disp(void)
{
    P0=tab[htd(COUNTER)>>4];         // 转换成十进制输出
    PS1=0;
    _delay_ms(5);
    PS1=1;
    P0=tab[htd(COUNTER)&0x0f];       // 转换成十进制输出
    PS2=0;
    _delay_ms(5);
    PS2=1;
}
void main(void)
{
    TMOD=0x20;                       // 定时器 1--方式 2
    IE=0x12;                         // 中断控制设置,串口、T2 开中断
    PCON=0x80;                       // 电源控制
    SCON=0x50;                       // 方式 1
    TL1=0xF3;                        // 12MHz 晶振,波特率为 4800 0xf3    4800
    TH1=0xF3;                        // 11.0592MHz 晶振,波特率为 4800   0xf4   9600   0xfa
                                     // 19200   0xfd
    TR1=1;                           // 启动定时
    ES=1;
    EA=1;
    LIGHT1=0;
    LIGHT2=0;
    COUNTER=0;
    while(1)
    {
        disp();
        disp();
        disp();
        disp();
        disp();
        disp();
        disp();
```

```
            disp();
            disp();
            disp();
            disp();
            disp();
            if(count)
                COUNTER++;
            if(COUNTER>20)
                COUNTER=0;
        }
    }
```

将 C51 程序编译生成 HEX 文件，然后采用 STC-ISP 软件将 HEX 文件下载到单片机中。

4．设计任务 2 中 PC 端 LabVIEW 程序

1）程序前面板设计

（1）为显示通信状态，添加 1 个字符串显示控件：控件→新式→字符串与路径→字符串显示控件，将标签改为"通信状态："。

（2）为获得串行端口号，添加 1 个串口资源名称控件：控件→新式→I/O→VISA 资源名称；单击控件箭头，选择串口号，如 ASRL1:或 COM1。

（3）为执行相关命令，添加 5 个确定按钮控件：控件→新式→布尔→确定按钮，将标题改为"测试"、"开始计数"、"停止计数"、"打开指示灯"和"关闭指示灯"。

（4）为执行关闭程序命令，添加 1 个停止按钮控件：控件→新式→布尔→停止按钮，将标题改为"关闭程序"。

设计的程序前面板如图 11-18 所示。

图 11-18　程序前面板

2）框图程序设计

（1）为设置通信参数，添加 1 个串口配置函数：函数→仪器 I/O→串口→VISA 配置串口。

（2）为设置通信参数值，添加 4 个数值常量：函数→编程→数值→数值常量，值分别为 4800（波特率）、8（数据位）、0（校验位，无）、1（停止位）。

（3）为周期性地监测串口接收缓冲区的数据，添加 1 个 While 循环结构：函数→编程→结构→While 循环。

以下添加的函数或结构放置在循环结构框架中。

（4）为判断是否执行相关命令，添加 6 个条件结构：函数→编程→结构→条件结构。

以下条件结构的序号是按从上到下、从左到右的顺序排列。

（5）为发送数据到串口，在条件结构1的真选项中添加1个串口写入函数：函数→仪器I/O→串口→VISA写入，并拖入条件结构（上）真选项框架中。

（6）为获得串口缓冲区数据个数，在条件结构1的真选项中添加1个串口字节数函数：函数→仪器I/O→串口→VISA串口字节数，标签为"Property Node"。

（7）为从串口缓冲区获取返回数据，在条件结构1的真选项中添加1个串口读取函数：函数→仪器I/O→串口→VISA读取，并拖入条件结构（下）真选项框架中。

（8）在条件结构1的真选项中添加两个字符串常量"H"和"OK"。

（9）在条件结构1的真选项中添加1个比较函数"="：函数→编程→比较→等于？。

（10）在条件结构1的真选项中添加1个条件结构：在该条件结构的真选项中添加1个字符串常量"OK!"，在该条件结构的假选项中添加1个局部变量"通信状态："和1个字符串常量"ERROR!"。

（11）在条件结构2、3、4、5的真选项中分别添加1个写串口函数。

（12）在条件结构2、3、4、5的真选项中分别添加1个字符串常量"R"、"S"、"A"和"B"。

（13）为关闭串口，在条件结构6的真选项中添加1个串口关闭函数：函数→仪器I/O→串口→VISA关闭。

（14）为以一定的周期监测串口接收缓冲区的数据，添加1个时钟函数：函数→编程→定时→等待下一个整数倍毫秒。

（15）为设置检测周期，添加1个数值常量：函数→编程→数值→ 数值常量，将值改为200（时钟频率值）。

（16）分别将"测试"按钮图标、"开始计数"按钮图标、"停止计数"按钮图标、"打开指示灯"按钮图标、"关闭指示灯"按钮图标和"关闭程序"按钮图标拖入While循环结构中。

（17）将VISA资源名称函数的输出端口分别与VISA串口配置函数、各个VISA写入函数、VISA读取函数、VISA关闭函数的输入端口VISA资源名称相连。

（18）将VISA资源名称函数的输出端口与串口字节数函数的输入端口引用相连。

（19）将串口字节数函数的输出端口Number of bytes at Serial port与VISA读取函数的输入端口字节总数相连。

（20）将VISA读取函数的输出端口读取缓冲区与比较函数"等于?"的输入端口x相连。

（21）在各条件结构的真选项中，分别将字符常量"H"、"R"、"S"、"A"和"B"与VISA写入函数的输入端口写入缓冲区相连。

其他函数的连接在此不做介绍。

设计好的框图程序如图11-19所示。

3）运行程序

单击快捷工具栏"运行"按钮，运行程序。

（1）单击"测试"按钮，将字符"H"发送到单片机，若PC与单片机通信正常，程序界面显示"OK!"，否则显示"ERROR!"。

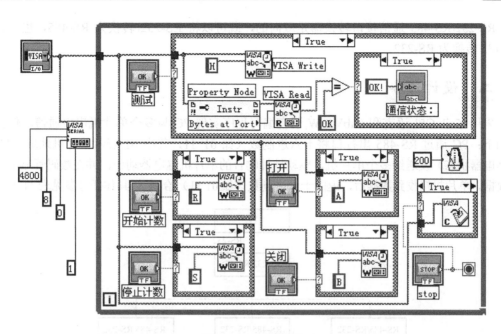

图 11-19　框图程序

（2）循环计数。单击"开始计数"按钮，单片机的显示器从 0 开始计数；当计到 20 时，回到 0 重新开始，依次循环；单击"停止计数"按钮，单片机显示器停止计数，再单击"开始计数"按钮，接着停下的数继续计数。

（3）控制指示灯。单击"打开指示灯"按钮，单片机上 1 号灯亮，同时蜂鸣器响；单击"关闭指示灯"按钮，1 号灯灭，蜂鸣器停止响。

程序运行界面如图 11-20 所示。

图 11-20　程序运行界面

实例 92　PC 与多个单片机串口通信

一、线路连接

当 PC 与多台具有 RS-232 接口的单片机开发板通信时，可使用 RS-232/RS-485 通信接口转换器，将计算机上的 RS-232 通信口转换为 RS-485 通信口，在信号进入单片机开发板前再使用 RS-485/RS-232 转换器将 RS-485 通信口转换为 RS-232 通信口，再与单片机开发板相连，如图 11-21 所示。每个从机在网络中具有不同的地址。

RS-232/RS-485 通信接口转换器是双向的，既可以将 RS-232 转换为 RS-485，也可以将 RS-485 转换为 RS-232。

二、设计任务

采用 Keil C51 语言和 LabVIEW 语言编写程序实现 PC 与多个单片机串口通信。任务要求如下：PC 通过 RS-485 串行口将十六进制数（如 01 11，其中 01 表示单片机地址，11 表示继电器状态）发送给多个单片机，驱动地址吻合的单片机继电器动作，并在数码管显示接收的数据。单片机接收到数据后，返回十六进制数（如 01 11）给 PC。具体任务参见表 11-1。

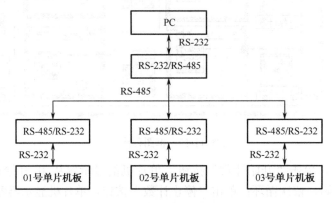

图 11-21　PC 与多个单片机通信线路

表 11-1　单片机与 PC 通信设计任务

单片机板地址	PC 发送数据（十六进制）	单片机板动作	单片机数码管显示并返回给 PC
01	01 11	1 号单片机板继电器 1、2 动作	01 11
	01 01	1 号单片机板继电器 1 动作	01 01
	01 10	1 号单片机板继电器 2 动作	01 10
	01 00	1 号单片机板继电器 1、2 不动作	01 00
02	02 11	2 号单片机板继电器 1、2 动作	02 11
	02 01	2 号单片机板继电器 1 动作	02 01
	02 10	2 号单片机板继电器 2 动作	02 10
	02 00	2 号单片机板继电器 1、2 不动作	02 00
03	03 11	3 号单片机板继电器 1、2 动作	03 11
	03 01	3 号单片机板继电器 1 动作	03 01
	03 10	3 号单片机板继电器 2 动作	03 10
	03 00	3 号单片机板继电器 1、2 不动作	03 00

单片机与 PC 通信，在程序设计上涉及两部分的内容：一是单片机端数据采集、控制和通信程序；二是 PC 端通信和功能程序。

三、任务实现

1. 单片机端 C51 程序

各个单片机开发板 C51 程序基本相同，只是地址不同，在常量声明 #define 语句中体现。

```c
#include<reg51.h>
#include<string.h>
#define addr    01           // 02 号单片机板 C51 程序 addr 为 02；03 号单片机板 C51
                             // 程序 addr 为 03
#defineuint   unsigned int
#define uchar    unsigned char
sbit jdq1=P2^0;              // 继电器 1
sbit jdq2=P2^1;              // 继电器 2
/*********************数码显示 键盘接口定义*********************/
sbit PS0=P2^4;               // 数码管个位
sbit PS1=P2^5;               // 数码管十位
sbit PS2=P2^6;               // 数码管百位
sbit PS3=P2^7;               // 数码管千位
sfr   P_data=0x80;           // P0 口为显示数据输出口
sbit P_K_L=P2^2;             // 键盘列
                             // 字段转换表
uchar tab[]={0xfc,0x60,0xda,0xf2,0x66,0xb6,0xbe,0xe0,0xfe,0xf6,0xee,0x3e,0x9c,0x7a,0x9e,0x8e};
uchar data_buf[2];
void init_serial(void);
bit recv_data(void);
void display(uchar   a,uchar   c);
void sw_out(unsigned char b);    // 开关量输出
void delay(unsigned int delay_time);
void main(void)
{    uint a;
  init_serial();
  EA=0;
  while(1)
  {
       if(recv_data()==0)
       {    data_buf[0]=0;
            data_buf[1]=0;
            continue;
       }
```

```
            sw_out(data_buf[1]);
            TI=0;
            SBUF=data_buf[0];
            while(!TI);
            TI=0;
            TI=0;
            SBUF=data_buf[1];
            while(!TI);
            TI=0;
            for(a=0;a<200;a++)           // 显示,兼有延时的作用
                display(data_buf[1],data_buf[0]);
    }
 }
/*************************串口初始化函数*************************/
/*函数原型:void init_serial(void)
/*函数功能:设置串口通信参数及方式
/****************************************************************/
void init_serial(void)
{    TMOD=0X20;//定时器1方式2
 TH1=0XFA;
 TL1=0XFA;
 PCON=0X80;
 SCON=0X50;                  // 串口方式1,允许接收,波特率为9600bit/s
 TR1=1;                      // 开始计时
 }
/*************************数据接收函数*************************/
/*函数原型:void recv_data(uint temp)
/*函数功能:数据发送
/*输入参数:temp
/****************************************************************/
 bit recv_data(void)
 {      uchar c0=0;
    uchar tmp,i=0;
    while(c0<2)
    {    RI=0;
        while(!RI);
        tmp=SBUF;
        RI=0;
        data_buf[i]=tmp;
        i++;
```

```c
        c0++;
    }
    if(data_buf[0]!=addr)
        return 0;
    return 1;
}
/***********************数码管显示函数************************/
/*函数原型:void display(void)
/*函数功能:数码管显示
/*调用模块:delay()
/***************************************************************/
void display(uchar    a,uchar    c)
{
    bit b=P_K_L;
    P_K_L=1;//防止按键干扰显示
        P_data=tab[a&0x0f];            // 显示数据1位
        PS0=0;
    PS1=1;
    PS2=1;
    PS3=1;
    delay(200);
        P_data=tab[(a>>4)&0x0f];       // 显示数据十位
        PS0=1;
    PS1=0;
    delay(200);
        P_data=tab[c];                 // 显示地址1位
        PS1=1;
        PS2=0;
    delay(200);
        P_data=tab[0];                 // 显示地址十位
        PS2=1;
        PS3=0;
    delay(200);
    PS3=1;
        P_K_L=b;                       // 恢复按键
    P_data=0xff;                       // 恢复数据口
}
/***********************数据输出函数************************/
/*函数原型:void sw_out(uchar a)
/*函数功能:数据采集
```

```c
/***************************************************************/
void sw_out(unsigned char b)
{
    if(b==0x00)
    {
        jdq1=1;                    // 接收到PC发来的数据00，关闭继电器1和2
        jdq2=1;
    }
    else if(b==0x01)
    {
        jdq1=1;                    // 接收到PC发来的数据01，继电器1关闭，继电器2打开
        jdq2=0;
    }
    else if(b==0x10)
    {
        jdq1=0;                    // 接收到PC发来的数据10，继电器1打开，继电器2关闭
        jdq2=1;
    }
    else if(b==0x11)
    {
        jdq1=0;                    // 接收到PC发来的数据11，打开继电器1和2
        jdq2=0;
    }
}
/*****************************延时函数******************************/
/*函数原型:delay(unsigned int delay_time)
/*输入参数:delay_time (输入要延时的时间)
/***************************************************************/
void delay(unsigned int delay_time)// 延时子程序
{for(;delay_time>0;delay_time--)
{}
}
```

将C51程序编译生成HEX文件，然后采用STC-ISP软件将HEX文件下载到单片机中。

打开"串口调试助手"程序（ScomAssistant.exe），首先设置串口号为COM1、波特率为9600、校验位为NONE、数据位为8、停止位为1等参数（注意：设置的参数必须与单片机一致），选择"十六进制显示"和"十六进制发送"，打开串口。

PC通过串行口将十六进制数发送给多个单片机，驱动地址吻合的单片机继电器动作，并在数码管显示接收的数。单片机接收到数据后，返回原数据给PC。

如PC发送十六进制数据"01 11"，驱动1号单片机板继电器1和2打开，单片机返回十六进制数据"01 11"。如图11-22所示。

第 11 章　PC 通信与单片机测控

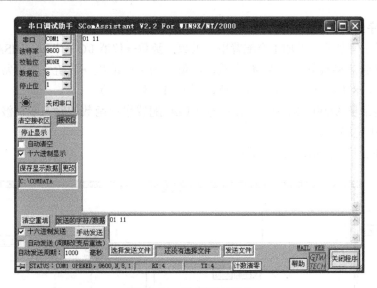

图 11-22　串口调试助手

2. PC 端 LabVIEW 程序

1）程序前面板设计

（1）为输入单片机地址、继电器状态，添加两个字符串输入控件：控件→新式→字符串与路径→字符串输入控件，将标签改为"单片机地址："和"继电器状态："。

（2）为显示返回的数据，添加 1 个字符串显示控件：控件→新式→字符串与路径→字符串显示控件，将标签改为"返回数据："，右键单击该控件，选择"十六进制显示"选项。

（3）为获得串行端口号，添加 1 个串口资源检测控件：控件→新式→I/O →VISA 资源名称；单击控件箭头，选择串口号，如 ASRL1:或 COM1。

（4）为了向单片机发送指令，添加 1 个确定按钮控件：控件→新式→布尔→确定按钮，将标题改为"输出"。

设计的程序前面板如图 11-23 所示。

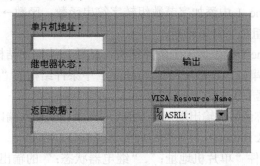

图 11-23　程序前面板

2）框图程序设计

（1）添加 1 个顺序结构：函数→编程→结构→层叠式顺序结构。

将其帧设置为 4 个（序号 0～3）。设置方法：选中层叠式顺序结构上边框，单击右键，执行"在后面添加帧"命令 3 次。

(2) 在顺序结构 Frame0 中添加函数。

① 为设置通信参数，添加 1 个配置串口函数：函数→仪器 I/O→串口→VISA 配置串口。

② 为设置通信参数值，添加 4 个数值常量：函数→编程→数值→数值常量，值分别为 9600（波特率）、8（数据位）、0（校验位，无）、1（停止位）。

③ 将数值常量 9600、8、0、1 分别与 VISA 配置串口函数的输入端口波特率、数据比特、奇偶、停止位相连。

连接好的框图程序如图 11-24 所示。

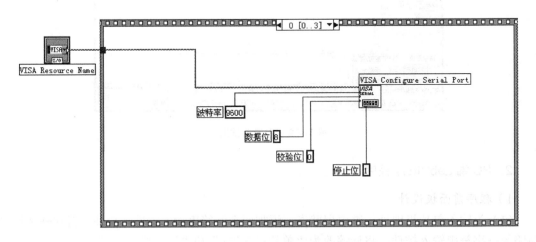

图 11-24　串口初始化框图程序

(3) 在顺序结构 Frame1 中添加函数。

① 将控件"单片机地址："、"继电器状态："和"输出按钮"的图标拖入顺序结构的 Frame 1 中。

② 为了实现数制转换，在顺序结构 Frame 1 中添加两个字符串转换函数：函数→编程→字符串/数值转换→十六进制数字符串至数值转换。

③ 在顺序结构 Frame 1 中添加 1 个创建数组函数：函数→编程→数组→创建数组。

④ 在顺序结构 Frame 1 中添加字节数组转字符串函数：函数→编程→字符串→字符串/数组/路径转换→字节数组至字符串转换。

⑤ 在顺序结构 Frame 1 中添加 1 个条件结构：函数→编程→结构→条件结构。

⑥ 为了发送数据到串口，在顺序结构 Frame 1 中条件结构的"真"选项中添加 1 个串口写入函数：函数→仪器 I/O→串口→VISA 写入。

⑦ 将 VISA 资源名称函数的输出端口与 VISA 写入函数的输入端口 VISA 资源名称相连。

⑧ 将输出按钮（OK Button）与条件结构的选择端口?相连。

⑨ 将字符串输入控件"单片机地址："、"继电器状态："的输出口分别与两个"十六进制数字符串至数值转换"函数的输入口"字符串"相连。

⑩ 将两个"十六进制数字符串至数值转换"函数的输出口"数字"分别与"创建数组"函数的输入口"元素"相连。

⑪ 将"创建数组"函数的输出口"添加的数组"与字节数组至字符串转换函数的输入端口"无符号字节数组"相连。

⑫ 将字节数组至字符串转换函数的输出端口字符串与 VISA 写入函数的输入端口写入缓冲区相连。

连接好的框图程序如图 11-25 所示。

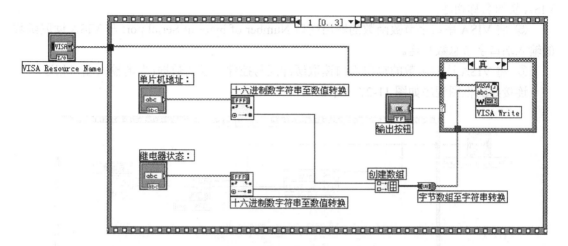

图 11-25　发指令框图程序

（4）在顺序结构 Frame2 中添加函数。

① 为了实现延时，在顺序结构的 Frame 2 中添加 1 个时钟函数：函数→编程→定时→等待下一个整数倍毫秒。

② 在顺序结构的 Frame2 中添加 1 个数值常量：函数→编程→ 数值→ 数值常量，将值改为 1000（时钟频率值）。

③ 在顺序结构的 Frame 2 中将数值常量（值为 1000）与等待下一个整数倍毫秒函数的输入端口毫秒倍数相连。

连接好的框图程序如图 11-26 所示。

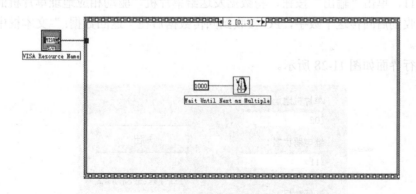

图 11-26　延时框图程序

（5）在顺序结构 Frame3 中添加函数。

① 为获得串口缓冲区数据个数，在顺序结构的 Frame 3 中，添加 1 个串口字节数函数：函数→仪器 I/O→串口→ VISA 串口字节数，标签为"Property Node"。

② 为从串口缓冲区获取返回数据，在顺序结构的 Frame 3 中，添加 1 个串口读取函

数：函数→仪器 I/O→串口→VISA 读取。

③ 将字符串显示控件"返回数据："的图标拖入顺序结构的 Frame 3 中。

④ 将 VISA 串口字节数函数的输出端口 VISA 资源名称与 VISA 读取函数的输入端口 VISA 资源名称相连。

⑤ 将 VISA 串口字节数函数的输出端口 Number of bytes at Serial port 与 VISA 读取函数的输入端口字节总数相连。

⑥ 将 VISA 读取函数的输出端口读取缓冲区与控件"返回数据："的输入端口相连。

连接好的框图程序如图 11-27 所示。

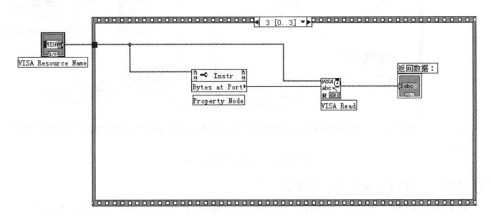

图 11-27　读数据框图程序

3）运行程序

进入程序前面板，保存设计好的 VI 程序。

单击快捷工具栏"连续运行"按钮，运行程序。

在"单片机地址："文本框中输入 01、02 或 03，在"继电器状态："文本框中输入 00、01、10 或 11，单击"输出"按钮，将数据发送给单片机，驱动相应地址单片机的继电器动作；单片机收到后回传这个数字，PC 接收到回传数据后在"返回数据："文本框中显示出来（十六进制）。

程序运行界面如图 11-28 所示。

图 11-28　程序运行界面

实例93　单片机模拟电压采集

一、线路连接

将 PC 与单片机开发板通过串口通信电缆连接起来,将直流电源(输出范围:0~5V)与模拟量输入通道连接起来,构成一套模拟量采集系统。

PC 与单片机开发板组成的模拟电压采集系统如图 11-29 所示。单片机开发板与 PC 机数据通信采用 3 线制,将单片机开发板的串口与 PC 串口的 3 个引脚(RXD、TXD、GND)分别连在一起,即将 PC 和单片机的发送数据线 TXD 与接收数据 RXD 交叉连接,两者的地线 GND 直接相连。

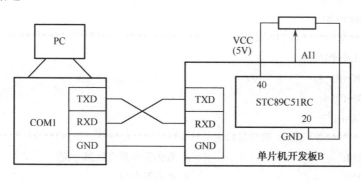

图 11-29　PC 与单片机开发板组成的模拟电压采集系统

可将直流稳压电源输出(范围:0~5V)接模拟量输入 1 通道,构成模拟量采集系统。实际测试中可直接采用单片机的 5V 电压输出(40 和 20 引脚),将电位器两端与 STC89C51RC 单片机的 40 和 20 引脚相连,电位器的中间端点(输出电压 0~5V)与单片机开发板 B 的模拟量输入口 AI1 相连。

提示:工业控制现场的模拟量,如温度、压力、物位、流量等参数可通过相应的变送器转换为 1~5V 的电压信号,因此本章提供的电压采集系统同样可以进行温度、压力、物位、流量等参数的采集,只需在程序设计时进行相应的标度变换。

有关单片机开发板 B 的详细信息请查询电子开发网 http://www.dzkfw.com/。

二、设计任务

单片机与 PC 通信,在程序设计上涉及两部分的内容:一是单片机端数据采集、控制和通信程序;二是 PC 端通信和功能程序。

(1)采用 Keil C51 语言编写程序,实现单片机开发板模拟电压采集,并将采集到的电压值在数码管上显示(保留 1 位小数)。

(2)采用 LabVIEW 语言编写程序,实现 PC 与单片机开发板串口通信,要求 PC 接收单片机发送的电压值(十六进制,1 个字节),转换成十进制形式,以数字、曲线的方式显示输出。

三、任务实现

1. 单片机端 C51 程序

以下是完成单片机模拟电压输入的 C51 参考程序：

```c
/*************************************************************
**程序功能： 模拟电压输入，显示屏显示（保留1位小数），并以十六进制形式发送给PC
** 晶振频率：11.0592MHz
** 线路->单片机开发板 B
*****************************************************************/
#include <REG51.H>
#include <intrins.h>
/****************TLC0832 端口定义*****************************/
sbit ADC_CLK=P1^2;
sbit ADC_DO=P1^3;
sbit ADC_DI=P1^4;
sbit ADC_CS=P1^7;
/***************数码显示 键盘接口定义*************************/
sbit PS0=P2^4;          // 数码管小数点后第一位
sbit PS1=P2^5;          // 数码管个位
sbit PS2=P2^6;          // 数码管十位
sbit PS3=P2^7;          // 数码管百位
sfr   P_data=0x80;      // P0口为显示数据输出口
sbit P_K_L=P2^2;        // 键盘列
sbit JDQ1=P2^0;         // 继电器1控制
sbit JDQ2=P2^1;         // 继电器2控制
                        // 字段转换表
unsigned char tab[]={0xfc,0x60,0xda,0xf2,0x66,0xb6,0xbe,0xe0,0xfe,0xf6,0xee,0x3e,0x9c,0x7a,0x9e,0x8e};
unsigned char adc_change(unsigned char a);   // 操作TLC0832
unsigned int htd(unsigned int a);            // 进制转换函数
void display(unsigned int a);                // 显示函数
void delay(unsigned int);                    // 延时函数
void main(void)
{
    unsigned int a,temp;
    TMOD=0x20;          // 方式2
    TL1=0xfd;
    TH1=0xfd;           // 11.0592MHz晶振，波特率为9600bit/s
    SCON=0x50;          // 方式1
```

```c
        TR1=1;                              // 启动定时
        while(1)
    {
         temp=adc_change('0')*10*5/255;
          for(a=0;a<200;a++)                // 显示,兼有延时的作用
              display(htd(temp));
          //SBUF=(unsigned char)(temp>>8);  // 将测量结果发送给 PC
             //while(TI!=1);
          //TI=0;
          SBUF=(unsigned char)temp;
             while(TI!=1);
          TI=0;
          if(temp>45)
             JDQ1=0;                        // 继电器 1 动作
          else
             JDQ1=1;                        // 继电器 1 复位
          if(temp<5)
             JDQ2=0;                        // 继电器 2 动作
          else
             JDQ2=1;                        // 继电器 1 复位
    }
}
/************************数码管显示函数************************/
/*函数原型:void display(void)
/*函数功能:数码管显示
/*调用模块:delay()
/*************************************************************/
void display(unsigned int a)
{
    bit b=P_K_L;
 P_K_L=1;                                   // 防止按键干扰显示
    P_data=tab[a&0x0f];                     // 显示小数点后第 1 位
    PS0=0;
 PS1=1;
 PS2=1;
 PS3=1;
 delay(200);
    P_data=tab[(a>>4)&0x0f]|0x01;           // 显示个位
    PS0=1;
 PS1=0;
```

```
        delay(200);
        //P_data=tab[(a>>8)&0x0f];              // 显示十位
        PS1=1;
        //PS2=0;
    //delay(200);
        //P_data=tab[(a>>12)&0x0f];             // 显示百位
        //PS2=1;
        //PS3=0;
    //delay(200);
        //PS3=1;
        P_K_L=b;                                // 恢复按键
    P_data=0xff;                                // 恢复数据口
}
/**************************************************************************
;   函数名称:    adc_change
;   功能描述:    TI 公司 8 位 2 通 adc 芯片 TLC0832 的控制时序
;   形式参数:    config(无符号整型变量)
;   返回参数:    a_data
;   局部变量:    m、n
**************************************************************************/
unsigned char adc_change(unsigned char config)   // 操作 TLC0832
{
        unsigned char i,a_data=0;
    ADC_CLK=0;
     _nop_();
    ADC_DI=0;
     _nop_();
    ADC_CS=0;
     _nop_();
    ADC_DI=1;
     _nop_();
    ADC_CLK=1;
     _nop_();
    ADC_CLK=0;
        if(config=='0')
    {
            ADC_DI=1;
             _nop_();
            ADC_CLK=1;
             _nop_();
```

```
            ADC_DI=0;
            _nop_();
            ADC_CLK=0;
        }
        else if(config=='1')
        {
            ADC_DI=1;
            _nop_();
            ADC_CLK=1;
            _nop_();
            ADC_DI=1;
            _nop_();
            ADC_CLK=0;
        }
        ADC_CLK=1;
        _nop_();
        ADC_CLK=0;
        _nop_();
        ADC_CLK=1;
        _nop_();
        ADC_CLK=0;
        for(i=0;i<8;i++)
        {
            a_data<<=1;
            ADC_CLK=0;
            a_data+=(unsigned char)ADC_DO;
            ADC_CLK=1;
        }
        ADC_CS=1;
        ADC_DI=1;
            return a_data;
}
/************************十六进制转十进制函数*************************/
/*函数原型:uint htd(uint a)
/*函数功能:十六进制转十进制
/*输入参数:要转换的数据
/*输出参数:转换后的数据
/*******************************************************/
unsigned int htd(unsigned int a)
{
    unsigned int b,c;
  b=a%10;
  c=b;
```

```
    a=a/10;
    b=a%10;
    c=c+(b<<4);
    a=a/10;
    b=a%10;
    c=c+(b<<8);
    a=a/10;
    b=a%10;
    c=c+(b<<12);
    return c;
}
/******************************延时函数********************************/
/*函数原型:delay(unsigned int delay_time)
/*函数功能:延时函数
/*输入参数:delay_time (输入要延时的时间)
/******************************************************************/
void delay(unsigned int delay_time)         // 延时子程序
{for(;delay_time>0;delay_time--)
{}
}
```

将程序编译生成 HEX 文件，然后采用 STC-ISP 软件将 HEX 文件下载到单片机中。

打开"串口调试助手"程序（ScomAssistant.exe），首先设置串口号为 COM1、波特率为 9600、校验位为 NONE、数据位为 8、停止位为 1 等参数（注意：设置的参数必须与单片机一致），选择"十六进制显示"和"十六进制发送"，打开串口。

如果 PC 与单片机开发板串口连接正确，则单片机连续向 PC 发送检测的电压值，用 1 个字节的十六进制数据表示，如 0F，该数据串在返回信息框内显示，如图 11-30 所示。

将单片机返回数据转换为十进制，并除以 10，即可知当前电压测量值为 1.5V。

图 11-30　串口调试助手

2. PC 端 LabVIEW 程序

1）程序前面板设计

（1）为了以数字形式显示测量电压值，添加 1 个数字显示控件：控件→新式→ 数值→数值显示控件，将标签改为"测量值"。

（2）为了以指针形式显示测量电压值，添加 1 个仪表显示控件：控件→新式→数值→仪表，将标签改为"仪表"。

（3）为了显示测量电压实时变化曲线，添加 1 个实时图形显示控件：控件→新式→图形→波形图，将标签改为"实时曲线"。

（4）为了获得串行端口号，添加 1 个串口资源检测控件：控件→新式→ I/O → VISA 资源名称；单击控件箭头，选择串口号，如 COM1 或 ASRL1:。

设计的程序前面板如图 11-31 所示。

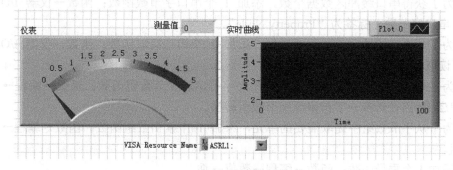

图 11-31　程序前面板

2）框图程序设计

程序设计思路：读单片机发送给 PC 的十六进制数据，并转换成十进制数据。

（1）添加 1 个顺序结构：函数→编程→结构→层叠式顺序结构。

将顺序结构的帧设置为 3 个（序号 0~2）。设置方法：右键单击顺序结构边框，执行"在后面添加帧"命令 2 次。

（2）在顺序结构 Frame 0 中添加函数与结构。

① 为了设置通信参数值，在顺序结构 Frame 0 中添加 1 个串口配置函数：函数→仪器 I/O→串口→ VISA 配置串口。

② 在顺序结构 Frame 0 中添加 4 个数值常量：函数→编程→数值→数值常量，值分别为 9600（波特率）、8（数据位）、0（校验位，无）、1（停止位）。

③ 将函数 VISA 资源名称的输出端口与串口配置函数的输入端口 VISA 资源名称（相连）。

④ 将数值常量 9600、8、0、1 分别与 VISA 配置串口函数的输入端口波特率、数据比特、奇偶、停止位相连。

连接好的框图程序如图 11-32 所示。

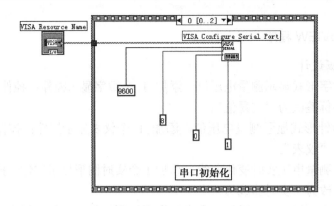

图 11-32　串口初始化框图程序

（3）在顺序结构 Frame 1 中添加 4 个函数。

① 为了获得串口缓冲区数据个数，添加 1 个串口字节数函数：函数→仪器 I/O→串口→VISA 串口字节数，标签为"Property Node"。

② 为了从串口缓冲区获取返回数据，添加 1 个串口读取函数：函数→仪器 I/O→串口→VISA 读取。

③ 为了把字符串转换为字节数组，添加字符串转字节数组函数：函数→编程→字符串→字符串/数组/路径转换→字符串至字节数组转换。

④ 为了从字节数组中提取需要的单元，添加 1 个索引数组函数：函数→编程→数组→索引数组。

⑤ 添加 1 个乘号函数：函数→编程→数值→乘。

⑥ 添加两个数值常量：函数→编程→数值→ 数值常量，值分别为 1 和 0.1。

⑦ 将 VISA 资源名称函数的输出端口与串口字节数函数（在顺序结构 Frame1 中）的输入端口引用相连。

⑧ 将 VISA 资源名称函数的输出端口与 VISA 读取函数的输入端口 VISA 资源名称相连。

⑨ 将串口字节数函数的输出端口 Number of bytes at Serial port 与 VISA 读取函数的输入端口字节总数相连。

⑩ 将 VISA 读取函数的输出端口读取缓冲区与字符串至字节数组转换函数的输入端口字符串相连。

⑪ 将字符串至字节数组转换函数的输出端口无符号字节数组与索引数组函数的输入端口数组相连。

⑫ 将数值常量（值为 1）与索引数组函数的输入端口索引相连。

⑬ 将索引数组函数的输出端口元素与乘函数的输入端口 x 相连。

⑭ 将数值常量（值为 0.1）与乘函数的输入端口 y 相连。

⑮ 将乘函数的输出端口 x*y 分别与测量数据显示图标（标签为"测量值"）、仪表控件图标（标签为"仪表"）、实时曲线控件图标（标签为"实时曲线"）相连。

连接好的框图程序如图 11-33 所示。

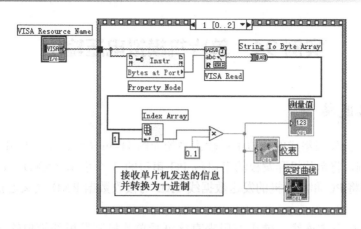

图 11-33 读电压值框图程序

（4）在顺序结构 Frame 2 中添加 1 个时间延迟函数：函数→编程→定时→时间延迟，时间设置为 2 秒，如图 11-34 所示。

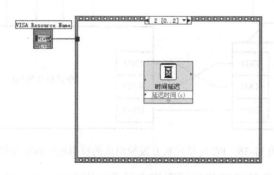

图 11-34 延时框图程序

3）运行程序

单击快捷工具栏"连续运行"按钮，运行程序。

单片机开发板接收变化的模拟电压（0~5V）并在数码管上显示（保留 1 位小数）；PC 接收单片机发送的电压值（十六进制，1 个字节），并转换成十进制形式，以数字、曲线的方式显示输出。

程序运行界面如图 11-35 所示。

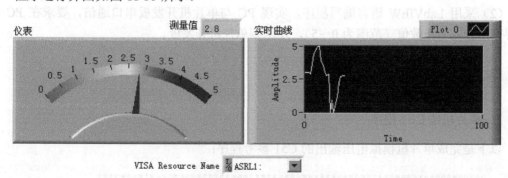

图 11-35 程序运行界面

实例94　单片机模拟电压输出

一、线路连接

PC 与单片机开发板组成的模拟电压输出系统如图 11-36 所示。单片机开发板与 PC 数据通信采用 3 线制，将单片机开发板的串口与 PC 串口的 3 个引脚（RXD、TXD、GND）分别连在一起，即将 PC 和单片机的发送数据线 TXD 与接收数据 RXD 交叉连接，两者的地线 GND 直接相连。

模拟电压输出不需连线。使用万用表直接测量单片机开发板的模拟输出端口 AO1 与 GND 端口之间的输出电压。

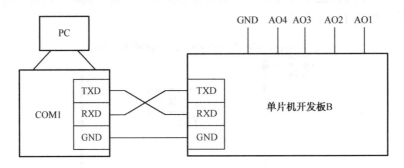

图 11-36　PC 与单片机开发板组成的模拟电压输出系统

有关单片机开发板 B 的详细信息请查询电子开发网 http://www.dzkfw.com/。

二、设计任务

单片机与 PC 通信，在程序设计上涉及两部分的内容：一是单片机端数据采集、控制和通信程序；二是 PC 端通信和功能程序。

（1）采用 Keil C51 语言编写程序，实现单片机开发板模拟电压输出，在数码管上显示要输出的电压值（保留 1 位小数），并通过模拟电压输出端口输出同样大小的电压值。

（2）采用 LabVIEW 语言编写程序，实现 PC 与单片机开发板串口通信，要求在 PC 程序界面中输入一个数值（范围为 0～5），发送到单片机开发板。

三、任务实现

1. 单片机端 C51 程序

以下是完成单片机模拟电压输出的 C51 参考程序：

```
/************************************************************
** TLC5620 DAC 转换实验程序
```

程序功能：PC 向单片机发送数值（0~5），如发送 2.5V，则发送 25 的十六进制值 19，单片机接收并显示 2.5，并从模拟量输出通道输出。

** 晶振频率：11.0592MHz

** 线路->单片机开发板 B

****

; 输出电压计算公式：VOUT(DACA|B|C|D)=REF*CODE/256*(1+RNG bit value)

***/

```c
#include   <REG51.H>
sbit   SCLA=P1^2;
sbit   SDAA=P1^4;
sbit   LOAD=P1^6;
sbit   LDAC=P1^5;
sbit PS0=P2^4;                       // 数码管个位
sbit PS1=P2^5;                       // 数码管十位
sbit PS2=P2^6;                       // 数码管百位
sbit PS3=P2^7;                       // 数码管千位
sfr   P_data=0x80;                   // P0 口为显示数据输出口
sbit P_K_L=P2^2;                     // 键盘列
unsigned char tab[10]={0xfc,0x60,0xda,0xf2,0x66,0xb6,0xbe,0xe0,0xfe,0xf6};   // 字段转换表
void   ini_cpuio(void);
void   dachang(unsigned char a,b);
void   dac5620(unsigned int config);
/*************************延时函数*********************************/
/*函数原型:delay(unsigned int delay_time)
/*函数功能:延时函数
/*输入参数:delay_time (输入要延时的时间)
/*****************************************************************/
void delay(unsigned int delay_time)     // 延时子程序
{for(;delay_time>0;delay_time--)
{}
 }
/*********************十六进制转十进制函数***************************/
/*函数原型:uchar htd(unsigned int a)
/*函数功能:十六进制转十进制
/*输入参数:要转换的数据
/*输出参数:转换后的数据
/*****************************************************************/
    unsigned int htd(unsigned int a)
    {
      unsigned int b,c;
```

```
    b=a%10;
    c=b;
    a=a/10;
    b=a%10;
    c=c+(b<<4);
    a=a/10;
    b=a%10;
    c=c+(b<<8);
    a=a/10;
    b=a%10;
    c=c+(b<<12);
    return c;
  }
/************************数码管显示函数**************************/
/*函数原型:void display(void)
/*函数功能:数码管显示
/*调用模块:delay()
/****************************************************************/
    void display(unsigned int a)
    {
    bit b=P_K_L;
    P_K_L=1;                  // 防止按键干扰显示
    a=htd(a);                 // 转换成十进制输出
      P_data=tab[a&0x0f];     // 转换成十进制输出
      PS0=0;
    PS1=1;
    PS2=1;
    PS3=1;
    delay(200);
      P_data=tab[(a>>4)&0x0f]|0x01;
      PS0=1;
    PS1=0;
    delay(200);
      //P_data=tab[(a>>8)&0x0f];
      PS1=1;
    //PS2=0;
    //delay(200);
      //P_data=tab[(a>>12)&0x0f];
      //PS2=1;
    //PS3=0;
```

```c
        //delay(200);
         //PS3=1;
          P_K_L=b;                   // 恢复按键
          P_data=0xff;               // 恢复数据口
        }
/**************************************************************************/
    void    main(void)
    {
        unsigned int a;
      float b;
          ini_cpuio();               // 初始化 TLC5620
          TMOD=0x20;                 // 定时器 11--方式 2
          TL1=0xfd;
          TH1=0xfd;                  // 11.0592MHz 晶振，波特率为 9600bit/s
      SCON=0x50;                     // 方式 1
          TR1=1;                     // 启动定时
          while(1)
          {
           if(RI)
           {
              a=SBUF;
               RI=0;
           }
            display(a);
            b=(float)a/10/2*256/2.7; //CODE=VOUT(DACA|B|C|D)/10/(1+RNG bit value)*256/Vref
            dachang('a',b);          // 控制 A 通道输出电压
            dachang('b',b);          // 控制 B 通道输出电压
            dachang('c',b);          // 控制 C 通道输出电压
            dachang('d',b);          // 控制 D 通道输出电压
          }
    }
/**************************************************************************/
    void    ini_cpuio(void)          // CPU 的 I/O 口初始化函数
    {
       SCLA=0;
       SDAA=0;
       LOAD=1;
       LDAC=1;
    }
    void    dachang(unsigned char a,vout)
```

```c
{
    unsigned int config=(unsigned int)vout;      // D/A 转换器的配置参数
    config<<=5;
    config=config&0x1fff;
  switch (a)
  {
      case 'a':
              config=config|0x2000;
          break;
      case 'b':
              config=config|0x6000;
          break;
      case 'c':
              config=config|0xa000;
          break;
      case 'd':
              config=config|0xe000;
          break;
      default :
          break;
  }
    dac5620(config);
}
/**************************************************************************
;   函数名称:   dac5620
;   功能描述:   TI 公司 8 位 4 通 DAC 芯片 TLC5620 的控制时序
;   局部变量:   m、n
;   调用模块:   SENDBYTE
;   备注:       使用 11 位连续传输控制模式,使用 LDAC 下降沿锁存数据输入
**************************************************************************/
void   dac5620(unsigned int config)
{
    unsigned char m=0;
    unsigned int n;
    for(;m<0x0b;m++)
    {
        SCLA=1;
        n=config;
        n=n&0x8000;
        SDAA=(bit)n;
```

```
                SCLA=0;
                config<<=1;
        }
        LOAD=0;
        LOAD=1;
        LDAC=0;
        LDAC=1;
}
```

将汇编程序编译生成 HEX 文件，然后采用 STC-ISP 软件将 HEX 文件下载到单片机中。

打开"串口调试助手"程序（ScomAssistant.exe），首先设置串口号为 COM1、波特率为 9600、校验位为 NONE、数据位为 8、停止位为 1 等参数（注意：设置的参数必须与单片机一致），选择"十六进制显示"和"十六进制发送"，打开串口。

如输出 2.1V，先将 2.1*10 等于 21，再转换成十六进制数"15"，在发送框输入数值 15，单击"手动发送"按钮，如图 11-37 所示。

图 11-37　串口调试助手

若 PC 与单片机通信正常，单片机开发板数码管显示 2.1。模拟量输出 1 端口输出 2.1V。

2．PC 端 LabVIEW 程序

1）程序前面板设计

（1）为输入需要输出的电压值，添加 1 个数值输入控件：控件→数值→数值输入控件，将标签改为"输出电压值："。

（2）为执行输出电压值命令，添加 1 个"确定"按钮控件：控件→新式→布尔→确定按钮。

（3）为获得串行端口号，添加 1 个串口资源检测控件：控件→新式→ I/O → VISA 资源名称；单击控件箭头，选择串口号，如 ASRL1:或 COM1。

设计的程序前面板如图 11-38 所示。

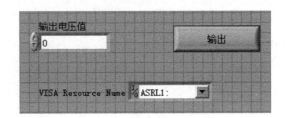

图 11-38　程序前面板

2）框图程序设计

主要解决如何将设定的数值发送给单片机。

（1）添加 1 个顺序结构：函数→编程→结构→层叠式顺序结构。

将顺序结构的帧（Frame）设置为 2 个（序号 0~1）。设置方法：选中顺序结构边框，单击鼠标右键，执行"在后面添加帧"命令 1 次。

（2）在顺序结构 Frame 0 中添加函数与结构。

① 为了设置通信参数，在顺序结构 Frame 0 中添加 1 个串口配置函数：函数→仪器 I/O→串口→VISA 配置串口。

② 为了设置通信参数值，在顺序结构 Frame 0 中添加 4 个数值常量：函数→编程→ 数值→ 数值常量，值分别为 9600（波特率）、8（数据位）、0（校验位，无）、1（停止位）。

③ 将函数 VISA 资源名称的输出端口与串口配置函数的输入端口 VISA 资源名称相连。

④ 将数值常量 9600、8、0、1 分别与 VISA 配置串口函数的输入端口波特率、数据比特、奇偶、停止位相连。

连接好的框图程序如图 11-39 所示。

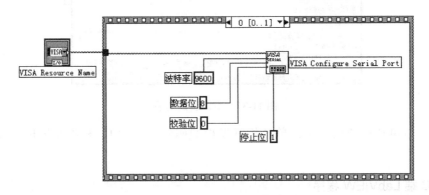

图 11-39　初始化串口框图程序

（3）在顺序结构 Frame 1 中添加 1 个条件结构：函数→编程→结构→条件结构。

（4）在条件结构的"真"选项中添加函数与结构。

① 添加 1 个数值常量：函数→编程→数值→数值常量，值分别为 10。

② 添加 1 个乘号函数：函数→编程→数值→乘。

③ 添加 1 个"创建数组"函数：函数→编程→数组→创建数组。

④ 添加字节数组转字符串函数：函数→编程→字符串→字符串/数组/路径转换→字节数组至字符串转换。

⑤ 为了发送数据到串口，添加 1 个串口写入函数：函数→仪器 I/O→串口→ VISA 写入。
⑥ 将"确定按钮"控件与条件结构的条件端口相连。
⑦ 将数值输入控件（标签为"输出电压值"）与乘号函数的输入端口 x 相连。
⑧ 将数值常量（值为 10）与乘号函数的输入端口 y 相连。
⑨ 将乘号函数的输出端口 x*y 与创建数组函数的输入端口"元素"相连。
⑩ 将创建数组函数的输出端口"添加的数组"与字节数组至字符串转换函数的输入端口"无符号字节数组"相连。
⑪ 将字节数组至字符串转换函数的输出端口字符串与 VISA 写入函数的输入端口写入缓冲区相连。
⑫ 将函数 VISA 资源名称的输出端口与 VISA 写入函数的输入端口 VISA 资源名称相连。

连接好的框图程序如图 11-40 所示。

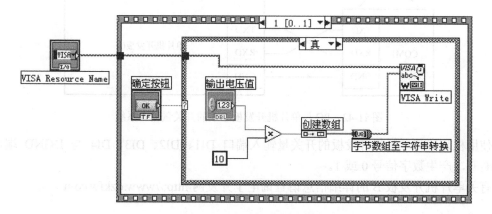

图 11-40 输出电压框图程序

3）运行程序

单击快捷工具栏"连续运行"按钮，运行程序。

在 PC 程序中输入变化的数值（0～5），单击"输出"按钮，发送到单片机开发板，在数码管上显示（保留 1 位小数），并通过模拟电压输出端口输出同样大小的电压值。可使用万用表直接测量单片机开发板 B 的 AO0、AO1、AO2、AO3 端口与 GND 端口之间的输出电压。

程序运行界面如图 11-41 所示。

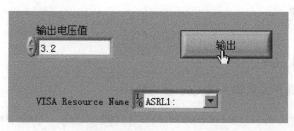

图 11-41 程序运行界面

实例 95　单片机开关信号输入

一、线路连接

PC 与单片机开发板组成的开关量输入系统如图 11-42 所示。单片机开发板与 PC 数据通信采用 3 线制，将单片机开发板的串口与 PC 串口的 3 个引脚（RXD、TXD、GND）分别连在一起，即将 PC 和单片机的发送数据线 TXD 与接收数据 RXD 交叉连接，两者的地线 GND 直接相连。

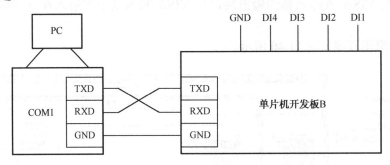

图 11-42　PC 与单片机开发板组成的开关量输入系统

使用杜邦线将单片机开发板的开关量输入端口 DI1、DI2、DI3、DI4 与 DGND 端口连接或断开，产生数字信号 0 或 1。

有关单片机开发板 B 的详细信息请查询电子开发网 http://www.dzkfw.com/。

二、设计任务

单片机与 PC 通信，在程序设计上涉及两部分的内容：一是单片机端数据采集、控制和通信程序；二是 PC 端通信和功能程序。

（1）采用 Keil C51 语言编写程序，实现单片机开发板开关量输入，将开关量输入状态值（0 或 1）在数码管上显示，并将开关信号发送到 PC。

（2）采用 LabVIEW 语言编写程序，实现 PC 与单片机开发板串口通信，要求 PC 接收单片机开发板开关量输入状态值（0 或 1）并显示。

三、任务实现

1. 单片机端 C51 程序

以下是完成单片机开关量输入的 C51 参考程序：

```
/***********************************************************
程序功能：检测开关量输入端口状态（1 或 0，如 1111 表示 4 个通道均为高电平，0000 表示 4 个
```

通道均为低电平），在数码管显示，并以二进制形式发送给 PC。
***/

```c
#include <REG51.H>
/*****************开关端口定义************************************/
sbit sw_0=P3^3;
sbit sw_1=P3^4;
sbit sw_2=P3^5;
sbit sw_3=P3^6;
/*******************数码显示 键盘接口定义***************************/
sbit PS0=P2^4;                          // 数码管个位
sbit PS1=P2^5;                          // 数码管十位
sbit PS2=P2^6;                          // 数码管百位
sbit PS3=P2^7;                          // 数码管千位
sfr   P_data=0x80;                      // P0 口为显示数据输出口
sbit P_K_L=P2^2;                        // 键盘列
    ;                                   // 字段转换表
unsigned char tab[]={0xfc,0x60,0xda,0xf2,0x66,0xb6,0xbe,0xe0,0xfe,0xf6,0xee,0x3e,0x9c,0x7a,0x9e,0x8e}
unsigned int sw_in(void);               // 开关量输入采集
void display(unsigned int a);           // 显示函数
void delay(unsigned int);               // 延时函数
void main(void)
{
    unsigned int a,temp;
    TMOD=0x20;                          // 定时器 1--方式 2
    TL1=0xfd;
    TH1=0xfd;                           // 11.0592MHz 晶振，波特率为 9600bit/s
    SCON=0x50;                          // 方式 1
    TR1=1;                              // 启动定时
    while(1)
    {
      temp=sw_in();
       for(a=0;a<200;a++)               // 显示，兼有延时的作用
            display(temp);
       SBUF=(unsigned char)(temp>>8);   // 将测量结果发送给 PC
          while(TI!=1);
       TI=0;
       SBUF=(unsigned char)temp;
          while(TI!=1);
       TI=0;
    }
```

}
/*************************数码管显示函数*************************/
/*函数原型:void display(void)
/*函数功能:数码管显示
/*调用模块:delay()
/***/
unsigned int sw_in(void)
{
    unsigned int a=0;
  if(sw_0)
      a=a+1;
   if(sw_1)
       a=a+0x10;
   if(sw_2)
       a=a+0x100;
    if(sw_3)
        a=a+0x1000;
     return a;
}
/*************************数码管显示函数*************************/
/*函数原型:void display(void)
/*函数功能:数码管显示
/*调用模块:delay()
/***/
void display(unsigned int a)
{
    bit b=P_K_L;
 P_K_L=1;   // 防止按键干扰显示
    P_data=tab[a&0x0f];   // 显示个1位
    PS0=0;
 PS1=1;
 PS2=1;
 PS3=1;
    delay(200);
    P_data=tab[(a>>4)&0x0f];   // 显示十位
    PS0=1;
 PS1=0;
    delay(200);
    P_data=tab[(a>>8)&0x0f];   // 显示百位
    PS1=1;

```
    PS2=0;
  delay(200);
    P_data=tab[(a>>12)&0x0f];            // 显示千位
    PS2=1;
    PS3=0;
  delay(200);
    PS3=1;
    P_K_L=b;                             // 恢复按键
    P_data=0xff;                         // 恢复数据口
}
/*****************************延时函数*********************************/
/*函数原型:delay(unsigned int delay_time)
/*函数功能:延时函数
/*输入参数:delay_time (输入要延时的时间)
/*********************************************************************/
void delay(unsigned int delay_time)      // 延时子程序
{for(;delay_time>0;delay_time--)
{}
 }
```

将 C51 程序编译生成 HEX 文件，然后采用 STC-ISP 软件将 HEX 文件下载到单片机中。

打开"串口调试助手"程序（ScomAssistant.exe），首先设置串口号为 COM1、波特率为 9600、校验位为 NONE、数据位为 8、停止位为 1 等参数（注意：设置的参数必须与单片机一致），选择"十六进制显示"和"十六进制发送"，打开串口。

如果 PC 与单片机开发板串口连接正确，则单片机连续向 PC 发送检测的开关量输入值，用 2 字节的十六进制数据表示，如 10 11，该数据串在返回信息框内显示，如图 11-43 所示。10 11 表示开关量输入 1、3 和 4 通道为高电平，2 通道为低电平。

图 11-43　串口调试助手

2. PC 端 LabVIEW 程序

1）程序前面板设计

（1）为了显示开关信号输入状态，添加 4 个指示灯控件：控件→新式→布尔→圆形指示灯，将标签分别改为 DI0～DI3。

（2）为了显示开关信号输入状态值，添加 1 个字符串显示控件：控件→新式→字符串与路径→ 字符串显示控件，标签改为"数字量输入状态："。右键单击该控件，选择"十六进制显示"选项。

（3）为了获得串行端口号，添加 1 个串口资源检测控件：控件→新式→I/O→VISA 资源名称；单击控件箭头，选择串口号，如 ASRL1:或 COM1。

设计的程序前面板如图 11-44 所示。

图 11-44 程序前面板

2）框图程序设计

程序设计思路：单片机向 PC 串口发送数字量输入通道状态值，PC 读取各通道状态值。

（1）添加 1 个顺序结构：函数→编程→结构→层叠式顺序结构。

将顺序结构的帧设置为 3 个（序号 0～2）。设置方法：选中顺序结构边框，单击鼠标右键，执行"在后面添加帧"命令 2 次。

（2）在顺序结构 Frame 0 中添加函数与结构。

① 为了设置通信参数，在顺序结构 Frame 0 中添加 1 个串口配置函数：函数→仪器 I/O→串口→ VISA 配置串口。

② 为了设置通信参数值，在顺序结构 Frame 0 中添加 4 个数值常量：函数→编程→数值→ 数值常量，值分别为 9600（波特率）、8（数据位）、0（校验位，无）、1（停止位）。

③ 将函数 VISA 资源名称的输出端口与串口配置函数的输入端口 VISA 资源名称相连。

④ 将数值常量 9600、8、0、1 分别与 VISA 配置串口函数的输入端口波特率、数据比特、奇偶、停止位相连。

连接好的框图程序如图 11-45 所示。

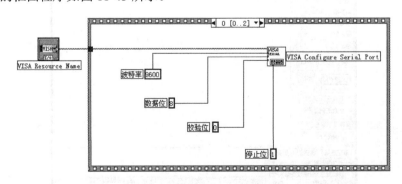

图 11-45 初始化串口框图程序

(3) 在顺序结构 Frame 1 中添加函数与结构。

① 为了获得串口缓冲区数据个数,添加 1 个串口字节数函数:函数→仪器 I/O→串口→VISA 串口字节数,标签为"Property Node"。

② 为了从串口缓冲区获取返回数据,添加 1 个串口读取函数:函数→仪器 I/O→串口→VISA 读取。

③ 添加 1 个扫描值函数:函数→编程→字符串→字符串/数值转换→扫描值。

④ 添加 1 个数值常量:函数→编程→数值→数值常量,值为 0。

⑤ 添加 1 个字符串常量:函数→编程→字符串→字符串常量,值为"%b",表示输入的是二进制数据。

⑥ 添加 1 个强制类型转换函数:函数→编程→数值→数据操作→强制类型转换。

⑦ 添加两个比较函数:函数→编程→比较 → 等于?。

⑧ 添加两个字符串常量:函数→编程→字符串→字符串常量,右键单击这两个字符串常量,选择"十六进制显示",将值改为"1111"和"1100"。

⑨ 添加两个条件结构:函数→编程→结构→条件结构。

⑩ 在左边条件结构真选项中,添加 4 个真常量;在右边条件结构真选项中,添加两个真常量和两个假常量:函数→编程→布尔→真常量或假常量。

⑪ 将 4 个指示灯控件移入左边的条件结构真选项中,在右边条件结构真选项中,添加 4 个局部变量,右键单击局部变量,"选择项"分别选 DI0、DI1、DI2 和 DI3。

⑫ 将 VISA 资源名称函数的输出端口与串口字节数函数(顺序结构 Frame1 中)的输入端口引用相连。

⑬ 将串口字节数函数的输出端口 VISA 资源名称与 VISA 读取函数的输入端口 VISA 资源名称相连。

⑭ 将串口字节数函数的输出端口 Number of bytes at Serial port 与 VISA 读取函数的输入端口字节总数相连。

⑮ 将 VISA 读取函数的输出端口读取缓冲区与扫描值函数的输入端口字符串相连。

⑯ 将字符串常量(值为%b)与扫描值函数的输入端口"格式字符串"相连;

⑰ 将扫描值函数的输出端口"输出字符串"与强制类型转换函数的输入端口 x 相连。

⑱ 将强制类型转换函数的输出端口分别与两个比较函数"="的输入端口 x 相连;并与"数字量输入状态:"显示控件相连。

⑲ 将两个字符串常量"1111"和"1100"分别与两个比较函数"="的输入端口 y 相连。

⑳ 将两个比较函数"="的输出端口"x=y?"分别与条件结构的选择端口?相连。

㉑ 在条件结构中,将真常量与假常量分别与指示灯控件及其局部变量相连。

连接好的框图程序如图 11-46 所示。

(4) 在顺序结构 Frame2 中添加 1 个时间延迟函数:函数→编程→定时→时间延迟,时间采用默认值,如图 11-47 所示。

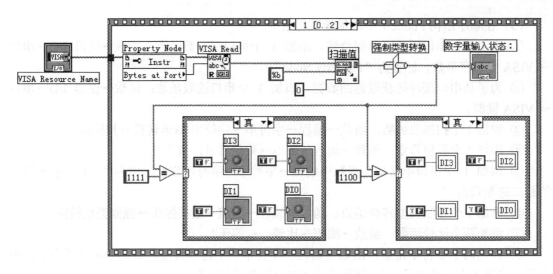

图 11-46　接收返回信息框图程序

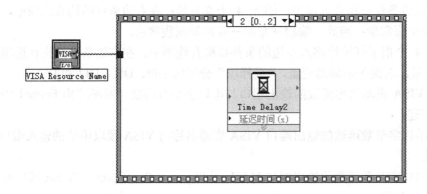

图 11-47　延时框图程序

3）运行程序

单击快捷工具栏"连续运行"按钮，运行程序。

使用杜邦线将单片机开发板 B 的 DI0、DI1、DI2、DI3 端口与 DGND 端口连接或断开产生数字信号 0 或 1，并送到单片机开发板数字量输入端口，在数码管上显示；数字信号同时发送到 PC 程序界面显示。

程序运行界面如图 11-48 所示。

图 11-48　程序运行界面

实例 96　单片机开关信号输出

一、线路连接

PC 与单片机开发板组成的开关量输出系统如图 11-49 所示。单片机开发板与 PC 数据通信采用 3 线制，将单片机开发板的串口与 PC 串口的 3 个引脚（RXD、TXD、GND）分别连在一起，即将 PC 和单片机的发送数据线 TXD 与接收数据 RXD 交叉连接，两者的地线 GND 直接相连。

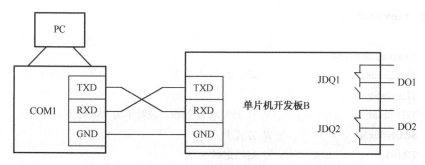

图 11-49　PC 与单片机开发板组成的开关量输出系统

开关量输出不需要连线，直接使用单片机开发板的继电器和指示灯来指示。

二、设计任务

单片机与 PC 通信，在程序设计上涉及两部分的内容：一是单片机端数据采集、控制和通信程序；二是 PC 端通信和功能程序。

（1）采用 Keil C51 语言编写程序，实现单片机开发板开关量输出，将开关量输出状态值（0 或 1）在数码管上显示，并驱动相应的继电器动作。

（2）采用 LabVIEW 语言编写程序，实现 PC 与单片机开发板串口通信，要求 PC 发出开关指令（0 或 1）传送给单片机开发板。

三、任务实现

1. 单片机端 C51 程序

以下是完成单片机开关量输出的 C51 参考程序：

```
/*****************************************************************
** 程序功能：接收 PC 发送的开关指令，驱动继电器动作。
** 晶振频率：11.0592MHz
** 线路->单片机开发板 B
*****************************************************************/
```

```c
#include   <REG51.H>
/*********************开关端口定义*****************************************/
sbit sw_0=P3^3;
sbit sw_1=P3^4;
sbit sw_2=P3^5;
sbit sw_3=P3^6;
sbit jdq1=P2^0;                    // 继电器 1
sbit jdq2=P2^1;                    // 继电器 2
void sw_out(unsigned char a);      // 开关量输出
/**************************************************************************/
void   main(void)
{
    unsigned char a=0;
    TMOD=0x20;              // 定时器 1--方式 2
    TL1=0xfd;
    TH1=0xfd;               // 11.0592MHz 晶振,波特率为 9600bit/s
    SCON=0x50;              // 方式 1
    TR1=1;                  // 启动定时
    while(1)
    {
     if(RI)
     {
         a=SBUF;
          RI=0;
     }
      sw_out(a);             // 输出开关量
    }
}
void sw_out(unsigned char a)
{
   if(a==0x00)
   {
     jdq1=1;                 // 接收到 PC 发来的数据 00,关闭继电器 1 和 2
       jdq2=1;
   }
   else if(a==0x01)
   {
       jdq1=1;                 // 接收到 PC 发来的数据 01,继电器 1 关闭,继电器 2 打开
       jdq2=0;
   }
```

```
            else if(a==0x10)
            {
                jdq1=0;            // 接收到 PC 发来的数据 10,继电器 1 打开,继电器 2 关闭
                jdq2=1;
            }
            else if(a==0x11)
            {
                jdq1=0;            // 接收到 PC 发来的数据 11,打开继电器 1 和 2
                jdq2=0;
            }
        }
```

将 C51 程序编译生成 HEX 文件,然后采用 STC-ISP 软件将 HEX 文件下载到单片机中。

打开"串口调试助手"程序(ScomAssistant.exe),首先设置串口号为 COM1、波特率为 9600、校验位为 NONE、数据位为 8、停止位为 1 等参数(注意:设置的参数必须与单片机一致),选择"十六进制显示"和"十六进制发送",打开串口。

在发送框输入"00",单击"手动发送"按钮,单片机继电器 1 和 2 关闭;发送"01",单片机继电器 1 关闭,继电器 2 打开;发送"10",单片机继电器 1 打开,继电器 2 关闭;发送"11",单片机继电器 1 和 2 打开,如图 11-50 所示。

图 11-50 串口调试助手

2. PC 端 LabVIEW 程序

1)程序前面板设计

(1)为了显示开关信号输出状态值,添加两个字符串显示控件:控件→新式→字符串→字符串显示控件,将标签改为"开关 1 状态"和"开关 2 状态"。

(2)为了生成开关信号,添加两个"垂直摇杆开关"控件:控件→新式→布尔→垂直摇杆开关,将标签改为"开关 1"和"开关 2"。

（3）为了输出开关信号，添加 1 个 "输出" 按钮控件：控件→新式→布尔→确定按钮。

（4）为了获得串行端口号，添加 1 个串口资源检测控件：控件→新式→ I/O → VISA 资源名称；单击控件箭头，选择串口号，如 ASRL1:或 COM1。

设计的程序前面板如图 11-51 所示。

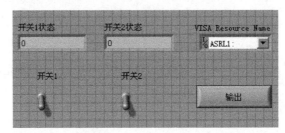

图 11-51　程序前面板

2）框图程序设计

主要解决如何将设定的开关量状态值（00、01、10、11 四种状态，0 表示关闭，1 表示打开）发送给单片机？

（1）添加 1 个顺序结构：函数→编程→结构→层叠式顺序结构。

将顺序结构的帧设置为 2 个（序号 0~1）。设置方法：选中顺序结构边框，单击鼠标右键，执行在后面添加帧选项 1 次。

（2）在顺序结构 Frame 0 中添加函数与结构。

① 为了设置通信参数，在顺序结构 Frame 0 中添加 1 个串口配置函数：函数→仪器 I/O→串口→ VISA 配置串口。

② 为了设置通信参数值，在顺序结构 Frame 0 中添加 4 个数值常量：函数→编程→ 数值→数值常量，值分别为 9600（波特率）、8（数据位）、0（校验位，无）、1（停止位）。

③ 将函数 VISA 资源名称的输出端口与串口配置函数的输入端口 VISA 资源名称相连。

④ 将数值常量 9600、8、0、1 分别与 VISA 配置串口函数的输入端口波特率、数据比特、奇偶、停止位相连。

连接好的框图程序如图 11-52 所示。

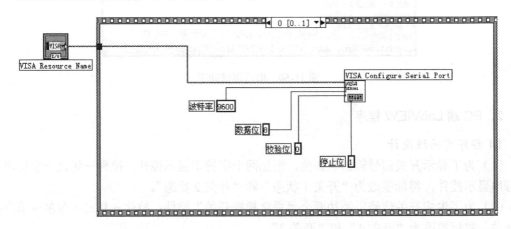

图 11-52　初始化串口框图程序

(3)在顺序结构 Frame 1 中添加 3 个条件结构：函数→编程→结构→条件结构。

(4)在顺序结构 Frame 1 中添加 1 个连接字符串函数：函数→编程→字符串→连接字符串。

(5)在顺序结构 Frame 1 中添加 1 个字符串转换函数：函数→编程→字符串/数值转换→十六进制数字符串至数值转换。

(6)在顺序结构 Frame 1 中添加 1 个创建数组函数：函数→编程→数组→创建数组。

(7)在顺序结构 Frame 1 中添加字节数组转字符串函数：函数→编程→字符串→字符串/数组/路径转换→字节数组至字符串转换。

(8)为了发送开关信号数据到串口，在右边条件结构的"真"选项中添加 1 个串口写入函数：函数→仪器 I/O→串口→VISA 写入。

(9)在左边两个条件结构的"真"选项中各添加 1 个字符串常量：函数→编程→字符串→字符串常量，值分别为 1。

(10)在左边两个条件结构的"假"选项中各添加 1 个字符串常量：函数→编程→字符串→字符串常量，值分别为 0。

(11)在左边两个条件结构的"假"选项中各添加 1 个局部变量：函数→编程→结构→局部变量。

分别选择局部变量，单击鼠标右键，在弹出的菜单中，为局部变量选择控件："开关 1 状态"和"开关 2 状态"，设置为"写"属性。

(12)将"开关 1"控件、"开关 2"控件、"确定按钮"控件分别与条件结构的条件端口相连。

(13)在左边两个条件结构的"真"选项中，分别将字符串常量"1"和"开关 1 状态"控件、"开关 2 状态"控件相连，再与连接字符串函数的输入端口"字符串"相连。

(14)在左边两个条件结构的"假"选项中，分别将字符串常量"0"和"开关 1 状态"局部变量、"开关 2 状态"局部变量相连，再与连接字符串函数的输入端口"字符串"相连。

(15)将连接字符串函数的输出端口"连接的字符串"与十六进制数字符串至数值转换函数的输入端口"字符串"相连。

(16)将十六进制数字符串至数值转换函数的输出端口"数字"与创建数组函数的输入端口"元素"相连。

(17)将创建数组函数的输出端口"添加的数组"与字节数组至字符串转换函数的输入端口"无符号字节数组"相连。

(18)将字节数组至字符串转换函数的输出端口字符串与 VISA 写入函数的输入端口写入缓冲区相连。

(19)将函数 VISA 资源名称的输出端口与 VISA 写入函数的输入端口 VISA 资源名称相连。

连接好的框图程序如图 11-53 和图 11-54 所示。

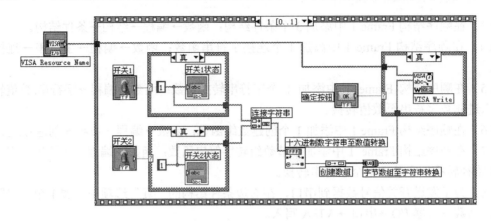

图 11-53 输出开关信号框图程序（一）

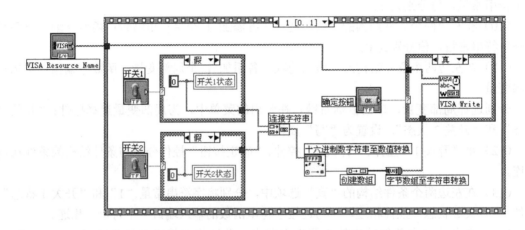

图 11-54 输出开关信号框图程序（二）

3. 运行程序

单击快捷工具栏"连续运行"按钮，运行程序。

PC 发出开关指令（00、01、10、11 四种状态，0 表示关闭，1 表示打开）传送给单片机开发板，驱动相应的继电器动作打开或关闭。

程序运行界面如图 11-55 所示。

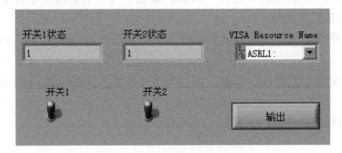

图 11-55 程序运行界面

实例 97　单片机温度测控

一、线路连接

单片机实验开发板与 PC 数据通信采用 3 线制，将单片机实验开发板 B 的串口与 PC 串口的 3 个引脚（RXD、TXD、GND）分别连在一起，即将 PC 和单片机的发送数据线 TXD 与接收数据 RXD 交叉连接，两者的地线 GND 直接相连。

如图 11-56 所示，将 DS18B20 温度传感器的三个引脚 GND、DQ、VCC 分别与单片机的三个引脚 20、16、40 相连。

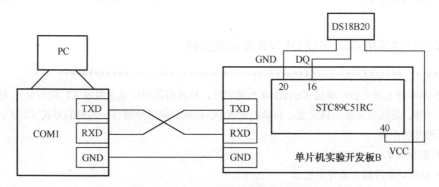

图 11-56　PC 与单片机实验开发板 B 组成测温系统

如图 11-57 所示，将温度传感器 Pt100 接到温度变送器输入端，温度变送器输入范围是 0～200℃，输出 4～200mA，经过 250Ω电阻将电流信号转换为 1～5V 电压信号输入到单片机开发板模拟量输入 1 通道。

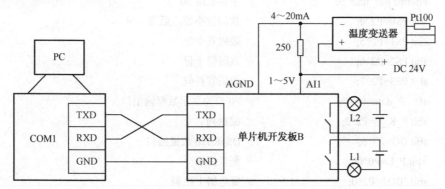

图 11-57　PC 与单片机开发板组成的温度测控线路

指示灯控制：将上、下限指示灯分别接到单片机开发板两个继电器的常开开关上。

二、设计任务

单片机与 PC 通信，在程序设计上涉及两部分的内容：一是单片机端数据采集、控制和通信程序；二是 PC 端通信和功能程序。

（1）采用 C51 语言编写应用程序实现单片机温度测控。

① 在单片机板数码管上显示温度传感器检测的温度值（保留 1 位小数）。

② 当温度大于或小于设定值时，继电器动作，指示灯亮或灭。

③ 将检测的温度值以十六进制形式发送给 PC。

（2）采用 LabVIEW 语言编写程序，实现 PC 与单片机开发板串口通信，任务要求如下：

① 读取并在程序界面显示单片机板检测的温度值；

② 在程序界面绘制温度实时变化曲线；

③ 当测量温度大于或小于设定值时，程序界面指示灯改变颜色。

三、任务实现

1. 单片机端采用 C51 实现 DS18B20 温度测控

```
/*******************************************************************
** 本程序主要功能：通过 DS18B20 检测温度，单片机数码管显示温度（1 位小数），超过上、下
限时继电器动作；连续发送或间隔发送；自动控制或 PC 控制并将温度值以十六进制形式（2 字节）通过串
口发送给无线数传模块。
** 晶振频率：11.0592MHz
** 线路->单片机实验开发板 B
*******************************************************************/
        #include<reg51.h>
        #include<intrins.h>
        #include <string.h>
        #define buf_max 50              // 缓存长度 50
        sbit PS0=P2^4;                  // 数码管小数点后第 1 位
        sbit PS1=P2^5;                  // 数码管个位
        sbit PS2=P2^6;                  // 数码管十位
        sbit PS3=P2^7;                  // 数码管百位
        sfr  P_data=0x80;               // P0 口为显示数据输出口
        sbit P_K_L=P2^2;                // 键盘列
        sbit DQ=P3^6;                   // DS18B20 数据接口
        sbit P_L=P0^0;                  // 测量指示
        sbit JDQ1=P2^0;                 // 继电器 1 控制
        sbit JDQ2=P2^1;                 // 继电器 2 控制
        unsigned char i=0;
        unsigned char *send_data;       // 要发送的数据
        unsigned char rec_buf[buf_max]; // 接收缓存
        void delay(unsigned int);       // 延时函数
        void DS18B20_init(void);        // DS18B20 初始化
```

```c
    unsigned int get_temper(void);                    // 读取温度程序
    void DS18B20_write(unsigned char in_data);        // DS18B20 写数据函数
    unsigned char DS18B20_read(void);                 // 读取数据程序
    unsigned int htd(unsigned int a);                 // 进制转换函数
    void display(unsigned int a);                     // 显示函数
    void clr_buf(void);                               // 清除缓存内容
    void  Serial_init(void);                          // 串口中断处理函数
float temp;                                           // 温度寄存器
bit DS18B20;                                          // 18B20 存在标志，1---存在，0---不存在
unsigned char tab[10]={0xfc,0x60,0xda,0xf2,0x66,0xb6,0xbe,0xe0,0xfe,0xf6};  // 字段转换表
void main(void)
   {
     unsigned int a,temp;
        unsigned char control=1;                      // 继电器控制标志，默认为 1，自动控制
        unsigned char get=1;                          // 数据发送标志，默认为 1，连续发送
        TMOD=0x20;                                    // 定时器 1--方式 2
        //PCON=0x80;                                  // 电源控制 19200
        TL1=0xfd;
        TH1=0xfd;                                     // 11.0592MHz 晶振，波特率为 9600bit/s
        SCON=0x50;                                    // 方式 1
        TR1=1;                                        // 启动定时
     ES=1;
     EA=1;
     temp=get_temper();                               // 这段程序用于避开刚上电时显示 85 的问题
     for(a=0;a<200;a++)
        delay(500);
     while(1)
     {
        temp=get_temper();                            // 测量温度
        for(a=0;a<100;a++)                            // 显示，兼有延时的作用
           display(htd(temp));
                                                      // 发送数据方式选择
        if(get==1)                                    // 连续发送（单片机周期性地向 PC 发送检测的
                                                      // 电压值）
        {
            ES=0;
          SBUF=(unsigned char)(temp>>8);              // 将测量结果发送给 PC
                  while(TI!=1);
          TI=0;
          SBUF=(unsigned char)temp;
```

```c
            while(TI!=1);
    TI=0;
    ES=1;
}
    if(get==2)                                  // 间隔发送（PC 向单片机发送 1 次 get1，
                                                // 单片机向 PC 发送检测的电压值）
{
    ES=0;
    SBUF=(unsigned char)(temp>>8);              // 将测量结果发送给 PC
        while(TI!=1);
     TI=0;
    SBUF=(unsigned char)temp;
        while(TI!=1);
    TI=0;
    ES=1;
            get=3;                              // 终止发送标志
}
                                                // 控制方式选择
    if(control==1)                              // 自动控制
{
        if((temp/10)>50)
        JDQ1=0;                                 // 继电器 1 动作
     else
        JDQ1=1;                                 // 继电器 1 复位
    if((temp/10)<30)
        JDQ2=0;                                 // 继电器 2 动作
     else
        JDQ2=1;                                 // 继电器 1 复位
}
    if(control==2)                              // PC 控制
{
   if(strstr(rec_buf,"open1")!=NULL)
    {
        JDQ1=0;                                 // 继电器 1 打开
        clr_buf();
    }
    else if(strstr(rec_buf,"open2")!=NULL)
    {
        JDQ2=0;                                 // 继电器 2 打开
        clr_buf();
```

```c
            }
        else if(strstr(rec_buf,"close1")!=NULL)
          {
                JDQ1=1;                    // 继电器1 关闭
                clr_buf();
          }
        else if(strstr(rec_buf,"close2")!=NULL)
          {
                JDQ2=1;                    // 继电器2 关闭
                clr_buf();
          }
    }
                                            // 收到PC 发来的字符，并判断控制与发送方式
    if(strstr(rec_buf,"contrl1")!=NULL)
    {
        control=1;                         // 自动控制
        clr_buf();
    }
    if(strstr(rec_buf,"contrl2")!=NULL)
    {
        control=2;                         // PC 控制
        clr_buf();
    }
        if(strstr(rec_buf,"get1")!=NULL)
    {
        get=1;                             // 连续发送
        clr_buf();
    }
        if(strstr(rec_buf,"get2")!=NULL)
        {
            get=2;                         // 间断发送
        clr_buf();
        }
    }
    }
/***************************DS18B20 读取温度函数************************/
/*函数原型:void get_temper(void)
/*函数功能:DS18B20 读取温度
/*******************************************************************/
```

```c
unsigned int get_temper(void)
{
    unsigned char k,T_sign,T_L,T_H;
    DS18B20_init();                          // DS18B20 初始化
    if(DS18B20)                              // 判断 DS1820 是否存在?若 DS18B20 不存在则返回
    {
        DS18B20_write(0xcc);                 // 跳过 ROM 匹配
        DS18B20_write(0x44);                 // 发出温度转换命令
        DS18B20_init();                      // DS18B20 初始化
        if(DS18B20)                          // 判断 DS1820 是否存在?若 DS18B20 不存在则返回
        {
            DS18B20_write(0xcc);             // 跳过 ROM 匹配
            DS18B20_write(0xbe);             // 发出读温度命令
            T_L=DS18B20_read();              // 数据读出
            T_H=DS18B20_read();
            k=T_H&0xf8;
            if(k==0xf8)
                T_sign=1;                    // 温度是负数
            else
                T_sign=0;                    // 温度是正数
            T_H=T_H&0x07;
            temp=(T_H*256+T_L)*10*0.0625;    // 温度转换常数乘以 10 是因为要保留 1 位小数
            return (temp);
        }
    }
}
/************************DS18B20 写数据函数************************/
/*函数原型:void DS18B20_write(uchar in_data)
/*函数功能:DS18B20 写数据
/*输入参数:要发送写入的数据
/******************************************************************/
    void DS18B20_write(unsigned char in_data)     // 写 DS18B20 的子程序(有具体的时序要求)
    {
        unsigned char i,out_data,k;
        out_data=in_data;
        for(i=1;i<9;i++)                          // 串行发送数据
        {
            DQ=0;
            DQ=1;
            _nop_();
```

```c
        _nop_();
         k=out_data&0x01;
      if(k==0x01)                          // 判断数据 写1
      {
          DQ=1;
       }
      else                                 // 写0
      {
          DQ=0;
      }
      delay(4);                            // 延时62μs
      DQ=1;
        out_data=_cror_(out_data,1);       // 循环左移1位
    }
  }
/***********************DS18B20 读函数**************************/
/*函数原型:void DS18B20_read()
/*函数功能:DS18B20 读数据
/*输出参数:读到的一字节内容
/*调用模块:delay()
/****************************************************************/
    unsigned char DS18B20_read()
    {
        unsigned char i,in_data,k;
        in_data=0;
        for(i=1;i<9;i++)                   // 串行发送数据
        {
           DQ=0;
        DQ=1;
         _nop_();
         _nop_();
           k=DQ;                           // 读DQ端
        if(k==1)                           // 读到的数据是1
        {
            in_data=in_data|0x01;
        }
        else
        {
            in_data=in_data|0x00;
        }
```

```c
            delay(3);                          // 延时 51μs
            DQ=1;
            in_data=_cror_(in_data,1);         // 循环右移 1 位
        }
        return(in_data);
    }
/***********************DS18B20 初始化函数************************/
/*函数原型:void DS18B20_init(void)
/*函数功能:DS18B20 初始化
/*调用模块:delay()
/****************************************************************/
    void DS18B20_init(void)
    {
      unsigned char a;
        DQ=1;                                  // 主机发出复位低脉冲
        DQ=0;
        delay(44);                             // 延时 540μs
        DQ=1;
        for(a=0;a<0x36&&DQ==1;a++)
        {
            a++;
            a--;                               // 等待 DS18B20 回应
        }
        if(DQ)
            DS18B20=0;                         // DS18B20 不存在
        else
        {
            DS18B20=1;                         // DS18B20 存在
            delay(120);                        // 复位成功!延时 240μs
        }
    }
/***********************数码管显示函数************************/
/*函数原型:void display(void)
/*函数功能:数码管显示
/*调用模块:delay()
/****************************************************************/
    void display(unsigned int a)
    {
  bit b=P_K_L;
  P_K_L=1;                                     // 防止按键干扰显示
```

```
            P_data=tab[a&0x0f];                    // 显示小数点后第 1 位
            PS0=0;
    PS1=1;
    PS2=1;
    PS3=1;
    delay(200);
            P_data=tab[(a>>4)&0x0f]|0x01;          // 显示个位
            PS0=1;
    PS1=0;
    delay(200);
            P_data=tab[(a>>8)&0x0f];               // 显示十位
            PS1=1;
    PS2=0;
    delay(200);
            P_data=tab[(a>>12)&0x0f];              // 显示百位
            PS2=1;
    PS3=0;
    delay(200);
    PS3=1;
    P_K_L=b;                                       // 恢复按键
    P_data=0xff;                                   // 恢复数据口
        }
/***********************十六进制转十进制函数*************************/
/*函数原型:uint htd(uint a)
/*函数功能:十六进制转十进制
/*输入参数:要转换的数据
/*输出参数:转换后的数据
/*******************************************************/
    unsigned int htd(unsigned int a)
        {
        unsigned int b,c;
         b=a%10;
         c=b;
         a=a/10;
         b=a%10;
         c=c+(b<<4);
         a=a/10;
         b=a%10;
         c=c+(b<<8);
         a=a/10;
         b=a%10;
```

```
            c=c+(b<<12);
        return c;
    }
```
/*******************************延时函数*********************************/
/*函数原型:delay(unsigned int delay_time)
/*函数功能:延时函数
/*输入参数:delay_time (输入要延时的时间)
/***/
```
void delay(unsigned int delay_time)              // 延时子程序
{
    for(;delay_time>0;delay_time--)
    {
    }
}
```
/***********************清除缓存数据函数****************************/
/*函数原型:void clr_buf(void)
/*函数功能:清除缓存数据
/***/
```
void clr_buf(void)
{
    for(i=0;i<buf_max;i++)
      rec_buf[i]=0;
    i=0;
}
```
/*****************************串口中断处理函数********************************/
/*函数原型:void Serial(void)
/*函数功能:串口中断处理
/***/
```
void Serial() interrupt 4              // 串口中断处理
{
    unsigned char k=0;
  ES=0;                                // 关中断
  if(TI)                               // 发送
  {
        TI=0;
  }
    else                               // 接收，处理
    {
        RI=0;
        rec_buf[i]=SBUF;
```

```
            if(i<buf_max)
                i++;
            else
                i=0;
            RI=0;
            TI=0;
        }
        ES=1;                          // 开中断
    }
```

将 C51 程序编译生成 HEX 文件，然后采用 STC-ISP 软件将 HEX 文件下载到单片机中。

程序下载到单片机之后，就可以给单片机试验板卡通电了，这时数码管上将会显示数字温度传感器 DS18B20 实时测量得到的温度。可以调整数字温度传感器 DS18B20 周围的温度，测试程序能否连续采集温度。

打开"串口调试助手"程序，首先设置串口号为 COM1、波特率为 9600、校验位为 NONE、数据位为 8、停止位为 1 等参数（注意：设置的参数必须与单片机一致），选择"十六进制显示"，打开串口。

如果 PC 与单片机实验开发板串口正确连接，则单片机连续向 PC 发送检测的温度值，用 2 字节的十六进制数据表示，如 01 A0，该数据串在返回信息框内显示，如图 11-58 所示。根据单片机返回数据，可知当前温度测量值为 41.6℃。

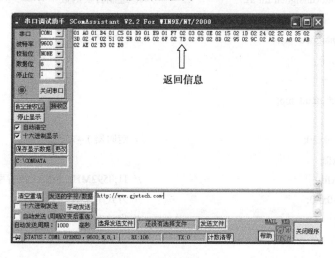

图 11-58　串口调试助手

2. 单片机端采用 C51 实现 Pt100 温度测控

```
/****************************************************************
** 温度采集，数码管显示（保留 1 位小数），并发送给 PC
** 晶振频率：11.0592MHz
** 线路->单片机实验开发板 B
****************************************************************/
```

```c
#include <REG51.H>
#include <intrins.h>
/****************TLC0832 端口定义******************************/
sbit ADC_CLK=P1^2;
sbit ADC_DO=P1^3;
sbit ADC_DI=P1^4;
sbit ADC_CS=P1^7;
/********************数码显示 键盘接口定义*******************/
sbit PS0=P2^4;                              // 数码管小数点后第一位
sbit PS1=P2^5;                              // 数码管个位
sbit PS2=P2^6;                              // 数码管十位
sbit PS3=P2^7;                              // 数码管百位
sfr  P_data=0x80;                           // P0 口为显示数据输出口
sbit P_K_L=P2^2;                            // 键盘列
sbit JDQ1=P2^0;                             // 继电器 1 控制
sbit JDQ2=P2^1;                             // 继电器 2 控制
unsigned char tab[]={0xfc,0x60,0xda,0xf2,0x66,0xb6,0xbe,0xe0,0xfe,0xf6,0xee,0x3e,0x9c,0x7a,0x9e,0x8e};
                                            // 字段转换表
unsigned char adc_change(unsigned char a);  // 操作 TLC0832
unsigned int htd(unsigned int a);           // 进制转换函数
void display(unsigned int a);               // 显示函数
void delay(unsigned int);                   // 延时函数
void main(void)
{
    unsigned int a,temp;
    float b;
    TMOD=0x20;                              // 定时器 1--方式 2
    TL1=0xfd;
    TH1=0xfd;                               // 11.0592MHz 晶振,波特率为 9600bit/s
    SCON=0x50;                              // 方式 1
    TR1=1;                                  // 启动定时
    while(1)
    {
        temp=adc_change('0');
        b=(float)temp*5/255;                // 测量电压
        if(b<1)
            b=1;
        if(b>5)
            b=5;
        b=(b-1)*50*10;                      // 温度值
```

```c
        temp=(unsigned int)b;
        for(a=0;a<200;a++)                          // 显示，兼有延时的作用
            display(htd(temp));
        SBUF=(unsigned char)(temp>>8);              // 将测量结果发送给 PC
           while(TI!=1);
        TI=0;
        SBUF=(unsigned char)temp;
           while(TI!=1);
        TI=0;
        if(temp>500)
            JDQ1=0;                                 // 继电器 1 动作
        else
            JDQ1=1;                                 // 继电器 1 复位
        if(temp<300)
            JDQ2=0;                                 // 继电器 2 动作
        else
            JDQ2=1;                                 // 继电器 2 复位
    }
}
/***********************数码管显示函数************************/
/*函数原型:void display(void)
/*函数功能:数码管显示
/*输入参数:无
/*输出参数:无
/*调用模块:delay()
/****************************************************************/
void display(unsigned int a)
{
    bit b=P_K_L;
 P_K_L=1;                                          // 防止按键干扰显示
    P_data=tab[a&0x0f];                            // 显示小数点后第 1 位
    PS0=0;
 PS1=1;
 PS2=1;
 PS3=1;
 delay(200);
    P_data=tab[(a>>4)&0x0f]|0x01;                  // 显示个位
    PS0=1;
 PS1=0;
 delay(200);
```

```
        P_data=tab[(a>>8)&0x0f];                    // 显示十位
      PS1=1;
      PS2=0;
  delay(200);
        P_data=tab[(a>>12)&0x0f];                   // 显示百位
      PS2=1;
      PS3=0;
  delay(200);
      PS3=1;
      P_K_L=b;                                      // 恢复按键
  P_data=0xff;                                      // 恢复数据口
}
/*********************************************************************
;   函数名称:   adc_change
;   功能描述:   TI 公司 8 位 2 通 adc 芯片 TLC0832 的控制时序
;   形式参数:   config(无符号整型变量)
;   返回参数:   a_data
;   局部变量:   m、n
;   调用模块:
;   备  注:
**********************************************************************/
unsigned char adc_change(unsigned char config)      // 操作 TLC0832
{
     unsigned char i,a_data=0;
  ADC_CLK=0;
  _nop_();
  ADC_DI=0;
  _nop_();
  ADC_CS=0;
  _nop_();
  ADC_DI=1;
  _nop_();
  ADC_CLK=1;
  _nop_();
  ADC_CLK=0;
     if(config=='0')
  {
        ADC_DI=1;
        _nop_();
        ADC_CLK=1;
```

```c
        _nop_();
        ADC_DI=0;
        _nop_();
         ADC_CLK=0;
    }
    else if(config=='1')
    {
        ADC_DI=1;
         _nop_();
        ADC_CLK=1;
         _nop_();
        ADC_DI=1;
         _nop_();
        ADC_CLK=0;
    }
    ADC_CLK=1;
    _nop_();
    ADC_CLK=0;
    _nop_();
    ADC_CLK=1;
    _nop_();
    ADC_CLK=0;
    for(i=0;i<8;i++)
    {
        a_data<<=1;
         ADC_CLK=0;
         a_data+=(unsigned char)ADC_DO;
         ADC_CLK=1;
    }
    ADC_CS=1;
    ADC_DI=1;
     return a_data;
}
/*********************十六进制转十进制函数************************/
/*函数原型:uint htd(uint a)
/*函数功能:十六进制转十进制
/*输入参数:要转换的数据
/*输出参数:转换后的数据
/*调用模块:无
/*****************************************************************/
```

```
unsigned int htd(unsigned int a)
{
    unsigned int b,c;
 b=a%10;
 c=b;
 a=a/10;
 b=a%10;
 c=c+(b<<4);
 a=a/10;
 b=a%10;
 c=c+(b<<8);
 a=a/10;
 b=a%10;
 c=c+(b<<12);
 return c;
}
/********************************延时函数********************************/
/*函数原型:delay(unsigned int delay_time)
/*函数功能:延时函数
/*输入参数:delay_time (输入要延时的时间)
/*输出参数:无
/*调用模块:无
/**********************************************************************/
void delay(unsigned int delay_time)                  // 延时子程序
{for(;delay_time>0;delay_time--)
{}
}
```

程序编写调试完成,将程序编译成 HEX 文件并将其烧写进单片机。

程序烧写进单片机之后,就可以给单片机实验板通电了,这时数码管上将会显示实时测量得到的温度值。可以调整 Pt00 温度传感器周围的温度,测试程序能否连续采集温度。

打开"串口调试助手"程序,首先设置串口号为 COM1、波特率为 9600、校验位为 NONE、数据位为 8、停止位为 1 等参数(注意:设置的参数必须与单片机一致),选择"十六进制显示",打开串口,如图 11-59 所示。

如果 PC 与单片机开发板串口通信正常,则单片机连续向 PC 发送检测的温度值,用 2 字节的十六进制数据表示,如 02 9A,该数据串在返回信息框内显示。转换为十进制数为 666,乘以 0.1 即是当前温度测量值 66.6℃。与单片机开发板数码管显示的数值相同。

3. PC 端 LabVIEW 程序

因为单片机板采用 DS18B20 数字温度传感器,与 Pt100 铂热电阻传感器采集温度传送给 PC 的数据串格式完全一样,因此 PC 端 LabVIEW 程序也完全相同。

第11章 PC通信与单片机测控

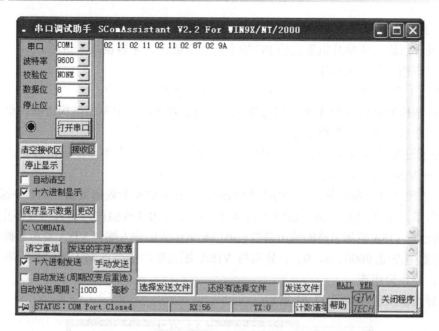

图 11-59 串口调试助手

1）程序前面板设计

（1）为了以数字形式显示测量温度值，添加 1 个数字显示控件：控件→新式→ 数值→数值显示控件，将标签改为"温度值"。

（2）为了以指针形式显示测量电压值，添加 1 个仪表显示控件：控件→新式→数值→仪表，将标签改为"仪表"。

（3）为了显示测量温度实时变化曲线，添加1个实时图形显示控件：控件→新式→图形→波形图，将标签改为"实时曲线"。

（4）为了显示温度超限状态，添加两个指示灯控件：控件→新式→布尔→圆形指示灯，将标签分别改为"上限指示灯"、"下限指示灯"。

（5）为了获得串行端口号，添加 1 个串口资源检测控件：控件→新式→ I/O → VISA 资源名称；单击控件箭头，选择串口号，如 ASRL1:或 COM1。

设计的程序前面板如图 11-60 所示。

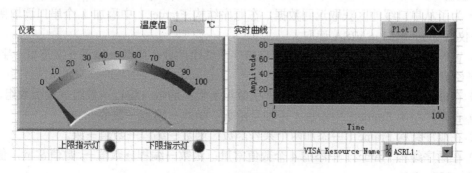

图 11-60 程序前面板

2）框图程序设计

程序设计思路：读单片机发送给 PC 的十六进制数据，并转换成十进制。

（1）串口初始化框图程序。

① 添加 1 个顺序结构：函数→编程→结构→层叠式顺序结构。

将顺序结构的帧设置为 3 个（序号 0～2）。设置方法：选中顺序结构边框，单击鼠标右键，执行"在后面添加帧"命令 2 次。

② 为了设置通信参数，在顺序结构 Frame 0 中添加 1 个串口配置函数：函数→仪器 I/O→串口→VISA 配置串口。

③ 为了设置通信参数值，在顺序结构 Frame 0 中添加 4 个数值常量：函数→编程→数值→数值常量，值分别为 9600（波特率）、8（数据位）、0（校验位，无）、1（停止位）。

④ 将函数 VISA 资源名称的输出端口与串口配置函数的输入端口 VISA 资源名称相连。

⑤ 将数值常量 9600、8、0、1 分别与 VISA 配置串口函数的输入端口波特率、数据比特、奇偶、停止位相连。

连接好的框图程序如图 11-61 所示。

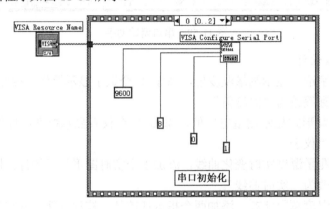

图 11-61　串口初始化框图程序

（2）读取温度值框图程序。

① 为了获得串口缓冲区数据个数，在顺序结构 Frame 1 中添加 1 个串口字节数函数：函数→仪器 I/O→串口→VISA 串口字节数，标签为"Property Node"。

② 为了从串口缓冲区获取返回数据，在顺序结构 Frame 1 中添加 1 个串口读取函数：函数→仪器 I/O→串口→VISA 读取。

③ 在顺序结构 Frame 1 中添加字符串转字节数组函数：函数→编程→字符串→字符串/数组/路径转换→字符串至字节数组转换。

④ 在顺序结构 Frame 1 中添加两个索引数组函数：函数→编程→数组→索引数组。

⑤ 在顺序结构 Frame 1 中添加 1 个加号函数：函数→编程→数值→加。

⑥ 在顺序结构 Frame 1 中添加两个乘号函数：函数→编程→数值→乘。

⑦ 在顺序结构 Frame 1 中添加 4 个数值常量：函数→编程→数值→数值常量，值分别为 0、1、256、0.1。

⑧ 分别将数值显示器图标（标签为"测量值"）、仪表控件图标（标签为"仪表"）、实时曲线控件图标（标签为"实时曲线"）拖入顺序结构的 Frame 1 中。

⑨ 将 VISA 资源名称函数的输出端口与串口字节数函数（顺序结构 Frame1 中）的输入端口引用相连。

⑩ 将 VISA 资源名称函数的输出端口与 VISA 读取函数的输入端口 VISA 资源名称相连。

⑪ 将串口字节数函数的输出端口 Number of bytes at Serial port 与 VISA 读取函数的输入端口字节总数相连。

⑫ 将 VISA 读取函数的输出端口读取缓冲区与字符串至字节数组转换函数的输入端口字符串相连。

⑬ 将字符串至字节数组转换函数的输出端口无符号字节数组分别与索引数组函数（上）和索引数组函数（下）的输入端口数组相连。

⑭ 将数值常量（值为 0、1）分别与索引数组函数（上）和索引数组函数（下）的输入端口索引相连。

⑮ 将索引数组函数（上）的输出端口元素与乘函数（左）的输入端口 x 相连。

⑯ 将数值常量（值为 256）与乘函数（左）的输入端口 y 相连。

⑰ 将乘函数（左）的输出端口 x*y 与加函数的输入端口 x 相连。

⑱ 将索引数组函数（下）的输出端口元素与加函数的输入端口 y 相连。

⑲ 将加函数的输出端口 x+y 与乘函数（右）的输入端口 x 相连。

⑳ 将数值常量（值为 0.1）与乘函数（右）的输入端口 y 相连。

㉑ 将乘函数（右）的输出端口 x*y 分别与测量数据显示图标（标签为"测量值"）、仪表控件图标（标签为"仪表"）、实时曲线控件图标（标签为"实时曲线"）相连。

连接好的框图程序如图 11-62 所示。

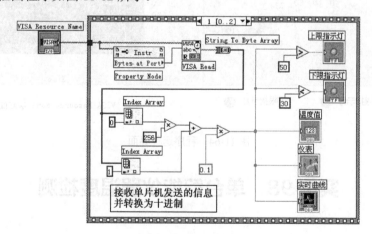

图 11-62 读温度值框图程序

（3）延时框图程序。

① 为了以一定的周期读取 PLC 的温度测量数据，添加 1 个时钟函数：函数→编程→定时→等待下一个整数倍毫秒。

② 添加 1 个数值常量：函数→编程→数值→ 数值常量，将值改为 500（时钟频率值）。

③ 将数值常量（值为 500）与等待下一个整数倍毫秒函数的输入端口毫秒倍数相连。

连接好的框图程序如图 11-63 所示。

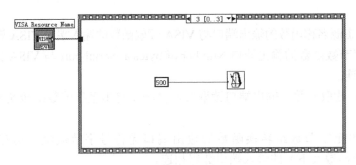

图 11-63　延时框图程序

3）运行程序

程序编写完成后，就可以通过串口把 PC 与单片机实验板连接好，程序调试无误后就可运行程序。

给 Pt00 温度传感器周围升温或者降温，程序界面将显示温度测量值和曲线图。

当测量温度小于 30℃时或测量温度大于 50℃时，程序界面中上下限指示灯颜色变化，单片机板相应指示灯亮。

程序运行界面如图 11-64 所示。

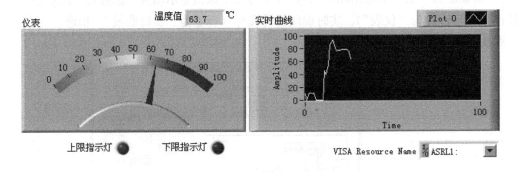

图 11-64　程序运行界面

实例 98　单台智能仪器温度检测

一、线路连接与测试

1. 线路连接

观察所用计算机主机箱后 RS-232C 串口的数量、位置和几何特征；查看计算机与智能仪器的串口连接线及其端口。

在计算机与智能仪器通电前，按图 11-65 所示将传感器 Cu50、上/下限报警指示灯与 XMT-3000A 智能仪器连接。

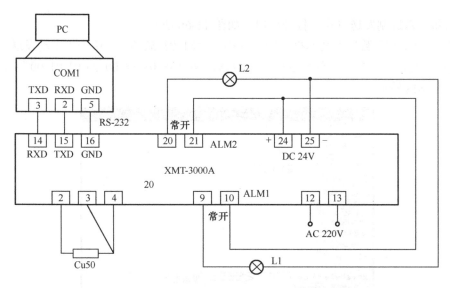

图 11-65　PC 与智能仪器组成的温度测控线路

一般 PC 采用 RS-232 通信接口,若仪表具有 RS-232 接口,当通信距离较近且是一对一通信时,二者可直接电缆连接。可通过三线制串口线将计算机与智能仪器连接起来:智能仪器的 14 端子(RXD)与计算机串口 COM1 的 3 脚(TXD)相连;智能仪器的 15 端子(TXD)与计算机串口 COM1 的 2 脚(RXD)相连;智能仪器的 16 端子(GND)与计算机串口 COM1 的 5 脚(GND)相连。

注意:连接仪器与计算机串口线时,仪器与计算机严禁通电,否则极易烧毁串口。

2. 参数设置

XMT-3000A 智能仪器在使用前应对其输入/输出参数进行正确设置,设置好的仪器才能投入正常使用。按表 11-2 设置仪器的主要参数。

表 11-2　仪器的主要参数设置

参　数	参 数 含 义	设　置　值
HiAL	上限绝对值报警值	50
LoAL	下限绝对值报警值	20
Sn	输入规格	传感器为:Cu50,则 Sn=20
diP	小数点位置	要求显示一位小数,则 diP=1
ALP	仪器功能定义	ALP=10
Addr	通信地址	1
bAud	通信波特率	4800

3. 串口通信测试

PC 与智能仪器系统连接并设置参数后,可进行串口通信调试。

运行"串口调试助手"程序,首先设置串口号为 COM1、波特率为 4800、校验位为 NONE、数据位为 8、停止位为 2 等参数(注意:设置的参数必须与仪器一致),选择十六进制显示和十六进制发送方式,打开串口,如图 11-66 所示。

在"发送的字符/数据"文本框中输入读指令"81 81 52 0c",单击"手动发送"按钮,则 PC 向仪器发送一条指令,仪器返回一串数据,如"3F 01 14 00 00 01 01 00",该串数据在返回信息框内显示。

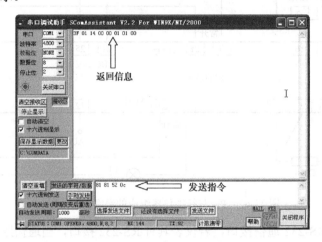

图 11-66 串口调试助手

根据仪器返回数据,可知仪器的当前温度测量值为:01 3F(十六进制,低位字节在前,高位字节在后),十进制为 31.9℃。

若选择了"手动发送",每单击一次可以发送一次;若选中了"自动发送",则每隔设定的发送周期发送一次,直到去掉"自动发送"为止。

4.数制转换

可以使用"计算器"实现数制转换。打开 Windows 附件中"计算器"程序,在"查看"菜单下选择"科学型"选项。

选中"十六进制"单选按钮,输入仪器当前温度测量值 01 3F(十六进制,0 在最前面不显示),如图 11-67 所示。

图 11-67 在"计算器"中输入十六进制数

选中"十进制"单选按钮,则十六进制数"013F"转换为十进制数"319",如图 11-68 所示。仪器的当前温度测量值为 31.9℃(十进制)。

图 11-68　十六进制数转十进制数

二、设计任务

采用 LabVIEW 语言编写应用程序,实现 PC 与单台智能仪器温度测控。任务要求如下:

(1) PC 自动连续读取并显示智能仪器温度测量值(十进制)。
(2) 在 PC 程序界面绘制温度实时变化曲线。

三、任务实现

1. 程序前面板设计

(1) 为了以数字形式显示测量温度值,添加 1 个数字显示控件:控件→新式→数值→数值显示控件,将标签改为"测量值"。

(2) 为了以指针形式显示测量温度值,添加 1 个仪表显示控件:控件→新式→数值→仪表,将标签改为"仪表"。

(3) 为了显示测量温度实时变化曲线,添加 1 个实时图形显示控件:控件→新式→图形→波形图,将标签改为"实时曲线"。

(4) 为了获得串行端口号,添加 1 个串口资源检测控件:控件→新式→ I/O → VISA 资源名称;单击控件箭头,选择串口号,如 COM1 或 ASRL1:。

(5) 为了执行关闭程序命令,添加 1 个停止按钮控件:控件→新式→布尔→ 停止按钮,标题为"STOP"。

设计的程序前面板如图 11-69 所示。

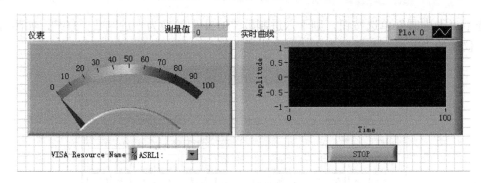

图 11-69　程序前面板

2. 框图程序设计

（1）为了设置通信参数，添加 1 个串口配置函数：函数→仪器 I/O→串口→ VISA 配置串口。

（2）为了设置通信参数值，添加 4 个数值常量：函数→编程→数值→数值常量，值分别为 4800（波特率）、8（数据位）、0（校验位，无）、2（停止位）。

（3）为了周期性地读取智能仪器的温度测量值，添加 1 个 While 循环结构：函数→编程→结构→While 循环。

以下添加的函数或结构放置在循环结构框架中。

（4）添加 1 个顺序结构：函数→编程→结构→层叠式顺序结构。

将其帧设置为两个（序号 0～1）。设置方法：选中层叠式顺序结构上边框，单击鼠标右键，执行"在后面添加帧"命令 1 次。

（5）为了以一定的周期读取智能仪器的温度测量数据，添加 1 个时钟函数：函数→编程→定时→等待下一个整数倍毫秒。

（6）添加 1 个数值常量：函数→编程→数值→ 数值常量，将值改为 300（时钟频率值）。

（7）为了判断当按下关闭程序按钮"STOP"时，关闭串口，添加 1 个条件结构：函数→编程→结构→条件结构。

（8）为了关闭串口，在条件结构的真选项中，添加 1 个关闭串口函数：函数→仪器 I/O→串口→ VISA 关闭。

（9）在顺序结构 Frame 0 中添加 3 个函数。

① 为了发送指令到串口，添加 1 个串口写入函数：函数→仪器 I/O→串口→ VISA 写入。

② 为了输入读指令，添加数组常量：函数→编程→数组→数组常量，标签为"读指令"。

再往数组常量中添加数值常量，设置为 4 列，将其数据格式设置为十六进制，方法为：选中数组常量中的数值常量，单击鼠标右键，执行"格式与精度"命令，在出现的对话框中，从格式与精度选项中选择十六进制，单击"确定"按钮确认。

将 4 个数值常量的值分别改为 81、81、52、0C（即读 1 号表指令）。

③ 添加字节数组转字符串函数：函数→编程→字符串→字符串/数组/路径转换→字节数组至字符串转换。

（10）将 VISA 资源名称函数的输出端口分别与串口配置函数、VISA 写入函数（顺序结构 Frame0 中)、VISA 读取函数(顺序结构 Frame1 中)、VISA 关闭函数(条件结构真选项中)的输入端口 VISA 资源名称相连;将 VISA 资源名称函数的输出端口与串口字节数函数(顺序结构 Frame1 中)的输入端口引用相连。

(11) 将数值常量 4800、8、0、2 分别与 VISA 配置串口函数的输入端口波特率、数据比特、奇偶、停止位相连。

(12) 将数值常量(值为 300)与等待下一个整数倍毫秒函数的输入端口毫秒倍数相连。

(13) 将停止按钮与循环结构的条件端子 ◉ 相连;将停止按钮与条件结构的选择端口 ? 相连。

(14) 进入顺序结构 Frame 0:

① 将数组常量(标签为"读指令")的输出端口与字节数组至字符串转换函数的输入端口无符号字节数组相连。

② 将字节数组至字符串转换函数的输出端口字符串与 VISA 写入函数的输入端口写入缓冲区相连。

连接好的框图程序如图 11-70 所示。

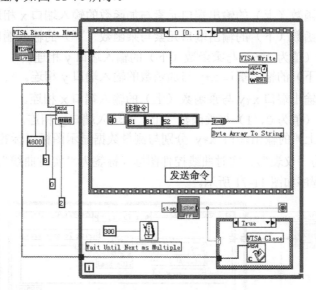

图 11-70 写指令框图程序

(15) 在顺序结构 Frame 1 中添加 12 个函数。

① 为了获得串口缓冲区数据个数,添加 1 个串口字节数函数:函数→仪器 I/O→串口→VISA 串口字节数,标签为"Property Node"。

② 为了从串口缓冲区获取返回数据,添加 1 个串口读取函数:函数→仪器 I/O→串口→VISA 读取。

③ 添加字符串转字节数组函数:函数→编程→字符串→字符串/数组/路径转换→字符串至字节数组转换。

④ 添加两个索引数组函数:函数→编程→数组→索引数组。

⑤ 添加 1 个加号函数:函数→编程→数值→加。

⑥ 添加两个乘号函数:函数→编程→数值→乘。

⑦ 添加 4 个数值常量：函数→编程→数值→ 数值常量，值分别为 0、1、256、0.1。

（16）分别将数值显示器图标（标签为"测量值"）、仪表控件图标（标签为"仪表"）、实时曲线控件图标（标签为"实时曲线"）拖入顺序结构的 Frame 1 中。将按钮图标（标签为"stop"）拖入 While 循环结构中。

（17）右键单击循环结构的条件端子，设置为"真时停止"，图标变为。

（18）进入顺序结构 Frame 1。

① 将串口字节数函数的输出端口 Number of bytes at Serial port 与 VISA 读取函数的输入端口字节总数相连。

② 将 VISA 读取函数的输出端口读取缓冲区与字符串至字节数组转换函数的输入端口字符串相连。

③ 将字符串至字节数组转换函数的输出端口无符号字节数组分别与索引数组函数（上）和索引数组函数（下）的输入端口数组相连。

④ 将数值常量（值为 0、1）分别与索引数组函数（上）和索引数组函数（下）的输入端口索引相连。

⑤ 将索引数组函数（上）的输出端口元素与加函数的输入端口 x 相连。

⑥ 将索引数组函数（下）的输出端口元素与乘函数（下）的输入端口 x 相连。

⑦ 将数值常量（值为 256）与乘函数（下）的输入端口 y 相连。

⑧ 将乘函数（下）的输出端口 x*y 与加函数的输入端口 y 相连。

⑨ 将加函数的输出端口 x+y 与乘函数（上）的输入端口 x 相连。

⑩ 将数值常量（值为 0、1）与乘函数（上）的输入端口 y 相连。

⑪ 将乘函数（上）的输出端口 x*y 分别与测量数据显示图标（标签为"测量值"）、仪表控件图标（标签为"仪表"）、实时曲线控件图标（标签为"实时曲线"）相连。

连接好的框图程序如图 11-71 所示。

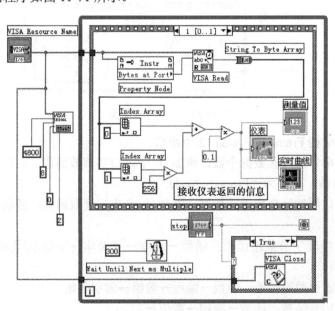

图 11-71 接收信息框图程序

3. 运行程序

单击快捷工具栏"运行"按钮，运行程序。给传感器升温或降温，界面中显示测量温度值及实时变化曲线。

程序运行界面如图 11-72 所示。

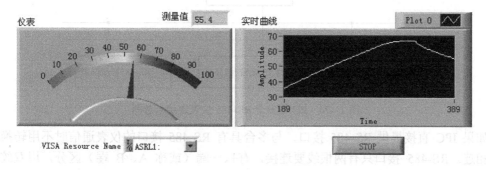

图 11-72　程序运行界面

实例 99　多台智能仪器温度检测

一、线路连接与测试

1. 线路连接

由于一个 RS-232 通信接口只能连接一台 RS-232 仪表，当 PC 与多台具有 RS-232 接口的仪表通信时，可使用 RS-232/RS-485 型通信接口转换器，将计算机上的 RS-232 通信口转换为 RS-485 通信口，在信号进入仪表前再使用 RS-485/RS-232 转换器将 RS-485 通信口转换为 RS-232 通信口，再与仪表相连，如图 11-73 所示。

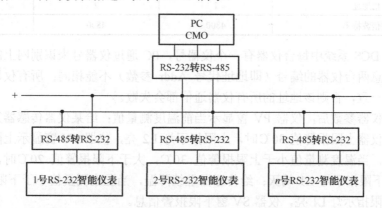

图 11-73　PC 与多个 RS-232 仪表连接示意图

当 PC 与多台具有 RS-485 接口的仪表通信时，由于两端设备接口电气特性不一，不能直接相连，因此，也采用 RS-232 接口到 RS-485 接口转换器将 RS-232 接口转换为 RS-485

信号电平，再与仪表相连，如图 11-74 所示。

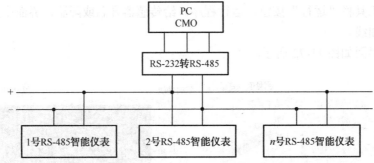

图 11-74　PC 与多个 RS-485 仪表连接示意图

如果 IPC 直接提供 RS-485 接口，与多台具有 RS-485 接口的仪表通信时不用转换器可直接相连。RS-485 接口只有两根线要连接，有+、-端（或称 A、B 端）区分，用双绞线将所有仪表的接口并联在一起即可。

2. 参数设置

XMT-3000A 智能仪器在使用前应对其输入/输出参数进行正确设置，设置好的仪器才能投入正常使用。按表 11-3 所示设置仪器的主要参数。

表 11-3　XMT-3000A 智能仪器的参数设置

参　数	参 数 含 义	1 号仪器设置值	2 号仪器设置值	3 号仪器设置值
HIiAL	上限绝对值报警值	30	30	30
LoAL	下限绝对值报警值	20	20	20
Sn	输入规格	20	20	20
diP	小数点位置	1	1	1
ALP	仪器功能定义	10	10	10
Addr	通信地址	1	2	3
bAud	通信波特率	4800	4800	4800

尤其注意 DCS 系统中每台仪器有一个仪器号，PC 通过仪器号来识别网上的多台仪器，要求网上的任意两台仪器的编号（即地址代号 Addr 参数）不能相同；所有仪器的通信参数如波特率必须一致，否则该地址的所有仪器通信都会失败。

正确设置仪器参数后，仪器 PV 窗显示当前温度测量值；给某仪器传感器升温，当温度测量值大于该仪器上限报警值 30℃时，上限指示灯 L2 亮，仪器 SV 窗显示上限报警信息；给传感器降温，当温度测量值小于上限报警值 30℃，大于下限报警值 20℃时，该仪器上限指示灯 L2 和下限指示灯 L1 均灭；给传感器继续降温，当温度测量值小于下限报警值 20℃时，该仪器下限指示灯 L1 亮，仪器 SV 窗下限报警信息。

3. 串口通信调试

运行"串口调试助手"程序，首先设置串口号为 COM1、波特率为 4800、校验位为

NONE、数据位为 8、停止位为 2 等参数（注意：设置的参数必须与所有仪器一致），选择十六进制显示和十六进制发送方式，打开串口。

在发送指令文本框先输入读指令"81 81 52 0c"，单击"手动发送"按钮，1 号表返回数据串，如图 11-75 所示；再输入读指令"82 82 52 0c"，单击"手动发送"按钮，2 号表返回数据串；再输入读指令"83 83 52 0c"，单击"手动发送"按钮，3 号表返回数据串。

图 11-75 串口调试助手

可用"计算器"程序分别计算各个表的测量温度值。

二、设计任务

采用 LabVIEW 语言编写应用程序实现 PC 与多台智能仪器温度测控。任务要求：
（1）PC 自动连续读取并显示多个智能仪器温度测量值（十进制）。
（2）PC 程序读取并显示各个仪表的上限报警值。
（3）当测量温度值大于或小于设定的上、下限报警值时，PC 程序界面中相应的信号指示灯变化颜色。

三、任务实现

1．程序前面板设计

（1）为了以指针形式显示各仪表测量温度值，添加 3 个仪表显示控件：控件→新式→数值→ 仪表，将标签分别改为"1 号表"、"2 号表"、"3 号表"，将标尺范围均改为 0～100。

（2）为了显示各仪表测量温度值、上限报警值，添加 6 个数字显示控件：控件→新式→数值→数值显示控件，将标签分别改为"测量温度值 1："、"上限报警值 1："、"测量温度值 2："、"上限报警值 2："、"测量温度值 3："、"上限报警值 3："。

（3）为了显示各仪表温度超限状态，添加 3 个指示灯控件：控件→新式→布尔→圆形指示灯，将标签改为"上限报警灯1"、"上限报警灯2"、"上限报警灯3"。

（4）为了获得串行端口号，添加1个串口资源检测控件：控件→新式→I/O→VISA 资源名称；单击控件箭头，选择串口号，如 COM1 或 ASRL1:。

（5）为了执行关闭程序命令，添加1个停止按钮控件：控件→新式→布尔→ 停止按钮，标题为"STOP"。

设计的程序前面板如图 11-76 所示。

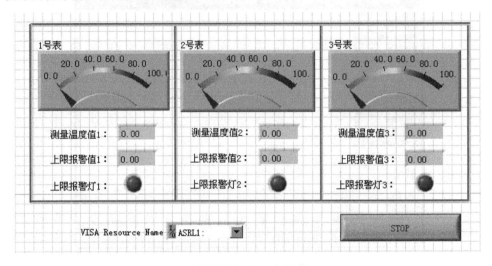

图 11-76　程序前面板

2．框图程序设计

（1）为了设置通信参数，添加1个串口配置函数：函数→仪器 I/O→串口→ VISA 配置串口。

（2）为了设置通信参数值，添加4个数值常量：函数→编程→数值→数值常量，值分别为 4800（波特率）、8（数据位）、0（校验位，无）、2（停止位）。

（3）为了连续读取智能仪器的温度测量数据，添加1个 While 循环结构：函数→编程→结构→ While 循环。

以下添加的函数或结构放置在循环结构框架中：

（4）添加1个顺序结构：函数→编程→结构→层叠式顺序结构。

将其帧（Frame）设置为9个（序号 0—8）。设置方法：选中层叠式顺序结构上边框，单击鼠标右键，执行"在后面添加帧"命令8次。

（5）为了判断当按下关闭程序按钮"STOP"时，关闭串口，添加1个条件结构：函数→编程→结构→条件结构。

（6）为了关闭串口，在条件结构的真选项中，添加1个关闭串口函数：函数→仪器 I/O→串口→ VISA 关闭。

（7）在顺序结构 Frame 0 中添加3个函数：

① 为了发送指令，添加1个串口写入函数：函数→仪器 I/O→串口→ VISA 写入。

② 添加字节数组转字符串函数：函数→编程→字符串→字符串/数组/路径转换→字节

数组至字符串转换。

③ 为了输入指令，添加数组常量：函数→编程→数组→数组常量，标签为"读指令"。

再向数组常量中添加数值常量，设置为 4 列，将其数据格式设置为十六进制，方法为：选中数组常量中的数值常量，单击鼠标右键，执行"格式与精度"命令，在出现的对话框中，从格式与精度选项中选择十六进制，单击"确定"按钮确认。

将 4 个数值常量的值分别改为 81、81、52、01（即读 1 号表指令）。

使用工具箱中的连线工具，将所有函数连接起来。

（8）将 VISA 资源名称函数的输出端口分别与串口配置 VISA 函数、VISA 写入函数（顺序结构 Frame0 中）、VISA 关闭函数（条件结构真选项中）的输入端口 VISA 资源名称相连。

（9）将数值常量 4800、8、0、2 分别与 VISA 配置串口函数的输入端口波特率、数据比特、奇偶、停止位相连。

（10）右键单击循环结构的条件端子，设置为"真时停止"，图标变为。将停止按钮图标与循环结构的条件端子相连。将停止按钮与条件结构的选择端口相连。

（11）进入顺序结构 Frame 0：

① 将数组常量函数（标签为"读指令"）的输出端口与字节数组至字符串转换函数的输入端口无符号字节数组相连。

② 将字节数组至字符串转换的输出端口字符串与 VISA 写入函数的输入端口写入缓冲区相连。

连接好的框图程序如图 11-77 所示。

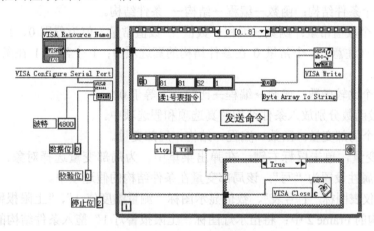

图 11-77　发指令框图程序

（12）在顺序结构 Frame 1 中添加两个函数：

① 为了以一定的周期读取智能仪器的温度测量数据，添加 1 个时钟函数：函数→编程→定时→等待下一个整数倍毫秒。

② 添加 1 个数值常量：函数→编程→数值→数值常量，将值改为 300（时钟频率值）。

③ 将数值常量（值为 300）与等待下一个整数倍毫秒函数的输入端口毫秒倍数相连。

连接好的框图程序如图 11-78 所示。

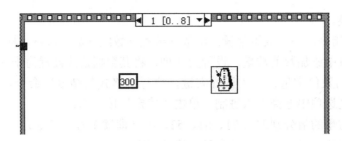

图 11-78　延时框图程序

（13）在顺序结构的 Frame 2 中添加 25 个函数：

① 为了获得串口缓冲区数据个数，添加 1 个串口字节数函数：函数→仪器 I/O→串口→VISA 串口字节数，标签为"Property Node"。

② 为了从串口缓冲区获取返回数据，添加 1 个读串口函数：函数→仪器 I/O→串口→VISA 读取。

③ 添加字符串转字节数组函数：函数→编程→字符串→字符串/数组/路径转换→字符串至字节数组转换。

④ 添加 4 个索引数组函数：函数→编程→数组→ 索引数组。

⑤ 添加两个加号函数：函数→编程→数值→加。

⑥ 添加 3 个乘号函数：函数→编程→数值→乘。

⑦ 添加 1 个比较符号函数"≥"：函数→编程→比较→大于等于?。

⑧ 添加 1 个条件结构：函数→编程→结构→ 条件结构。

⑨ 添加 9 个数值常量：函数→编程→数值→ 数值常量，值为分别 0、1、6、7、256、256、0.1、0、1（注意：1 个常量 0 在条件结构的真选项中；1 个常量 1 在条件结构的假选项中）。

⑩ 添加两个比较函数：函数→编程→比较→不等于 0?。
这两个比较函数分别放入条件结构的真选项和假选项中。

⑪ 添加 1 个局部变量：函数→编程→结构→局部变量。
选择局部变量，单击鼠标右键，在弹出菜单中，为局部变量选择对象："上限报警灯 1:"，将其读写属性设置为"写"，该局部变量在条件结构的假选项中。

⑫ 分别将仪表图标"1 号表"、数值显示图标"测量温度值 1"、"上限报警值 1:"的图标拖入顺序结构的 Frame 2 中；将指示灯图标"上限报警灯 1"拖入条件结构的真选项中。

（14）将 VISA 资源名称函数的输出端口与串口字节数函数（顺序结构 Frame2 中）的输入端口引用相连。

（15）将 VISA 串口字节数函数的输出端口 VISA 资源名称与 VISA 读取函数的输入端口 VISA 资源名称相连。

（16）将串口字节数函数的输出端口 Number of bytes at Serial port 与 VISA 读取函数的输入端口字节总数相连。

（17）将 VISA 读取函数的输出端口读取缓冲区与字符串至字节数组转换函数的输入端口字符串相连。

（18）将字符串至字节数组转换函数的输出端口无符号字节数组分别与索引数组函数（4

个）的输入端口数组相连。

（19）将数值常量（值为0、1、6、7）分别与4个索引数组函数的输入端口索引相连。

（20）将索引数组函数的输出端口元素与运算函数的输入端口 x 相连。

其他连接在这里不做介绍。连接好的框图程序如图 11-79 所示。

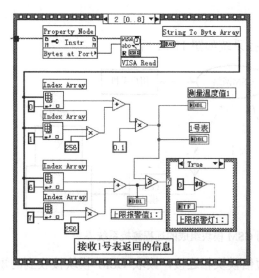
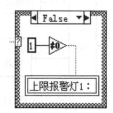

图 11-79 读温度值框图程序

（21）Frame3～Frame8 中的函数和连线与上述类似。

3. 运行程序

进入程序前面板，执行菜单命令"文件"→"保存"，保存设计好的 VI 程序。

单击快捷工具栏"运行"按钮，运行程序。

程序界面中显示三个仪表的测量温度值和上限报警值；当测量温度值大于上限报警值时，相应的信号指示灯变换颜色。

程序运行界面如图 11-80 所示。

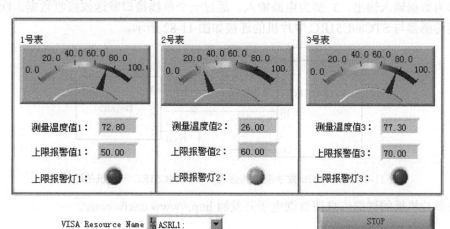

图 11-80 程序运行界面

实例 100　短信接收与发送

一、线路连接

采用 GSM 短信模块组成的远程测控系统如图 11-81 所示。

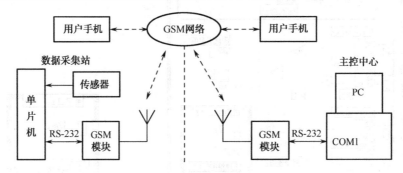

图 11-81　采用 GSM 模块组成的远程测控系统

主控中心 PC 通过串口与 GSM 短信模块相连接,读取 GSM 模块接收到的短消息从而获得远端传来的测量数据;同时,主控中心 PC 可以通过串口向 GSM 模块发送命令,以短消息形式把设置命令发送到数据采集站的 GSM 模块,对单片机进行控制。

数据采集站的任务是采样温度、压力、流量、液位等外界量,将这些数据以短信的方式发送到主控中心。同时也以短信的方式接收主控中心发来的命令,并执行这些命令。

传感器检测的数据经单片机 MCU 单元的处理,编辑成短信息,通过串行口传送给 GSM 模块后,以短消息的方式将数据发送到主控中心的计算机或用户的 GSM 手机。

用户手机通过 GSM 模块与 PC 和单片机可以实现双向通信。

本设计中,单片机通过 DS18B20 数字温度传感器检测温度,并编辑成短信息通过 GSM 模块发送到 PC 机或用户手机。DS18B20 数字温度传感器是一个 3 脚的芯片,其中 1 脚为接地,2 脚为数据输入输出,3 脚为电源输入。通过一个单线接口发送或接收数据。DS18B20 数字温度传感器与 STC89C51RC 单片机的连接如图 11-82 所示。

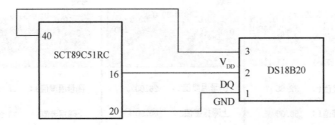

图 11-82　DS18B20 数字温度传感器与 STC89C51RC 单片机的连接

有关单片机板的详细信息请查询电子开发网 http://www.dzkfw.com/。

二、设计任务

单片机与 PC 通信,在程序设计上涉及两部分的内容:一是单片机端数据采集、控制和通信程序;二是 PC 端通信和功能程序。

(1) 单片机端程序设计:采用 Keil C 语言编写程序,实现 DS18B20 温度检测,并编辑成短信息通过 GSM 模块发送到 PC 或用户手机;单片机通过 GSM 模块接收 PC 或用户手机发送的短信指令。

(2) PC 端程序设计:采用 LabVIEW 语言编写程序,实现 PC 通过 GSM 模块接收短信和发送短信。

三、任务实现

1. 单片机端采用 C51 实现短信发送

以下是采用 C51 语言实现单片机温度检测及短信发送程序。

```
/****************************************************************
** 单片机与 TC35I 短信模块通信
** 功能:单片机通过 DS18B20 检测温度,并通过 GSM 模块发送到指定手机
** 晶振频率:11.0592MHz
** 线路:单片机实验开发板 B
****************************************************************/
#include<reg51.h>
#include<intrins.h>
sbit PS0=P2^4;                              // 数码管小数点后第 1 位
sbit PS1=P2^5;                              // 数码管个位
sbit PS2=P2^6;                              // 数码管十位
sbit PS3=P2^7;                              // 数码管百位
sfr   P_data=0x80;                          // P0 口为显示数据输出口
sbit P_K_L=P2^2;                            // 键盘列
sbit DQ=P3^6;                               // DS18B20 数据接口
sbit P_L=P0^0;                              // 测量指示
unsigned char *send_data;
void delay(unsigned int);                   // 延时函数
void DS18B20_init(void);                    // DS18B20 初始化
unsigned int get_temper(void);              // 读取温度程序
void DS18B20_write(unsigned char in_data);  // DS18B20 写数据函数
unsigned char DS18B20_read(void);           // 读取数据程序
unsigned int htd(unsigned int a);           // 进制转换函数
void display(unsigned int a);               // 显示函数
```

```c
void send_ascii(unsigned char *b);              // 发送 ascii 数据
void send_hex(unsigned char b);                 // 发送 hex 数据
float temp;                                     // 温度寄存器
bit DS18B20;                                    // DS18B20 存在标志,1---存在 0---不存在
unsigned char tab[10]={0xfc,0x60,0xda,0xf2,0x66,0xb6,0xbe,0xe0,0xfe,0xf6};  // 字段转换表
void main(void)
{
   unsigned int a,temp,c=0;
      TMOD=0x20;                                // 定时器 1--方式 2
      TL1=0xfd;
      TH1=0xfd;                                 // 11.0592MHz 晶振,0xfd 对应波特率为 9600bps
                                                // 0xfa 对应波特率为 4800bps
      SCON=0x50;                                // 方式 1
      TR1=1;                                    // 启动定时
       temp=get_temper();                       // 这段程序用于避开刚上电时显示 85 的问题
      for(a=0;a<2000;a++)
          delay(500);
   while(1)
   {
      int a;
      temp=get_temper();                        // 测量温度
      for(a=0;a<100;a++)
          display(htd(temp));
      if(c>10)
      {
         send_ascii("at+cmgf=1");               // 以文本的形式发送
         send_hex(0x0d);
         for(a=0;a<600;a++)                     // 显示,兼有延时的作用
             display(htd(temp));
         send_ascii("at+cmgs=\"158********\"");  // 发送到指定号码
         send_hex(0x0d); ;
         for(a=0;a<600;a++)                     // 显示,兼有延时的作用
             display(htd(temp));
         send_ascii("The temperture is ");      // 发送短信
         send_hex(0x30+((htd(temp)>>8)&0x0f));
         send_hex(0x30+((htd(temp)>>4)&0x0f));
         send_ascii(".");
         send_hex(0x30+(htd(temp)&0x0f));
         send_ascii(" degree now.");
         send_hex(0x1a);
```

```c
            send_hex(0x0d);
            c=0;
        }
        c++;
    }
}
/************************DS18B20 读取温度函数************************/
/*函数原型:void get_temper(void)
/*函数功能:DS18B20 读取温度
/******************************************************************/
unsigned int get_temper(void)
{
    unsigned char k,T_sign,T_L,T_H;
    DS18B20_init();                    // DS18B20 初始化
    if(DS18B20)                        // 判断 DS1820 是否存在？若 DS18B20 不存在则返回
    {
        DS18B20_write(0xcc);           // 跳过 ROM 匹配
        DS18B20_write(0x44);           // 发出温度转换命令
        DS18B20_init();                // DS18B20 初始化
        if(DS18B20)                    // 判断 DS1820 是否存在？若 DS18B20 不存在则返回
        {
            DS18B20_write(0xcc);       // 跳过 ROM 匹配
            DS18B20_write(0xbe);       // 发出读温度命令
            T_L=DS18B20_read();        // 数据读出
            T_H=DS18B20_read();
            k=T_H&0xf8;
            if(k==0xf8)
                T_sign=1;              // 温度是负数
            else
                T_sign=0;              // 温度是正数
            T_H=T_H&0x07;
            temp=(T_H*256+T_L)*10*0.0625;// 温度转换常数，乘以 10，是因为要保留 1 位小数
            return (temp);
        }
    }
}
/************************DS18B20 写数据函数************************/
/*函数原型:void DS18B20_write(uchar in_data)
/*函数功能:DS18B20 写数据
/*输入参数:要发送写入的数据
```

```c
/*调用模块:_cror_()
/******************************************************************/
    void DS18B20_write(unsigned char in_data)    // 写 DS18B20 的子程序(有具体的时序要求)
    {
        unsigned char i,out_data,k;
        out_data=in_data;
        for(i=1;i<9;i++)                         // 串行发送数据
        {
            DQ=0;
            DQ=1;
            _nop_();
             _nop_();
              k=out_data&0x01;
            if(k==0x01)                          // 判断数据,写 1
            {
                DQ=1;
            }
            else                                 // 写 0
            {
                DQ=0;
            }
            delay(4);                            // 延时 62μs
            DQ=1;
               out_data=_cror_(out_data,1);      // 循环左移 1 位
        }
    }
/************************DS18B20 读函数*************************/
/*函数原型:void DS18B20_read()
/*函数功能:DS18B20 读数据
/*输出参数:读到的一字节内容
/*调用模块:delay()
/******************************************************************/
    unsigned char DS18B20_read()
    {
        unsigned char i,in_data,k;
        in_data=0;
        for(i=1;i<9;i++)                         // 串行发送数据
        {
            DQ=0;
            DQ=1;
```

```c
        _nop_();
        _nop_();
           k=DQ;                           // 读 DQ 端
        if(k==1)                           // 读到的数据是 1
        {
            in_data=in_data|0x01;
        }
        else
        {
            in_data=in_data|0x00;
        }
        delay(3);                          // 延时 51μs
        DQ=1;
        in_data=_cror_(in_data,1);         // 循环右移 1 位
    }
    return(in_data);
}
/*********************DS18B20 初始化函数************************/
/*函数原型:void DS18B20_init(void)
/*函数功能:DS18B20 初始化
/*调用模块:delay()
/****************************************************************/
    void DS18B20_init(void)
{
    unsigned char a;
        DQ=1;                              // 主机发出复位低脉冲
    DQ=0;
    delay(44);                             // 延时 540μs
    DQ=1;
    for(a=0;a<0x36&&DQ==1;a++)
    {
        a++;
        a--;                               // 等待 DS18B20 回应
    }
    if(DQ)
        DS18B20=0;                         // DS18B20 不存在
    else
    {
        DS18B20=1;                         // DS18B20 存在
        delay(120);                        // 复位成功!延时 240μs
```

```c
        }
    }
/************************数码管显示函数************************/
/*函数原型:void display(void)
/*函数功能:数码管显示
/*调用模块:delay()
/****************************************************************/
    void display(unsigned int a)
    {
        bit b=P_K_L;
        P_K_L=1;                                // 防止按键干扰显示
         P_data=tab[a&0x0f];                    // 显示小数点后第1位
          PS0=0;
        PS1=1;
         PS2=1;
         PS3=1;
        delay(200);
            P_data=tab[(a>>4)&0x0f]|0x01;       // 显示个位
            PS0=1;
        PS1=0;
        delay(200);
            P_data=tab[(a>>8)&0x0f];            // 显示十位
            PS1=1;
         PS2=0;
        delay(200);
         P_data=tab[(a>>12)&0x0f];              // 显示百位
            PS2=1;
            //PS3=0;
        //delay(200);
         //PS3=1;*/
         P_K_L=b;                               // 恢复按键
         P_data=0xff;                           // 恢复数据口
        }
/************************发送字符(ASCII码)函数*********************/
/*函数原型:void send_ascii(unsigned char *b)
/*函数功能:发送字符(ASCII码)
/*输入参数:unsigned char *b
/****************************************************************/
    void send_ascii(unsigned char *b)
    {
```

```c
        for (b; *b!='\0';b++)
        {
            SBUF=*b;
            while(TI!=1)
               ;
            TI=0;
        }
    }
/*************************发送字符(十六进制)函数********************/
/*函数原型:void send_ascii(unsigned char b)
/*函数功能:发送字符(十六进制)
/*输入参数:unsigned char b
/******************************************************************/
void send_hex(unsigned char b)
{
    SBUF=b;
    while(TI!=1)
       ;
    TI=0;
}
/*************************十六进制转十进制函数*********************/
/*函数原型:uint htd(uint a)
/*函数功能:十六进制转十进制
/*输入参数:要转换的数据
/*输出参数:转换后的数据
/******************************************************************/
 unsigned int htd(unsigned int a)
    {
      unsigned int b,c;
      b=a%10;
      c=b;
      a=a/10;
      b=a%10;
      c=c+(b<<4);
      a=a/10;
      b=a%10;
      c=c+(b<<8);
      a=a/10;
      b=a%10;
      c=c+(b<<12);
```

```
            return c;
        }
/*******************************延时函数********************************/
/*函数原型:delay(unsigned int delay_time)
/*函数功能:延时函数
/*输入参数:delay_time (输入要延时的时间)
/********************************************************************/
void delay(unsigned int delay_time)                    // 延时子程序
{
    for(;delay_time>0;delay_time--)
    {}
}
```

将 C51 程序编译生成 HEX 文件，然后采用 STC-ISP 软件将 HEX 文件下载到单片机中。

2．单片机端采用 C51 实现短信接收

以下是采用 C51 语言实现单片机短信接收及继电器控制程序。

```
/******************************************************************
** 单片机与控制 TC35I 读短信并控制相应的继电器动作
** 晶振频率: 11.0592MHz
** 线路->单片机实验开发板 B
** open1---继电器 1 打开
** open11---继电器 2 打开
** close1--继电器 1 关闭
** close11--继电器 2 关闭
******************************************************************
基本概念：
MEM1：读取和删除短信所在的内存空间。
MEM2：写入短信和发送短信所在的内存空间。
MEM3：接收到的短信的储存位置。
语句：
AT+CPMS=?
作用：测试命令。用于得到模块所支持的储存位置的列表。
AT+CPMS=?
+CPMS: ("MT","SM","ME"),("MT","SM","ME"),("MT","SM","ME")
表示手机支持 MT(模块终端),SM(SIM 卡),ME(模块设备)
其他指令请查阅 TC35I AT 指令集
*/
#include<reg51.h>
#include <string.h>
```

```c
#define buf_max 72                              // 缓存长度 72
sbit jdq1=P2^0;                                 // 继电器 1
sbit jdq2=P2^1;                                 // 继电器 2
unsigned char i=0;
unsigned char *send_data;                       // 要发送的数据
unsigned char rec_buf[buf_max];                 // 接收缓存
void delay(unsigned int delay_time);            // 延时函数
bit hand(unsigned char *a);                     // 判断缓存中是否含有指定的字符串
void clr_buf(void);                             // 清除缓存内容
void clr_ms(void);                              // 清除信息
void send_ascii(unsigned char *b);              // 发送 ascii 数据
void send_hex(unsigned char b);                 // 发送 hex 数据
unsigned int htd(unsigned int a);               // 十六进制转十进制
void   Serial_init(void);                       // 串口中断处理函数
void main(void)
{
    unsigned char k;
    TMOD=0x20;                                  // 定时器 1--方式 2
    TL1=0xfd;
    TH1=0xfd;                                   // 11.0592MHz 晶振,波特率为 9600bps
     SCON=0x50;                                 // 方式 1
    TR1=1;                                      // 启动定时
    ES=1;
    EA=1;
for(k=0;k<20;k++)
    delay(65535);
while(!hand("OK"))
{
    jdq1=0;                                     // 用于指示单片机和模块连接
     send_ascii("AT");                          // 发送联机指令
    send_hex(0x0d);
    for(k=0;k<10;k++)
        delay(65535);
}
clr_buf();
send_ascii("AT+CPMS=\"MT\",\"MT\",\"MT\"");    // 所有操作都在 MT(模块终端)中进行
send_hex(0x0d);
while(!hand("OK"));
clr_buf();
send_ascii("AT+CNMI=2,1");                      // 新短信提示
```

```c
        send_hex(0x0d);
        while(!hand("OK"));
        clr_buf();
        send_ascii("AT+CMGF=1");                    // 文本方式
        send_hex(0x0d);
        while(!hand("OK"));
        clr_buf();
            clr_ms();                               // 删除短信
        jdq1=1;                                     // 单片机和模块连接成功
        while(1)
        {
            unsigned char a,b,c,j=0;
            if(strstr(rec_buf,"+CMTI")!=NULL)       // 若字符串中含有"+CMTI"就表示有新的短信
            {
                j++;
                a=*(strstr(rec_buf,"+CMTI")+12);
                b=*(strstr(rec_buf,"+CMTI")+13);
                c=*(strstr(rec_buf,"+CMTI")+14);
                if((b==0x0d)||(c==0x0d))
                {
                    clr_buf();
                    send_ascii("AT+CMGR=");         // 发送读指令
                    send_hex(a);
                    if(c==0x0d)
                        send_hex(b);
                    send_hex(0x0d);
                    while(!hand("OK"));
                    if(strstr(rec_buf,"open1")!=NULL)       // 继电器1打开
                        jdq1=0;
                    else if(strstr(rec_buf,"close1")!=NULL) // 继电器1关闭
                        jdq1=1;
                    else if(strstr(rec_buf,"open2")!=NULL)  // 继电器2打开
                        jdq2=0;
                    else if(strstr(rec_buf,"close2")!=NULL) // 继电器2关闭
                        jdq2=1;
                    clr_buf();
                    clr_ms();                       // 删除短信
                }
            }
        }
```

```c
}
/*********************发送字符(ASCII 码)函数********************/
/*函数原型:void send_ascii(unsigned char *b)
/*函数功能:发送字符(ASCII 码)
/*输入参数:unsigned char *b
/***************************************************************/
void send_ascii(unsigned char *b)
{
    ES=0;
    for (b; *b!='\0';b++)
    {
        SBUF=*b;
        while(TI!=1)
            ;
        TI=0;
    }        ES=1;
}
/*********************发送字符(十六进制)函数********************/
/*函数原型:void send_ascii(unsigned char b)
/*函数功能:发送字符(十六进制)
/*输入参数:unsigned char b
/***************************************************************/
void send_hex(unsigned char b)
{
    ES=0;
    SBUF=b;
    while(TI!=1)
        ;
    TI=0; ES=1;
}
/*********************清除缓存数据函数**************************/
/*函数原型:void clr_buf(void)
/*函数功能:清除缓存数据
/*输入参数:无
/*输出参数:无
/*调用模块:无
/***************************************************************/
void clr_buf(void)
{
    for(i=0;i<buf_max;i++)
```

```c
        rec_buf[i]=0;
    i=0;
}
/*************************清除短信函数***************************/
/*函数原型:void clr_ms(void)
/*函数功能:清除短信
/******************************************************************/
void clr_ms(void)
{
    unsigned char a,b,c,j;
    send_ascii("AT+CPMS?");                               // 删除短信
    send_hex(0x0d);
    while(!hand("OK"));
    a=*(strstr(rec_buf,"+CPMS")+12);
    b=*(strstr(rec_buf,"+CPMS")+13);
    c=*(strstr(rec_buf,"+CPMS")+14);
    clr_buf();
    if(b==',')
    {
        for(j=0x31;j<(a+1);j++)
        {
            send_ascii("AT+CMGD=");
            send_hex(j);
            send_hex(0x0d);
            while(!hand("OK"));
            clr_buf();
        }
    }
    else if(c==',')
    {
        for(j=1;j<((a-0x30)*10+(b-0x30)+1);j++)
        {
            send_ascii("AT+CMGD=");
            if(j<10)
                send_hex(j+0x30);
            else
            {
                send_hex((htd(j)>>4)+0x30);
                send_hex((htd(j)&0x0f)+0x30);
            }
```

```c
            send_hex(0x0d);
            while(!hand("OK"));
            clr_buf();
        }
    }
}
/*****************判断缓存中是否含有指定的字符串函数*****************/
/*函数原型:bit hand(unsigned char *a)
/*函数功能:判断缓存中是否含有指定的字符串
/*输入参数:unsigned char *a  指定的字符串
/*输出参数:bit 1---含有      0---不含有
/******************************************************************/
bit hand(unsigned char *a)
{
    if(strstr(rec_buf,a)!=NULL)
        return 1;
    else
        return 0;
}
/************************十六进制转十进制函数************************/
/*函数原型:uint htd(uint a)
/*函数功能:十六进制转十进制
/*输入参数:要转换的数据
/*输出参数:转换后的数据
/******************************************************************/
unsigned int htd(unsigned int a)
{
    unsigned int b,c;
    b=a%10;
    c=b;
    a=a/10;
    b=a%10;
    c=c+(b<<4);
    a=a/10;
    b=a%10;
    c=c+(b<<8);
    a=a/10;
    b=a%10;
    c=c+(b<<12);
    return c;
```

```c
}
/*******************************延时函数********************************/
/*函数原型:delay(unsigned int delay_time)
/*函数功能:延时函数
/*输入参数:delay_time (输入要延时的时间)
/*********************************************************************/
void delay(unsigned int delay_time)              // 延时子程序
{
for(;delay_time>0;delay_time--)
{}
    }
/************************串口中断处理函数*******************************/
/*函数原型:void Serial(void)
/*函数功能:串口中断处理
/*********************************************************************/
void Serial() interrupt 4                        // 串口中断处理
{
    unsigned char k=0;
    ES=0;                                        // 关中断
if(TI)                                           // 发送
    {
      TI=0;
    }
  else                                           // 接收，处理
  {
      RI=0;
      rec_buf[i]=SBUF;
      if(i<buf_max)
          i++;
      else
          i=0;
      RI=0;
      TI=0;
    }
      ES=1;                                      // 开中断
}
```

将 C51 程序编译生成 HEX 文件，然后采用 STC-ISP 软件将 HEX 文件下载到单片机中。

程序下载到单片机之后，就可以给单片机试验板卡通电了，这时数码管上将会显示数字温度传感器 DS18B20 实时测量得到的温度。可以调整数字温度传感器 DS18B20 周围的温度，测试程序能否连续采集温度。

打开"串口调试助手"程序,首先设置串口号为 COM1、波特率为 9600、校验位为 NONE、数据位为 8、停止位为 1 等参数(注意:设置的参数必须与单片机一致),选择"十六进制显示",打开串口。

如果 PC 与单片机实验开发板串口连接正确,则单片机连续向 PC 发送检测的温度值,用 2 字节的十六进制数据表示,如 01 A0,该数据串在返回信息框内显示,如图 11-83 所示。根据单片机返回数据,可知当前温度测量值为 41.6℃。

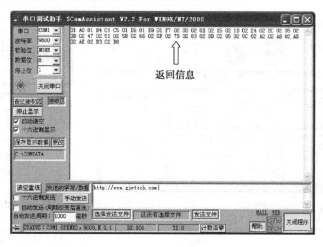

图 11-83 串口调试助手

3. PC 端采用 LabVIEW 实现短信收发

1)程序前面板设计

(1)添加两个字符输入控件,将标签分别改为"发送区短信内容"和"发送电话:"。
(2)添加 1 个字符显示控件,将标签分别改为"收到的短信内容"和"来电显示:"。
(3)添加 1 个串口资源检测控件,单击控件箭头,选择串口号,如 COM1 或 ASRL1:。
(4)添加两个确定按钮控件,将标题分别改为"发送"和"清空"。
(5)添加 1 个停止按钮控件,将标题改为"停止"。

设计的程序前面板如图 11-84 所示。

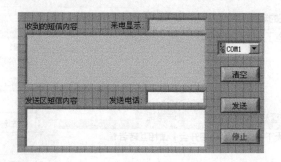

图 11-84 程序前面板

2)框图程序设计

设计好的框图程序如图 11-85 所示。

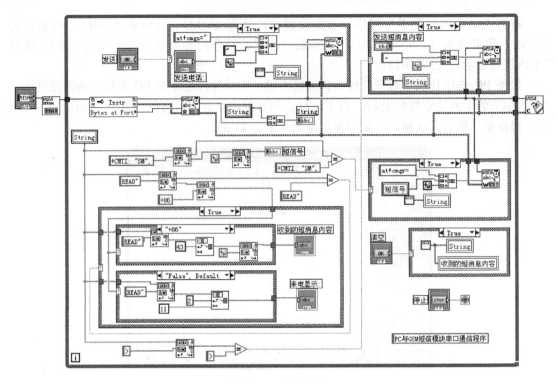

图 11-85　框图程序

3）运行程序

进入程序前面板，执行菜单命令"文件"→"保存"，保存设计好的 VI 程序。

单击快捷工具栏"运行"按钮，运行程序。

在程序界面发送短信区输入短信内容，指定接收方手机号码，单击"发送"按钮，将编辑的短信发送到指定手机。

用户手机向监控中心的 GSM 模块发送短信，程序界面自动显示短信内容及来电号码。

注意： 本程序接收和发送的短信只能由数字或英文字符组成。

程序运行界面如图 11-86 所示。

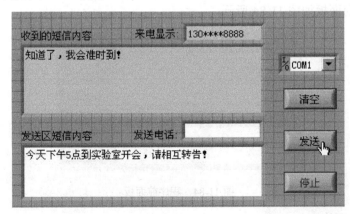

图 11-86　程序运行界面

实例 101　网络温度监测

一、系统框图

如图 11-87 所示为网络监测系统组成框图。

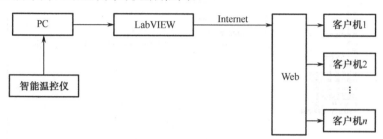

图 11-87　网络监测系统组成框图

要求：要有两台或两台以上的连接 Internet 的计算机。

二、设计任务

通过连接 Internet 的计算机观察远端智能仪表检测的温度值。

三、任务实现

1. 配置服务器

配置服务器包括 3 个部分：服务器目录与日志配置、客户端可见 VI 配置和客户端访问权限配置。在 LabVIEW 程序框图或前面板窗口中选择菜单命令"工具"→"选项"，打开"选项"对话框，左侧区域下方的"Web 服务器：配置"、"Web 服务器：可见 VI"和"Web 服务器：浏览器访问"分别对应服务器 3 个部分的配置内容。

1）Web 服务器：配置

"Web 服务器：配置"用来配置服务器目录和日志属性，如图 11-88 所示。

选中"启用 Web 服务器"复选框，表示启动服务器以后，可以对其他栏目进行设置。"根目录"用来设置服务器根目录，默认为"LabVIEW 8.2\www"；"HTTP 端口"为计算机访问端口，默认设置为 80。如果 80 端口已经被使用，则可以设置其他端口，本程序用的是85 端口；"超时(秒)"为访问超时前等待时间，默认设置为 60；选中"使用记录文件"复选框，表示启用记录文件，默认路径为"LabVIEW 8.2\www.log"。

2）Web 服务器：可见 VI

"Web 服务器：可见 VI"用来配置服务器根目录下可见的 VI 程序，即对客户端开放的VI 程序。如图 11-89 所示，窗口中间"可见 VI"栏显示列出 VI，"*"表示所有的 VI；"√"表示 VI 可见；"×"表示 VI 不可见。单击下方的"添加"按钮可添加新的 VI；单击

"删除"按钮可删除选中的 VI。选中的 VI 出现在右侧"可见 VI"框中，选中"允许访问"单选按钮将选中的 VI 设置为可见；选中"拒绝访问"单选按钮将选中的 VI 置为不可见。

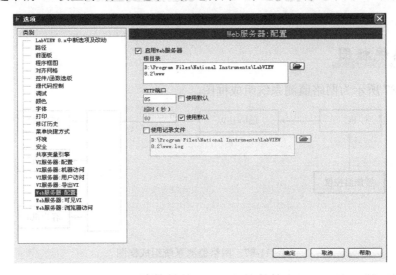

图 11-88 "Web 服务器：配置"面板

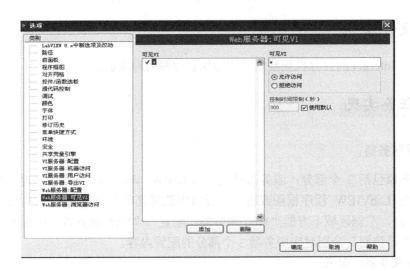

图 11-89 "Web 服务器：可见 VI"面板

3) Web 服务器：浏览器访问

"Web 服务器：浏览器访问"用来设置客户端的访问权限。访问权限设置窗口与可见 VI 设置窗口类似，如图 11-90 所示。"浏览器访问列表"栏显示列出 VI，"*"表示所有的 VI："√√"表示可以查看和控制；"√"表示可以查看；"×"表示不能访问。"添加"按钮用来添加新的 VI，"删除"按钮用来删除选中的 VI。选中的 VI 出现在右侧"浏览器地址"框中，选中"允许查看和控制"单选按钮设置为可以查看和控制；选中"允许查看"单选按钮设置为可以查看；选中"拒绝访问"单选按钮设置为不能访问.

完成服务器配置以后，便可以选择远程面板或浏览器方式访问服务器、对服务器进行远程操作了。

2. 浏览器访问

通过客户端浏览器访问时,首先需要在服务器端发布网页,然后才能从客户端访问。如果客户端没有安装 LabVIEW,则需要安装插件"LabVIEW 运行-Time Engine"或"LabVIEW press"。服务器端和客户端需要进行以下操作。

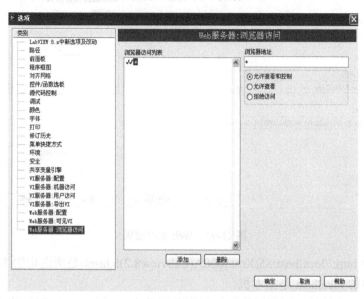

图 11-90 "Web 服务器:浏览器访问"面板

第 1 步:在服务器端发布网页。在 LabVIEW 程序框图或前面板窗口中,选择"工具"→"Web 发布工具…"命令,打开"Web 发布工具"对话框,如图 11-91 所示。"VI 名"项中选择待添加的 VI 程序;"查看模式"项设置浏览方式,选中"嵌入"单选按钮将 VI 前面板嵌入到客户端网页中,客户端可以观察和控制VI前面板;选中"快照"单选按钮在客户端网页中显示一个静态的前面板快照;选中"监视器"单选按钮在客户端网页中显示定时更新的前面板快照,"两次更新的间隔时间"项设置更新时间。

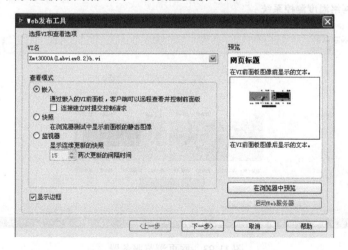

图 11-91 "Web 发布工具"面板

单击"下一步"按钮，出现如图 11-92 所示 Web 发布时保存网页的面板。

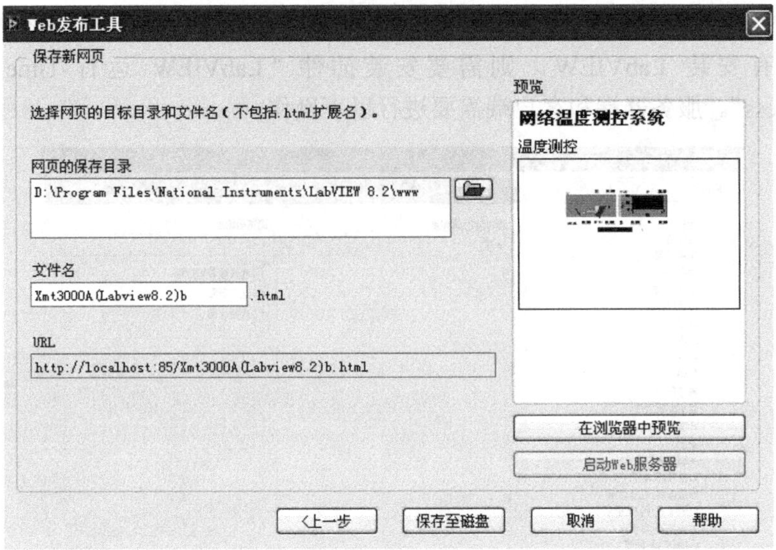

图 11-92　Web 保存面板

图 11-92 中 http://localhost:85/Xmt3000A(Labview8.2)b.html 是所选用的 URL，这个是自动默认的，其中的 localhost 是指本机。

第 2 步：在客户端通过网页浏览器访问服务器发布的页面。在网页浏览器地址栏输入服务器页面地址并连接，如"http://222.221.177.65:85/Xmt3000A(Labview8.2)b.vi"，弹出 Xmt3000A(Labview8.2)b.vi 打开和保存对话框，其中"222.221.177.65"为隐去的服务器端 IP 地址。

运行程序，从网络端可看到服务器运行情况，如图 11-93 所示。

图 11-93　网页浏览服务器

第12章 远程I/O模块与PLC测控

本章举几个典型实例,详细介绍采用 LabVIEW 实现 PC 与远程 I/O 模块、PC 与三菱 PLC、PC 与西门子 PLC 串口通信及其测控应用的程序设计方法。

实例102 远程I/O模块模拟电压采集

一、线路连接

如图 12-1 所示,ADAM-4520(RS-232 与 RS-485 转换模块)与 PC 的串口 COM1 连接,转换为 RS-485 总线;ADAM-4012(模拟量输入模块)的信号输入端子 DATA+、DATA-分别与 ADAM-4520 的 DATA+、DATA-连接,电源端子+Vs、GND 分别与 DC 24V 电源的+、-连接。

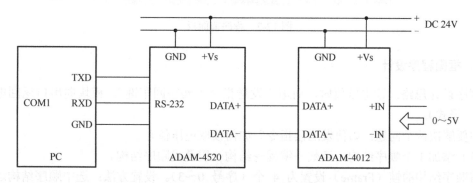

图 12-1 PC 与远程 I/O 模块组成的电压输入系统

图 12-1 中,将 ADAM-4012 的地址设为 01。在模拟量输入通道(+IN 和-IN)接模拟输入电压 0~5V。

二、设计任务

采用 LabVIEW 语言编写程序实现 PC 与远程 I/O 模拟电压采集。任务要求如下:PC 读取远程 I/O 模块输入电压值(0~5V),并以数值或曲线形式显示电压变化值。

三、任务实现

1. 程序前面板设计

（1）为了以数字形式显示测量电压值，添加 1 个数值显示控件：控件→数值→数值显示控件，将标签改为"测量电压值:"。

（2）为了以指针形式显示测量电压值，添加 1 个仪表显示控件：控件→数值→仪表，将标签改为"电压表"。

（3）为了显示测量电压实时变化曲线，添加 1 个实时图形显示控件：控件→图形→波形图形，将标签改为"电压曲线"。

（4）为了获得串行端口号，添加 1 个串口资源检测控件：控件→新式→I/O→VISA 资源名称；单击控件箭头，选择串口号，如 ASRL1:或 COM1。

设计的程序前面板如图 12-2 所示。

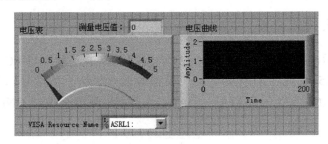

图 12-2　程序前面板

2. 框图程序设计

程序设计思路：读电压值时，向串口发送指令"#01+回车键"，模块向串口返回电压值（字符串形式）。

主要解决两个问题：如何发送读指令？如何读取电压值？

（1）添加 1 个顺序结构：函数→编程→结构→层叠式顺序结构。

将顺序结构的帧（Frame）设置为 4 个（序号 0～3）。设置方法：选中顺序结构边框，单击鼠标右键，执行"在后面添加帧"命令 3 次。

（2）在顺序结构 Frame0 中添加函数与结构。

① 为了设置通信参数，在顺序结构 Frame0 中添加 1 个串口配置函数：函数→仪器 I/O→串口→VISA 配置串口。

② 为了设置通信参数值，在顺序结构 Frame0 中添加 4 个数值常量：函数→编程→数值→数值常量，值分别为 9600（波特率）、8（数据位）、0（校验位，无）、1（停止位）。

③ 将函数 VISA 资源名称的输出端口与串口配置函数的输入端口 VISA 资源名称相连。

④ 将数值常量 9600、8、0、1 分别与 VISA 配置串口函数的输入端口波特率、数据比特、奇偶、停止位相连。

连接好的框图程序如图 12-3 所示。

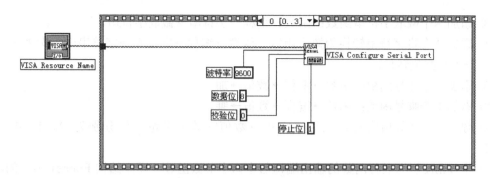

图 12-3 初始化串口框图程序

（3）在顺序结构 Frame1 中添加 4 个函数。

① 添加 1 个字符串常量：函数→编程→字符串→字符串常量，值改为"#01"，标签为"读 01 号模块 1 通道电压指令"。

② 添加 1 个回车键常量：函数→编程→字符串→回车键常量。

③ 添加 1 个字符串连接函数：函数→编程→字符串→连接字符串，用于将读指令和回车符连接后送给写串口函数。

④ 为了发送指令，添加 1 个串口写入函数：函数→仪器 I/O→串口→VISA 写入。

⑤ 将字符串常量（值为"#01"，读模拟量输入端口电压值的指令）与连接字符串函数的输入端口字符串相连。

⑥ 将回车键常量与连接字符串函数的另一个输入端口字符串相连。

⑦ 将连接字符串函数的输出端口连接的字符串与 VISA 写入函数的输入端口写入缓冲区相连。

⑧ 将函数 VISA 资源名称的输出端口与 VISA 写入函数的输入端口 VISA 资源名称相连。

连接好的框图程序如图 12-4 所示。

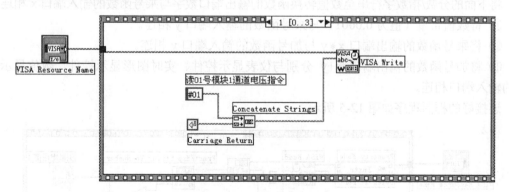

图 12-4 写指令框图程序

（4）在顺序结构 Frame2 中添加函数与结构。

① 为了获得串口缓冲区数据个数，添加 1 个串口字节数函数：函数→仪器 I/O→串口→VISA 串口字节数，标签为"Property Node"。

② 为了从串口缓冲区获取返回数据，添加 1 个串口读取函数：函数→仪器 I/O→串口→VISA 读取。

③ 添加两个截取字符串函数：函数→编程→字符串→截取字符串。

④ 添加两个将字符串转换为数字函数：函数→编程→字符串→字符串/数值转换→分数/指数字符串至数值转换。

⑤ 添加 1 个加号函数：函数→编程→数值→加。

⑥ 添加 1 个乘号函数：函数→编程→数值→乘。

⑦ 添加 5 个数值常量：函数→编程→数值→数值常量，值分别为 2、1、4、4、0.0001。

⑧ 将 VISA 资源名称函数的输出端口与串口字节数函数（顺序结构 Frame1 中）的输入端口引用相连。

⑨ 将串口字节数函数的输出端口 VISA 资源名称与 VISA 读取函数的输入端口 VISA 资源名称相连。

⑩ 将串口字节数函数的输出端口 Number of bytes at Serial port 与 VISA 读取函数的输入端口字节总数相连。

⑪ 将 VISA 读取函数的输出端口读取缓冲区与两个截取字符串函数的输入端口字符串相连。

⑫ 将数值常量（值为 2）与上面的截取字符串函数的输入端口偏移量相连；将数值常量（值为 1）与上面的截取字符串函数的输入端口长度相连；将数值常量（值为 4）与下面的截取字符串函数的输入端口偏移量相连；将数值常量（值为 4）与下面的截取字符串函数的输入端口长度相连。

⑬ 将两个截取字符串函数的输出端口子字符串分别与两个分数/指数字符串至数值转换函数的输入端口字符串相连。

⑭ 将上面的分数/指数字符串至数值转换函数的输出端口数字与加号函数的输入端口 x 相连。

将下面的分数/指数字符串至数值转换函数的输出端口数字与乘号函数的输入端口 x 相连。

⑮ 将数值常量（值为 0.0001）与乘号函数的输入端口 y 相连。

⑯ 将乘号函数的输出端口 x*y 与加号函数的输入端口 y 相连。

⑰ 将加号函数的输出端口 x+y 分别与仪表显示控件、实时图形显示控件、数值显示控件的输入端口相连。

连接好的框图程序如图 12-5 所示。

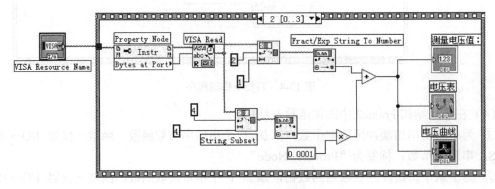

图 12-5　接收信息框图程序

（5）在顺序结构 Frame3 中添加 1 个时间延迟函数：函数→编程→定时→时间延迟，时间采用默认值，如图 12-6 所示。

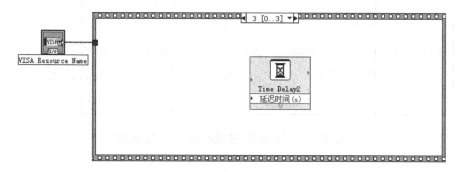

图 12-6　延时框图程序

3．运行程序

单击快捷工具栏"连续运行"按钮，运行程序。

在模拟量输入通道（+IN 和 -IN）接模拟输入电压 0~5V。程序读取电压输入值，并以数值或曲线形式显示电压变化值。

程序运行界面如图 12-7 所示。

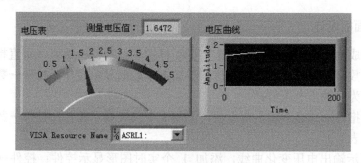

图 12-7　程序运行界面

实例 103　远程 I/O 模块模拟电压输出

一、线路连接

如图 12-8 所示，ADAM-4520（RS-232 与 RS-485 转换模块）与 PC 的串口 COM1 连接，转换为 RS-485 总线；ADAM-4021（模拟量输出模块）的信号输入端子 DATA+、DATA-分别与 ADAM-4520 的 DATA+、DATA-连接，电源端子+Vs、GND 分别与 DC 24V 电源的+、-连接。

图 12-8 中，将 ADAM-4021 的地址设为 03。模拟电压输出无须连线。使用万用表直接测量模拟量输出通道（OUT 和 GND）的输出电压（0~5V)）。

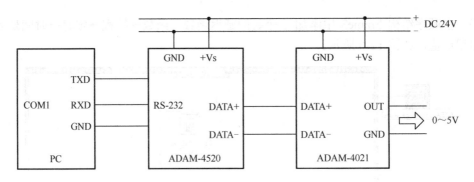

图 12-8　PC 与远程 I/O 模块组成的电压输出系统

二、设计任务

采用 LabVIEW 语言编写程序实现 PC 与远程 I/O 模拟电压输出。任务要求如下：在 PC 程序界面中产生一个变化的数值（0～10），线路中远程 I/O 模块模拟量输出口输出同样变化的电压值（0～10V）。

三、任务实现

1. 程序前面板设计

（1）为了生成输出电压数值，添加 1 个滑动杆控件：控件→数值→垂直指针滑动杆。

（2）为了以数字形式显示输出电压值，添加 1 个数值显示控件：控件→数值→数值显示控件，将标签改为"输出电压值："。

（3）为了以指针形式显示输出电压值，添加 1 个仪表显示控件：控件→数值→仪表，将标签改为"电压表"。

（4）为了显示输出电压变化曲线，添加 1 个实时图形显示控件：控件→图形→波形图形，将标签改为"电压曲线"。

（5）为了获得串行端口号，添加 1 个串口资源检测控件：控件→新式→I/O→VISA 资源名称；单击控件箭头，选择串口号，如 ASRL1:或 COM1。

设计的程序前面板如图 12-9 所示。

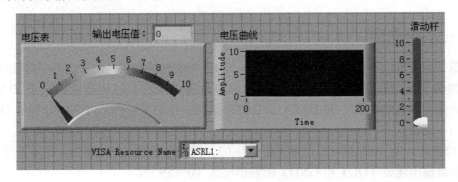

图 12-9　程序前面板

2. 框图程序设计

主要解决如何发送带有设定电压的写指令"$037+0+回车键"。

（1）添加 1 个顺序结构：函数→编程→结构→层叠式顺序结构。

将顺序结构的帧设置为 3 个（序号 0~2）。设置方法：选中顺序结构边框，单击鼠标右键，执行"在后面添加帧"命令 2 次。

（2）在顺序结构 Frame0 中添加函数与结构。

① 为了设置通信参数，在顺序结构 Frame0 中添加 1 个串口配置函数：函数→仪器 I/O→串口→VISA 配置串口。

② 为了设置通信参数值，在顺序结构 Frame0 中添加 4 个数值常量：函数→编程→数值→数值常量，值分别为 9600（波特率）、8（数据位）、0（校验位，无）、1（停止位）。

③ 将函数 VISA 资源名称的输出端口与串口配置函数的输入端口 VISA 资源名称相连。

④ 将数值常量 9600、8、0、1 分别与 VISA 配置串口函数的输入端口波特率、数据比特、奇偶、停止位相连。

连接好的框图程序如图 12-10 所示。

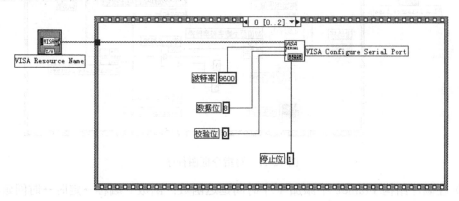

图 12-10 初始化串口框图程序

（3）在顺序结构 Frame1 中添加函数与结构。

① 添加 1 个数值转字符串函数：函数→编程→字符串→字符串/数值转换→数值至小数字符串转换函数，用于将滑动杆产生的数值转成字符串。

② 添加两个数值常量：函数→编程→数值→数值常量，值分别为 0 和 5。

③ 添加 1 个截取字符串函数：函数→编程→字符串→截取字符串。

④ 添加 1 个字符串常量：函数→编程→字符串→字符串常量，值设为"$037+0"，标签为"给 03 号模块输出电压指令"。

⑤ 添加 1 个回车键常量：函数→编程→字符串→回车键常量。

⑥ 添加 1 个字符串连接函数：函数→编程→字符串→连接字符串，用于将读指令和回车符连接后送给写串口函数。

⑦ 为了发送指令到串口，添加 1 个串口写入函数：函数→仪器 I/O→串口→VISA 写入。

⑧ 将滑动杆的输出端口分别与仪表显示控件、实时图形显示控件、数值显示控件、数值转字符串函数的输入端口相连。

⑨ 将数值转字符串函数的输出端口"F-格式字符串"与截取字符串函数的输入端口"字符串"相连。

⑩ 将数值常量（值为 0）与截取字符串函数的输入端口偏移量相连；将数值常量（值为 5）与截取字符串函数的输入端口长度相连。

⑪ 将字符串常量（值为"$037+0"）与连接字符串函数的输入端口字符串相连。

⑫ 将截取字符串函数的输出端口"子字符串"与连接字符串函数的一个输入端口字符串相连。

⑬ 将回车键常量与连接字符串函数的另一个输入端口字符串相连。

⑭ 将连接字符串函数的输出端口连接的字符串与 VISA 写入函数的输入端口写入缓冲区相连。

⑮ 将函数 VISA 资源名称的输出端口与 VISA 写入函数的输入端口 VISA 资源名称相连。

连接好的框图程序如图 12-11 所示。

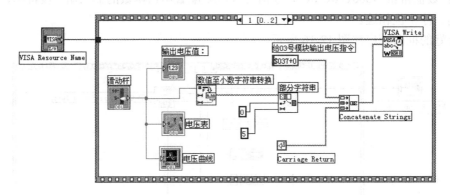

图 12-11 写指令框图程序

（4）在顺序结构 Frame2 中添加 1 个时间延迟函数：函数→编程→定时→时间延迟，时间采用默认值，如图 12-12 所示。

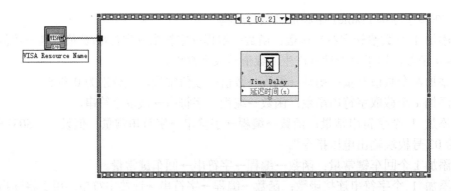

图 12-12 延时框图程序

3. 运行程序

单击快捷工具栏"连续运行"按钮，运行程序。

在程序界面中利用滑动杆产生一个变化的数值（0～10），线路中模拟量输出口输出同样大小的电压值（0～10V）。

可使用万用表直接测量模拟量输出通道（Exc+和Exc-）的电压值。

程序运行界面如图 12-13 所示。

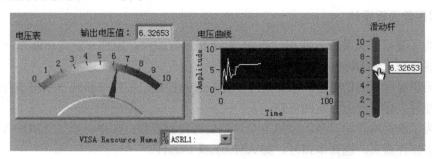

图 12-13　程序运行界面

实例 104　远程 I/O 模块数字信号输入

一、线路连接

如图 12-14 所示，ADAM-4520（RS-232 与 RS-485 转换模块）与 PC 的串口 COM1 连接，转换为 RS-485 总线；ADAM-4050（数字量输入与输出模块）的信号输入端子 DATA+、DATA-分别与 ADAM-4520 的 DATA+、DATA-连接，电源端子+Vs、GND 分别与 DC 24V 电源的+、-连接。

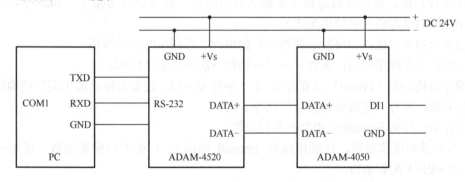

图 12-14　PC 与远程 I/O 模块组成的数字量输入系统

图 12-14 中，将 ADAM-4050 的地址设为 02。将按钮、行程开关等的常开触点接数字量输入 1 通道（DI1 和 GND）。

二、设计任务

采用 LabVIEW 语言编写程序实现 PC 与远程 I/O 数字信号输入。任务要求如下：利用开关产生数字（开关）信号并作用在远程 I/O 模块数字量输入通道，使 PC 程序界面中信号指示灯颜色改变。

三、任务实现

1. 程序前面板设计

（1）为了显示开关量输入状态，添加 7 个指示灯控件：控件→新式→布尔→圆形指示灯，将标签分别改为 DI0～DI6。

（2）为了显示返回信息值，添加 1 个字符串显示控件：控件→新式→字符串与路径→字符串显示控件，标签改为"返回信息:"。

（3）为了获得串行端口号，添加 1 个串口资源检测控件：控件→新式→I/O→VISA 资源名称；单击控件箭头，选择串口号，如 ASRL1:或 COM1。

设计的程序前面板如图 12-15 所示。

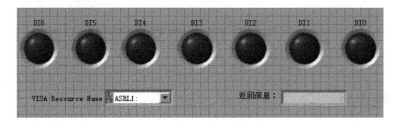

图 12-15 程序前面板

2. 框图程序设计

程序设计思路：读取各通道数字量输入状态值时，向串口发送指令"$026+回车键"，模块向串口返回状态值（字符串形式）。

主要解决两个问题：如何发送读指令？如何读取返回字符串并解析？

（1）添加 1 个顺序结构：函数→编程→结构→层叠式顺序结构。

将顺序结构的帧（Frame）设置为 4 个（序号 0～3）。设置方法：选中顺序结构边框，单击鼠标右键，执行"在后面添加帧"命令 3 次。

（2）在顺序结构 Frame0 中添加函数与结构。

① 为了设置通信参数，在顺序结构 Frame0 中添加 1 个串口配置函数：函数→仪器 I/O→串口→VISA 配置串口。

② 为了设置通信参数值，在顺序结构 Frame0 中添加 4 个数值常量：函数→编程→数值→数值常量，值分别为 9600（波特率）、8（数据位）、0（校验位，无）、1（停止位）。

③ 将函数 VISA 资源名称的输出端口与串口配置函数的输入端口 VISA 资源名称相连。

④ 将数值常量 9600、8、0、1 分别与 VISA 配置串口函数的输入端口波特率、数据比特、奇偶、停止位相连。

连接好的框图程序如图 12-16 所示。

（3）在顺序结构 Frame1 中添加函数与结构。

① 添加 1 个字符串常量：函数→编程→字符串→字符串常量，值改为"$026"，标签为

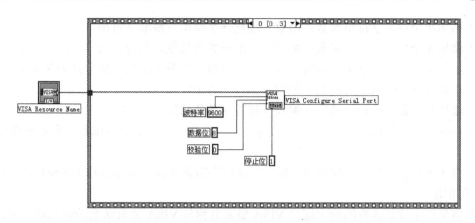

图 12-16　初始化串口框图程序

"读 02 号模块所有数字量输入通道状态值"。

② 添加 1 个回车键常量：函数→编程→字符串→回车键常量。

③ 添加 1 个字符串连接函数：函数→编程→字符串→连接字符串，用于将读指令和回车符连接后送给写串口函数。

④ 为了发送指令到串口，添加 1 个串口写入函数：函数→仪器 I/O→串口→VISA 写入。

⑤ 将字符串常量（值为 "$026"）与连接字符串函数的输入端口字符串相连。

⑥ 将回车键常量与连接字符串函数的另一个输入端口字符串相连。

⑦ 将连接字符串函数的输出端口连接的字符串与 VISA 写入函数的输入端口写入缓冲区相连。

⑧ 将函数 VISA 资源名称的输出端口与串口写入函数的输入端口 VISA 资源名称相连。

连接好的框图程序如图 12-17 所示。

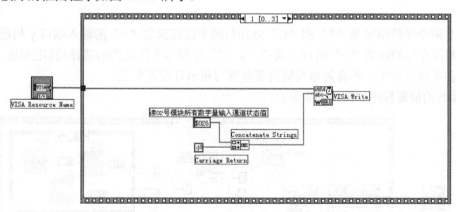

图 12-17　发送写指令框图程序

（4）在顺序结构 Frame2 中添加函数与结构。

① 为了设置通信参数，添加 1 个串口字节数函数：函数→仪器 I/O→串口→VISA 串口字节数，标签为 "Property Node"。

② 为了从串口缓冲区获取返回数据，添加 1 个串口读取函数：函数→仪器 I/O→串口→VISA 读取。

③ 添加两个截取字符串函数：函数→编程→字符串→截取字符串。
④ 添加4个数值常量：函数→编程→数值→数值常量，值分别为3、1、4、1。
⑤ 添加两个字符串常量：函数→编程→字符串→字符串常量，值分别为7和C。
⑥ 添加两个比较函数：函数→编程→比较→等于？。
⑦ 添加两个条件结构：函数→编程→结构→条件结构。
⑧ 在两个条件结构中，添加5个真常量和两个假常量：函数→编程→布尔→真常量或假常量。
⑨ 将VISA资源名称函数的输出端口与串口字节数函数（顺序结构Frame1中）的输入端口引用相连。
⑩ 将串口字节数函数的输出端口VISA资源名称与VISA读取函数的输入端口VISA资源名称相连。
⑪ 将串口字节数函数的输出端口Number of bytes at Serial port与VISA读取函数的输入端口字节总数相连。
⑫ 将VISA读取函数的输出端口读取缓冲区与两个截取字符串函数的输入端口字符串相连。

将VISA读取函数的输出端口读取缓冲区与字符串显示控件（标签为"返回信息："）相连。

⑬ 将数值常量（值为3）与上面的截取字符串函数的输入端口偏移量相连；将数值常量（值为1）与上面的截取字符串函数的输入端口长度相连。
⑭ 将数值常量（值为4）与下面的截取字符串函数的输入端口偏移量相连；将数值常量（值为1）与下面的截取字符串函数的输入端口长度相连。
⑮ 将两个截取字符串函数的输出端口子字符串分别与两个比较函数"="的输入端口x相连。
⑯ 将两个字符串常量"7"和"C"分别与两个比较函数"="的输入端口y相连。
⑰ 将两个比较函数"="的输出端口"x=y？"分别与条件结构的选择端口?相连。
⑱ 在条件结构中，将真常量与假常量分别与指示灯控件相连。

连接好的框图程序如图12-18所示。

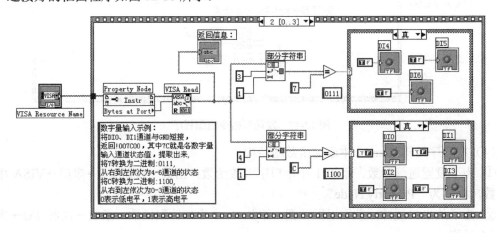

图12-18 接收返回信息框图程序

(5) 在顺序结构 Frame3 中添加 1 个时间延迟函数：函数→编程→定时→时间延迟，时间采用默认值，如图 12-19 所示。

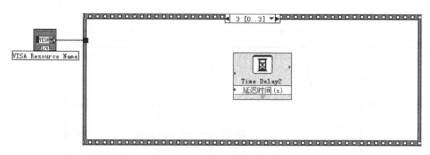

图 12-19　延时框图程序

3．运行程序

单击快捷工具栏"连续运行"按钮，运行程序。

将数字量输入 0 通道 DI0 和 GND 短接、将数字量输入 1 通道 DI1 和 GND 短接，产生数字（开关）信号，返回"!007C00"，其中 7C 就是各数字量输入通道状态值，提取出来，将 7 转换为二进制数 0111，从右到左依次为 12～6 通道的状态，将 C 转换为二进制数 1100，从右到左依次为 0～3 通道的状态。0 表示低电平，1 表示高电平，使程序界面中相应信号指示灯颜色改变。

程序运行界面如图 12-20 所示。

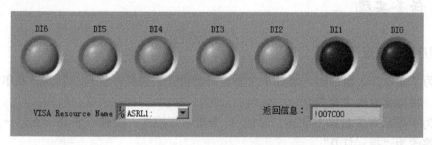

图 12-20　程序运行界面

实例 105　远程 I/O 模块数字信号输出

一、线路连接

如图 12-21 所示，ADAM-4520（RS-232 与 RS-485 转换模块）与 PC 的串口 COM1 连接，转换为 RS-485 总线；ADAM-4050（数字量输入与输出模块）的信号输入端子 DATA+、DATA-分别与 ADAM-4520 的 DATA+、DATA-连接，电源端子+Vs、GND 分别与 DC 24V 电源的+、-连接。

图 12-21 中，将 ADAM-4050 的地址设为 02。数字量输出不需要连线。使用万用表直接测量数字量输出通道 1（DO1 和 GND）的输出电压（高电平或低电平）。

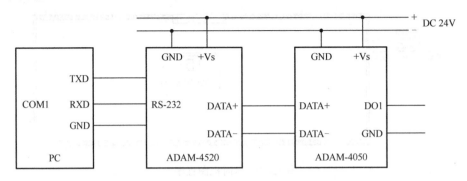

图 12-21　PC 与远程 I/O 模块组成的数字量输出系统

二、设计任务

采用 LabVIEW 语言编写程序实现 PC 与远程 I/O 数字信号输出。任务要求如下：

在 PC 程序界面中执行"打开"/"关闭"命令，界面中信号指示灯变换颜色，同时，线路中远程 I/O 模块数字量输出口输出高/低电平。

使用万用表直接测量数字量输出通道 1（DO1 和 GND）的输出电压（高电平或低电平）。

三、任务实现

1．程序前面板设计

（1）为了实现开关量输出，添加 1 个垂直滑动杆开关控件：控件→新式→布尔→垂直滑动杆开关，将标签改为"开关 0"。

（2）为了显示开关量输出状态，添加 1 个指示灯控件：控件→新式→布尔→圆形指示灯，将标签改为"指示灯 0"。

（3）为了获得串行端口号，添加 1 个串口资源检测控件：控件→新式→I/O→VISA 资源名称；单击控件箭头，选择串口号，如 ASRL1:或 COM1。

设计的程序前面板如图 12-22 所示。

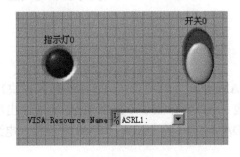

图 12-22　程序前面板

2. 框图程序设计

主要解决如何发送带有数字量输出通道地址和状态值的写指令，如 "#021001+回车键"。

(1) 添加1个顺序结构：函数→编程→结构→层叠式顺序结构。

将顺序结构的帧设置为3个（序号0~2）。设置方法：选中顺序结构边框，单击鼠标右键，执行"在后面添加帧"命令2次。

(2) 在顺序结构Frame0中添加函数与结构。

① 为了设置通信参数，在顺序结构 Frame0 中添加 1 个串口配置函数：函数→仪器 I/O→串口→VISA 配置串口。

② 为了设置通信参数值，在顺序结构 Frame0 中添加 4 个数值常量：函数→编程→数值→数值常量，值分别为 9600（波特率）、8（数据位）、0（校验位，无）、1（停止位）。

③ 将函数 VISA 资源名称的输出端口与串口配置函数的输入端口 VISA 资源名称相连。

④ 将数值常量 9600、8、0、1 分别与 VISA 配置串口函数的输入端口波特率、数据比特、奇偶、停止位相连。

连接好的框图程序如图 12-23 所示。

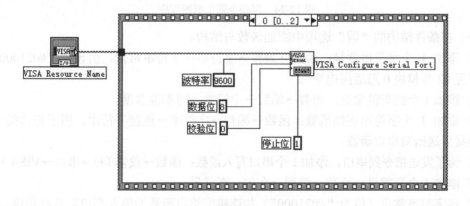

图 12-23 初始化串口框图程序

(3) 在顺序结构 Frame1 中添加 1 个条件结构：函数→编程→结构→条件结构。

(4) 在条件结构的"真"选项中添加函数与结构。

① 添加 1 个字符串常量：函数→编程→字符串→字符串常量，值设为 "#021001"，标签为 "置02号模块0通道高电平"。

在字符串 "#021001" 中，#是标识符，02 表示模块地址，10 表示分别置 0 通道状态（如果是 11 表示置 1 通道状态，依次类推），01 表示置高电平（如果是 00 表示置低电平）。

② 添加1个回车键常量：函数→编程→字符串→回车键常量。

③ 添加 1 个字符串连接函数：函数→编程→字符串→连接字符串，用于将读指令和回车符连接后送给写串口函数。

④ 为了发送指令到串口，添加 1 个串口写入函数：函数→仪器 I/O→串口→VISA 写入。

⑤ 添加 1 个假常量：函数→编程→布尔→假常量。

⑥ 将开关控件（标签为"开关0"）与选择结构的条件端口相连。

⑦ 将字符串常量（值为"#021001"）与连接字符串函数的输入端口字符串相连。
⑧ 将回车键常量与连接字符串函数的另一个输入端口字符串相连。
⑨ 将连接字符串函数的输出端口连接的字符串与 VISA 写入函数的输入端口写入缓冲区相连。
⑩ 将函数 VISA 资源名称的输出端口与 VISA 写入函数的输入端口 VISA 资源名称相连。
⑪ 将假常量与指示灯控件相连。

连接好的框图程序如图 12-24 所示。

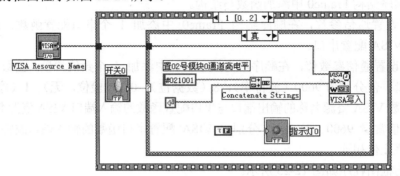

图 12-24　写指令置 1 框图程序

（5）在条件结构的"假"选项中添加函数与结构。
① 添加 1 个字符串常量：函数→编程→字符串→字符串常量，值设为"#021000"，标签为"置 02 号模块 0 通道高电平"。
② 添加 1 个回车键常量：函数→编程→字符串→回车键常量。
③ 添加 1 个字符串连接函数：函数→编程→字符串→连接字符串，用于将读指令和回车符连接后送给写串口函数。
④ 为了发送指令到串口，添加 1 个串口写入函数：函数→仪器 I/O→串口→VISA 写入。
⑤ 添加 1 个真常量：函数→编程→布尔→真常量。
⑥ 将字符串常量（值为"#021000"）与连接字符串函数的输入端口字符串相连。
⑦ 将回车键常量与连接字符串函数的另一个输入端口字符串相连。
⑧ 将连接字符串函数的输出端口连接的字符串与 VISA 写入函数的输入端口写入缓冲区相连。
⑨ 将函数 VISA 资源名称的输出端口与 VISA 写入函数的输入端口 VISA 资源名称相连。
⑩ 将真常量与指示灯控件相连。

连接好的框图程序如图 12-25 所示。

（6）在顺序结构 Frame2 中添加 1 个时间延迟函数：函数→编程→定时→时间延迟，时间采用默认值，如图 12-26 所示。

3．运行程序

单击快捷工具栏"连续运行"按钮，运行程序。

执行程序界面中"打开"/"关闭"命令，界面中信号指示灯变换颜色，同时，线路中数字量输出口输出高/低电平。可使用万用表直接测量数字量输出通道 1（DO1 和 GND）的输出电压（高电平或低电平）。

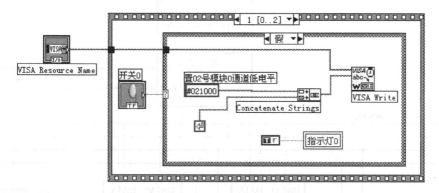

图 12-25　写指令置 0 框图程序

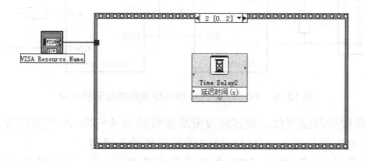

图 12-26　延时框图程序

程序运行界面如图 12-27 所示。

图 12-27　程序运行界面

实例 106　远程 I/O 模块温度测控

一、线路连接

PC 与 ADAM4000 远程 I/O 模块组成的温度测控线路如图 12-28 所示，ADAM-4520 与 PC 的串口 COM1 连接，并转换为 RS-485 总线；ADAM-4012 的 DATA+和 DATA-分别与 ADAM-4520 的 DATA+和 DATA-连接；ADAM-4050 的 DATA+和 DATA-分别与 ADAM-4520 的 DATA+和 DATA-连接。

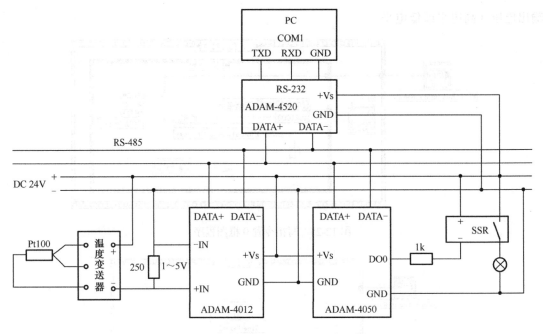

图 12-28 PC 与远程 I/O 模块组成的温度测控线路

Pt100 热电阻检测温度变化,通过温度变送器转换为 4～20mA 电流信号,经过 250Ω 电阻转换为 1～5V 电压信号送入 ADAM-4012 的模拟量输入通道。

注意:变送器的"+"端接 24V 电源的高电压端(+),变送器的"-"端接模块的 +IN,-IN 接 24V 电源低电压端(-)。

二、设计任务

采用 LabVIEW 语言编写应用程序实现 PC 与远程 I/O 模块温度测控。任务要求如下:
(1)自动连续读取并显示检测温度值(十进制);绘制温度实时变化曲线。
(2)当测量温度大于设定值时,线路中指示灯亮。

三、任务实现

1. 程序前面板设计

(1)为了以数字形式显示测量温度值,添加 1 个数值显示控件:控件→数值→数值显示控件,将标签改为"温度值"。

(2)为了以指针形式显示测量电压值,添加 1 个仪表显示控件:控件→数值→仪表,将标签改为"温度表"。

(3)为了显示测量温度实时变化曲线,添加 1 个实时图形显示控件:控件→图形→波形图形,将标签改为"温度曲线"。

(4)为了显示温度超限状态,添加 1 个指示灯部件:控件→布尔→圆形指示灯,将标签改为"指示灯"。

(5) 为了实现串口通信,添加 1 个串口资源检测控件:控件→新式→I/O→VISA 资源名称;单击控件箭头,选择串口号,如 ASRL1:或 COM1。

(6) 为了执行关闭程序命令,添加 1 个停止按钮控件:控件→布尔→停止按钮,标题为 "STOP"。

设计的程序前面板如图 12-29 所示。

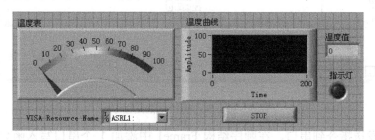

图 12-29 程序前面板

2.框图程序设计

程序设计思路:读温度值时,向串口发送指令"#01+回车键",模块向串口返回电压值(字符串形式);超温控制时,向串口发送指令"#021001+回车键"。

要解决两个问题:如何发送读指令?如何读取电压值并转换为数值形式?

1) 串口初始化框图程序

(1) 添加 1 个 While 循环结构:函数→编程→结构→While 循环。

(2) 在 While 循环结构中添加 1 个顺序结构:函数→编程→结构→层叠式顺序结构。

将顺序结构的帧设置为 5 个(序号 0~4)。设置方法:选中顺序结构边框,单击鼠标右键,执行"在后面添加帧"命令 4 次。

(3) 为了设置通信参数,在顺序结构 Frame0 中添加 1 个串口配置函数:函数→仪器 I/O→串口→VISA 配置串口。

(4) 为了设置通信参数值,在顺序结构 Frame0 中添加 4 个数值常量:函数→编程→数值→数值常量,值分别为 9600(波特率)、8(数据位)、0(校验位,无)、1(停止位)。

(5) 将函数 VISA 资源名称的输出端口与串口配置函数的输入端口 VISA 资源名称相连。

(6) 将数值常量 9600、8、0、1 分别与 VISA 配置串口函数的输入端口波特率、数据比特、奇偶、停止位相连。

(7) 右键单击循环结构中的条件端口,选择"真时停止"项;将停止按钮图标与循环结构的条件端子◉相连。

连接好的框图程序如图 12-30 所示。

2) 发送读指令框图程序

(1) 在顺序结构 Frame1 中添加 1 个字符串常量:函数→编程→字符串→字符串常量,值改为"#01",标签为"读 01 号模块 1 通道电压指令"。

(2) 在顺序结构 Frame1 中添加 1 个回车键常量:函数→编程→字符串→回车键常量。

(3) 在顺序结构 Frame1 中添加 1 个字符串连接函数:函数→编程→字符串→连接字符串,用于将读指令和回车符送给写串口函数。

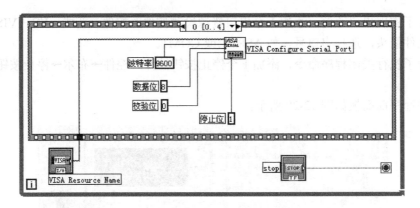

图 12-30　串口初始化框图程序

（4）为了发送指令到串口，在顺序结构 Frame1 中添加 1 个串口写入函数：函数→仪器 I/O→串口→VISA 写入。

（5）将字符串常量（值为"#01"，读模拟量输入端口电压值的指令）与连接字符串函数的输入端口字符串相连。

（6）将回车键常量与连接字符串函数的另一个输入端口字符串相连。

（7）将连接字符串函数的输出端口连接的字符串与 VISA 写入函数的输入端口写入缓冲区相连。

连接好的框图程序如图 12-31 所示。

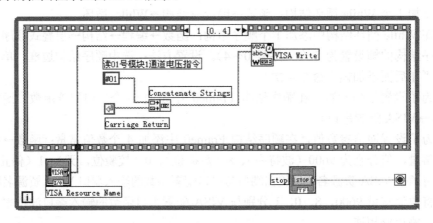

图 12-31　读指令框图程序

3）延时框图程序

在顺序结构 Frame2 中添加 1 个时间延迟函数：函数→编程→定时→时间延迟，时间采用默认值，如图 12-32 所示。

4）接收数据框图程序

（1）在顺序结构 Frame3 中添加 1 个串口字节数函数：函数→仪器 I/O→串口→VISA 串口字节数，标签为"Property Node"。

（2）为了从串口缓冲区获取返回数据，在顺序结构 Frame3 中添加 1 个串口读取函数：函数→仪器 I/O→串口→VISA 读取。

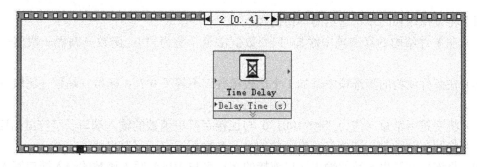

图 12-32 延时框图程序

(3) 在顺序结构 Frame3 中添加截取字符串函数：函数→编程→字符串→截取字符串。

(4) 在顺序结构 Frame3 中添加 1 个将字符串转换为数字函数：函数→编程→字符串→字符串/数值转换→分数/指数字符串至数值转换。

(5) 在顺序结构 Frame3 中添加 1 个减号函数：函数→编程→数值→减。

(6) 在顺序结构 Frame3 中添加 1 个乘号函数：函数→编程→数值→乘。

(7) 在顺序结构 Frame3 中添加 1 个比较函数（大于等于）：函数→编程→比较→大于等于?。

(8) 在顺序结构 Frame3 中添加 5 个数值常量：函数→编程→数值→数值常量，值分别为 4、6、1、50，30。

(9) 在顺序结构 Frame3 中添加 1 个条件结构 1：函数→编程→结构→条件结构。

(10) 将 VISA 资源名称函数的输出端口与串口字节数函数（顺序结构 Frame1 中）的输入端口引用相连。

(11) 将串口字节数函数的输出端口 VISA 资源名称与 VISA 读取函数的输入端口 VISA 资源名称相连。

(12) 将串口字节数函数的输出端口 Number of bytes at Serial port 与 VISA 读取函数的输入端口字节总数相连。

(13) 将 VISA 读取函数的输出端口读取缓冲区与截取字符串函数的输入端口字符串相连。

(14) 将数值常量（值为 4）与截取字符串函数的输入端口偏移量相连；将数值常量（值为 6）与截取字符串函数的输入端口长度相连。

(15) 将截取字符串函数的输出端口子字符串与分数/指数字符串至数值转换函数的输入端口字符串相连。

(16) 将分数/指数字符串至数值转换函数的输出端口数字与减号函数的输入端口 x 相连。

5）报警控制框图程序

(1) 为了发送指令到串口，在条件结构的真选项中添加 1 个串口写入函数：函数→仪器 I/O→串口→VISA 写入。

(2) 在条件结构的真选项中添加 1 个字符串常量：函数→编程→字符串→字符串常量，值改为"#021001"（将地址为 2 的模块的开关量输出 0 通道置为高电平）。

(3) 在条件结构的真选项中添加 1 个回车键常量：函数→编程→字符串→回车键常量。

(4) 在条件结构的真选项中添加 1 个字符串连接函数：函数→编程→字符串→连接字符

串，用于将读指令和回车符送给写串口函数。

（5）在条件结构的真选项中添加 1 个数值常量（值为 1）：函数→编程→数值→数值常量。

（6）在条件结构的真选项中添加 1 个比较函数"不等于 0？"：函数→编程→比较→不等于 0？。

（7）将字符串常量（值为"#021001"）与连接字符串函数的输入端口子字符串相连。

（8）将回车键常量与连接字符串函数的另一个输入端口子字符串相连。

（9）将连接字符串函数的输出端口连接的字符串与 VISA 写入函数的输入端口写入缓冲区相连。

（10）将数值常量（值为1）与"不等于 0？"函数的输入端口 x 相连。

（11）将指示灯控件图标拖入条件结构的真选项中；将"不等于 0？"函数的输出端口"x != 0?"与控制指示灯图标相连。

（12）为了发送指令到串口，在条件结构的假选项中添加 1 个串口写入函数：函数→仪器 I/O→串口→VISA 写入。

（13）在条件结构的假选项中添加 1 个字符串常量：函数→编程→字符串→字符串常量，值改为"#021000"（将地址为 2 的模块的开关量输出 0 通道置为低电平）。

（14）在条件结构的假选项中添加1个回车键常量：函数→编程→字符串→回车键常量。

（15）在条件结构的假选项中添加 1 个字符串连接函数：函数→编程→字符串→连接字符串，用于将读指令和回车符送给写串口函数。

（16）在条件结构的假选项中添加 1 个数值常量（值为 0）：函数→编程→数值→数值常量。

（17）在条件结构的假选项中添加 1 个比较函数"不等于 0？"：函数→编程→比较→不等于 0？。

（18）在条件结构的假选项中，添加 1 个局部变量：函数→编程→结构→局部变量；选中局部变量，单击鼠标右键，在弹出菜单的选项下，为局部变量选择对象："指示灯"，设置为"写"属性。

（19）将字符串常量（值为"#021000"）与连接字符串函数的输入端口子字符串相连。

（20）将回车键常量与连接字符串函数的另一个输入端口子字符串相连。

（21）将连接字符串函数的输出端口连接的字符串与 VISA 写入函数的输入端口写入缓冲区相连。

（22）将数值常量（值为 0）与"不等于 0？"函数的输入端口 x 相连。

（23）将"不等于 0？"函数的输出端口"x != 0?"与局部变量"指示灯"相连；

（24）将 VISA 资源名称函数的输出端口分别与条件结构中真选项和假选项中的 VISA 写入函数的输入端口 VISA 资源名称相连。

6）延时框图程序

在顺序结构 Frame4 中添加 1 个时间延迟函数：函数→编程→定时→时间延迟，时间采用默认值。

其他函数添加及连线在此不作介绍。

连接好的框图程序如图 12-33 所示。

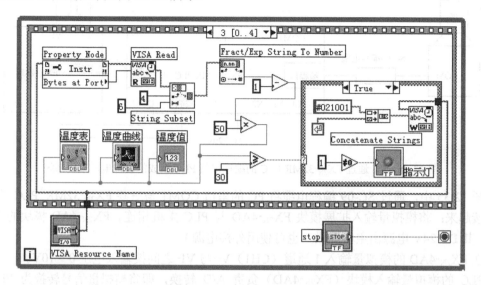

图 12-33　接收数据框图程序

3. 运行程序

单击快捷工具栏"运行"按钮，运行程序。

给传感器升温或降温，画面中显示测量温度值及实时变化曲线；当测量温度值大于等于 30℃时，画面中指示灯改变颜色，线路中指示灯亮。

程序运行界面如图 12-34 所示。

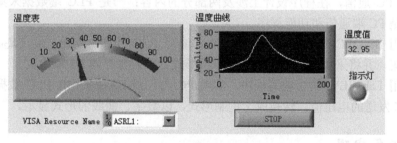

图 12-34　程序运行界面

实例 107　三菱 PLC 模拟电压采集

一、线路连接

将 PC 与三菱 FX_{2N}-32MR PLC 通过编程电缆连接起来，将模拟量输入扩展模块 FX_{2N}-4AD 与 PLC 连接起来，构成一套模拟量采集系统。

PC 通过 FX_{2N}-32MR PLC 的编程口与 PLC 组成的模拟电压采集系统如图 12-35 所示。

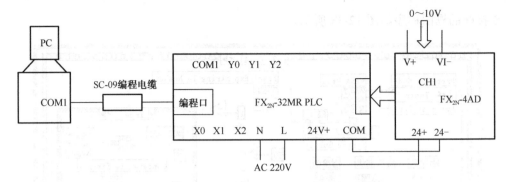

图 12-35　PC 通过 FX_{2N}-32MR PLC 的编程口与 PLC 组成的模拟电压采集系统

图 12-35 中，通过 SC-09 编程电缆将 PC 的串口 COM1 与三菱 FX_{2N}-32MR PLC 的编程口连接起来；将模拟量输入扩展模块 FX_{2N}-4AD 与 PLC 主机相连。FX_{2N}-4AD 模块的 ID 号为 0，其 DC 24V 电源由主机提供（也可使用外接电源）。

在 FX_{2N}-4AD 的模拟量输入 1 通道（CH1）V+与 VI-之间接输入电压 0～10V。

PLC 的模拟量输入模块（FX_{2N}-4AD）负责 A/D 转换，即将模拟量信号转换为 PLC 可以识别的数字量信号。

提示： 工业控制现场的模拟量，如温度、压力、物位、流量等参数可通过相应的变送器转换为 1～5V 的电压信号，因此本章提供的电压采集系统同样可以进行温度、压力、物位、流量等参数的采集，只需在程序设计时作相应的标度变换。

二、设计任务

PLC 与 PC 通信，在程序设计上涉及两部分的内容：一是 PLC 端数据采集、控制和通信程序；二是 PC 端通信和功能程序。

（1）采用 SWOPC-FXGP/WIN-C 编程软件编写 PLC 程序，实现三菱 FX_{2N}-32MR PLC 模拟电压采集，并将采集到的电压值（数字量形式）放入寄存器 D100 中。

（2）采用 LabVIEW 语言编写程序，实现 PC 与三菱 FX_{2N}-32MR PLC 数据通信，要求 PC 接收 PLC 发送的电压值，转换成十进制形式，以数字、曲线的形式显示。

三、任务实现

1．PLC 端电压采集程序

1）PLC 梯形图

三菱 FX_{2N}-32MR 型 PLC 使用 FX_{2N}-4AD 模拟量输入模块实现模拟电压采集。采用 SWOPC-FXGP/WIN-C 编程软件编写的 PLC 程序梯形图，如图 12-36 所示。

程序的主要功能是：实现三菱 FX_{2N}-32MR PLC 模拟电压采集，并将采集到的电压值（数字量形式）放入寄存器 D100 中。

程序说明：

第 1 逻辑行，首次扫描时从 0 号特殊功能模块的 BFM# 30 中读出标识码，即模块 ID

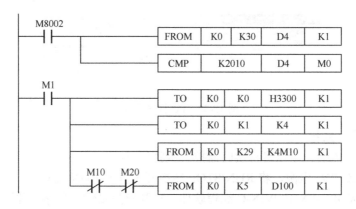

图 12-36　PLC 程序梯形图

号，并放到基本单元的 D4 中；

第 2 逻辑行，检查模块 ID 号，如果是 FX_{2N}-4AD，结果送到 M0；

第 3 逻辑行，设定通道 1 的量程类型；

第 4 逻辑行，设定通道 1 平均滤波的周期数为 4；

第 5 逻辑行，将模块运行状态从 BFM#29 读入 M10～M25；

第 6 逻辑行，如果模块运行没有错，且模块数字量输出值正常，通道 1 的平均采样值存入寄存器 D100 中。

2）程序的写入

PLC 端程序编写完成后需将其写入 PLC 才能正常运行。步骤如下：

（1）接通 PLC 主机电源，将 RUN/STOP 转换开关置于 STOP 位置。

（2）运行 SWOPC-FXGP/WIN-C 编程软件，打开模拟量输入程序，执行"转换"命令。

（3）执行菜单命令"PLC"→"传送"→"写出"，如图 12-37 所示，打开"PC 程序写入"对话框，选中"范围设置"项，终止步设为 50，单击"确认"按钮，即开始写入程序，如图 12-38 所示。

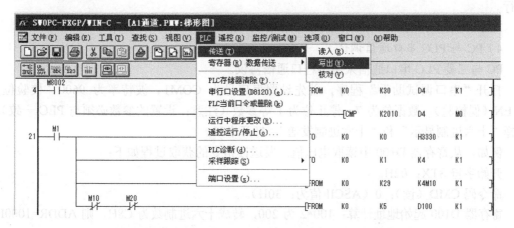

图 12-37　执行菜单命令"PLC"→"传送"→"写出"

（4）程序写入完毕将 RUN/STOP 转换开关置于 RUN 位置，即可进行模拟电压的采集。

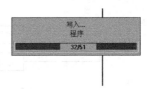

图 12-38　PC 程序写入

3）PLC 程序的监控

PLC 端程序写入后，可以进行实时监控。步骤如下：

（1）接通 PLC 主机电源，将 RUN/STOP 转换开关置于 RUN 位置。

（2）运行 SWOPC-FXGP/WIN-C 编程软件，打开模拟量输入程序，并写入。

（3）执行菜单命令"监控/测试"→"开始监控"，即可开始监控程序的运行，如图 12-39 所示。

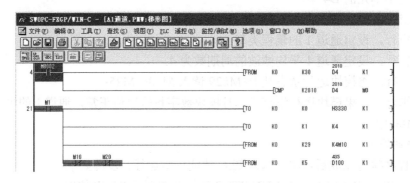

图 12-39　PLC 程序监控

寄存器 D100 上的蓝色数字，如 435，就是模拟量输入 1 通道的电压实时采集值（换算后的电压值为 2.175V，与万用表测量值相同），改变输入电压，该数值随着改变。

（4）监控完毕，执行菜单命令"监控/测试"→"停止监控"，即可停止监控程序的运行。

注意：必须停止监控，否则影响上位机程序的运行。

4）PC 与 PLC 串口通信调试

PC 与三菱 PLC 串口通信采用编程口通信协议。

打开"串口调试助手"程序，首先设置串口号为 COM1、波特率为 9600、校验位为 EVEN（偶校验）、数据位为 7、停止位为 1 等参数（注意：设置的参数必须与 PLC 一致），选择"十六进制显示"和"十六进制发送"，打开串口。

例如，从寄存器 D100 中读取电压值。发送读指令的获取过程如下：

开始字符 STX：02H。

命令码 CMD（读）：0（ASCII 值为：30H）。

寄存器 D100 起始地址计算：100*2 为 200，转成十六进制数为 C8H，则 ADDR=1000H+C8H=10C8H（其 ASCII 码值为：31H 30H 43H 38H）。

字节数 NUM：04H（ASCII 码值为：30H、34H），返回两个通道的数据。

结束字符 EXT：03H。

累加和 SUM：30H+31H+30H+43H+38H+30H+34H+03H=173H。累加和超过两位数时，取它的低两位，即 SUM 为 73H，73H 的 ASCII 码值为 37H 33H。

因此，对应的读命令帧格式为：

02 30 31 30 43 38 30 34 03 37 33

在串口调试助手发送区输入指令，单击"手动发送"按钮，PLC 接收到命令，如果指令正确执行，接收区显示返回应答帧，如 02 42 33 30 31 30 30 30 30 03 39 39，如未正确执行，则返回 NAK 码（15H），如图 12-40 所示。

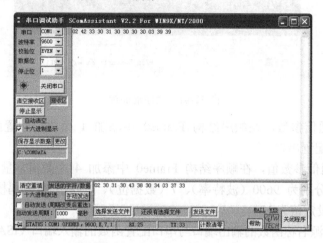

图 12-40　PC 与 PLC 串口通信调试

返回的应答帧中，"42 33 30 31"反映第一通道检测的电压大小，为 ASCII 码形式，低字节在前，高字节在后，实际为"30 31 42 33"，转换成十六进制为"01 B3"，再转换成十进制值为"435"（与 SWOPC-FXGP/WIN-C 编程软件中的监控值相同），此值除以 200 即为采集的电压值 2.175V（数字量-2000～2000 对应电压值-10V～10V），与万用表测量值相同。

2. PC 端 LabVIEW 程序

1）程序前面板设计

（1）为了以数字形式显示测量电压值，添加 1 个数值显示控件：控件→新式→数值→数值显示控件，将标签改为"电压值："。

（2）为了显示测量电压实时变化曲线，添加 1 个实时图形显示控件：控件→新式→图形→波形图，将标签改为"实时曲线"，将 Y 轴标尺范围改为 0～10。

（3）为了获得串行端口号，添加 1 个串口资源检测控件：控件→新式→I/O→VISA 资源名称；单击控件箭头，选择串口号，如 COM1 或 ASRL1:。

设计的程序前面板如图 12-41 所示。

2）框图程序设计

（1）串口初始化框图程序。

① 添加 1 个顺序结构：函数→编程→结构→层叠式顺序结构。

将其帧设置为 4 个（序号 0～3）。设置方法：选中层叠式顺序结构上边框，单击鼠标右键,执行"在后面添加帧"命令3次。

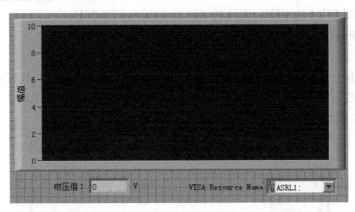

图 12-41　程序前面板

② 为了设置通信参数,在顺序结构 Frame0 中添加 1 个串口配置函数:函数→仪器 I/O→串口→VISA 配置串口。

③ 为了设置通信参数值,在顺序结构 Frame0 中添加 4 个数值常量:函数→编程→数值→数值常量,值分别为 9600(波特率)、7(数据位)、2(校验位,偶校验)、10(停止位原为 1,但这里的设定值为 10)。

④ 将 VISA 资源名称函数的输出端口与串口配置函数的输入端口 VISA 资源名称相连。

⑤ 将数值常量 9600、7、2、10 分别与 VISA 配置串口函数的输入端口波特率、数据比特、奇偶、停止位相连。

连接好的框图程序如图 12-42 所示。

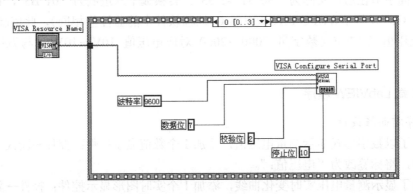

图 12-42　串口初始化框图程序

(2) 发送指令框图程序。

① 为了发送指令到串口,在顺序结构 Frame1 中添加 1 个串口写入函数:函数→仪器 I/O→串口→VISA 写入。

② 在顺序结构 Frame1 中添加 11 个字符串常量:函数→编程→字符串→字符串常量。将 11 个字符串常量的值分别改为 02、30、31、30、43、38、30、32、03、37、31(即读 PLC 寄存器 D100 中的数据指令)。

③ 在顺序结构 Frame1 中添加 11 个十六进制数字符串至数值转换函数:函数→编程→

字符串/数值转换→十六进制数字符串至数值转换。

④ 将 11 个字符串常量分别与 11 个十六进制数字符串至数值转换函数的输入端口字符串相连。

⑤ 在顺序结构 Frame1 中添加 1 个创建数组函数：函数→编程→数组→创建数组。并设置为 11 个元素。

⑥ 将 11 个十六进制数字符串至数值转换函数的输出端口分别与创建数组函数的对应输入端口元素相连。

⑦ 在顺序结构 Frame1 中添加字节数组转字符串函数：函数→编程→字符串→字符串/数组/路径转换→字节数组至字符串转换。

⑧ 将创建数组函数的输出端口添加的数组与字节数组至字符串转换函数的输入端口无符号字节数组相连。

⑨ 将字节数组至字符串转换函数的输出端口字符串与 VISA 写入函数的输入端口写入缓冲区相连。

⑩ 将 VISA 资源名称函数的输出端口与 VISA 写入函数的输入端口 VISA 资源名称相连。

连接好的框图程序如图 12-43 所示。

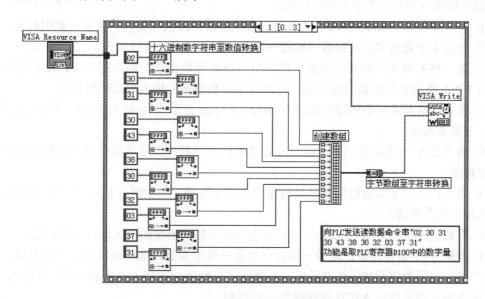

图 12-43　发送指令框图程序

（3）延时框图程序。

① 为了以一定的周期读取 PLC 的返回数据，在顺序结构 Frame2 中添加 1 个时钟函数：函数→编程→定时→等待下一个整数倍毫秒。

② 在顺序结构 Frame2 中添加 1 个数值常量：函数→编程→数值→数值常量，将值改为 500（时钟频率值）。

③ 将数值常量（值为 500）与等待下一个整数倍毫秒函数的输入端口毫秒倍数相连。

连接好的框图程序如图 12-44 所示。

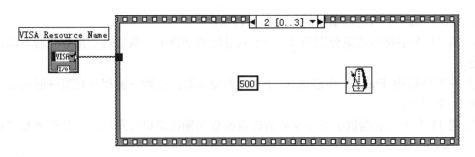

图 12-44 延时程序

（4）接收数据框图程序。

① 为了获得串口缓冲区数据个数，在顺序结构 Frame3 中添加 1 个串口字节数函数：函数→仪器 I/O→串口→VISA 串口字节数，标签为"Property Node"。

② 为了从串口缓冲区获取返回数据，在顺序结构 Frame3 中添加 1 个串口读取函数：函数→仪器 I/O→串口→VISA 读取。

③ 在顺序结构 Frame3 中添加字符串转字节数组函数：函数→编程→字符串→字符串/数组/路径转换→字符串至字节数组转换。

④ 在顺序结构 Frame3 中添加 4 个索引数组函数：函数→编程→数组→索引数组。

⑤ 添加 4 个数值常量：函数→编程→数值→数值常量，值分别为 1、2、3、4。

⑥ 将 VISA 资源名称函数的输出端口与 VISA 读取函数的输入端口 VISA 资源名称相连；将 VISA 资源名称函数的输出端口与串口字节数函数的输入端口引用相连。

⑦ 将串口字节数函数的输出端口 Number of bytes at Serial port 与 VISA 读取函数的输入端口字节总数相连。

⑧ 将 VISA 读取函数的输出端口读取缓冲区与字符串至字节数组转换函数的输入端口字符串相连。

⑨ 将字符串至字节数组转换函数的输出端口无符号字节数组分别与 4 个索引数组函数的输入端口数组相连。

⑩ 将数值常量（值为 1、2、3、4）分别与索引数组函数的输入端口索引相连。

⑪ 添加 1 个数值常量：函数→编程→数值→数值常量，选中该常量，单击右键，选择"属性"项，出现数值常量属性对话框，选择格式与精度，选择十六进制，确定后输入 30。减 30 的作用是将读取的 ASCII 值转换为十六进制。

⑫ 添加如下功能函数并连线：将十六进制电压值转换为十进制数（PLC 寄存器中的数字量值），然后除以 200 就是 1 通道的十进制电压值。

连接好的框图程序如图 12-45 所示。

3）运行程序

程序设计、调试完毕，单击快捷工具栏"连续运行"按钮，运行程序。

PC 读取并显示三菱 PLC 检测的电压值，同时绘制电压实时变化曲线。

程序运行界面如图 12-46 所示。

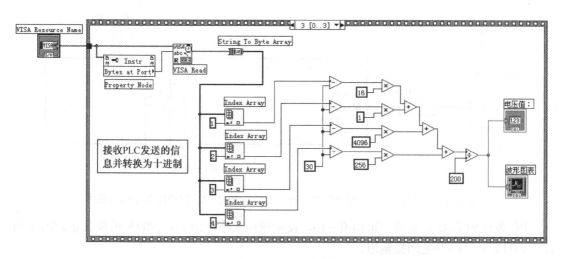

图 12-45 接收数据框图程序

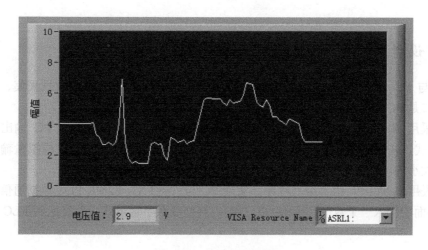

图 12-46 程序运行界面

实例 108 三菱 PLC 模拟电压输出

一、线路连接

将 PC 与三菱 FX_{2N}-32MR PLC 通过编程电缆连接起来,将模拟量输出扩展模块 FX_{2N}-4DA 与 PLC 连接起来,构成一套模拟量输出系统。

PC 通过 FX_{2N}-32MR PLC 的编程口与 PLC 组成的模拟电压输出系统如图 12-47 所示。

图 12-47 中,通过 SC-09 编程电缆将 PC 的串口 COM1 与三菱 FX_{2N}-32MR PLC 的编程口连接起来;将模拟量输出扩展模块 FX_{2N}-4DA 与 PLC 主机相连。FX_{2N}-4DA 模块的 ID 号为 0,其 DC 24V 电源由主机提供(也可使用外接电源)。

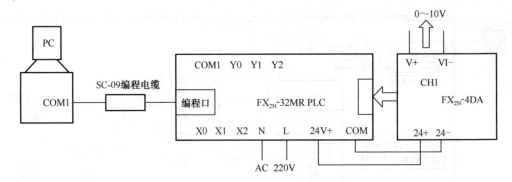

图 12-47　PC 通过 FX_{2N}-32MR PLC 的编程口与 PLC 组成的模拟电压输出系统

PC 发送到 PLC 的数值（范围 0～10，反映电压大小）由 FX_{2N}-4DA 的模拟量输出 1 通道（CH1）V+与 VI-之间接输出。

PLC 的模拟量输出模块（FX_{2N}-4DA）负责 D/A 转换，即将数字量信号转换为模拟量信号输出。

二、设计任务

PLC 与 PC 通信，在程序设计上涉及两部分的内容：一是 PLC 端数据采集、控制和通信程序；二是 PC 端通信和功能程序。

（1）采用 SWOPC-FXGP/WIN-C 编程软件编写 PLC 程序，将上位 PC 输出的电压值（数字量形式，在寄存器 D123 中）放入寄存器 D100 中，并在 FX_{2N}-4AD 模拟量输出 1 通道输出同样大小的电压值（0～10V）。

（2）采用 LabVIEW 语言编写程序，实现 PC 与三菱 FX_{2N}-32MR PLC 数据通信，要求在 PC 程序界面中输入一个数值（范围：0～10），转换成数字量形式，并发送到 PLC 的寄存器 D123 中。

三、任务实现

1. PLC 端电压输出程序

1）PLC 梯形图

三菱 FX_{2N}-32MR 型 PLC 使用 FX_{2N}-4AD 模拟量输出模块实现模拟电压输出，采用 SWOPC-FXGP/WIN-C 编程软件编写的 PLC 程序梯形图，如图 12-48 所示。

程序的主要功能是：PC 程序中设置的数值写入到 PLC 的寄存器 D123 中，并将数据传送到寄存器 D100 中，在扩展模块 FX_{2N}-4AD 模拟量输出 1 通道输出同样大小的电压值。

程序说明：

第 1 逻辑行，首次扫描时从 0 号特殊功能模块的 BFM# 30 中读出标识码，即模块 ID 号，并放到基本单元的 D4 中；

第 2 逻辑行，检查模块 ID 号，如果是 FX_{2N}-4AD，结果送到 M0；

第 3 逻辑行，传送控制字，设置模拟量输出类型；

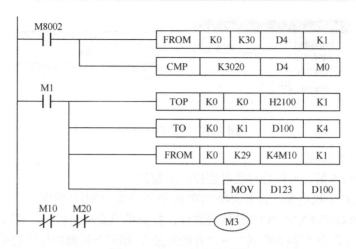

图 12-48　PLC 程序梯形图

第 4 逻辑行，将从 D100 开始的 4 字节数据写到 0 号特殊功能模块的编号从 1 开始的 4 个缓冲寄存器中；

第 5 逻辑行，独处通道工作状态，将模块运行状态从 BFM#29 读入 M10～M17；

第 6 逻辑行，将上位 PC 传送到 D123 的数据传送给寄存器 D100；

第 7 逻辑行，如果模块运行没有错，且模块数字量输出值正常，将内部寄存器 M3 置"1"。

2）程序的写入

PLC 端程序编写完成后需将其写入 PLC 才能正常运行。步骤如下：

（1）接通 PLC 主机电源，将 RUN/STOP 转换开关置于 STOP 位置。

（2）运行 SWOPC-FXGP/WIN-C 编程软件，打开模拟量输出程序，执行"转换"命令。

（3）执行菜单命令"PLC"→"传送"→"写出"命令，如图 12-49 所示，打开"PC 程序写入"对话框，选中"范围设置"项，终止步设为 100，单击"确认"按钮，即开始写入程序，如图 12-50 所示。

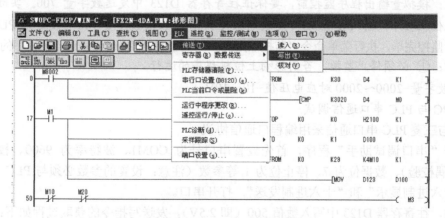

图 12-49　执行菜单命令"PLC"→"传送"→"写出"

（4）程序写入完毕后，将 RUN/STOP 转换开关置于 RUN 位置，即可进行模拟电压的输出。

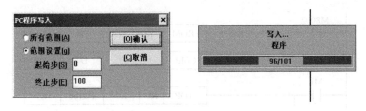

图 12-50 PC 程序写入

3）PLC 程序的监控

PLC 端程序写入后，可以进行实时监控。步骤如下：

（1）接通 PLC 主机电源，将 RUN/STOP 转换开关置于 RUN 位置。

（2）运行 SWOPC-FXGP/WIN-C 编程软件，打开模拟量输出程序，并写入。

（3）执行菜单命令"监控/测试"→"开始监控"，即可开始监控程序的运行，如图 12-51 所示。

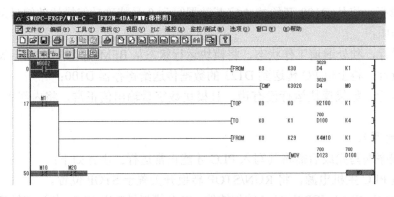

图 12-51 PLC 程序监控

寄存器 D123 和 D100 上的蓝色数字（如 700）就是要输出到模拟量输出 1 通道的电压值（换算后的电压值为 3.5V，与万用表测量值相同）。

注意：模拟量输出程序监控前，要保证往寄存器 D123 中发送数字量 700。实际测试时先运行上位机程序，输入数值 3.5（反映电压大小），转换成数字量 700 再发送给 PLC。

（4）监控完毕，执行菜单命令"监控/测试"→"停止监控"，即可停止监控程序的运行。

注意：① 必须停止监控，否则影响上位机程序的运行。

② 数字量-2000～2000 对应电压值-10～10V。

4）PC 与 PLC 串口通信调试

PC 与三菱 PLC 串口通信采用编程口通信协议。

打开"串口调试助手"程序，首先设置串口号为 COM1、波特率为 9600、校验位为 EVEN（偶校验）、数据位为 7、停止位为 1 等参数（注意：设置的参数必须与 PLC 一致），选择"十六进制显示"和"十六进制发送"，打开串口。

例如，往寄存器 D123 中写入数值 500（即 2.5V）。发送写指令的获取过程如下：

开始字符 STX：02H。

命令码 CMD（写）：1（其 ASCII 码值为：31H）。

起始地址：123*2 为 246，转成十六进制数为 F6H，则 ADDR=1000H+F6H=10F6H（其

ASCII 码值为：31H 30H 46H 36H）。

字节数 NUM：02H（其 ASCII 码值为：30H 32H）。02H 表示往 1 个寄存器发送数值，04H 表示往 2 个寄存器发送数值，依次类推。

数据 DATA：写给 D123 的数为 500，转成十六进制为 01F4，其 ASCII 码值为：30 31 46 34，低字节在前，高字节在后，在指令中应为 46 34 30 31。

结束字符 EXT：03H。

累加和 SUM：31H+31H+30H+46H+36H+30H+32H+46H+34H+30H+31H+03H = 24EH。累加和超过两位数时，取它的低两位，即 SUM 为 4EH，4EH 的 ASCII 码值为 34H 45H。

对应的写命令帧格式为：

02 31 31 30 46 36 30 32 46 34 30 31 03 34 45

在串口调试助手发送区输入指令，单击"手动发送"按钮，PLC 接收到此命令，如正确执行，则返回 ACK 码（06H），如图 12-52 所示，否则返回 NAK 码（15H）。

图 12-52　三菱 PLC 模拟量输出串口调试

发送成功后，使用万用表测量 FX_{2N}-4DA 扩展模块模拟量输出 1 通道，输出电压值应该是 2.5V。

同样可知往寄存器 D123 中写入数值 700（即 3.5V），对应的写命令帧格式为：

02 31 31 30 46 36 30 32 42 43 30 32 03 35 41

2．PC 端 LabVIEW 程序

1）程序前面板设计

（1）为了输出电压值，添加 1 个开关控件：控件→新式→布尔→垂直滑动杆开关控件，将标签改为"输出 2.5V"。

（2）为了输入指令，添加 1 个字符串输入控件：控件→新式→字符串与路径→字符串输入控件，将标签改为"指令：02 31 31 30 46 36 30 32 46 34 30 31 03 34 45"。

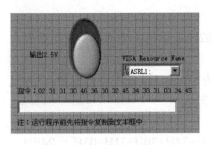

图 12-53 程序前面板

(3) 为了获得串行端口号，添加 1 个串口资源检测控件：控件→新式→I/O→VISA 资源名称；单击控件箭头，选择串口号，如 COM1 或 ASRL1:。

设计的程序前面板如图 12-53 所示。

2) 框图程序设计

(1) 串口初始化框图程序。

① 添加 1 个顺序结构：函数→编程→结构→层叠式顺序结构。

将其帧设置为 4 个（序号 0～3）。设置方法：选中层叠式顺序结构上边框，单击鼠标右键，执行"在后面添加帧"命令 3 次。

② 为了设置通信参数，在顺序结构 Frame0 中添加 1 个串口配置函数：函数→仪器 I/O→串口→VISA 配置串口。

③ 为了设置通信参数值，在顺序结构 Frame0 中添加 4 个数值常量：函数→编程→数值→数值常量，值分别为 9600（波特率）、7（数据位）、2（校验位，偶校验）、10（停止位 1，注意这里的设定值为 10）。

④ 将 VISA 资源名称函数的输出端口与串口配置函数的输入端口 VISA 资源名称相连。

⑤ 将数值常量 9600、7、2、10 分别与 VISA 配置串口函数的输入端口波特率、数据比特、奇偶、停止位相连。

连接好的框图程序如图 12-54 所示。

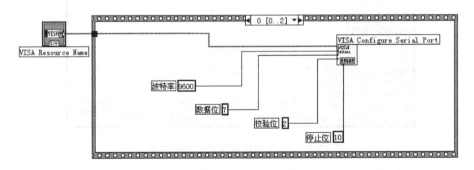

图 12-54 串口初始化框图程序

(2) 发送指令框图程序。

① 在顺序结构 Frame1 中添加 1 个条件结构：函数→编程→结构→条件结构。

② 为了发送指令到串口，在条件结构真选项中添加 1 个串口写入函数：函数→仪器 I/O→串口→VISA 写入。

③ 将垂直滑动杆开关控件图标移到顺序结构 Frame1 中；将字符串输入控件图标移到条件结构真选项中。

④ 将 VISA 资源名称函数的输出端口与 VISA 写入函数的输入端口 VISA 资源名称相连。

⑤ 将垂直滑动杆开关控件的输出端口与条件结构的选择端口?相连。

⑥ 将字符串输入控件的输出端口与 VISA 写入函数的输入端口写入缓冲区相连。

连接好的框图程序如图 12-55 所示。

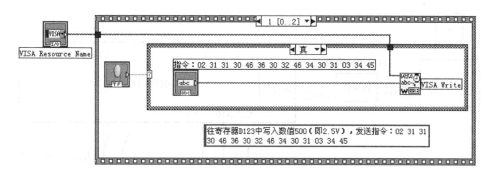

图 12-55　发送指令框图程序

（3）延时框图程序。

① 在顺序结构 Frame2 中添加 1 个时钟函数：函数→编程→定时→等待下一个整数倍毫秒。

② 在顺序结构 Frame2 中添加 1 个数值常量：函数→编程→数值→数值常量，将值改为 200（时钟频率值）。

③ 将数值常量（值为 200）与等待下一个整数倍毫秒函数的输入端口毫秒倍数相连。

连接好的框图程序如图 12-56 所示。

3）运行程序

程序设计、调试完毕，单击快捷工具栏"连续运行"按钮，运行程序。

将指令"02 31 31 30 46 36 30 32 46 34 30 31 03 34 45"复制到字符串输入控件中，文本框中输入的指令将自动变成界面所示格式。单击滑动开关，三菱 PLC 模拟量输出模块 1 通道输出 2.5V 电压。

程序运行界面如图 12-57 所示。

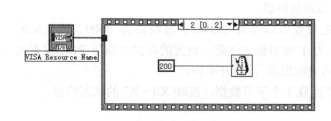

图 12-56　延时框图程序

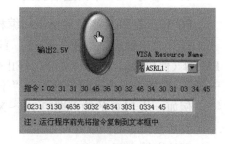

图 12-57　程序运行界面

实例 109　三菱 PLC 开关信号输入

一、线路连接

将 PC 与三菱 FX_{2N}-32MR PLC 通过编程电缆连接起来，构成一套开关量输入系统。

PC 通过 FX$_{2N}$-32MR PLC 的编程口与 PLC 组成的开关量输入系统如图 12-58 所示。

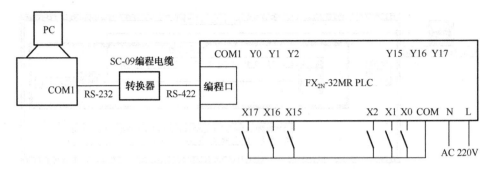

图 12-58　PC 通过 FX$_{2N}$-32MR PLC 的编程口与 PLC 组成的开关量输入系统

图 12-58 中，通过 SC-09 编程电缆将 PC 的串口 COM1 与三菱 FX$_{2N}$-32MR PLC 的编程口连接起来。采用按钮、行程开关、继电器开关等改变 PLC 某个输入端口的状态（打开/关闭）。方法是按钮、行程开关等的常开触点接 PLC 开关量输入端点。

实际测试中，可用导线将 X0，X1，…，X17 与 COM 端点之间短接或断开，产生开关量输入信号。

二、设计任务

采用 LabVIEW 语言编写程序，实现 PC 与三菱 FX$_{2N}$-32MR PLC 数据通信，要求 PC 接收 PLC 发送的开关量输入信号状态值，并在程序界面中显示。

三、任务实现

1．PC 与 PLC 串口通信调试

PC 与三菱 PLC 串口通信采用编程口通信协议。

打开"串口调试助手"程序，首先设置串口号为 COM1、波特率为 9600、校验位为 EVEN（偶校验）、数据位为 7、停止位为 1 等参数（注意：设置的参数必须与 PLC 设置的一致），选择"十六进制显示"和"十六进制发送"，打开串口。

例如，从 PLC 的输入端口 X0～X7 读取 1 个字节数据，反映 X0～X7 的状态信息。

发送读指令的获取过程如下。

开始字符 STX：02H。

命令码 CMD（读）：0，ASCII 码值为 30H。

寄存器 X0～X7 的位地址：0080H，其 ASCII 码值为 30H 30H 38H 30H。

字节数 NUM：1，ASCII 码值为 30H 31H。

结束字符 EXT：03H。

累加和 SUM：30H+30H+30H+38H+30H+30H+31H+03H=15CH。累加和超过两位数时，取它的低两位，即 SUM 为 5CH，5CH 的 ASCII 码值为 35H 43H。

因此，对应的读命令帧格式为：

02 30 30 30 38 30 30 31 03 35 43

在串口调试助手发送区输入指令，单击"手动发送"按钮，PLC 接收到命令，如正确执行接收区显示返回应答帧，如 02 30 34 03 36 37，如图 12-59 所示。如果指令错误执行，接收区显示返回 NAK 码 15。

图 12-59 PC 与 PLC 串口通信调试

返回的应答帧中"30 34"表示 X0～X7 的状态，其十六进制形式为 04，04 的二进制形式为 00000100，表明触点 X2 闭合，其他触点断开。

2．PC 端 LabVIEW 程序

1）程序前面板设计

（1）为了显示开关信号输入状态，添加 1 个数值显示控件：控件→新式→数值→数值显示控件，将标签改为"返回信息："。

右键单击该控件，选择"格式与精度"选项，在出现的数值属性对话框中进入"数据范围"选项，表示法选择"无符号单字节"，然后进入"格式与精度"选项，选择"二进制"。

（2）为了获得串行端口号，添加 1 个串口资源检测控件：控件→新式→I/O→VISA 资源名称；单击控件箭头，选择串口号，如 COM1 或 ASRL1:。

图 12-60 程序前面板

设计的程序前面板如图 12-60 所示。

2）框图程序设计

（1）串口初始化框图程序。

① 添加 1 个顺序结构：函数→编程→结构→层叠式顺序结构。

将其帧设置为 4 个（序号 0～3）。设置方法：选中层叠式顺序结构上边框，单击鼠标右键，执行"在后面添加帧"命令 3 次。

② 为了设置通信参数，在顺序结构 Frame0 中添加 1 个串口配置函数：函数→仪器 I/O→串口→VISA 配置串口。

③ 为了设置通信参数值，在顺序结构 Frame0 中添加 4 个数值常量：函数→编程→数

值→数值常量,值分别为 9600(波特率)、7(数据位)、2(校验位,偶校验)、10(停止位 1,注意这里的设定值为 10)。

④ 将 VISA 资源名称函数的输出端口与串口配置函数的输入端口 VISA 资源名称相连。

⑤ 将数值常量 9600、7、2、10 分别与 VISA 配置串口函数的输入端口波特率、数据比特、奇偶、停止位相连。

连接好的框图程序如图 12-61 所示。

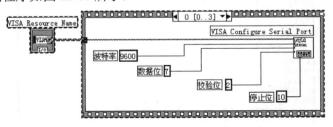

图 12-61　串口初始化框图程序

(2)发送指令框图程序。

① 为了发送指令到串口,在顺序结构 Frame1 中添加 1 个串口写入函数:函数→仪器 I/O→串口→VISA 写入。

② 在顺序结构 Frame1 中添加数组常量:函数→编程→数组→数组常量,标签为"读指令"。

再往数组常量中添加数值常量,设置为 11 个,将其数据格式设置为十六进制,方法为:选中数组常量(函数中的数值常量,单击右键,执行"格式与精度"命令,在出现的对话框中,从格式与精度选项中选择十六进制,单击"OK"按钮确定。

将 11 个数值常量的值分别改为 02、30、30、30、38、30、30、31、03、35、43(即从 PLC 的输入端口 X0~X7 读取 1 字节数据,反映 X0~X7 的状态信息)。

③ 在顺序结构 Frame1 中添加字节数组转字符串函数:函数→编程→字符串→字符串/数组/路径转换→字节数组至字符串转换。

④ 将 VISA 资源名称函数的输出端口与 VISA 写入函数的输入端口 VISA 资源名称相连。

⑤ 将数组常量(标签为"读指令")的输出端口与字节数组至字符串转换函数的输入端口无符号字节数组相连。

⑥ 将字节数组至字符串转换函数的输出端口字符串与 VISA 写入函数的输入端口写入缓冲区相连。

连接好的框图程序如图 12-62 所示。

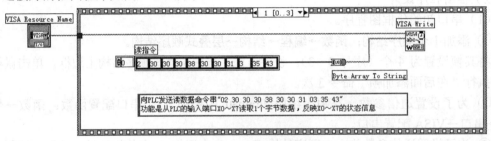

图 12-62　发送指令框图程序

(3) 延时框图程序。

① 为了以一定的周期读取 PLC 的返回数据，在顺序结构 Frame2 中添加 1 个时钟函数：函数→编程→定时→等待下一个整数倍毫秒。

② 在顺序结构 Frame2 中添加 1 个数值常量：函数→编程→数值→数值常量，将值改为 500（时钟频率值）。

③ 将数值常量（值为 500）与等待下一个整数倍毫秒函数的输入端口毫秒倍数相连。

连接好的框图程序如图 12-63 所示。

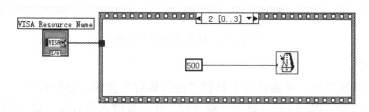

图 12-63　延时框图程序

(4) 接收数据框图程序。

① 为了获得串口缓冲区数据个数，在顺序结构 Frame3 中添加 1 个串口字节数函数：函数→仪器 I/O→串口→VISA 串口字节数，标签为"Property Node"。

② 为了从串口缓冲区获取返回数据，在顺序结构 Frame3 中添加 1 个串口读取函数：函数→仪器 I/O→串口→VISA 读取。

③ 在顺序结构 Frame3 中添加字符串转字节数组函数：函数→编程→字符串→字符串/数组/路径转换→字符串至字节数组转换。

④ 在顺序结构 Frame3 中添加两个索引数组函数：函数→编程→数组→索引数组。

⑤ 添加两个数值常量：函数→编程→数值→数值常量，值分别为 1、2。

⑥ 将 VISA 资源名称函数的输出端口分别与串口字节数函数的输入端口引用、VISA 读取函数的输入端口 VISA 资源名称相连。

⑦ 将串口字节数函数的输出端口 Number of bytes at Serial port 与 VISA 读取函数的输入端口字节总数相连。

⑧ 将 VISA 读取函数的输出端口读取缓冲区与字符串至字节数组转换函数的输入端口字符串相连。

⑨ 将字符串至字节数组转换函数的输出端口无符号字节数组分别与两个索引数组函数的输入端口数组相连。

⑩ 将数值常量（值为 1、2）分别与索引数组函数的输入端口索引相连。

⑪ 添加 1 个数值常量：函数→编程→数值→数值常量，选中该常量，单击鼠标右键，选择"属性"项，出现数值常量属性对话框，选择"格式与精度"选项，选择十六进制，确定后输入 30。减 30 的作用是将读取的 ASCII 值转换为十六进制。

⑫ 添加如下功能函数并连线：将十六进制数值转换为十进制数，再转换为二进制数，就得到 PLC 开关量输入信号状态值，送入返回信息框显示。

连接好的框图程序如图 12-64 所示。

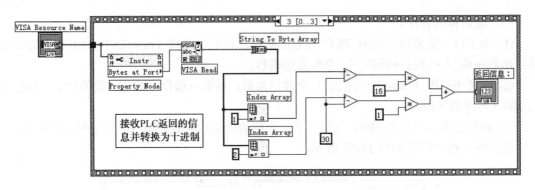

图 12-64　接收数据框图程序

3）运行程序

程序设计、调试完毕，单击快捷工具栏"连续运行"按钮，运行程序。

首先设置端口号。PC 读取并显示三菱 PLC 开关量输入信号值，如"100000"，因为有 8 位数据，实际是"00100000"，表示端口 Y5 闭合，其他端口断开。

程序运行界面如图 12-65 所示。

图 12-65　程序运行界面

实例 110　三菱 PLC 开关信号输出

一、线路连接

将 PC 与三菱 FX_{2N}-32MR PLC 通过编程电缆连接起来，构成一套开关量输出系统。PC 通过 FX_{2N}-32MR PLC 的编程口与 PLC 组成的开关量输出系统如图 12-66 所示。

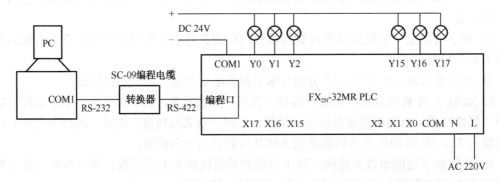

图 12-66　PC 通过 FX_{2N}-32MR PLC 的编程口与 PLC 组成的开关量输出系统

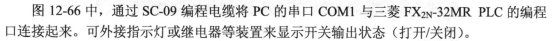

图 12-66 中，通过 SC-09 编程电缆将 PC 的串口 COM1 与三菱 FX_{2N}-32MR PLC 的编程口连接起来。可外接指示灯或继电器等装置来显示开关输出状态（打开/关闭）。

实际测试中，不需要外接指示装置，直接使用 PLC 提供的输出信号指示灯。

二、设计任务

采用 LabVIEW 语言编写程序，实现 PC 与三菱 FX_{2N}-32MR PLC 数据通信，要求在 PC 程序界面中指定元件地址，单击置位/复位（或打开/关闭）命令按钮，置指定地址的元件端口（继电器）状态为 ON 或 OFF，使线路中 PLC 指示灯亮/灭。

三、任务实现

1. PC 与 PLC 串口通信调试

PC 与三菱 PLC 串口通信采用编程口通信协议。

打开"串口调试助手"程序，首先设置串口号为 COM1、波特率为 9600、校验位为 EVEN（偶校验）、数据位为 7、停止位为 1 等参数（注意：设置的参数必须与 PLC 一致），选择"十六进制显示"和"十六进制发送"，打开串口。

例如，将 Y0 强制置位成 1，再强制复位成 0。发送写指令的获取过程如下。

开始字符 STX：02H。

命令码 CMD：强制置位为 7，ASCII 码为 37H；强制复位为 8，ASCII 码为 38H。

地址：实际地址为 Y0，计算地址为 0500，因后两位先送，前两位后送，则表达地址为 0005，其 ASCII 码值为 30H 30H 30H 35H。

结束字符 EXT：03H。

强制置位的累加和 SUM：37H+30H+30H+30H+35H+03H=FFH，FFH 的 ASCII 码值为：46H 46H。

强制复位的累加和 SUM：38H+30H+30H+30H+35H+03H=100H，累加和超过两位数时，取它的低两位，即 SUM 为 00H，00H 的 ASCII 码值为：30H、30H。

对应的强制置位写命令帧格式为：

02 37 30 30 30 35 03 46 46

对应的强制复位写命令帧格式为：

02 38 30 30 30 35 03 30 30

在串口调试助手发送区输入指令，单击"手动发送"按钮，PLC 接收到命令，如果指令正确执行，接收区显示返回 ACK 码 06，如图 12-67 所示；如果指令错误执行，接收区显示返回 NAK 码 15。

如果执行强制置位命令，PLC 输出端口 Y0 指示灯亮；如果执行强制复位命令，PLC 输出端口 Y0 指示灯灭。

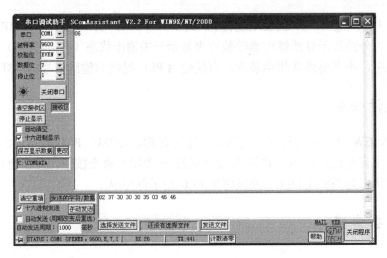

图 12-67　PC 与 PLC 串口通信调试

2．PC 端 LabVIEW 程序

1）程序前面板设计

（1）为了输出开关信号，添加 1 个开关控件：控件→新式→布尔→垂直滑动杆开关控件，将标签改为"Y0"。

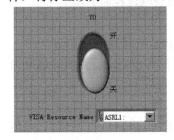

图 12-68　程序前面板

（2）为了获得串行端口号，添加 1 个串口资源检测控件：控件→新式→I/O→VISA 资源名称；单击控件箭头，选择串口号，如 COM1 或 ASRL1:。

设计的程序前面板如图 12-68 所示。

2）框图程序设计

（1）串口初始化框图程序。

① 添加 1 个顺序结构：函数→编程→结构→层叠式顺序结构。

将其帧设置为 3 个（序号 0～2）。设置方法：选中层叠式顺序结构上边框，单击鼠标右键，执行"在后面添加帧"命令 2 次。

② 为了设置通信参数，在顺序结构 Frame0 中添加 1 个串口配置函数：函数→仪器 I/O→串口→VISA 配置串口。

③ 为了设置通信参数值，在顺序结构 Frame0 中添加 4 个数值常量：函数→编程→数值→数值常量，值分别为 9600（波特率）、7（数据位）、2（校验位，偶校验）、10（停止位 1，注意这里的设定值为 10）。

④ 将 VISA 资源名称函数的输出端口与串口配置函数的输入端口 VISA 资源名称相连。

⑤ 将数值常量 9600、7、2、10 分别与 VISA 配置串口函数的输入端口波特率、数据比特、奇偶、停止位相连。

连接好的框图程序如图 12-69 所示。

（2）发送指令框图程序。

① 在顺序结构 Frame1 中添加 1 个条件结构：函数→编程→结构→条件结构。

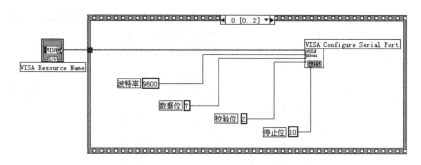

图 12-69 串口初始化框图程序

② 在条件结构真选项中添加 9 个字符串常量：函数→编程→字符串→字符串常量。将 9 个字符串常量的值分别改为 02、37、30、30、30、35、03、46、46（即向 PLC 发送指令，将 Y0 强制置位成 1）。

③ 在条件结构假选项中添加 9 个字符串常量：函数→编程→字符串→字符串常量。将 9 个字符串常量的值分别改为 02、38、30、30、30、35、03、30、30（即向 PLC 发送指令，将 Y0 强制复位成 0）。

④ 在顺序结构 Frame1 中添加 9 个十六进制数字符串至数值转换函数：函数→编程→字符串/数值转换→十六进制数字符串至数值转换。

⑤ 分别将条件结构真、假选项中的 9 个字符串常量分别与 9 个十六进制数字符串至数值转换函数的输入端口字符串相连。

⑥ 在顺序结构 Frame1 中添加 1 个创建数组函数：函数→编程→数组→创建数组。并设置为 9 个元素。

⑦ 将 9 个十六进制数字符串至数值转换函数的输出端口分别与创建数组函数的对应输入端口元素相连。

⑧ 在顺序结构 Frame1 中添加字节数组转字符串函数：函数→编程→字符串→字符串/数组/路径转换→字节数组至字符串转换。

⑨ 将创建数组函数的输出端口添加的数组与字节数组至字符串转换函数的输入端口无符号字节数组相连。

⑩ 为了发送指令到串口，在顺序结构 Frame1 中添加 1 个串口写入函数：函数→仪器 I/O→串口→VISA 写入。

⑪ 将字节数组至字符串转换函数的输出端口字符串与 VISA 写入函数的输入端口写入缓冲区相连。

⑫ 将 VISA 资源名称函数的输出端口与 VISA 写入函数的输入端口 VISA 资源名称相连。

⑬ 将垂直滑动杆开关控件图标移到顺序结构 Frame1 中；并将其输出端口与条件结构的选择端口?相连。。

连接好的框图程序如图 12-70 所示。

(3) 延时框图程序。

① 在顺序结构 Frame2 中添加 1 个时钟函数：函数→编程→定时→等待下一个整数倍毫秒。

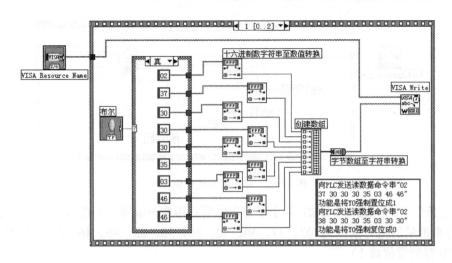

图 12-70　发送指令框图程序

② 在顺序结构 Frame2 中添加 1 个数值常量：函数→编程→数值→数值常量，将值改为 200（时钟频率值）。

③ 将数值常量（值为 200）与等待下一个整数倍毫秒函数的输入端口毫秒倍数相连。连接好的框图程序如图 12-71 所示。

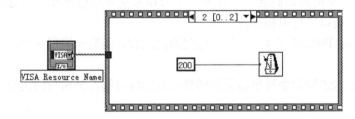

图 12-71　延时框图程序

3）运行程序

程序设计、调试完毕，单击快捷工具栏"连续运行"按钮，运行程序。

设置串行端口，单击滑动开关，将 Y0 置位成 1，再复位成 0，相应指示灯亮或灭。程序运行界面如图 12-72 所示。

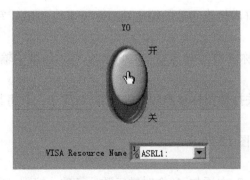

图 12-72　程序运行界面

实例 111　三菱 PLC 温度测控

一、线路连接

PC、三菱 FX_{2N} PLC 及 FX_{2N}-4AD 模拟量输入模块构成的温度测控线路，如图 12-73 所示。

图 12-73 中，将 PC 与三菱 FX_{2N}-32MR PLC 通过 SC-09 编程电缆连接起来，输出端口 Y0、Y1、Y2 接指示灯，温度传感器 Pt100 接到温度变送器输入端，温度变送器输入范围是 0～200℃，输出 4～200mA，经过 250Ω 电阻将电流信号转换为 1～5V 电压信号输入到 FX_{2N}-4AD 的输入端口 V+和 V−。

FX_{2N}-4AD 空闲的输入端口一定要用导线短接以免干扰信号窜入。

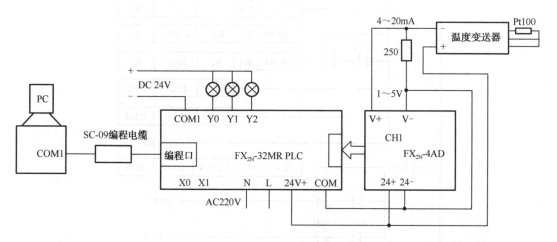

图 12-73　PC、三菱 FX_{2N}-32MR PLC 及 FN_{2N}-4AD 模拟量输入模块构成的温度测控线路

二、设计任务

PLC 与 PC 通信，在程序设计上涉及两部分的内容：一是 PLC 端数据采集、控制和通信程序；二是 PC 端通信和功能程序。

（1）PLC 端（下位机）程序设计：检测温度值。当测量温度小于 30℃时，Y0 端口置位，当测量温度大于等于 30℃且小于等于 50℃时，Y0 和 Y1 端口复位，当测量温度大于 50℃时，Y1 端口置位。

（2）PC 端（上位机）程序设计：采用 LabVIEW 语言编写应用程序，读取并显示三菱 PLC 检测的温度值，绘制温度变化曲线。当测量温度小于 30℃时，下限指示灯为红色，当测量温度大于等于 30℃且小于等于 50℃时，上、下限指示灯均为绿色，当测量温度大于 50℃时，上限指示灯为红色。

三、任务实现

1. 三菱 PLC 端温度测控程序

1) PLC 梯形图

三菱 FX$_{2N}$-32MR 型 PLC 使用 FX$_{2N}$-4AD 模拟量输入模块实现模拟电压采集。采用 SWOPC-FXGP/WIN-C 编程软件编写的 PLC 程序梯形图如图 12-74 所示。

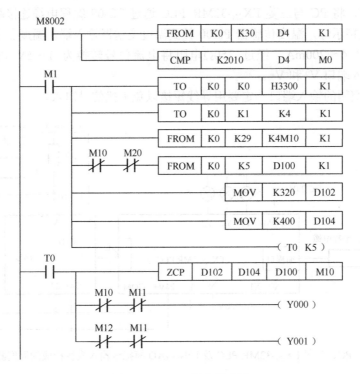

图 12-74 PLC 程序梯形图

程序的主要功能是：实现三菱 FX$_{2N}$-32MR PLC 温度采集，当测量温度小于 30℃时，Y0 端口置位，当测量温度大于等于 30℃而小于等于 50℃时，Y0 和 Y1 端口复位，当测量温度大于 50℃时，Y1 端口置位。

程序说明：

第 1 逻辑行，首次扫描时从 0 号特殊功能模块的 BFM# 30 中读出标识码，即模块 ID 号，并放到基本单元的 D4 中；

第 2 逻辑行，检查模块 ID 号，如果是 FX$_{2N}$-4AD，结果送到 M0；

第 3 逻辑行，设定通道 1 的量程类型；

第 4 逻辑行，设定通道 1 平均滤波的周期数为 4；

第 5 逻辑行，将模块运行状态从 BFM#29 读入 M10～M25；

第 6 逻辑行，如果模块运行正常，且模块数字量输出值正常，通道 1 的平均采样值（温度的数字量值）存入寄存器 D100 中。

第 7 逻辑行，将下限温度数字量值 320（对应温度 30℃）放入寄存器 D102 中。

第 8 逻辑行，将上限温度数字量值 400（对应温度 50℃）放入寄存器 D104 中。

第 9 逻辑行，延时 0.5 秒。

第 10 逻辑行，将寄存器 D102 和 D104 中的值（上、下限）与寄存器 D100 中的值（温度采样值）进行比较。

第 11 逻辑行，当寄存器 D100 中的值小于寄存器 D102 中的值，Y000 端口置位。

第 12 逻辑行，当寄存器 D100 中的值大于寄存器 D104 中的值，Y001 端口置位。

上位机程序读取寄存器 D100 中的数字量值，然后根据温度与数字量值的对应关系计算出温度测量值。

2）程序的写入

PLC 端程序编写完成后需将其写入 PLC 才能正常运行。步骤如下：

（1）接通 PLC 主机电源，将 RUN/STOP 转换开关置于 STOP 位置。

（2）运行 SWOPC-FXGP/WIN-C 编程软件，打开温度测控程序。

（3）执行菜单命令"PLC"→"传送"→"写出"，如图 12-75 所示，打开"PC 程序写入"对话框，如图 12-76 所示，选中"范围设置"项，终止步设为 100，单击"确认"按钮，即开始写入程序。

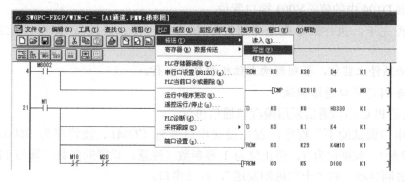

图 12-75　执行菜单命令"PLC"→"传送"→"写出"

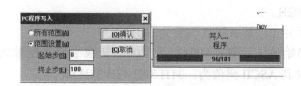

图 12-76　PC 程序写入

（4）程序写入完毕将 RUN/STOP 转换开关置于 RUN 位置，即可进行温度测控。

3）PLC 程序的监控

PLC 端程序写入后，可以进行实时监控。步骤如下：

（1）接通 PLC 主机电源，将 RUN/STOP 转换开关置于 RUN 位置。

（2）运行 SWOPC-FXGP/WIN-C 编程软件，打开温度测控程序，并写入。

（3）执行菜单命令"监控/测试"→"开始监控"，即可开始监控程序的运行，如图 12-77 所示。

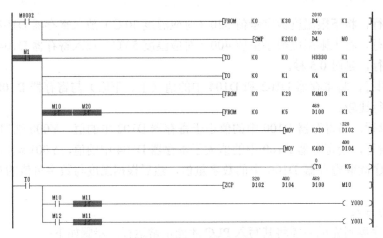

图 12-77 PLC 程序监控

寄存器 D100 上的蓝色数字（如 469）就是模拟量输入 1 通道的电压实时采集值（换算后的电压值为 2.345V，与万用表测量值相同，换算为温度值为 67.25℃），改变温度值，输入电压改变，该数值随着改变。

当寄存器 D100 中的值小于寄存器 D102 中的值，Y000 端口置位；当寄存器 D100 中的值大于寄存器 D104 中的值，Y001 端口置位。

（4）监控完毕，执行菜单命令"监控/测试"→"停止监控"，即可停止监控程序的运行。

注意：必须停止监控，否则影响上位机程序的运行。

4）PC 与 PLC 串口通信调试

PC 与三菱 PLC 串口通信采用编程口通信协议。

打开"串口调试助手"程序，首先设置串口号为 COM1、波特率为 9600、校验位为 EVEN（偶校验）、数据位为 7、停止位为 1 等参数（注意：设置的参数必须与 PLC 一致），选择"十六进制显示"和"十六进制发送"，打开串口。

从寄存器 D100 中读取数字量值，发送读指令的获取过程如下。

开始字符 STX：02H。

命令码 CMD（读）：0，其 ASCII 码值为 30H。

寄存器 D100 起始地址计算：100*2 为 200，转成十六进制数为 C8H，则 ADDR=1000H+C8H=10C8H（其 ASCII 码值为：31H 30H 43H 38H）。

字节数 NUM：04H（ASCII 码值为：30H 34H），返回两个通道的数据。

结束字符 EXT：03H。

累加和 SUM：30H+31H+30H+43H+38H+30H+34H+03H=173H。

累加和超过两位数时，取它的低两位，即 SUM 为 73H，73H 的 ASCII 码值为：37H 33H。

因此，对应的读命令帧格式为：

02 30 31 30 43 38 30 34 03 37 33

在串口调试助手发送区输入指令，单击"手动发送"按钮，PLC 接收到命令，如果指令正确执行，接收区显示返回应答帧，如 02 44 35 30 31 30 30 30 30 03 39 44，如图 12-78 所示。PLC 接收到命令，如未正确执行，则返回 NAK 码（15H）。

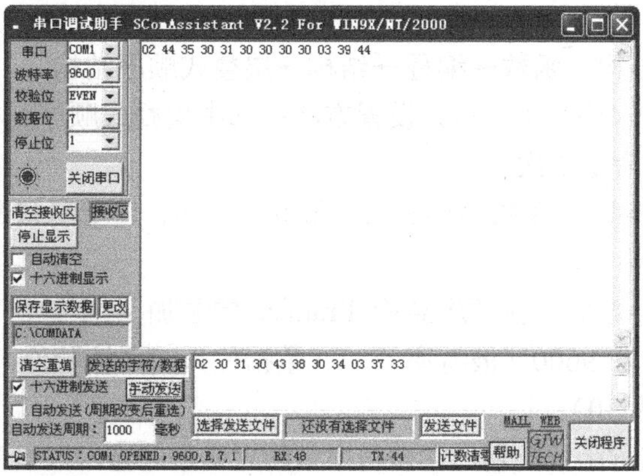

图 12-78 PC 与 PLC 串口通信调试

返回的应答帧中，"44 35 30 31"反映第一通道检测的温度大小，为 ASCII 码形式，低字节在前，高字节在后，实际为"30 31 44 35"，转换成十六进制值为"01 D5"，再转换成十进制值为"469"（与 SWOPC-FXGP/WIN-C 编程软件中的寄存器 D100 中的监控值相同），此值除以 200 即为采集的电压值 2.345V，换算为温度值为 67.25℃。

温度与数字量值的换算关系：0～200℃对应电压值 1～5V，0～10V 对应数字量值 0～2000，那么 1～5V 对应数字量值 200～1000，因此 0～200℃对应数字量值 200～1000。

2．PC 端 LabVIEW 程序

1）程序前面板设计

（1）为了以数字形式显示测量温度值，添加 1 个数值显示控件：控件→新式→数值→数值显示控件，将标签改为"温度值："。

（2）为了显示测量温度实时变化曲线，添加 1 个实时图形显示控件：控件→新式→图形→波形图，将 Y 轴标尺范围改为 0～100。

（3）为了温度显示超限报警状态，添加两个指示灯控件：控件→新式→布尔→圆形指示灯，将标签分别改为"上限指示灯"、"下限指示灯"。

（4）为了获得串行端口号，添加 1 个串口资源检测控件：控件→新式→I/O→VISA 资源名称；单击控件箭头，选择串口号，如 COM1 或 ASRL1:。

设计的程序前面板如图 12-79 所示。

图 12-79 程序前面板

2)框图程序设计

(1)串口初始化框图程序。

① 添加 1 个顺序结构：函数→编程→结构→层叠式顺序结构。

将其帧设置为 4 个（序号 0～3）。设置方法：选中层叠式顺序结构上边框，单击右键，执行"在后面添加帧"命令 3 次。

② 为了设置通信参数，在顺序结构 Frame0 中添加 1 个串口配置函数：函数→仪器 I/O→串口→VISA 配置串口。

③ 为了设置通信参数值，在顺序结构 Frame0 中添加 4 个数值常量：函数→编程→数值→数值常量，值分别为 9600（波特率）、7（数据位）、2（校验位，偶校验）、10（停止位 1，注意这里的设定值为 10）。

④ 将 VISA 资源名称函数的输出端口与串口配置函数的输入端口 VISA 资源名称相连。

⑤ 将数值常量 9600、7、2、10 分别与 VISA 配置串口函数的输入端口波特率、数据比特、奇偶、停止位相连。

连接好的框图程序如图 12-80 所示。

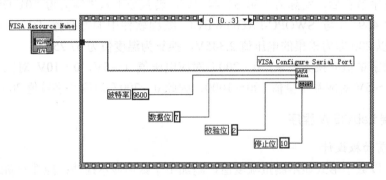

图 12-80　串口初始化框图程序

(2)发送指令框图程序。

① 为了发送指令到串口，在顺序结构 Frame1 中添加 1 个串口写入函数：函数→仪器 I/O→串口→VISA 写入。

② 在顺序结构 Frame1 中添加数组常量：函数→编程→数组→数组常量，标签为"读指令"。

再往数组常量中添加数值常量，设置为 11 个，将其数据格式设置为十六进制，方法为：选中数组常量（函数中的数值常量，单击右键，执行"格式与精度"命令，在出现的对话框中，从格式与精度选项中选择十六进制，单击"OK"按钮确定。

将 11 个数值常量的值分别改为 02、30、31、30、43、38、30、32、03、37、31（即读 PLC 寄存器 D100 中的数据指令）。

③ 在顺序结构 Frame1 中添加字节数组转字符串函数：函数→编程→字符串→字符串/数组/路径转换→字节数组至字符串转换。

④ 将 VISA 资源名称函数的输出端口与 VISA 写入函数的输入端口 VISA 资源名称相连。

⑤ 将数组常量（标签为"读指令"）的输出端口与字节数组至字符串转换函数的输入端口无符号字节数组相连。

⑥ 将字节数组至字符串转换函数的输出端口字符串与 VISA 写入函数的输入端口写入缓冲区相连。

连接好的框图程序如图 12-81 所示。

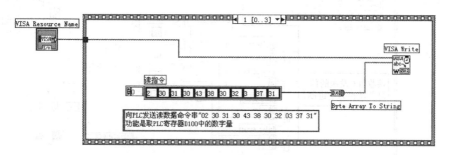

图 12-81　发送指令框图程序

（3）接收数据框图程序。

① 为了获得串口缓冲区数据个数，在顺序结构 Frame2 中添加 1 个串口字节数函数：函数→仪器 I/O→串口→VISA 串口字节数，标签为"Property Node"。

② 为了从串口缓冲区获取返回数据，在顺序结构 Frame2 中添加 1 个串口读取函数：函数→仪器 I/O→串口→VISA 读取。

③ 在顺序结构 Frame2 中添加字符串转字节数组函数：函数→编程→字符串→字符串/数组/路径转换→字符串至字节数组转换。

④ 在顺序结构 Frame2 中添加 4 个索引数组函数：函数→编程→数组→索引数组。

⑤ 添加 4 个数值常量：函数→编程→数值→数值常量，值分别为 1、2、3、4。

⑥ 将 VISA 资源名称函数的输出端口与 VISA 读取函数的输入端口 VISA 资源名称相连；将 VISA 资源名称函数的输出端口与串口字节数函数的输入端口引用相连。

⑦ 将串口字节数函数的输出端口 Number of bytes at Serial port 与 VISA 读取函数的输入端口字节总数相连。

⑧ 将 VISA 读取函数的输出端口读取缓冲区与字符串至字节数组转换函数的输入端口字符串相连。

⑨ 将字符串至字节数组转换函数的输出端口无符号字节数组分别与 4 个索引数组函数的输入端口数组相连。

⑩ 将数值常量（值为 1、2、3、4）分别与索引数组函数的输入端口索引相连。

⑪ 添加 1 个数值常量：函数→编程→数值→数值常量，选中该常量，单击右键，选择"属性"项，出现数值常量属性对话框，选择格式与精度，选择十六进制，确定后输入 30。减 30 的作用是将读取的 ASCII 值转换为十六进制。

⑫ 再添加如下功能函数并连线：将十六进制电压值转换为十进制数（PLC 寄存器中的数字量值），然后除以 200 就是 1 通道的十进制电压值，然后根据电压 u 与温度 t 的数学关系，即 $t=(u-1)\times 50$，就得到温度值。

连接好的框图程序如图 12-82 所示。

（4）延时框图程序。

① 为了以一定的周期读取 PLC 的返回数据，在顺序结构 Frame3 中添加 1 个时钟函

数：函数→编程→定时→等待下一个整数倍毫秒。

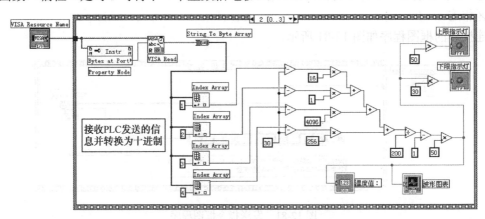

图 12-82　接收数据框图程序

② 在顺序结构 Frame3 中添加 1 个数值常量：函数→编程→数值→数值常量，将值改为 500（时钟频率值）。

③ 将数值常量（值为 500）与等待下一个整数倍毫秒函数的输入端口毫秒倍数相连。

连接好的框图程序如图 12-83 所示。

3）运行程序

程序设计、调试完毕，单击快捷工具栏"连续运行"按钮，运行程序。

PC 读取并显示三菱 PLC 检测的温度值，绘制温度变化曲线。当测量温度小于 30℃时，程序界面下限指示灯为红色，PLC 的 Y0 端口置位；当测量温度大于 50℃时，程序界面上限指示灯为红色，Y1 端口置位。

程序运行界面如图 12-84 所示。

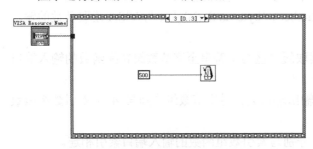

图 12-83　延时框图程序

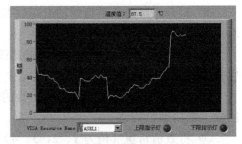

图 12-84　程序运行界面

实例 112　西门子 PLC 模拟电压采集

一、线路连接

将 PC 与西门子 S7-200 PLC 通过 PC/PPI 编程电缆连接起来，将模拟量扩展模块 EM235 与 PLC 连接起来，构成一套模拟量采集系统，如图 12-85 所示。

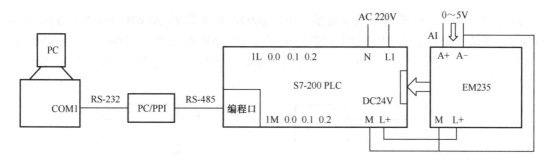

图 12-85　PC 与 S7-200PLC 组成的模拟电压采集系统

将模拟量扩展模块 EM235 与 PLC 主机相连。模拟电压 0～5V 从 CH1（A+和 A-）输入。

为避免共模电压，须将主机 M 端、扩展模块 M 端和所有信号负端连接，未接输入信号的通道要短接。在 DIP 开关设置中，将开关 SW1 和 SW6 设为 ON，其他设为 OFF，表示电压单极性输入，范围是 0～5V。

提示：工业控制现场的模拟量，如温度、压力、物位、流量等参数可通过相应的变送器转换为 1～5V 的电压信号，因此本章提供的电压采集系统同样可以进行温度、压力、物位、流量等参数的采集，只需在程序设计时进行相应的标度变换。

二、设计任务

PLC 与 PC 通信，在程序设计上涉及两部分的内容：一是 PLC 端数据采集、控制和通信程序；二是 PC 端通信和功能程序。

（1）采用 STEP 12-Micro/WIN 编程软件编写 PLC 程序，实现西门子 S7-200 PLC 模拟电压采集，并将采集到的电压值（数字量形式）放入寄存器 VW100 中。

（2）采用 LabVIEW 语言编写程序，实现 PC 与西门子 S7-200 PLC 数据通信，要求 PC 接收 PLC 发送的电压值，转换成十进制形式，以数字、曲线的形式显示。

三、任务实现

1. PLC 端电压输入程序

1）PLC 梯形图

为了保证 S7-200PLC 能够正常与 PC 进行模拟量输入通信，需要在 PLC 中运行一段程序。可采用以下两种设计思路：

思路 1：将采集到的电压数字量值（0～32000，在寄存器 AIW0 中）发送到寄存器 VW100。上位机程序读取 PLC 寄存器 VW100 中的数字量值，然后根据电压与数字量的对应关系（0～5V 对应 0～32000）计算出电压实际值。PLC 电压采集程序如图 12-86 所示。

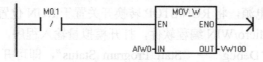

图 12-86　PLC 电压采集程序 1

思路 2：将采集到的电压数字量值（0～32000，在寄存器 AIW0 中）发送到寄存器 VW415，该数字量值除以 6400 就是采集的电压值（0～5V 对应 0～32000），再发送到寄存器 VW100。上位机程序读取 PLC 寄存器 VW100 中的值就是电压实际值。PLC 程序如图 12-87 所示。

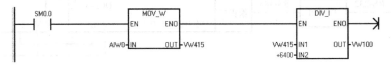

图 12-87　PLC 电压采集程序 2

本章采用思路 1，也就是由上位机程序将反映电压的数字量值转换为电压实际值。

2）程序的下载

PLC 端程序编写完成后需将其下载到 PLC 才能正常运行。步骤如下：

（1）接通 PLC 主机电源，将 RUN/STOP 转换开关置于 STOP 位置。

（2）运行 STEP 12-Micro/WIN 编程软件，打开模拟量输入程序。

（3）执行菜单命令"File"→"Download..."，打开"Download"对话框，单击"Download"按钮，即开始下载程序，如图 12-88 所示。

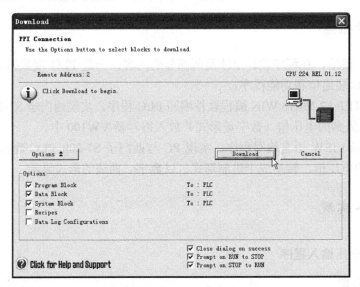

图 12-88　程序下载对话框

（4）程序下载完毕后，将 RUN/STOP 转换开关置于 RUN 位置，即可进行模拟电压的采集。

3）PLC 程序的监控

PLC 端程序写入后，可以进行实时监控。步骤如下：

（1）接通 PLC 主机电源，将 RUN/STOP 转换开关置于 RUN 位置。

（2）运行 STEP 12-Micro/WIN 编程软件，打开模拟量输入程序，并下载。

（3）执行菜单命令"Debug"→"Start Program Status"，即可开始监控程序的运行，如图 12-89 所示。

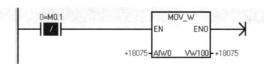

图 12-89 PLC 程序监控

寄存器 VW100 右边的黄色数字（如 18075）就是模拟量输入 1 通道的电压实时采集值（数字量形式，根据 0~5V 对应 0~32000，换算后的电压实际值为 2.82V，与万用表测量值相同），改变输入电压，该数值随着改变。

（4）监控完毕，执行菜单命令"Debug"→"Stop Program Status"，即可停止监控程序的运行。

注意：必须停止监控，否则影响上位机程序的运行。

4）PC 与 PLC 串口通信调试

PC 与西门子 PLC 串口通信采用 PPI 通信协议。

打开"串口调试助手"程序，首先设置串口号为 COM1、波特率为 9600、校验位为 EVEN（偶校验）、数据位为 8、停止位为 1 等参数（注意：设置的参数必须与 PLC 一致），选择"十六进制显示"和"十六进制发送"，打开串口。

例如，向 S7-200PLC 发送指令"68 1B 1B 68 02 00 6C 32 01 00 00 00 00 00 0E 00 00 04 01 12 0A 10 04 00 01 00 01 84 00 03 20 8D 16"，单击"手动发送"按钮，读取寄存器 VW100 中的数据。

如果 PC 与 PLC 串口通信正常，接收区显示返回的数据串"E5"，如图 12-90 所示。

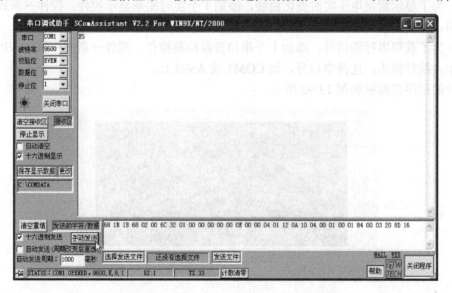

图 12-90 西门子 PLC 模拟输入串口调试 1

再发确认指令"10 02 00 5C 5E 16"，PLC 返回数据如"E5 68 17 17 68 00 02 08 32 03 00 00 00 00 00 02 00 06 00 00 04 01 FF 04 00 10 50 F8 A7 16"，如图 12-91 所示，其中第 27 字节"50"和第 28 字节"F8"就反映输入电压值。将"50F8"转换为十进制 20728，再除以 6400 就是采集的电压值 3.24V，与万用表测量值相同。

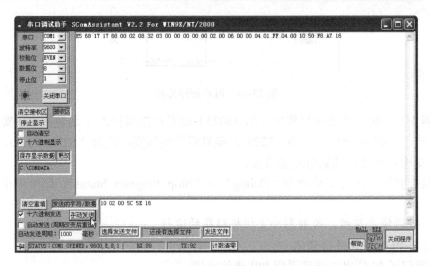

图 12-91　西门子 PLC 模拟输入串口调试 2

注意： 发送二次指令时，串口调试助手程序始终要保持在所有程序界面的前面。

2. PC 端 LabVIEW 程序

1）程序前面板设计

（1）为了以数字形式显示测量电压值，添加 1 个数值显示控件：控件→新式→数值→数值显示控件，将标签改为"电压值："。

（2）为了显示测量电压实时变化曲线，添加 1 个实时图形显示控件：控件→新式→图形→波形图，将标签改为"实时曲线"，将 Y 轴标尺范围改为 0～10。

（3）为了获得串行端口号，添加 1 个串口资源检测控件：控件→新式→I/O→VISA 资源名称；单击控件箭头，选择串口号，如 COM1 或 ASRL1:。

设计的程序前面板如图 12-92 所示。

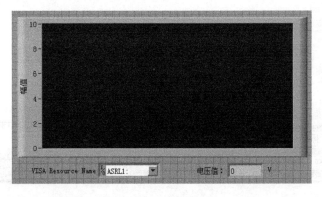

图 12-92　程序前面板

2）框图程序设计

（1）串口初始化框图程序。

① 为了设置通信参数，添加 1 个串口配置函数：函数→仪器 I/O→串口→VISA 配置串口。

② 添加1个顺序结构：函数→编程→结构→层叠式顺序结构。

将其帧设置为6个（序号0—5）。设置方法：选中层叠式顺序结构上边框，单击鼠标右键，执行"在后面添加帧"命令5次。

③ 为了设置通信参数值，在顺序结构Frame0中添加4个数值常量：函数→编程→数值→数值常量，值分别为9600（波特率）、8（数据位）、2（校验位，偶校验）、10（停止位1，注意这里的设定值为10）。

④ 将VISA资源名称函数的输出端口与串口配置函数的输入端口VISA资源名称相连。

⑤ 将数值常量9600、8、2、10分别与VISA配置串口函数的输入端口波特率、数据比特、奇偶、停止位相连。

连接好的框图程序如图12-93所示。

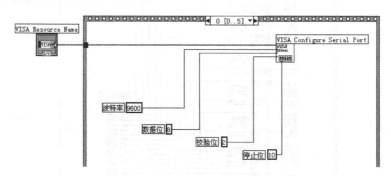

图12-93 串口初始化框图程序

（2）发送读指令框图程序。

① 为了发送指令到串口，在顺序结构Frame1中添加1个串口写入函数：函数→仪器I/O→串口→VISA写入。

② 在顺序结构Frame1中添加33个字符串常量：函数→编程→字符串→字符串常量。将11个字符串常量的值分别改为68、1B、1B、68、02、00、6C、32、01、00、00、00、00、00、0E、00、00、04、01、12、0A、10、04、00、01、00、01、84、00、03、20、8D、16（即读取寄存器VW100中的数据）。

③ 在顺序结构Frame1中添加33个十六进制数字符串至数值转换函数：函数→编程→字符串/数值转换→十六进制数字符串至数值转换。

④ 将33个字符串常量分别与33个十六进制数字符串至数值转换函数的输入端口字符串相连。

⑤ 在顺序结构Frame1中添加1个创建数组函数：函数→编程→数组→创建数组。并设置为33个元素。

⑥ 将33个十六进制数字符串至数值转换函数的输出端口分别与创建数组函数的对应输入端口元素相连。

⑦ 在顺序结构Frame1中添加字节数组转字符串函数：函数→编程→字符串→字符串/数组/路径转换→字节数组至字符串转换。

⑧ 将创建数组函数的输出端口添加的数组与字节数组至字符串转换函数的输入端口无符号字节数组相连。

⑨ 将字节数组至字符串转换函数的输出端口字符串与 VISA 写入函数的输入端口写入缓冲区相连。

⑩ 将 VISA 资源名称函数的输出端口与 VISA 写入函数的输入端口 VISA 资源名称相连。

连接好的框图程序如图 12-94 所示。

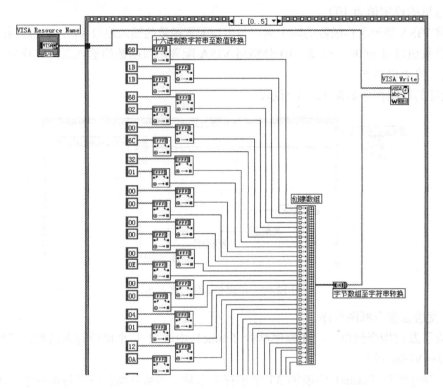

图 12-94　发送读指令框图程序

（3）延时框图程序。

① 为了以一定的周期读取 PLC 的电压测量数据，在顺序结构 Frame2 中添加 1 个时钟函数：函数→编程→定时→等待下一个整数倍毫秒。

② 在顺序结构 Frame2 中添加 1 个数值常量：函数→编程→数值→数值常量，将值改为 500（时钟频率值）。

③ 将数值常量（值为 1000）与等待下一个整数倍毫秒函数的输入端口毫秒倍数相连。

连接好的框图程序如图 12-95 所示。

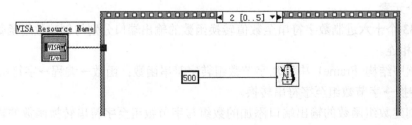

图 12-95　延时框图程序

(4) 发送确认指令框图程序。

① 为了获得串口缓冲区数据个数，在顺序结构 Frame3 中添加 1 个串口字节数函数：函数→仪器 I/O→串口→VISA 串口字节数，标签为"Property Node"。

② 为了从串口缓冲区获取返回数据，在顺序结构 Frame3 中添加 1 个串口读取函数：函数→仪器 I/O→串口→VISA 读取。

③ 在顺序结构 Frame3 中添加 1 个扫描值函数：函数→编程→字符串→字符串/数值转换→扫描值。

④ 在顺序结构 Frame3 中添加 1 个字符串常量：函数→编程→字符串→字符串常量，值为"%b"，表示输入的是二进制数据。

⑤ 在顺序结构 Frame3 中添加 1 个数值常量：函数→编程→数值→数值常量，值为 0。

⑥ 在顺序结构 Frame3 中添加 1 个强制类型转换函数：函数→编程→数值→数据操作→强制类型转换。

⑦ 将 VISA 资源名称函数的输出端口分别与串口字节数函数的输入端口引用、VISA 读取函数的输入端口 VISA 资源名称相连。

⑧ 将串口字节数函数的输出端口 Number of bytes at Serial port 与 VISA 读取函数的输入端口字节总数相连。

⑨ 将 VISA 读取函数的输出端口读取缓冲区与扫描值函数的输入端口字符串相连。

⑩ 将字符串常量（值为%b）与扫描值函数的输入端口"格式字符串"相连；

⑪ 将扫描值函数的输出端口"输出字符串"与强制类型转换函数的输入端口 x 相连。

⑫ 添加 1 个字符串常量：函数→编程→字符串→字符串常量，值为"E5"，表示返回值。

⑬ 添加 1 个比较函数：函数→编程→比较→等于?。

⑭ 添加 1 个条件结构：函数→编程→结构→条件结构。

⑮ 将强制类型转换函数的输出端口与比较函数"="的输入端口 x 相连。

⑯ 将字符串常量"E5"与比较函数"="的输入端口 y 相连。

⑰ 将比较函数"="的输出端口"x=y?"与条件结构的选择端口?相连。

⑱ 在条件结构中添加数组常量：函数→编程→数组→数组常量。

再往数组常量中添加数值常量，设置为 6 个，将其数据格式设置为十六进制，方法为：选中数组常量中的数值常量，单击鼠标右键，执行"格式与精度"命令，在出现的对话框中，从格式与精度选项中选择十六进制，单击"OK"按钮确定。将 6 个数值常量的值分别改为 10、02、00 、5C、5E、16。

⑲ 在条件结构中添加 1 字节数组转字符串函数：函数→编程→字符串→字符串/数组/路径转换→字节数组至字符串转换。

⑳ 为了发送指令到串口，在条件结构中添加 1 个串口写入函数：函数→仪器 I/O→串口→VISA 写入。

㉑ 将 VISA 资源名称函数的输出端口与 VISA 写入函数的输入端口 VISA 资源名称相连。

㉒ 将数组常量的输出端口与字节数组至字符串转换函数的输入端口无符号字节数组相连。

㉓ 将字节数组至字符串转换函数的输出端口字符串与 VISA 写入函数的输入端口写入缓冲区相连。

连接好的框图程序如图12-96所示。

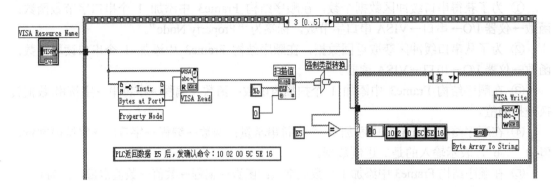

图12-96　发送确认指令框图程序

（5）延时框图程序。

在顺序结构Frame4中添加1个时钟函数和1个数值常量（值为500），并将两者连接起来。

（6）接收数据框图程序。

① 为了获得串口缓冲区数据个数，在顺序结构Frame5中添加1个串口字节数函数：函数→仪器I/O→串口→VISA串口字节数，标签为"Property Node"。

② 在顺序结构Frame5中添加1个串口读取函数：函数→仪器I/O→串口→VISA读取。

③ 在顺序结构Frame5中添加字符串转字节数组函数：函数→编程→字符串→字符串/数组/路径转换→字符串至字节数组转换。

④ 在顺序结构Frame5中添加两个索引数组函数：函数→编程→数组→索引数组。

⑤ 在顺序结构Frame5中添加两个数值常量：函数→编程→数值→数值常量，值分别为25和26。

⑥ 将VISA资源名称函数的输出端口分别与串口字节数函数的输入端口引用、VISA读取函数的输入端口VISA资源名称相连。

⑦ 将串口字节数函数的输出端口Number of bytes at Serial port与VISA读取函数的输入端口字节总数相连。

⑧ 将VISA读取函数的输出端口读取缓冲区与字符串至字节数组转换函数的输入端口字符串相连。

⑨ 将字符串至字节数组转换函数的输出端口无符号字节数组分别与两个索引数组函数的输入端口数组相连。

⑩ 将数值常量（值为25、26）分别与索引数组函数的输入端口索引相连。

⑪ 添加其他功能函数并连线：将读取的十六进制数据值转换为十进制数（PLC寄存器中的数字量值），然后除以6400，就是1通道的十进制电压值。

连接好的框图程序如图12-97所示。

第 12 章 远程 I/O 模块与 PLC 测控

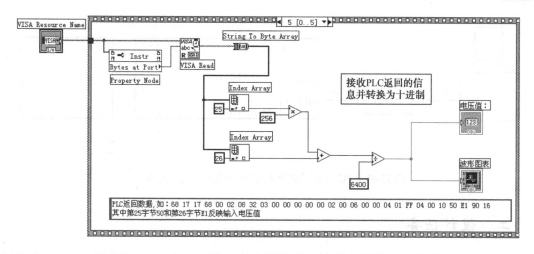

图 12-97 接收数据框图程序

3）运行程序

程序设计、调试完毕，单击快捷工具栏"连续运行"按钮，运行程序。

PC 读取并显示西门子 PLC 检测的电压值，绘制电压实时变化曲线。

初始化显示数值时需要一定时间。

程序运行界面如图 12-98 所示。

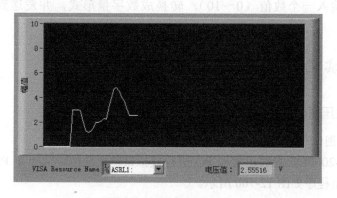

图 12-98 程序运行界面

实例 113　西门子 PLC 模拟电压输出

一、线路连接

将 PC 与西门子 S7-200 PLC 通过 PC/PPI 编程电缆连接起来，将模拟量扩展模块 EM235 与 PLC 连接起来，构成一套模拟电压输出系统，如图 12-99 所示。

将模拟量扩展模块 EM235 与 PLC 主机相连。模拟电压从 M0（-）和 V0（+）输出 （0~10V）。不需要连线，直接用万用表测量输出电压。

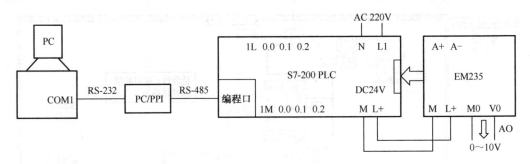

图 12-99　PC 与 S7-200PLC 组成的模拟电压输出系统

二、设计任务

PLC 与 PC 通信，在程序设计上涉及两部分的内容：一是 PLC 端数据采集、控制和通信程序；二是 PC 端通信和功能程序。

（1）采用 STEP 12-Micro/WIN 编程软件编写 PLC 程序，将上位 PC 输出的电压值（数字量形式，在寄存器 VW100 中）存入寄存器 AQW0 中，并在 EM235 模拟量输出通道输出同样大小的电压值（0～10V）。

（2）采用 LabVIEW 语言编写程序，实现 PC 与西门子 S7-200 PLC 数据通信，要求在 PC 程序界面中输入一个数值（0～10），转换成数字量形式，并发送到 PLC 的寄存器 VW100 中。

三、任务实现

1．PLC 端电压输出程序

1）PLC 梯形图

为了保证 S7-200PLC 能够正常与 PC 进行模拟量输出通信，需要在 PLC 中运行一段程序。PLC 电压输出程序如图 12-100 所示。

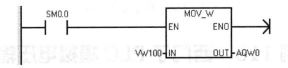

图 12-100　PLC 电压输出程序

在上位机程序中输入数值（0～10）并转换为数字量值（0～32000），发送到 PLC 寄存器 VW100 中。在下位机程序中，将寄存器 VW100 中的数字量值送给输出寄存器 AQW0。PLC 自动将数字量值转换为对应的电压值（0～10V），在模拟量输出通道输出。

2）程序的下载

PLC 端程序编写完成后需将其下载到 PLC 才能正常运行。步骤如下：

（1）接通 PLC 主机电源，将 RUN/STOP 转换开关置于 STOP 位置。

（2）运行 STEP 12-Micro/WIN 编程软件，打开模拟量输出程序。

（3）执行菜单命令"File"→"Download..."，打开"Download"对话框，单击"Download"按钮，即开始下载程序，如图12-101所示。

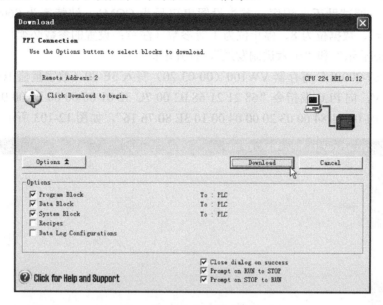

图 12-101 程序下载对话框

（4）程序下载完毕后将 RUN/STOP 转换开关置于 RUN 位置，即可进行模拟电压的输出。

3）PLC 程序的监控

PLC 端程序写入后，可以进行实时监控。步骤如下：

（1）接通 PLC 主机电源，将 RUN/STOP 转换开关置于 RUN 位置。

（2）运行 STEP 12-Micro/WIN 编程软件，打开模拟量输出程序，并下载。

（3）执行菜单命令"Debug"→"Start Program Status"，即可开始监控程序的运行，如图 12-102 所示。

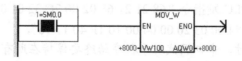

图 12-102 PLC 程序监控

寄存器 AQW0 右边的黄色数字（如 8000）就是要输出到模拟量输出通道的电压值（数字量形式，根据 0～32000 对应 0～10V，换算后的电压实际值为 2.5V，与万用表测量值相同），改变输入电压，该数值随着改变。

注意：模拟量输出程序监控前，要保证往寄存器 VW100 中发送数字量 8000。实际测试时先运行上位机程序，输入数值 2.5（反映电压大小），转换成数字量 8000 再发送给 PLC。

（4）监控完毕后，执行菜单命令"Debug"→"Stop Program Status"，即可停止监控程序的运行。

注意：必须停止监控，否则影响上位机程序的运行。

4) PC 与 PLC 串口通信调试

PC 与西门子 PLC 串口通信采用 PPI 通信协议。

打开"串口调试助手"程序，首先设置串口号为 COM1、波特率为 9600、校验位为 EVEN（偶校验）、数据位为 8、停止位为 1 等参数（注意：设置的参数必须与 PLC 一致），选择"十六进制显示"和"十六进制发送"，打开串口。

例如，向 S7-200PLC 寄存器 VW100（00 03 20）写入 3E 80（数字量值 16000 的十六进制），即输出 5V，向 PLC 发指令 "68 21 21 68 02 00 7C 32 01 00 00 00 00 00 0E 00 06 05 01 12 0A 10 04 00 01 00 01 84 00 03 20 00 04 00 10 3E 80 76 16"，如图 12-103 所示。

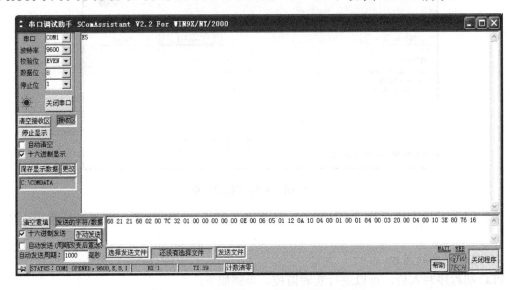

图 12-103　西门子 PLC 模拟输出串口调试

PLC 返回数据"E5"后，再发确认指令"10 02 00 5C 5E 16"，PLC 再返回数据"E5"后，写入成功。用万用表测试 EM235 模块输出端口电压应该是 5V。

同样可知向 S7-200PLC 寄存器 VW100（00 03 20）写入 1F 40（数字量值 8000 的十六进制），即输出 2.5V，向 PLC 发指令 "68 21 21 68 02 00 7C 32 01 00 00 00 00 00 0E 00 06 05 01 12 0A 10 04 00 01 00 01 84 00 03 20 00 04 00 10 1F 40 17 16"。

注意：发送二次指令时，串口调试助手程序始终要保持在所有程序界面的前面。

2. PC 端 LabVIEW 程序

1）程序前面板设计

（1）为了输出电压值，添加 1 个开关控件：控件→新式→布尔→垂直滑动杆开关控件，将标签改为"输出 2.5V"。

（2）为了输入指令，添加 1 个字符串输入控件：控件→新式→字符串与路径→字符串输入控件，将标签改为"指令：68 21 21 68 02 00 7C 32 01 00 00 00 00 00 0E 00 06 05 01 12 0A 10 04 00 01 00 01 84 00 03 20 00 04 00 10 1F 40 17 16"。

（3）为了获得串行端口号，添加 1 个串口资源检测控件：控件→新式→I/O→VISA 资源名称；单击控件箭头，选择串口号，如 COM1 或 ASRL1:。

设计的程序前面板如图 12-104 所示。

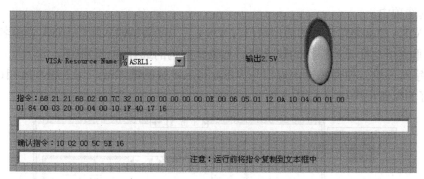

图 12-104　程序前面板

2）框图程序设计

（1）串口初始化框图程序。

① 为了设置通信参数，添加 1 个串口配置函数：函数→仪器 I/O→串口→VISA 配置串口。

② 添加 1 个顺序结构：函数→编程→结构→层叠式顺序结构。

将其帧设置为 4 个（序号 0～3）。设置方法：选中层叠式顺序结构上边框，单击鼠标右键，执行"在后面添加帧"命令 3 次。

③ 为了设置通信参数值，在顺序结构 Frame0 中添加 4 个数值常量：函数→编程→数值→数值常量，值分别为 9600（波特率）、8（数据位）、2（校验位，偶校验）、10（停止位1，注意这里的设定值为 10）。

④ 将 VISA 资源名称函数的输出端口与串口配置函数的输入端口 VISA 资源名称相连。

⑤ 将数值常量 9600、8、2、10 分别与 VISA 配置串口函数的输入端口波特率、数据比特、奇偶、停止位相连。

连接好的框图程序如图 12-105 所示。

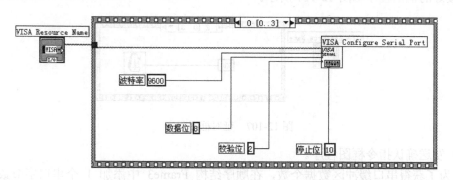

图 12-105　串口初始化框图程序

（2）发送指令框图程序。

① 在顺序结构 Frame1 中添加 1 个条件结构：函数→编程→结构→条件结构。

② 为了发送指令到串口，在条件结构真选项中添加 1 个串口写入函数：函数→仪器 I/O→串口→VISA 写入。

③ 将垂直滑动杆开关控件图标移到顺序结构 Frame1 中；将字符串输入控件图标移到条件结构真选项中。

④ 将 VISA 资源名称函数的输出端口与 VISA 写入函数的输入端口 VISA 资源名称相连。

⑤ 将垂直滑动杆开关控件的输出端口与条件结构的选择端口?相连。

⑥ 将字符串输入控件的输出端口与 VISA 写入函数的输入端口写入缓冲区相连。

连接好的框图程序如图 12-106 所示。

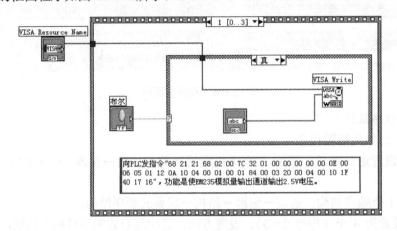

图 12-106　发送指令框图程序

（3）延时框图程序。

① 在顺序结构 Frame2 中添加 1 个时钟函数：函数→编程→定时→等待下一个整数倍毫秒。

② 在顺序结构 Frame2 中添加 1 个数值常量：函数→编程→数值→数值常量，将值改为 500（时钟频率值）。

③ 将数值常量（值为 500）与等待下一个整数倍毫秒函数的输入端口毫秒倍数相连。

连接好的框图程序如图 12-107 所示。

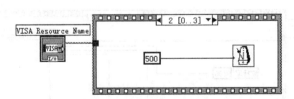

图 12-107　延时框图程序

（4）发送确认指令框图程序。

① 为了获得串口缓冲区数据个数，在顺序结构 Frame3 中添加 1 个串口字节数函数：函数→仪器 I/O→串口→VISA 串口字节数，标签为"Property Node"。

② 为了从串口缓冲区获取返回数据，在顺序结构 Frame3 中添加 1 个串口读取函数：函数→仪器 I/O→串口→VISA 读取。

③ 在顺序结构 Frame3 中添加 1 个扫描值函数：函数→编程→字符串→字符串/数值转换→扫描值。

④ 在顺序结构 Frame3 中添加 1 个字符串常量：函数→编程→字符串→字符串常量，值为 "%b"，表示输入的是二进制数据。

⑤ 在顺序结构 Frame3 中添加 1 个数值常量：函数→编程→数值→数值常量，值为 0。

⑥ 在顺序结构 Frame3 中添加 1 个强制类型转换函数：函数→编程→数值→数据操作→强制类型转换。

⑦ 将 VISA 资源名称函数的输出端口分别与串口字节数函数的输入端口引用、VISA 读取函数的输入端口 VISA 资源名称相连。

⑧ 将串口字节数函数的输出端口 Number of bytes at Serial port 与 VISA 读取函数的输入端口字节总数相连。

⑨ 将 VISA 读取函数的输出端口读取缓冲区与扫描值函数的输入端口字符串相连。

⑩ 将字符串常量（值为%b）与扫描值函数的输入端口 "格式字符串" 相连；

⑪ 将扫描值函数的输出端口 "输出字符串" 与强制类型转换函数的输入端口 x 相连。

⑫ 添加 1 个字符串常量：函数→编程→字符串→字符串常量，值为 "E5"，表示返回值。

⑬ 添加 1 个比较函数：函数→编程→比较→等于?。

⑭ 添加 1 个条件结构：函数→编程→结构→条件结构。

⑮ 将强制类型转换函数的输出端口与比较函数 "=" 的输入端口 x 相连。

⑯ 将字符串常量 "E5" 与比较函数 "=" 的输入端口 y 相连。

⑰ 将比较函数 "=" 的输出端口 "x=y?" 与条件结构的选择端口⑫相连。

⑱ 为了发送指令到串口，在条件结构中添加 1 个串口写入函数：函数→仪器 I/O→串口→VISA 写入。

⑲ 将 VISA 资源名称函数的输出端口与 VISA 写入函数的输入端口 VISA 资源名称相连。

⑳ 将确认指令字符串输入控件图标移到条件结构真选项中；将字符串输入控件的输出端口与 VISA 写入函数的输入端口写入缓冲区相连。

连接好的框图程序如图 12-108 所示。

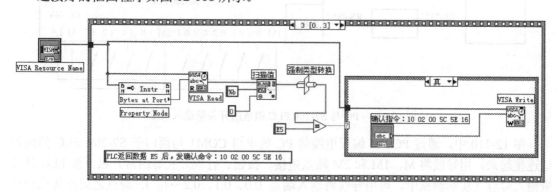

图 12-108　发送确认指令框图程序

3）运行程序

程序设计、调试完毕，单击快捷工具栏 "连续运行" 按钮，运行程序。

将指令 "68 21 21 68 02 00 7C 32 01 00 00 00 00 00 0E 00 06 05 01 12 0A 10 04 00 01 00 01 84 00 03 20 00 04 00 10 1F 40 17 16" 复制到字符串输入控件中；将确认指令 "10 02 00 5C 5E 16"

复制到字符串输入控件中,单击滑动开关,西门子 PLC 模拟量扩展模块输出 2.5V 电压。

程序运行界面如图 12-109 所示。

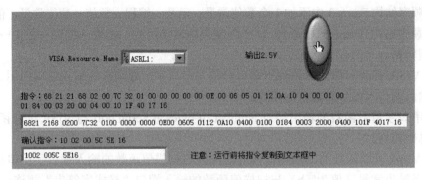

图 12-109　程序运行界面

实例 114　西门子 PLC 开关信号输入

一、线路连接

将 PC 与西门子 S7-200 PLC 通过 PC/PPI 编程电缆连接起来,构成一套开关量输入系统,如图 12-110 所示。采用按钮、行程开关、继电器开关等改变 PLC 某个输入端口的状态(打开/关闭)。

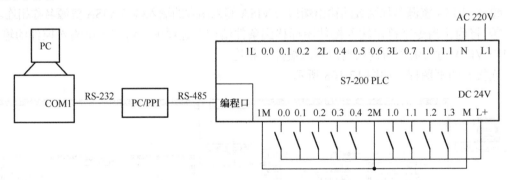

图 12-110　PC 与 S7-200 PLC 组成的开关量输入系统

图 12-110 中,通过 PC/PPI 编程电缆将 PC 的串口 COM1 与西门子 S7-200 PLC 的编程口连接起来。用导线将 M、1M 和 2M 端点短接,按钮、行程开关等的常开触点接 PLC 开关量输入端点(实际测试中,可用导线将输入端点 0.0、0.1、0.2…与 L+端点之间短接或断开产生开关量输入信号)。

二、设计任务

采用 LabVIEW 语言编写程序,实现 PC 与西门子 S7-200PLC 数据通信,要求 PC 接收 PLC 发送的开关量输入信号状态值,并在程序界面中显示。

三、任务实现

1. PC 与西门子 S7-200 PLC 串口通信调试

PC 与西门子 PLC 串口通信采用 PPI 通信协议。

打开"串口调试助手"程序，首先设置串口号为 COM1、波特率为 9600、校验位为 EVEN（偶校验）、数据位为 8、停止位为 1 等参数（注意：设置的参数必须与 PLC 一致），选择"十六进制显示"和"十六进制发送"，打开串口。

例如，向 S7-200PLC 发送读指令，取寄存器 I0 的值，发指令"68 1B 1B 68 02 00 6C 32 01 00 00 00 00 00 0E 00 00 04 01 12 0A 10 02 00 01 00 00 81 00 00 00 64 16"，单击"手动发送"按钮，如果 PC 与 PLC 串口通信正常，接收区显示返回的数据串"E5"，如图 12-111 所示。

再发确认指令"10 02 00 5C 5E 16"，PLC 返回数据如"E5 68 16 16 68 00 02 08 32 03 00 00 00 00 00 02 00 05 00 00 04 01 FF 04 00 08 84 DA 16"，如图 12-112 所示，第 27 字节"84"表示 PLC 数字量输入端口 I0.0-I0.7 的状态，将"84"转成二进制"10000100"，表示 7 号、2 号端子是高电平。

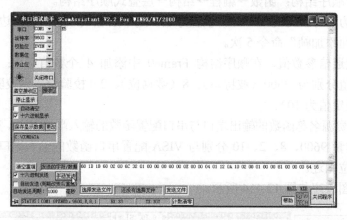

图 12-111　西门子 PLC 数字量输入串口调试 1

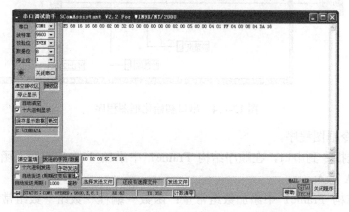

图 12-112　西门子 PLC 数字量输入串口调试 2

注意：发送二次指令时，串口调试助手程序始终要保持在所有程序界面的前面。

2. PC 端 LabVIEW 程序

1）程序前面板设计

（1）为了显示开关信号输入状态，添加 1 个数值显示控件：控件→新式→数值→数值显示控件，将标签改为"状态信息："。

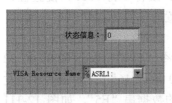

图 12-113 程序前面板

右键单击该控件，选择"格式与精度"选项，在出现的数值属性对话框中进入"数据范围"选项，表示法选择"无符号单字节"，然后进入"格式与精度"选项，选择"二进制"。

（2）为了获得串行端口号，添加 1 个串口资源检测控件：控件→新式→I/O→VISA 资源名称；单击控件箭头，选择串口号，如 ASRL1:或 COM1。

设计的程序前面板如图 12-113 所示。

2）框图程序设计

（1）串口初始化框图程序。

① 为了设置通信参数，添加 1 个串口配置函数：函数→仪器 I/O→串口→VISA 配置串口。

② 添加 1 个顺序结构：函数→编程→结构→层叠式顺序结构。

将其帧设置为 6 个（序号 0~5）。设置方法：选中层叠式顺序结构上边框，单击鼠标右键，执行"在后面添加帧"命令 5 次。

③ 为了设置通信参数值，在顺序结构 Frame0 中添加 4 个数值常量：函数→编程→数值→数值常量，值分别为 9600（波特率）、8（数据位）、2（校验位，偶校验）、10（停止位 1，注意这里的设定值为 10）。

④ 将 VISA 资源名称函数的输出端口与串口配置函数的输入端口 VISA 资源名称相连。

⑤ 将数值常量 9600、8、2、10 分别与 VISA 配置串口函数的输入端口波特率、数据比特、奇偶、停止位相连。

连接好的框图程序如图 12-114 所示。

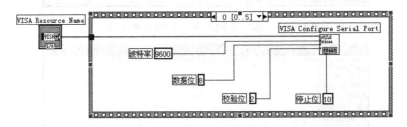

图 12-114 串口初始化框图程序

（2）发送指令框图程序。

① 为了发送指令到串口，在顺序结构 Frame1 中添加 1 个串口写入函数：函数→仪器 I/O→串口→VISA 写入。

② 在顺序结构 Frame1 中添加数组常量：函数→编程→数组→数组常量，标签为"读指令"。

再往数组常量中添加数值常量,设置为 33 个,将其数据格式设置为十六进制,方法为:选中数组常量(函数中的数值常量,单击鼠标右键,执行"格式与精度"命令,在出现的对话框中,从格式与精度选项中选择十六进制,单击"OK"按钮确定。

将 33 个数值常量的值分别改为 68、1B、1B、68、02、00、6C、32、01、00、00、00、00、00、0E、00、00、04、01、12、0A、10、02、00、01、00、00、81、00、00、00、64、16(取寄存器 I0 的值,反映 I0.0~I0.7 的状态信息)。

③ 在顺序结构 Frame1 中添加字节数组转字符串函数:函数→编程→字符串→字符串/数组/路径转换→字节数组至字符串转换。

④ 将 VISA 资源名称函数的输出端口与 VISA 写入函数的输入端口 VISA 资源名称相连。

⑤ 将数组常量(标签为"读指令")的输出端口与字节数组至字符串转换函数的输入端口无符号字节数组相连。

⑥ 将字节数组至字符串转换函数的输出端口字符串与 VISA 写入函数的输入端口写入缓冲区相连。

连接好的框图程序如图 12-115 所示。

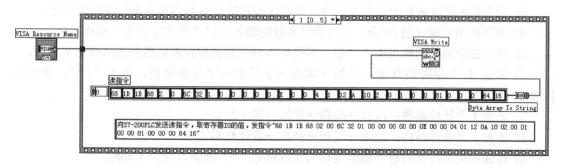

图 12-115 发送指令框图程序

(3)延时框图程序。

① 为了以一定的周期读取 PLC 的返回数据,在顺序结构 Frame2 中添加 1 个时钟函数:函数→编程→定时→等待下一个整数倍毫秒。

② 在顺序结构 Frame2 中添加 1 个数值常量:函数→编程→数值→数值常量,将值改为 500(时钟频率值)。

③ 将数值常量(值为 500)与等待下一个整数倍毫秒函数的输入端口毫秒倍数相连。

连接好的框图程序如图 12-116 所示。

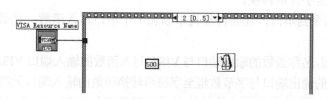

图 12-116 延时框图程序

(4)发送确认指令框图程序。

① 为了获得串口缓冲区数据个数,在顺序结构 Frame3 中添加 1 个串口字节数函数:

函数→仪器 I/O→串口→VISA 串口字节数，标签为"Property Node"。

② 为了从串口缓冲区获取返回数据，在顺序结构 Frame3 中添加 1 个串口读取函数：函数→仪器 I/O→串口→VISA 读取。

③ 在顺序结构 Frame3 中添加 1 个扫描值函数：函数→编程→字符串→字符串/数值转换→扫描值。

④ 在顺序结构 Frame3 中添加 1 个字符串常量：函数→编程→字符串→字符串常量，值为"%b"，表示输入的是二进制数据。

⑤ 在顺序结构 Frame3 中添加 1 个数值常量：函数→编程→数值→数值常量，值为 0。

⑥ 在顺序结构 Frame3 中添加 1 个强制类型转换函数：函数→编程→数值→数据操作→强制类型转换。

⑦ 将 VISA 资源名称函数的输出端口分别与串口字节数函数的输入端口引用、VISA 读取函数的输入端口 VISA 资源名称相连。

⑧ 将串口字节数函数的输出端口 Number of bytes at Serial port 与 VISA 读取函数的输入端口字节总数相连。

⑨ 将 VISA 读取函数的输出端口读取缓冲区与扫描值函数的输入端口字符串相连。

⑩ 将字符串常量（值为%b）与扫描值函数的输入端口"格式字符串"相连；

⑪ 将扫描值函数的输出端口"输出字符串"与强制类型转换函数的输入端口 x 相连。

⑫ 添加 1 个字符串常量：函数→编程→字符串→字符串常量，值为"E5"，表示返回值。

⑬ 添加 1 个比较函数：函数→编程→比较→等于?。

⑭ 添加 1 个条件结构：函数→编程→结构→条件结构。

⑮ 将强制类型转换函数的输出端口与比较函数"="的输入端口 x 相连。

⑯ 将字符串常量"E5"与比较函数"="的输入端口 y 相连。

⑰ 将比较函数"="的输出端口"x=y?"与条件结构的选择端口 相连。

⑱ 在条件结构中添加数组常量：函数→编程→数组→数组常量。

再往数组常量中添加数值常量，设置为 6 个，将其数据格式设置为十六进制，方法为：选中数组常量中的数值常量，单击鼠标右键，执行"格式与精度"命令，在出现的对话框中，从格式与精度选项中选择十六进制，单击"OK"按钮确定。将 6 个数值常量的值分别改为 10、02、00 、5C、5E、16。

⑲ 在条件结构中添加 1 字节数组转字符串函数：函数→编程→字符串→字符串/数组/路径转换→字节数组至字符串转换。

⑳ 为了发送指令到串口，在条件结构中添加 1 个串口写入函数：函数→仪器 I/O→串口→VISA 写入。

㉑ 将 VISA 资源名称函数的输出端口与 VISA 写入函数的输入端口 VISA 资源名称相连。

㉒ 将数组常量的输出端口与字节数组至字符串转换函数的输入端口无符号字节数组相连。

㉓ 将字节数组至字符串转换函数的输出端口字符串与 VISA 写入函数的输入端口写入缓冲区相连。

连接好的框图程序如图 12-117 所示。

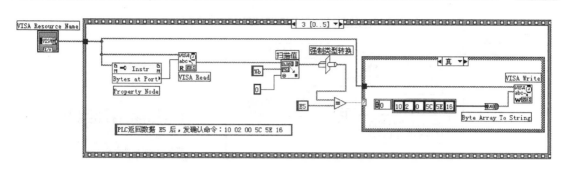

图 12-117　发送确认指令框图程序

（5）延时框图程序。

在顺序结构 Frame4 中添加 1 个时钟函数和 1 个数值常量（值为 500），并将两者连接起来。

（6）接收数据框图程序。

① 为了获得串口缓冲区数据个数，在顺序结构 Frame5 中添加 1 个串口字节数函数：函数→仪器 I/O→串口→VISA 串口字节数，标签为"Property Node"。

② 为了从串口缓冲区获取返回数据，在顺序结构 Frame5 中添加 1 个串口读取函数：函数→仪器 I/O→串口→VISA 读取。

③ 在顺序结构 Frame5 中添加字符串转字节数组函数：函数→编程→字符串→字符串/数组/路径转换→字符串至字节数组转换。

④ 在顺序结构 Frame5 中添加 1 个索引数组函数：函数→编程→数组→索引数组。

⑤ 添加 1 个数值常量：函数→编程→数值→数值常量，值为 25。

⑥ 将 VISA 资源名称函数的输出端口分别与串口字节数函数的输入端口引用、VISA 读取函数的输入端口 VISA 资源名称相连。

⑦ 将串口字节数函数的输出端口 Number of bytes at Serial port 与 VISA 读取函数的输入端口字节总数相连。

⑧ 将 VISA 读取函数的输出端口读取缓冲区与字符串至字节数组转换函数的输入端口字符串相连。

⑨ 将字符串至字节数组转换函数的输出端口无符号字节数组分别与两个索引数组函数的输入端口数组相连。

⑩ 将数值常量（值为 25）与索引数组函数的输入端口索引相连。

⑪ 将状态信息显示控件图标移到顺序结构 Frame5 中，将索引数组函数的输出端口元素与状态信息显示控件的输入端口相连。

连接好的框图程序如图 12-118 所示。

3）运行程序

程序设计、调试完毕，单击快捷工具栏"连续运行"按钮，运行程序。

首先设置端口号。PC 读取并显示西门子 PLC 开关量输入信号值，如"10000000"，表示端口 I0.7 闭合，其他端口断开（因为检测速度，有时需要等待几秒才会有数据显示）。

程序运行界面如图 12-119 所示。

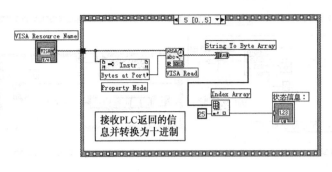

图 12-118　接收数据框图程序

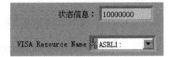

图 12-119　程序运行界面

实例 115　西门子 PLC 开关信号输出

一、线路连接

将 PC 与西门子 S7-200 PLC 通过 PC/PPI 编程电缆连接起来，构成一套开关量输出系统，如图 12-120 所示。

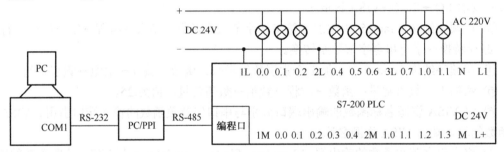

图 12-120　PC 与 S7-200PLC 组成的开关量输出系统

图 12-120 中，通过 PC/PPI 编程电缆将 PC 的串口 COM1 与西门子 S7-200 PLC 的编程口连接起来。可外接指示灯或继电器等装置来显示 PLC 开关输出状态。

实际测试中，不需要外接指示装置，直接使用 PLC 提供的输出信号指示灯。

二、设计任务

采用 LabVIEW 语言编写程序，实现 PC 与西门子 S7-200PLC 数据通信，任务要求如下：在 PC 程序界面中指定元件地址，单击置位/复位（或打开/关闭）命令按钮，置指定地址的元件端口（继电器）状态为 ON 或 OFF，使线路中 PLC 指示灯亮/灭。

三、任务实现

1. PC 与西门子 S7-200 PLC 串口通信调试

PC 与西门子 PLC 串口通信采用 PPI 通信协议。

打开"串口调试助手"程序,首先设置串口号为 COM1、波特率为 9600、校验位为 EVEN(偶校验)、数据位为 8、停止位为 1 等参数(注意:设置的参数必须与 PLC 一致),选择"十六进制显示"和"十六进制发送",打开串口。

向 S7-200PLC 发写指令,将 Q0.0~Q0.7 端口置 1,发 "FF",即 "11111111",向 PLC 发指令 "68 20 20 68 02 00 7C 32 01 00 00 00 00 00 0E 00 05 05 01 12 0A 10 02 00 01 00 00 82 00 00 00 00 04 00 08 FF 86 16"。PLC 返回数据 "E5" 后,再发送确认指令 "10 02 00 5C 5E 16",PLC 再返回数据 "E5" 后,写入成功,如图 12-121 所示。

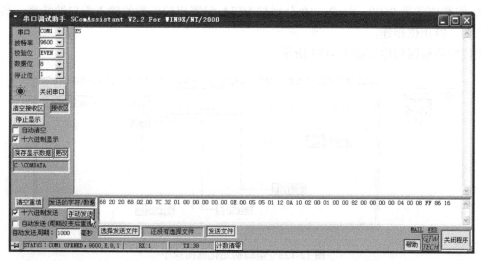

图 12-121　西门子 PLC 数字量输出串口调试

向 S7-200PLC 发写指令,将 Q0.0~Q0.7 端口置 0,发送 "00",即 "00000000",向 PLC 发送指令 "68 20 20 68 02 00 7C 32 01 00 00 00 00 00 0E 00 05 05 01 12 0A 10 02 00 01 00 00 82 00 00 00 00 04 00 08 00 87 16",PLC 返回数据 "E5" 后,再发送确认指令 "10 02 00 5C 5E 16",PLC 再返回数据 "E5" 后,写入成功。

注意:发送二次指令时,串口调试助手程序始终要保持在所有程序界面的前面。

2. PC 端 LabVIEW 程序

1) 程序前面板设计

(1) 为了输出开关信号,添加 1 个开关控件:控件→新式→布尔→垂直滑动杆开关控件。

(2) 为了获得串行端口号,添加 1 个串口资源检测控件:控件→新式→I/O→VISA 资源名称;单击控件箭头,选择串口号,如 ASRL1:或 COM1。

设计的程序前面板如图 12-122 所示。

2) 框图程序设计

(1) 串口初始化框图程序。

① 为了设置通信参数,添加 1 个串口配置函数:函数→仪器 I/O→串口→VISA 配置串口。

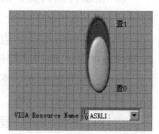

图 12-122　程序前面板

② 添加1个顺序结构：函数→编程→结构→层叠式顺序结构。

将其帧设置为4个（序号0～3）。设置方法：选中层叠式顺序结构上边框，单击鼠标右键，执行"在后面添加帧"命令3次。

③ 为了设置通信参数值，在顺序结构 Frame0 中添加4个数值常量：函数→编程→数值→数值常量，值分别为 9600（波特率）、8（数据位）、2（校验位，偶校验）、10（停止位1，注意这里的设定值为10）。

④ 将 VISA 资源名称函数的输出端口与串口配置函数的输入端口 VISA 资源名称相连。

⑤ 将数值常量 9600、8、2、10 分别与 VISA 配置串口函数的输入端口波特率、数据比特、奇偶、停止位相连。

连接好的框图程序如图 12-123 所示。

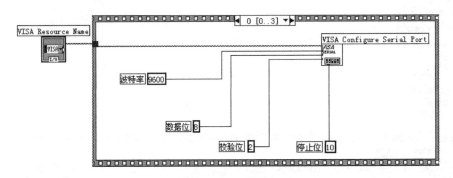

图 12-123 串口初始化框图程序

（2）发送指令框图程序。

① 在顺序结构 Frame1 中添加1个条件结构：函数→编程→结构→条件结构。

② 在条件结构真选项中添加38个字符串常量：函数→编程→字符串→字符串常量。将38个字符串常量的值分别改为 68、20、20、68、02、00、7C、32、01、00、00、00、00、00、0E、00、05、05、01、12、0A、10、02、00、01、00、00、82、00、00、00、00、04、00、08、FF、86、16（即向 PLC 发送指令，将 Q0.0～Q0.7 端口置1）。

③ 在条件结构假选项中添加38个字符串常量：函数→编程→字符串→字符串常量。将38个字符串常量的值分别改为 68、20、20、68、02、00、7C、32、01、00、00、00、00、00、0E、00、05、05、01、12、0A、10、02、00、01、00、00、82、00、00、00、00、04、00、08、00、87、16（即向 PLC 发送指令，将 Q0.0～Q0.7 端口置0）。

④ 在条件结构真、假选项中各添加38个十六进制数字符串至数值转换函数：函数→编程→字符串/数值转换→十六进制数字符串至数值转换。

⑤ 将条件结构真、假选项中的38个字符串常量分别与38个十六进制数字符串至数值转换函数的输入端口字符串相连。

⑥ 在条件结构真、假选项中各添加1个创建数组函数：函数→编程→数组→创建数组。并设置为38个元素。

⑦ 将条件结构真、假选项中38个十六进制数字符串至数值转换函数的输出端口分别与创建数组函数的对应输入端口元素相连。

⑧ 在条件结构真、假选项中添加字节数组转字符串函数：函数→编程→字符串→字符

串/数组/路径转换→字节数组至字符串转换。

⑨ 在条件结构真、假选项中将创建数组函数的输出端口添加的数组与字节数组至字符串转换函数的输入端口无符号字节数组相连。

⑩ 为了发送指令到串口，在条件结构真、假选项中各添加 1 个串口写入函数：函数→仪器 I/O→串口→VISA 写入。

⑪ 在条件结构真、假选项中将字节数组至字符串转换函数的输出端口字符串与 VISA 写入函数的输入端口写入缓冲区相连。

⑫ 将 VISA 资源名称函数的输出端口与条件结构真、假选项中 VISA 写入函数的输入端口 VISA 资源名称相连。

⑬ 将垂直滑动杆开关控件图标移到顺序结构 Frame1 中；并将其输出端口与条件结构的选择端口 ? 相连。

连接好的框图程序如图 12-124 所示。

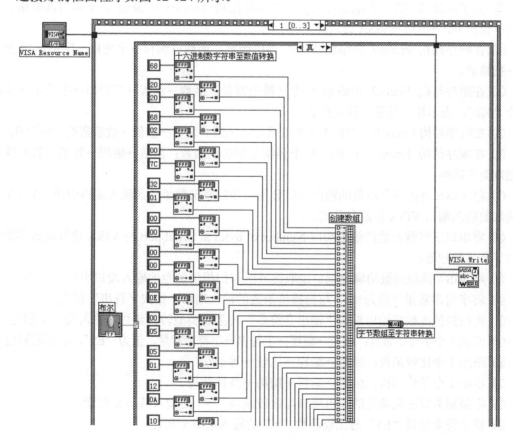

图 12-124 发送指令框图程序

（3）延时框图程序。

① 在顺序结构 Frame2 中添加 1 个时钟函数：函数→编程→定时→等待下一个整数倍毫秒。

② 在顺序结构 Frame2 中添加 1 个数值常量：函数→编程→数值→数值常量，将值改为 500（时钟频率值）。

③ 将数值常量（值为 500）与等待下一个整数倍毫秒函数的输入端口毫秒倍数相连。连接好的框图程序如图 12-125 所示。

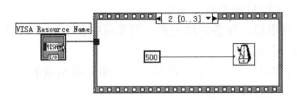

图 12-125　延时框图程序

（4）发送确认指令框图程序。

① 为了获得串口缓冲区数据个数，在顺序结构 Frame3 中添加 1 个串口字节数函数：函数→仪器 I/O→串口→VISA 串口字节数，标签为"Property Node"。

② 为了从串口缓冲区获取返回数据，在顺序结构 Frame3 中添加 1 个串口读取函数：函数→仪器 I/O→串口→VISA 读取。

③ 在顺序结构 Frame3 中添加 1 个扫描值函数：函数→编程→字符串→字符串/数值转换→扫描值。

④ 在顺序结构 Frame3 中添加 1 个字符串常量：函数→编程→字符串→字符串常量，值为"%b"，表示输入的是二进制数据。

⑤ 在顺序结构 Frame3 中添加 1 个数值常量：函数→编程→数值→数值常量，值为 0。

⑥ 在顺序结构 Frame3 中添加 1 个强制类型转换函数：函数→编程→数值→数据操作→强制类型转换。

⑦ 将 VISA 资源名称函数的输出端口分别与串口字节数函数的输入端口引用、VISA 读取函数的输入端口 VISA 资源名称相连。

⑧ 将串口字节数函数的输出端口 Number of bytes at Serial port 与 VISA 读取函数的输入端口字节总数相连。

⑨ 将 VISA 读取函数的输出端口读取缓冲区与扫描值函数的输入端口字符串相连。

⑩ 将字符串常量（值为%b）与扫描值函数的输入端口"格式字符串"相连。

⑪ 将扫描值函数的输出端口"输出字符串"与强制类型转换函数的输入端口 x 相连。

⑫ 添加 1 个字符串常量：函数→编程→字符串→字符串常量，值为"E5"，表示返回值。

⑬ 添加 1 个比较函数：函数→编程→比较→等于?。

⑭ 添加 1 个条件结构：函数→编程→结构→条件结构。

⑮ 将强制类型转换函数的输出端口与比较函数"="的输入端口 x 相连。

⑯ 将字符串常量"E5"与比较函数"="的输入端口 y 相连。

⑰ 将比较函数"="的输出端口"x=y?"与条件结构的选择端口相连。

⑱ 在条件结构中添加数组常量：函数→编程→数组→数组常量。

再往数组常量中添加数值常量，设置为 6 个，将其数据格式设置为十六进制，方法为：选中数组常量中的数值常量，单击鼠标右键，执行"格式与精度"命令，在出现的对话框中，从格式与精度选项中选择十六进制，单击"OK"按钮确定。将 6 个数值常量的值分别改为 10、02、00、5C、5E、16。

⑲ 在条件结构中添加 1 个字节数组转字符串函数：函数→编程→字符串→字符串/数组/路径转换→字节数组至字符串转换。

⑳ 为了发送指令到串口，在条件结构中添加 1 个串口写入函数：函数→仪器 I/O→串口→VISA 写入。

㉑ 将 VISA 资源名称函数的输出端口与 VISA 写入函数的输入端口 VISA 资源名称相连。

㉒ 将数组常量的输出端口与字节数组至字符串转换函数的输入端口无符号字节数组相连。

㉓ 将字节数组至字符串转换函数的输出端口字符串与 VISA 写入函数的输入端口写入缓冲区相连。

连接好的框图程序如图 12-126 所示。

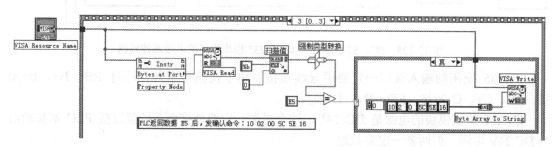

图 12-126　发送确认指令框图程序

3）运行程序

程序设计、调试完毕，单击快捷工具栏"连续运行"按钮，运行程序。

设置串行端口，单击滑动开关，将 Q0.0～Q0.7 端口置 1 或置 0，相应指示灯亮或灭。

程序运行界面如图 12-127 所示。

图 12-127　程序运行界面

实例 116　西门子 PLC 温度测控

一、线路连接

PC、S7-200PLC 及 EM235 模块构成的温度测控线路如图 12-128 所示。

图 12-128 中，将 PC 与 PLC 通过 PC/PPI 电缆连接起来，输出端口 Q0.0、Q0.1、Q0.2

接指示灯，温度传感器 Pt100 接到温度变送器输入端，温度变送器输入范围是 0~200℃，输出 4~200mA，经过 250Ω 电阻将电流信号转换为 1~5V 电压信号输入到 EM235 的输入端口 A+和 A-。

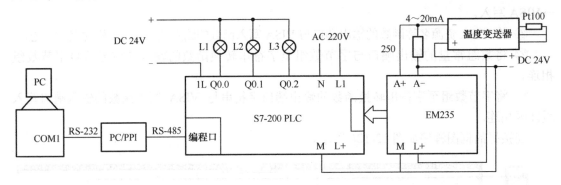

图 12-128　PC、S7-200 PLC 及 EM235 模块构成的温度测控线路

EM235 空闲的输入端口一定要用导线短接以免干扰信号窜入，即将 RB、B+、B-短接，RC、C+、C-短接，RD、D+、D-短接。

EM235 扩展模块的电源是 DC 24V，这个电源一定要外接而不可就近接 PLC 本身输出的 DC 24V 电源，但两者一定要共地。

二、设计任务

PLC 与 PC 通信，在程序设计上涉及两部分的内容：一是 PLC 端数据采集、控制和通信程序；二是 PC 端通信和功能程序。

（1）PLC 端（下位机）程序设计：检测温度值。当测量温度小于 30℃时，Q0.0 端口置位，当测量温度大于等于 30℃且小于等于 50℃时，Q0.0 和 Q0.1 端口复位，当测量温度大于 50℃时，Q0.1 端口置位。

（2）PC 端（上位机）程序设计：采用 LabVIEW 语言编写应用程序，读取并显示西门子 PLC 检测的温度值，绘制温度变化曲线。当测量温度小于 30℃时，下限指示灯为红色，当测量温度大于等于 30℃且小于等于 50℃时，上、下限指示灯均为绿色，当测量温度大于 50℃时，上限指示灯为红色。

三、任务实现

1. 西门子 PLC 端温度测控程序

1）PLC 梯形图

为了保证 S7-200PLC 能够正常与 PC 进行模拟量输入通信，需要在 PLC 中运行一段程序。可采用以下三种设计思路：

思路 1：将采集到的电压数字量值（在寄存器 AIW0 中）发送到寄存器 VW100。当 VW100 中的值小于 10240（代表 30℃）时，Q0.0 端口置位；当 VW100 中的值大于等于

10240（代表 30℃）且小于等于 12800（代表 50℃）时，Q0.0 和 Q0.1 端口复位；当 VW100 中的值大于 12800（代表 50℃）时，Q0.1 端口置位。

上位机程序读取寄存器 VW100 的数字量值，然后根据温度与数字量值的对应关系计算出温度测量值。

温度与数字量值的换算关系：0~200℃对应电压值 1~5V，0~5V 对应数字量值 0~32000，那么 1~5V 对应数字量值 6400~32000，因此 0~200℃对应数字量值 6400~32000。

采用该思路设计的 PLC 程序如图 12-129 所示。

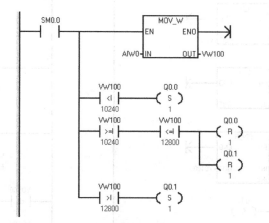

图 12-129　PLC 温度测控程序（一）

思路 2：将采集到的电压数字量值（在寄存器 AIW0 中）发送到寄存器 VD0，该数字量值除以 6400 就是采集的电压值（0~5V 对应 0~32000），再发送到寄存器 VD100。

当 VD100 中的值小于 1.6（1.6V 代表 30℃）时，Q0.0 端口置位；当 VD100 中的值大于等于 1.6（代表 30℃）且小于等于 2（2.0V 代表 50℃）时，Q0.0 和 Q0.1 端口复位；当 VD100 中的值大于 2（代表 50℃）时，Q0.1 端口置位。

采用该思路设计的 PLC 程序如图 12-130 所示。

上位机程序读取寄存器 VD100 的值，然后根据温度与电压值的对应关系计算出温度测量值（0~200℃对应电压值 1~5V）。

思路 3：将采集到的电压数字量值（在寄存器 AIW0 中）发送到寄存器 VD0，该数字量值除以 6400 就是采集的电压值（0~5V 对应 0~32000），发送到寄存器 VD4。该电压值减 1 乘 50 就是采集的温度值（0~200℃对应电压值 1~5V），发送到寄存器 VD100。

当 VD100 中的值小于 30（代表 30℃）时，Q0.0 端口置位；当 VD100 中的值大于等于 30（代表 30℃）且小于等于 50（代表 50℃）时，Q0.0 和 Q0.1 端口复位；当 VD100 中的值大于 50（代表 50℃）时，Q0.1 端口置位。

采用该思路设计的 PLC 程序如图 12-131 所示。

上位机程序读取寄存器 VW100 的值，就是温度测量值。

本章采用思路 1，也就是由上位机程序将反映温度的数字量值转换为温度实际值。

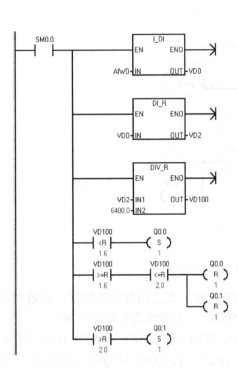

图 12-130 PLC 温度测控程序（二）

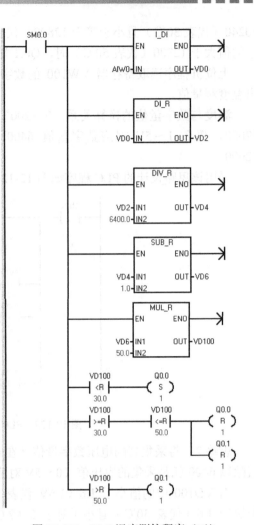

图 12-131 PLC 温度测控程序（三）

2) 程序的下载

PLC 端程序编写完成后需将其下载到 PLC 才能正常运行。步骤如下：

（1）接通 PLC 主机电源，将 RUN/STOP 转换开关置于 STOP 位置。

（2）运行 STEP 12-Micro/WIN 编程软件，打开温度测控程序。

（3）执行菜单命令"File"→"Download..."，打开"Download"对话框，单击"Download"按钮，即开始下载程序，如图 12-132 所示。

（4）程序下载完毕后将 RUN/STOP 转换开关置于 RUN 位置，即可进行温度的采集。

3) PLC 程序的监控

PLC 端程序写入后，可以进行实时监控。步骤如下：

（1）接通 PLC 主机电源，将 RUN/STOP 转换开关置于 RUN 位置。

（2）运行 STEP 12-Micro/WIN 编程软件，打开温度测控程序，并下载。

（3）执行菜单命令"Debug"→"Start Program Status"，即可开始监控程序的运行，如图 12-133 所示。

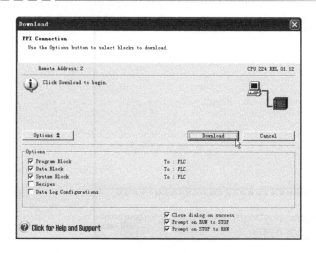 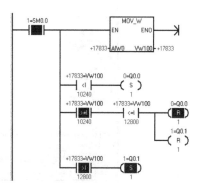

图 12-132　程序下载对话框　　　　　图 12-133　PLC 程序监控

寄存器 VW100 右边的黄色数字（如 17833）就是模拟量输入 1 通道的电压实时采集值（数字量形式，根据 0～5V 对应 0～32000，换算后的电压实际值为 2.786V，与万用表测量值相同），再根据 0～200℃对应电压值 1～5V，换算后的温度测量值为 89.32℃，改变测量温度，该数值随着改变。

当 VW100 中的值小于 10240（代表 30℃）时，Q0.0 端口置位；当 VW100 中的值大于等于 10240（代表 30℃）且小于等于 12800（代表 50℃）时，Q0.0 和 Q0.1 端口复位；当 VW100 中的值大于 12800（代表 50℃）时，Q0.1 端口置位。

（4）监控完毕，执行菜单命令"Debug"→"Stop Program Status"，即可停止监控程序的运行。

注意：必须停止监控，否则影响上位机程序的运行。

4）PC 与 PLC 串口通信调试

PC 与西门子 PLC 串口通信采用 PPI 通信协议。

打开"串口调试助手"程序，首先设置串口号为 COM1、波特率为 9600、校验位为 EVEN（偶校验）、数据位为 8、停止位为 1 等参数（注意：设置的参数必须与 PLC 一致），选择"十六进制显示"和"十六进制发送"，打开串口。

例如，向 S7-200PLC 发送指令"68 1B 1B 68 02 00 6C 32 01 00 00 00 00 00 0E 00 00 04 01 12 0A 10 04 00 01 00 01 84 00 03 20 8D 16"，单击"手动发送"按钮，读取寄存器 VW100 中的数据。如果 PC 与 PLC 串口通信正常，接收区显示返回的数据串"E5"，如图 12-134 所示。

再发确认指令"10 02 00 5C 5E 16"，PLC 返回数据如"68 17 17 68 00 02 08 32 03 00 00 00 00 00 02 00 06 00 00 04 01 FF 04 00 10 45 A1 45 16"，如图 12-135 所示，其中第 25 字节"45"和第 26 字节"A1"就反映输入电压值。将"45 A1"转换为十进制 17825（与 STEP 12-Micro/WIN 编程软件寄存器 VW100 中的监控值相同），该值除以 6400 就是采集的电压值 2.785V（与万用表测量值相同）；再根据 0～200℃对应电压值 1～5V，换算后的温度测量值为 89.26℃。

注意：发送二次指令时，串口调试助手程序始终要保持在所有程序界面的前面。

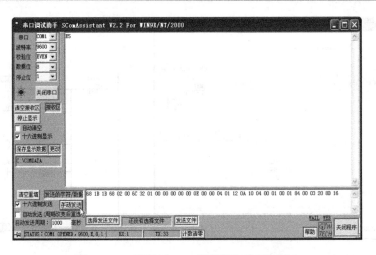

图 12-134 西门子 PLC 模拟输入串口调试 1

十六进制计算、十六进制、十进制、二进制的相互转换可以使用 Windows 操作系统提供的"计算器"程序（使用"科学型"），如图 12-136 所示。

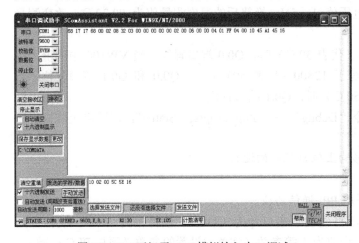

图 12-135 西门子 PLC 模拟输入串口调试 2　　　　图 12-136 "计算器"程序

2. PC 端 LabVIEW 程序

1）程序前面板设计

（1）为了以数字形式显示测量温度值，添加 1 个数值显示控件：控件→新式→数值→数值显示控件，将标签改为"温度值:"。

（2）为了显示测量温度实时变化曲线，添加 1 个实时图形显示控件：控件→新式→图形→波形图，将标签改为"实时曲线"，将 Y 轴标尺范围改为 0~100。

（3）为了显示温度超限状态，添加两个指示灯控件：控件→新式→布尔→圆形指示灯，将标签分别改为"上限指示灯"、"下限指示灯"。

（4）为了获得串行端口号，添加 1 个串口资源检测控件：控件→新式→I/O→VISA 资源名称；单击控件箭头，选择串口号，如 COM1 或 ASRL1:。

（5）为了执行关闭程序命令，添加 1 个停止按钮控件：控件→新式→布尔→停止按钮，标签为"停止"。

设计的程序前面板如图12-137所示。

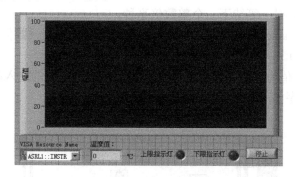

图12-137　程序前面板

2）框图程序设计

（1）串口初始化框图程序。

① 添加1个While循环结构：函数→编程→结构→While循环。

② 在While循环结构中添加1个顺序结构：函数→编程→结构→层叠式顺序结构。

将其帧设置为6个（序号0～5）。设置方法：选中层叠式顺序结构上边框，单击鼠标右键，执行"在后面添加帧"命令5次。

③ 为了设置通信参数，在顺序结构Frame0中添加1个串口配置函数：函数→仪器I/O→串口→VISA配置串口。

④ 为了设置通信参数值，在顺序结构Frame0中添加4个数值常量：函数→编程→数值→数值常量，值分别为9600（波特率）、8（数据位）、2（校验位，偶校验）、10（停止位1，注意这里的设定值为10）。

⑤ 将VISA资源名称函数的输出端口与串口配置函数的输入端口VISA资源名称相连。

⑥ 将数值常量9600、8、2、10分别与VISA配置串口函数的输入端口波特率、数据比特、奇偶、停止位相连。

连接好的框图程序如图12-138所示。

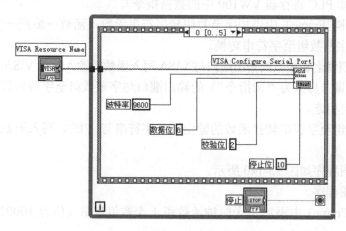

图12-138　串口初始化框图程序

(2) 延时框图程序。

① 为了以一定的周期读取 PLC 的温度测量数据,在顺序结构 Frame1 中添加 1 个时钟函数:函数→编程→定时→等待下一个整数倍毫秒。

② 在顺序结构 Frame1 中添加 1 个数值常量:函数→编程→数值→数值常量,将值改为 1000(时钟频率值)。

③ 将数值常量(值为 1000)与等待下一个整数倍毫秒函数的输入端口毫秒倍数相连。

连接好的框图程序如图 12-139 所示。

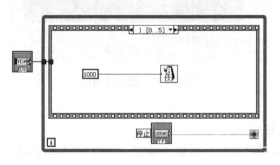

图 12-139　延时框图程序

(3) 发送读指令框图程序。

① 为了发送指令到串口,在顺序结构 Frame2 中添加 1 个串口写入函数:函数→仪器 I/O→串口→VISA 写入。

② 在顺序结构 Frame2 中添加数组常量:函数→编程→数组→数组常量,标签为"读指令"。

再往数组常量中添加数值常量,设置为 33 个,将其数据格式设置为十六进制,方法为:选中数组常量中的数值常量,单击鼠标右键,执行"格式与精度"命令,在出现的对话框中,从格式与精度选项中选择十六进制,单击"OK"按钮确定。

将 33 个数值常量的值分别改为 68、1B、1B、68、02、00、6C、32、01、00、00、00、00、0E、00、00、04、01、12、0A、10、04、00、01、00、01、84、00、03、20、8D、16(即读 PLC 寄存器 VW100 中的数据指令)。

③ 在顺序结构 Frame2 中添加字节数组转字符串函数:函数→编程→字符串→字符串/数组/路径转换→字节数组至字符串转换。

④ 将 VISA 资源名称函数的输出端口与 VISA 写入函数的输入端口 VISA 资源名称相连。

⑤ 将数组常量(标签为"读指令")的输出端口与字节数组至字符串转换函数的输入端口无符号字节数组相连。

⑥ 将字节数组至字符串转换函数的输出端口字符串与 VISA 写入函数的输入端口写入缓冲区相连。

连接好的框图程序如图 12-140 所示。

(4) 延时框图程序。

在顺序结构 Frame3 中添加 1 个时钟函数和 1 个数值常量(值为 1000),并将二者连接起来。

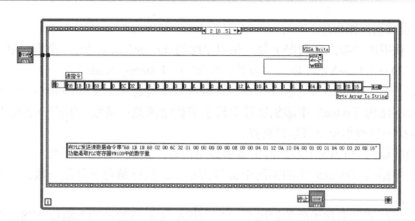

图 12-140 发送读指令框图程序

(5) 发送确认指令框图程序。

① 为了发送指令到串口,在顺序结构 Frame4 中添加 1 个串口写入函数:函数→仪器 I/O→串口→VISA 写入。

② 在顺序结构 Frame4 中添加数组常量:函数→编程→数组→数组常量,标签为"读指令"。

再往数组常量中添加数值常量,设置为 6 个,将其数据格式设置为十六进制,方法为:选中数组常量中的数值常量,单击鼠标右键,执行"格式与精度"命令,在出现的对话框中,从格式与精度选项中选择十六进制,单击"OK"按钮确定。将 6 个数值常量的值分别改为 10、02、00、5C、5E、16。

③ 在顺序结构 Frame4 中添加字节数组转字符串函数:函数→编程→字符串→字符串/数组/路径转换→字节数组至字符串转换。

④ 将 VISA 资源名称函数的输出端口与 VISA 写入函数的输入端口 VISA 资源名称相连。

⑤ 将数组常量的输出端口与字节数组至字符串转换函数的输入端口无符号字节数组相连。

⑥ 将字节数组至字符串转换函数的输出端口字符串与 VISA 写入函数的输入端口写入缓冲区相连。

连接好的框图程序如图 12-141 所示。

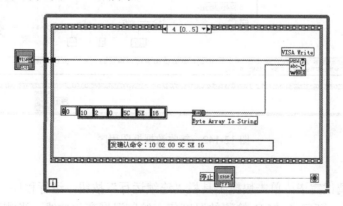

图 12-141 发送确认指令框图程序

（6）接收数据框图程序。

① 为了获得串口缓冲区数据个数，在顺序结构 Frame5 中添加 1 个串口字节数函数：函数→仪器 I/O→串口→VISA 串口字节数，标签为"Property Node"。

② 在顺序结构 Frame5 中添加 1 个串口读取函数：函数→仪器 I/O→串口→VISA 读取。

③ 在顺序结构 Frame5 中添加字符串转字节数组函数：函数→编程→字符串→字符串/数组/路径转换→字符串至字节数组转换。

④ 在顺序结构 Frame5 中添加两个索引数组函数：函数→编程→数组→索引数组。

⑤ 在顺序结构 Frame5 中添加两个数值常量：函数→编程→数值→数值常量，值分别为 25 和 26。

⑥ 将 VISA 资源名称函数的输出端口与 VISA 读取函数的输入端口 VISA 资源名称相连；将 VISA 资源名称函数的输出端口与串口字节数函数的输入端口引用相连。

⑦ 将串口字节数函数的输出端口 Number of bytes at Serial port 与 VISA 读取函数的输入端口字节总数相连。

⑧ 将 VISA 读取函数的输出端口读取缓冲区与字符串至字节数组转换函数的输入端口字符串相连。

⑨ 将字符串至字节数组转换函数的输出端口无符号字节数组分别与两个索引数组函数的输入端口数组相连。

⑩ 将数值常量（值为 25、26）分别与索引数组函数的输入端口索引相连。

⑪ 添加其他功能函数并连线：将读取的十六进制数据值转换为十进制数（PLC 寄存器中的数字量值），然后除以 6400 就是 1 通道的十进制电压值，然后根据电压 u 与温度 t 的数学关系（$t=(u-1)\times50$）就得到温度值。

连接好的框图程序如图 12-142 所示。

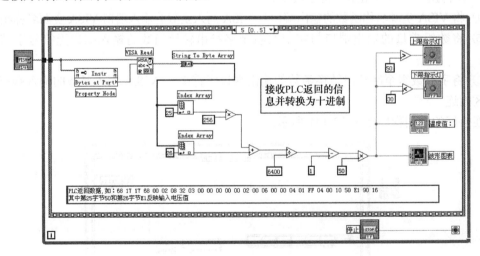

图 12-142 接收数据框图程序

3）运行程序

程序设计、调试完毕，单击快捷工具栏"连续运行"按钮，运行程序。

PC 读取并显示西门子 PLC 检测的温度值，绘制温度变化曲线。当测量温度小于 30℃

时,程序画面下限指示灯为红色,PLC 的 Q0.0 端口置位;当测量温度大于 50℃时,程序画面上限指示灯为红色,PLC 的 Q0.1 端口置位。

注意: 初始化显示数值时需要一定时间。

程序运行界面如图 12-143 所示。

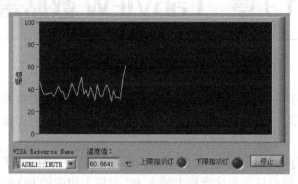

图 12-143 程序运行界面

第13章 LabVIEW 数据采集

虚拟仪器主要用于获取真实物理世界的数据，也就是说，虚拟仪器必须要有数据采集的功能。从这个角度来说，数据采集就是虚拟仪器设计的核心，使用虚拟仪器必须要掌握如何使用数据采集功能。

为了满足 PC 用于数据采集与控制的需要，国内外许多厂商生产了各种各样的数据采集板卡（或 I/O 板卡）。用户只要把这类板卡插入 PC 主板上相应的 I/O 扩展槽中，就可以迅速方便地构成一个数据采集与处理系统，从而大大节省了硬件的研制时间和投资，同时可以充分利用 PC 的软、硬件资源，还可以使用户集中精力对数据采集与处理中的理论和方法进行研究、进行系统设计以及程序的编制等。

在各种计算机控制系统中，PC 插卡式是最基本最廉价的构成形式。它充分利用了 PC（或 IPC）的机箱、总线、电源及软件资源。

实例117 PCI-6023E 数据采集卡模拟电压采集

一、线路连接

如图 13-1 所示，通过电位器产生一个模拟变化电压（0～5V），送入板卡模拟量输入 0 通道（引脚 68，V+；引脚 67，V-），同时在电位器电压输出端接一信号指示灯，用于显示电压变化情况。

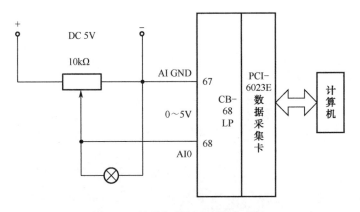

图 13-1 计算机模拟电压输入线路

本实例用到的硬件包括 PCI-6023E 多功能板卡，R6868 数据线缆，CB-68LP 接线端子

（使用模拟量输入 AI0 通道），电位器（10kΩ），指示灯（DC 5V），直流电源（输出 DC 5V）等。

在编程之前，首先进入 Measurement & Automation 软件窗口参数设置对话框中的 AI 设置项，设置模拟信号输入时的量程为-10.0～+10.0V，输入方式采用 Reference Single Ended（单端有参考地输入）。

二、设计任务

采用 LabVIEW 语言编写程序实现 PC 与 PCI-6023E 数据采集卡模拟量输入。任务要求如下：以连续方式读取板卡模拟量输入通道输入电压值（0～5V），在 PC 程序界面中以数值或曲线形式显示电压测量变化值。

三、任务实现

方法1：利用 Traditional DAQ 实现模拟量输入

1）设计程序前面板

（1）为了绘制实时电压曲线，添加 1 个实时图形显示控件：控件→新式→图形→波形图形，标签改为"实时电压曲线"，将 Y 轴标尺范围改为 0.0～6.0。

（2）为了显示测量电压值，添加 1 个数组控件：控件→新式→数组、矩阵与簇→数组，标签改为"测量电压值："。往数组框里放置一个数值显示控件。

（3）为了设置个数和采样频率，添加两个数值显示控件：控件→新式→数值→数值显示控件，标签分别为"number of samples"和"sample rate"，初始值均改为 1000，并将其设为默认值，方法是：右键单击控件，选择"数据操作"→"当前值设置为默认值"命令。

（4）为了设置板卡通道，添加 1 个通道设置控件：控件→新式→I/O→传统 DAQ 通道，初始值设为 0，并将其设为默认值。

（5）为了关闭程序，添加 1 个停止按钮控件：控件→新式→布尔→停止按钮。

设计的程序前面板如图 13-2 所示。

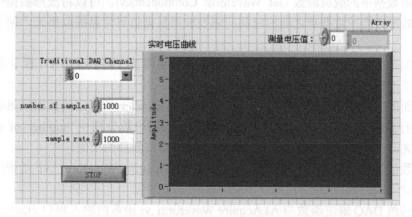

图 13-2　程序前面板

2）框图程序设计

在进行 LabVIEW 编程之前，必须安装 NI 板卡驱动程序以及 DAQ 函数。

（1）添加 1 个 While 循环结构：函数→编程→结构→While 循环。

以下添加的函数放置在 While 循环结构框架中。

（2）添加 1 个模拟电压输入函数：函数→仪器 I/O→Data Acquisition→Analog Input→AI Acquire Waveform .vi，如图 13-3 所示。

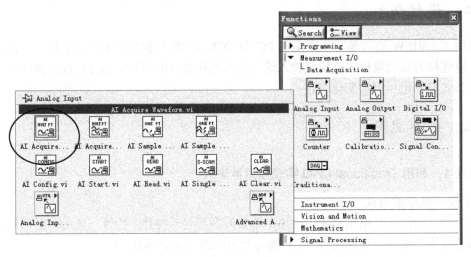

图 13-3　从 Analog Input 模板中选取 AI Acquire Waveform.vi

AI Acquire Waveform.vi 的主要功能是实现单通道数据采集。它有几个重要的输入数据端口，分别是 device、channel、number of samples 及 sample rate。这四个输入数据端口分别用于指定数据采集卡的器件编号、通道编号、采样点数量及采样速率。其中采样速率不能高于数据采集卡所允许的最高采样速率。AI Acquire Waveform.vi 的输出数据端口 Waveform 用于连接 Waveform 数据类型的控件。

（3）添加 1 个获取波形数据中的成员函数：函数→编程→波形→模拟波形→获取波形成分。

获取波形数据中的成员函数 Get Waveform Components.vi，可以将波形数据中的波形触发的时刻、波形数据的数据点之间的时间间隔及波形数据值等信息提取出来，便于后续分析和处理。

（4）添加 1 个数值常量：函数→编程→数值→数值常量，将值改为 1（板卡设备号）。

（5）将前面板添加的所有控件拖入循环结构中。

经过上面的简单设置，程序便可以对任意 device number 所对应的数据采集硬件的任意一个通道进行数据采集了，采集速率和采集的数据点的个数分别由 number of samples 和 sample rate 决定。采集后的数据被实时显示在示波器窗口波形图上面。

（6）将数值常量（值为 1，板卡设备号）与 AI Acquire Waveform .vi 函数的输入端口 Device 相连。

（7）将传统 DAQ 通道函数与 AI Acquire Waveform .vi 函数的输入端口 channel 相连。

（8）将数值常量（标签为"number of samples"）与 AI Acquire Waveform .vi 函数的输入

端口 number of samples 相连。

（9）将数值常量（标签为"sample rate"）与 AI Acquire Waveform .vi 函数的输入端口 sample rate 相连。

（10）将函数 AI Acquire Waveform .vi 的输出端口 waveform 与函数实时图形显示控件波形图形（Waveform Chart）输入端口相连。

（11）将函数 AI Acquire Waveform .vi 的输出端口 waveform 与获取波形数据中的成员函数 Get Waveform Components.vi 函数的输入端口 waveform 相连。

（12）将获取波形数据中的成员函数 Get Waveform Components.vi 函数的输出端口 Y 与数组 Arry 的输入端口相连。

（13）将按钮图标 Stop 与循环结构的条件端子相连。

设计的框图程序如图 13-4 所示。

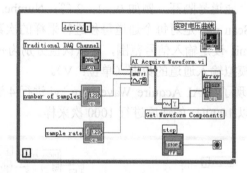

图 13-4　框图程序

3）运行程序

执行菜单命令"文件"→"保存"，保存设计好的 VI 程序。

单击快捷工具栏"运行"按钮，运行程序。

改变模拟量输入 0 通道输入电压值（0～5V），程序窗体中文本对象中的数字、图形控件中的曲线都将随输入电压的变化而变化。

程序的运行界面如图 13-5 所示。

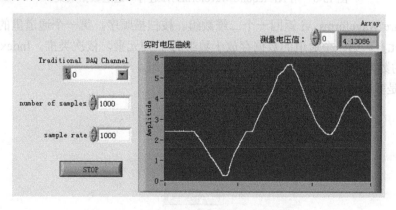

图 13-5　运行界面

4）多通道数据采集

在实际的数据采集系统中，往往需要同时对多路信号进行实时采集，这时候单通道便不能满足需求，需要将单通道数据采集系统扩展为多通道，这需要硬件和软件同时支持。硬件需要采用多通道的数据采集卡。作为数据采集卡的重要参数，通道数量会在其说明书中说明，读者需要注意的是，多通道数据采集卡往往有多通道同时采集和多通道分时采集两种。对于前者，每个通道进行数据采集的采样速率相同，都等于标称值；而对于后者，所有使用的通道的采样速率之和等于标称采样速率。

采用 Measurement I/O / Data Acquisition/ Analog Input/ AI Acquire Waveforms .vi，可以实现在一次运行中对几个通道进行数据采集。

AI Acquire Waveforms .vi 以设定的扫描速度和样本数从多个通道中采集样本，并返回采集到的数据。Device 是 DAQ 板卡的装置号；Channels 是一个字符串，规定了要进行测量的输入通道号，用逗号把各个通道号隔开，例如 0，1，2 等；Number of samples/ch 是对每个通道要采集的样本数目；Scan rate 是对每个通道每秒进行采样的次数（即每个通道的采样速率）；high limit 和 low limit 设定输入信号范围，其默认值分别为+10V 和-10V；Waveform 是一个二维数组，包含着模拟输入通道的数据（单位：V）。

图 13-6 所示的例子实现了用 AI Acquire Waveforms .vi 进行 4 通道扫描，通道号顺序为 0，2，4，6，对每个通道以 1000Hz 的速度进行 1000 次采样。

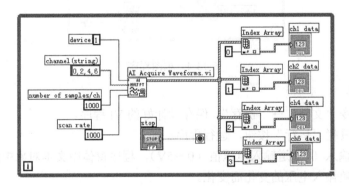

图 13-6　用 AI Acquire Waveforms .vi 进行 4 通道数据采集

AI Acquire Waveforms .vi 返回一个二维数组。按扫描顺序，第一个通道里的数据存放于数组的 0 列元素，第二个通道的数据存放于数组的 1 列元素，依次类推。Index Array 函数把各个通道的数据从数组中抽出来，成为 4 个一维数组。

图 13-7 是多通道数据采集程序的前面板。

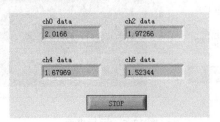

图 13-7　多通道数据采集程序的前面板

可以把 AI Acquire Waveforms .vi 的输出与波形图指示器直接相连,从而绘出曲线。但要正确绘出曲线,必须在波形指示器的右键弹出菜单上选择"Transpose Array"选项。

方法 2:利用 DAQ Assistant 实现模拟量输入

在所有的 DAQ 函数中,使用最多的是 DAQ Assistant(DAQ 助手),DAQ Assistant 是一个图形化的界面,用于交互式地创建、编辑和运行 NI-DAQmx 虚拟通道和任务。一个 NI-DAQmx 虚拟通道包括一个 DAQ 设备上的物理通道和对这个物理通道的配置信息,如输入范围和自定义缩放比例。一个 NI-DAQmx 任务是虚拟通道、定时和触发信息,以及其他与采集或生成相关属性的组合。下面对该节点的使用方法进行介绍。

DAQ Assistant 在 DAQmx—Data Acquisition 子模板中。将节点图标放置到程序框图上,系统会自动弹出如图 13-8 所示的对话框。

选择"Analog Input"→"Voltage",采集电压信号,然后系统弹出对话框,如图 13-9 和图 13-10 所示。选择 ai0,单击"Finish"按钮,弹出如图 13-11 所示对话框。

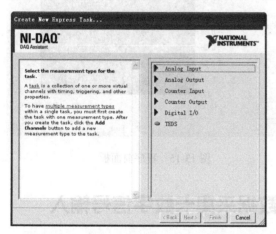

图 13-8 新建任务对话框　　　　　图 13-9 选择 Analog Input

图 13-10 设备配置　　　　　图 13-11 输入配置

按照图 13-11 所示完成配置后，单击"确定"按钮，系统便开始对 DAQ 进行初始化，如图 13-12 所示。

初始化完成后，DAQ Assistant 的图标如图 13-13 所示。

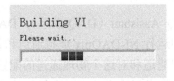

图 13-12　DAQ 初始化　　　　图 13-13　初始化后的 DAQ Assistant 图标

至此，可利用 DAQ Assistant 采集电压电号，程序框图和前面板分别如图 13-14 和图 13-15 所示。

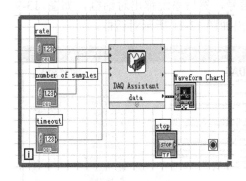

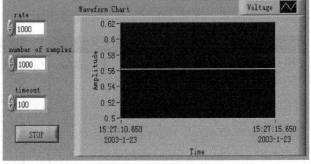

图 13-14　程序框图　　　　　　　　图 13-15　程序前面板

实例 118　PCI-6023E 数据采集卡数字信号输入

一、线路连接

许多实际测试系统往往还要用到数字量输入/输出。数字输入/输出接口通常用于与外围设备进行通信和产生某些测试信号。例如，在过程控制中与受控对象传递状态信息，测试系统报警等。数字输入/输出接口处理的是二进制开关信号，ON 通常为 5V 高电平，在程序中的值为 TRUE，OFF 通常为 0V 低电平，在程序中的值为 False。NI 公司有专门的数字输入/输出板卡和信号调理设备，但是许多功能数据采集卡也具备数字输入/输出功能。

图 13-16 中，由光电接近开关控制继电器，继电器的 1 个常开开关接信号指示灯；另一个常开开关接板卡数字量输入 5 通道（引脚 50、51）或其他通道。

本设计用到的硬件为包括 PCI-6023E 多功能板卡，R6868 数据线缆，CB-68LP 接线端子（使用数字量输入 5 通道），光电接近开关（DC 24V）或其他开关，继电器（DC 24V），指示灯（DC 24V），直流电源（输出 DC 24V）等。

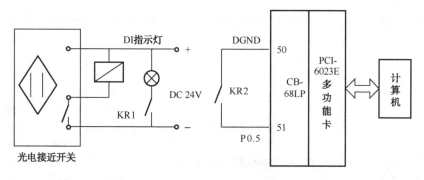

图 13-16 开关量输入线路

二、设计任务

采用 LabVIEW 语言编写程序实现 PC 与 PCI-6023E 数据采集卡数字信号输入。任务要求如下：利用开关产生数字（开关）信号（0 或 1），作用于板卡数字量输入通道，使 PC 程序界面中信号指示灯颜色改变。

三、任务实现

方法 1：采用读写一条数字线的方式实现数字量输入

1）设计程序前面板

（1）为了显示数字量输入状态，添加 1 个指示灯控件：控件→新式→布尔→圆形指示灯，将标签改为"端口状态"。

（2）为了输入数字量输入端口号：添加 1 个数值输入控件：控件→新式→数值→数值输入控件，标签为"端口号"。

（3）为了设置办卡通道号，添加 1 个通道设置控件：控件→新式→I/O→传统 DAQ 通道，初始值设为 0，并将其设为默认值。方法是：右键单击控件，选择"数据操作"→"当前值设置为默认值"命令。

（4）为了关闭程序，添加 1 个停止按钮控件：控件→新式→布尔→停止按钮。

设计的程序前面板如图 13-17 所示。

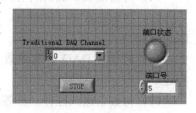

图 13-17 程序前面板

2）框图程序设计

在进行 LabVIEW 编程之前，必须安装 NI 板卡驱动程序以及 DAQ 函数。

（1）添加 1 个 While 循环结构：函数→编程→结构→While 循环。

以下添加的函数放置在 While 循环结构框架中：

（2）添加 1 个数字量输入 VI：函数→仪器 I/O→Data Acquisition →Digital I/O→Read from Digital Line.vi，如图 13-18 所示。

Read from Digital Line.vi 读取用户指定的数字口上某一位的逻辑状态。主要有以下几个参数。

device：数字输入/输出应用的设备编号。

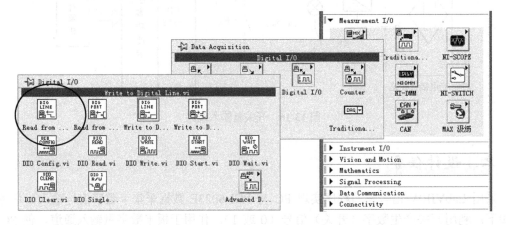

图 13-18　从 Digital I/O 模板中选取 Read from Digital Line.vi

digital channel：数字端口号或在信道向导中设置的数字信道名。使用信道名时，device、line 和 port width 这几个参数都可以忽略。

line：数字端口中的数字线号或位。

Line state：数字线或位的状态。这个参数对于 Read from Digital Line.vi 是一个输出量，当数字线处于关的状态就返回 False，当数字线处于开的状态就返回 True。

Port width：访问的数字端口共有几位。

iteration：循环数。连接到一个 while 循环的循环数端口，当 iteration=0 时对硬件进行设置，以后使用已经有的设置，优化程序性能。

（3）添加 1 个数值常量：函数→编程→数值→数值常量，将值改为 1（板卡设备号）。

（4）将前面板添加的所有控件拖入 While 循环结构中。

（5）将数值常量（值为 1，板卡设备号）与 Read from Digital Line.vi 函数的输入端口 Device 相连。

（6）将传统 DAQ 通道函数与 Read from Digital Line.vi 函数的输入端口 digital channel 相连。

（7）将数值输入控件（标签为"端口号"）与 Read from Digital Line.vi 函数的输入端口 Line 相连。

（8）将函数 Read from Digital Line.vi 的输出端口 Line state 与指示灯显示控件（标签为"端口状态"）的输入端口相连。

（9）将停止按钮控件与循环结构的条件端子相连。

设计的框图程序如图 13-19 所示。

3）运行程序

执行菜单命令"文件"→"保存"，保存设计好的 VI 程序。

单击快捷工具栏"运行"按钮，运行程序。

打开/关闭数字量输入 5 通道"开关",程序界面中信号指示灯亮/灭(颜色改变);程序运行界面如图 13-20 所示。

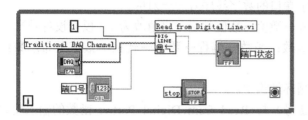

图 13-19　框图程序

图 13-20　程序运行界面

方法 2：采用读写一个数字端口的方式实现数字量输入

1)设计程序前面板

(1)为了显示各数字量输入端口状态,添加 1 个数组控件：控件→新式→数组、矩阵与簇→数组,标签改为"输入端口显示"。往数组框里放置指示灯控件——方形指示灯,属性为"显示"。

(2)为了设置板卡通道,添加 1 个通道设置控件：控件→新式→I/O→传统 DAQ 通道,初始值设为 0,并将其设为默认值。方法是：右键单击控件,选择"数据操作"→"当前值设置为默认值"命令。

(3)为了关闭程序,添加 1 个停止按钮控件：控件→布尔→停止按钮。

设计的程序前面板如图 13-21 所示。

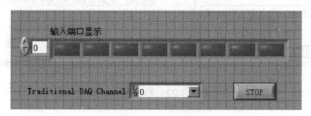

图 13-21　程序前面板

2)框图程序设计

在进行 LabVIEW 编程之前,首先必须安装 NI 板卡驱动程序以及 DAQ 函数。

(1)添加 1 个循环结构：函数→编程→结构→While 循环。

以下添加的函数放置在循环结构框架中。

(2)添加 1 个数字量输入 VI：函数→仪器 I/O→Data Acquisition→Digital I/O→Read from Digital Port.vi。

Read from Digital Port.vi：读一个用户指定的数字口。与 Read from Digital Line.vi 在参数上的不同是,由于是对整个端口操作,所以没有 line 和 line state 这两个参数,而增加了一个波形样式参数 Pattern,它返回一个端口所有数字线的状态。其余参数的意义相同。

Pattern：该参数是一个整型数,它的二进制形式各个位上的 0 和 1 对应数字端口 8 个数字线的状态。用布尔(Boolean)函数子选板的 Number To Boolean Array 函数和 Boolean

Array To Number 函数，可以将整型数与布尔量数组进行转换。转换为布尔量数组之后，整型数二进制格式各个位的 0 和 1，转换为数组各个成员的 False 和 True，这样与数字线的对应关系更为直观（数组成员索引号与数字端口的数字线序号一一对应）。

（3）添加 1 个数值常量：函数→编程→数值→数值常量，将值改为 1（板卡设备号）。

（4）添加 1 个数值转布尔型数组函数：函数→编程→数值→转换→数值至布尔数组转换。

（5）将前面板添加的所有控件拖入循环结构中。

（6）将数值常量（值为 1，板卡设备号）与 Read from Digital Port.vi 函数的输入端口 Device 相连。

（7）将传统 DAQ 通道函数与 Read from Digital Port.vi 函数的输入端口 digital channel 相连。

（8）将函数 Read from Digital Port.vi 的输出端口 Pattern 与数值至布尔数组转换函数的输入端口 number 相连。

（9）将数值至布尔数组转换函数的输出端口布尔数组与数组函数（标签为"输入端口显示"）相连。

（10）将停止按钮控件与 While 循环结构的条件端子相连。

设计的框图程序如图 13-22 所示。

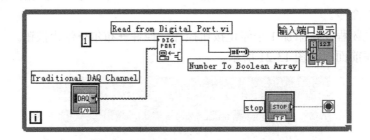

图 13-22　框图程序

3）运行程序

执行菜单命令"文件"→"保存"，保存设计好的 VI 程序。

单击快捷工具栏"运行"按钮，运行程序。

打开/关闭数字量输入通道"开关"，程序界面中相应通道信号指示灯亮/灭（颜色改变）。

程序运行界面如图 13-23 所示。

图 13-23　程序运行界面

实例 119 PCI-6023E 数据采集卡数字信号输出

一、线路连接

如图 13-24 所示,板卡数字量输出 0 通道(PO.0,引脚 52)接三极管基极,当计算机输出控制信号置 52 脚为高电平时,三极管导通,继电器常开触点 KR 闭合,指示灯亮;当置 13 脚为低电平时,三极管截止,继电器常开触点 KR 断开,指示灯灭。

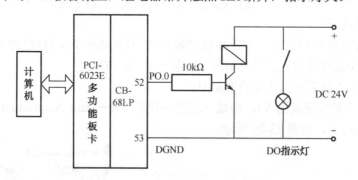

图 13-24 计算机数字量输出线路

本设计用到的硬件包括 PCI-6023E 多功能板卡,R6868 数据线缆,CB-68LP 接线端子(使用数字量输出 0 通道),继电器(DC 24V),指示灯(DC 24V),电阻(10kΩ),三极管,直流电源(输出 DC 24V)等。

也可不连线,使用万用表直接测量数字量输出 0 通道(引脚 52、53)之间的输出电压(高电平或低电平)。

二、设计任务

采用 LabVIEW 语言编写程序实现 PC 与 PCI-6023E 数据采集卡数字信号输出。任务要求如下:在 PC 程序界面中执行"打开"/"关闭"命令,界面中信号指示灯变换颜色,同时,线路中数字量输出口输出高/低电平。

三、任务实现

方法 1:采用读写一条数字线的方式实现数字量输出

1)设计程序前面板

(1)为了生成数字量输出值,添加 1 个滑动开关对象:控件→新式→布尔→垂直滑动杆。标签为"置位按钮"。

(2)为了显示数字量输出状态,添加 1 个指示灯对象:控件→新式→布尔→圆形指示灯;标签为"指示灯"。

(3)为了设置数字量输出端口号,添加 1 个数值控制对象:控件→新式→数值→数值输入控件,标签为"端口号"。

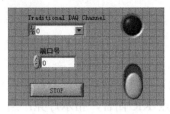

图 13-25 程序前面板

(4)为了设置板卡通道号,添加 1 个通道设置控件:控件→新式→I/O→传统 DAQ 通道,初始值设为 0,并将其设为默认值。方法是:右键单击控件,选择"数据操作"→"当前值设置为默认值"命令。

(5)为了关闭程序,添加 1 个停止按钮对象:控件→新式→布尔→停止按钮。

设计的程序前面板如图 13-25 所示。

2)框图程序设计

在进行 LabVIEW 编程之前,首先必须安装 NI 板卡驱动程序及 DAQ 函数。

(1)添加 1 个循环结构:函数→编程→结构→While 循环。

以下添加的节点放置在循环结构框架中。

(2)添加 1 个数字量输出 VI:函数→编程→仪器 I/O→Data Acquisition→Digital I/O→Write to Digital Line.vi,如图 13-26 所示。

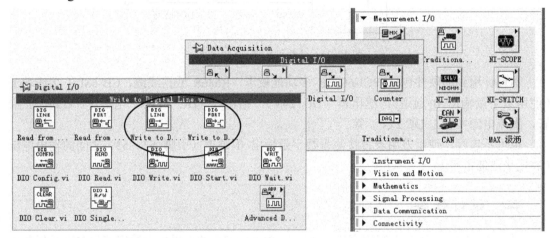

图 13-26 从 Digital I/O 模板中选取 Read from Digital Line.vi

Write to Digital Line.vi 用于把用户指定的一个数字口上的某一位设置为逻辑 1 或 0。包括以下几个参数。

device:数字输入/输出应用的设备编号。

digital channel:数字端口号或在信道向导中设置的数字信道名。使用信道名时,device、line 和 port width 这几个参数都可以忽略。

line:指定数字端口中要进行操作的数字线或位。

Line state:决定数字线或位的状态,是 True 还是 False。这个参数对于 Write to Digital Line.vi 是一个输入量,要将数字线置于关的状态就输入 False,要将数字线置于开的状态就输入 True。

Port width:指定访问的数字端口的位数。

iteration:循环数。连接到一个 While 循环的循环数端口,当 iteration=0 时对硬件进行设置，以后使用已有的设置，优化程序性能。

（3）添加 1 个数值常数节点：函数→编程→数值→数值常量，将值改为 1（板卡设备号）。

（4）添加 1 个条件结构：函数→编程→结构→条件结构。

（5）在条件结构的 True 选项中，添加 1 个数值常数节点（值为 1）：函数→编程→数值→数值常量。

（6）在条件结构的 True 选项中，添加 1 个比较节点"不等于 0 ?"：函数→编程→比较→不等于 0 ?。

（7）在条件结构的 False 选项中，添加 1 个数值常数节点（值为 0）：编程→数值→数值常量。

（8）在条件结构的 False 选项中，添加 1 个比较节点"不等于 0?"：函数→编程→比较→不等于 0?。

（9）在条件结构的 False 选项中，添加 1 个局部变量节点：函数→编程→结构→局部变量。

选择局部变量节点，单击鼠标右键，在弹出菜单的选项下，为局部变量节点选择对象："指示灯："，设置为"写"属性。

（10）将前面板添加的所有对象拖入循环结构中。

（11）将数值常数节点（值为 1，板卡设备号）与 Write to Digital Line.vi 节点的输入端口 Device 相连。

（12）将传统 DAQ 通道节点与 Write to Digital Line.vi 节点的输入端口 digital channel 相连。

（13）将数值输入节点（标签为"端口号"）与 Write to Digital Line.vi 节点的输入端口 Line 相连。

（14）将滑动开关节点（标签为"置位按钮"）与 Write to Digital Line.vi 的输入端口 Line state 相连。

（15）将滑动开关节点（标签为"置位按钮"）与条件结构上的选择端口?相连。

（16）在条件结构的 True 选项中，将数值常数节点（值为 1）与节点"不等于 0 ?"的输入端口 x 相连；将节点"不等于 0 ?"的输出端口"x != 0?" 与指示灯图标相连。

（17）在条件结构的 False 选项中，将数值常数节点（值为 0）与节点"不等于 0 ?"的输入端口 x 相连；将节点"不等于 0 ?"的输出端口"x != 0?"与局部变量节点"指示灯"相连。

（18）将按钮图标 Stop 与循环结构的条件端子相连。

设计的框图程序如图 13-27 所示。

3）运行程序

执行菜单命令"文件"→"保存"，保存设计好的 VI 程序。

单击快捷工具栏"运行"按钮，运行程序。用鼠标推动程序界面中开关，界面中指示灯亮/灭（颜色改变），同时，线路中 DO 指示灯亮/灭。

程序运行界面如图 13-28 所示。

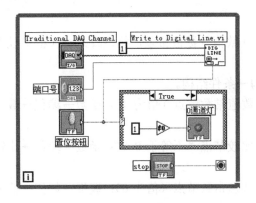

图 13-27 框图程序

图 13-28 程序运行界面

方法 2：采用读写一个数字端口的方式实现数字量输出

1）设计程序前面板

（1）为了生成数字量输出状态值，添加 1 个数组对象：控件→新式→数组、矩阵与簇→数组，标签改为"输出端口控制"。往数组框里放置指示灯对象——方形指示灯，属性为"输入"，设置方法为：右键单击数组对象，选择"转换为输入控件"选项。

（2）为了设置板卡通道号，添加 1 个通道设置控件：控件→新式→I/O→传统 DAQ 通道，初始值设为 0，并将其设为默认值。

方法是：右键单击控件，选择"选择数据操作"→"当前值设置为默认值"命令。

（3）为了关闭程序，添加 1 个停止按钮对象：控件→布尔→停止按钮。

设计的程序前面板如图 13-29 所示。

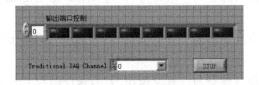

图 13-29 程序前面板

2）框图程序设计

在进行 LabVIEW 编程之前，首先必须安装 NI 板卡驱动程序以及 DAQ 函数。

（1）添加 1 个循环结构：函数→编程→结构→While 循环。

以下添加的节点放置在循环结构框架中。

（2）添加 1 个数字量输入 VI：函数→仪器 I/O→Data Acquisition→Digital I/O→Write to Digital Port.vi。

Write to Digital Port.vi 与 Write to Digital Line.vi 在参数上的不同是，由于是对整个端口操作，所以没有 line 和 line state 这两个参数，而增加了一个波形样式参数 Pattern，它控制一个端口所有数字线的状态。其余参数的意义相同。

（3）添加 1 个数值常数节点：编程→数值→数值常量，将值改为 1（板卡设备号）。

（4）添加 1 个布尔型数组转数值节点：编程→数值→转换→布尔数组至数值转换。

(5) 将前面板添加的所有对象拖入循环结构中。

使用工具箱中的连线工具,将所有节点连接起来。

(6) 将数值常数节点(值为 1,板卡设备号)与 write to Digital Port.vi 节点的输入端口 Device 相连。

(7) 将传统 DAQ 通道节点与 write to Digital Port.vi 节点的输入端口 digital channel 相连。

(8) 将数组节点(标签为"输出端口控制")与布尔数组至数值转换函数的输入端口布尔数组相连。

(9) 将布尔数组至数值转换函数的输出端口数字与 write to Digital Port.vi 节点的输入端口 Pattern 相连。

(10) 将按钮图标 Stop 与循环结构的条件端子相连。

设计的框图程序如图 13-30 所示。

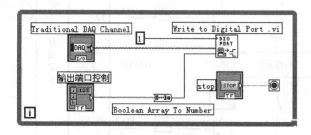

图 13-30 框图程序

3) 运行程序

执行菜单命令"文件"→"保存"命令,保存设计好的 VI 程序。

单击快捷工具栏"运行"按钮,运行程序。用鼠标单击程序界面数组中各指示灯,相应指示灯亮/灭(颜色改变),同时,线路中数字量输出通道输出高/低电平。

程序运行界面如图 13-31 所示。

图 13-31 程序运行界面

实例 120 PCI-6023E 数据采集卡温度测控

一、线路连接

如图 13-32 所示,首先将 PCI-6023E 多功能板卡通过 R6868 数据线缆与 CB-68LP 接线端子连接。然后将其他输入、输出元器件连接到接线端子板上。

图 13-32 中，Pt100 热电阻检测出温度变化，通过变送器和 250Ω电阻转换为 1～5V 电压信号，送入板卡模拟量 0 通道（引脚 68、67）；当检测温度大于计算机设定的上限值时，计算机输出控制信号，使板卡 PO.1（引脚 17）置高电平，指示灯 1 亮；当检测温度小于计算机程序设定的下限值时，计算机输出控制信号，使板卡 PO.2（引脚 49）置高电平，指示灯 2 亮。

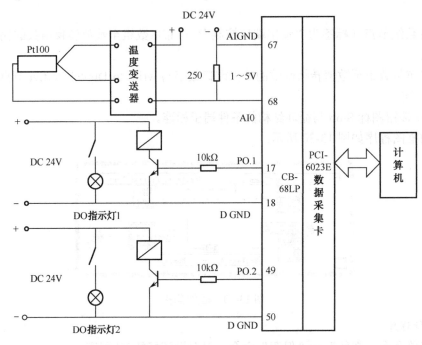

图 13-32 PC 与 PCI-6023E 数据采集卡组成的测控线路

线路中，温度变送器的输入温度范围是 0～200℃，输出 4～20mA 电流信号；指示灯、继电器的供电电压均为 DC 24V。

在编程之前，首先进入 Measurement & Automation 软件窗口参数设置对话框中的 AI 设置项，设置模拟信号输入时的量程为-10.0V～+10.0V，输入方式采用 Referenced Single Ended（单端有参考地输入），如图 13-33 所示。

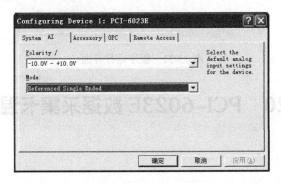

图 13-33 AI 设置项

二、设计任务

采用 LabVIEW 语言编写应用程序实现 PC 与 PCI-6023E 数据采集卡温度测控。任务要求如下：

（1）自动连续读取并显示温度测量值；绘制测量温度实时变化曲线。
（2）统计采集的温度平均值、最大值与最小值。
（3）实现温度上、下限报警指示并能在程序运行中设置报警上、下限值。

三、任务实现

1. 设计程序前面板

（1）为了显示板卡采集值，添加 6 个数字显示控件：控件→新式→数值→数值显示控件，标签分别为"当前值："、"平均值"、"测量个数："、"累加值："、"最大值："、"最小值："。

（2）为了实时显示测量温度实时变化曲线，添加 1 个实时图形显示控件：控件→新式→图形→波形图形，将 Y 轴标尺范围改为 0.0～100.0，标签改为"温度变化曲线"。

（3）为了设置温度上下限值，添加两个数值输入控件：控件→新式→数值→数值输入控件，标签分别为"上限值："、"下限值："，将其值改为 80、20，并设置为默认值。

（4）为了显示测量温度超限状态，添加两个指示灯控件：控件→新式→布尔→圆形指示灯，将标签分别改为"上限灯："、"下限灯："。

（5）为了关闭程序，添加 1 个停止按钮控件：控件→新式→布尔→停止按钮。

设计的程序前面板如图 13-34 所示。

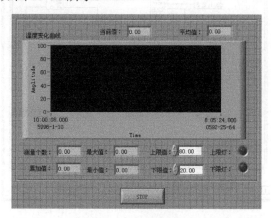

图 13-34 程序前面板

2. 框图程序设计

（1）添加 1 个 While 循环结构：函数→编程→结构→While 循环。
以下添加的函数或结构放置在 While 循环结构框架中。

（2）添加 1 个时钟函数：函数→编程→定时→等待下一个整数倍毫秒。
（3）添加 1 个数值常量：函数→编程→数值→数值常量，值分别为 500。
（4）添加 1 个顺序结构：函数→编程→结构→层叠式顺序结构。

将其帧（Frame）设置为 3 个（序号 0～2）。设置方法：选中层叠式顺序结构上边框，单击鼠标右键，执行"在后面添加帧"命令 2 次。

（5）在顺序结构 Frame0 中，添加 1 个模拟电压输入函数：函数→仪器 I/O→Data Acquisition→Analog Input→AI Acquire Waveforms .vi。

（6）在顺序结构 Frame0 中，添加 3 个数值常量：函数→编程→数值→数值常量，将值分别改为 1、1000、1000。

将数值常量 1、1000、1000 分别与 AI Acquire Waveforms .vi 函数函数的输入端口 device，number of samples/ch、scan rate 相连。

（7）在顺序结构 Frame0 中，添加 1 个字符串常量：函数→编程→字符串→字符串常量，将值改为"0,1,2,3"（模拟量输入端口号）。

将字符串与 AI Acquire Waveforms .vi 函数函数的输入端口 channel（string）相连。

（8）在顺序结构 Frame0 中，添加 1 个索引数组函数：函数→编程→数组→索引数组。

将 AI Acquire Waveforms .vi 函数函数的输出端口 waveforms 与索引数组函数的输入端口数组相连；将数值常量（值为 0，第 0 通道）与索引数组函数的输入端口索引相连。

（9）在顺序结构 Frame0 中其他函数的添加与连线，在此不做介绍。

Frame0 中连接好的框图程序如图 13-35 所示。

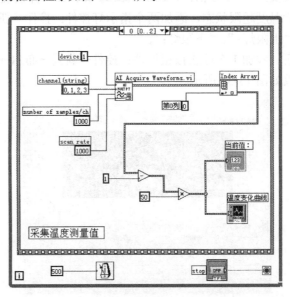

图 13-35　框图程序（一）

（10）在顺序结构 Frame1 中添加两个数字量输出 VI：函数→仪器 I/O→Data Acquisition→Digital I/O→Write to Digital Line.vi。

（11）在顺序结构 Frame1 中，添加两个数值常量：函数→编程→数值→数值常量，将值分别改为 1。

将两个数值常量（值为 1，板卡设备号）分别与两个 Write to Digital Line.vi 函数的输入端口 Device 相连。

（12）在顺序结构 Frame1 中，添加两个字符串常量：函数→编程→字符串→字符串常量，将值分别改为 0。

将两个字符串常量（值为 0，端口号）分别与两个 Write to Digital Line.vi 函数的输入端口 digital channel 相连。

（13）在顺序结构 Frame1 中添加两个条件结构：函数→编程→结构→条件结构。

（14）在两个条件结构的真（True）选项和假（False）选项中分别添加 4 个比较函数：函数→编程→比较→不等于 0?。

（15）在两个条件结构的假（False）选项中添加两个局部变量：函数→编程→结构→局部变量。

选择局部变量，单击鼠标右键，在弹出菜单的选项下，为局部变量选择控件："上限灯："、"下限灯："，将其属性设置为"写"。

（16）在两个条件结构的真（True）选项和假（False）选项中添加 8 个数值常量：函数→编程→数值→数值常量，值分别为 0、1、0、2。

（17）在两个条件结构的真（True）选项和假（False）选项中添加 4 个布尔常量：真常量和假常量。

（18）分别将两个条件结构中的数值常量 1 和 2 分别与两个 Write to Digital Line.vi 函数的输入端口 Line 相连。

（19）分别将两个条件结构中的布尔常量真常量和假常量分别与两个 Write to Digital Line.vi 函数的输入端口 Line state 相连。

（20）在顺序结构 Frame1 中其他函数的添加与连线，在此不做介绍。

Frame1 中连接好的框图程序如图 13-36 和图 13-37 所示。

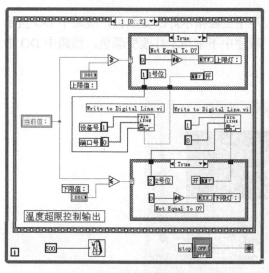

图 13-36 框图程序（二）

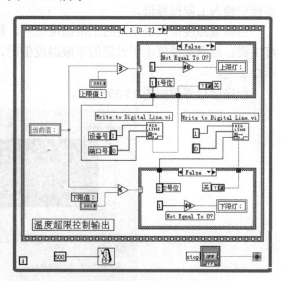

图 13-37 框图程序（三）

（21）在顺序结构 Frame2 中函数添加与连线略。Frame2 中连接好的框图程序如图 13-38 所示。

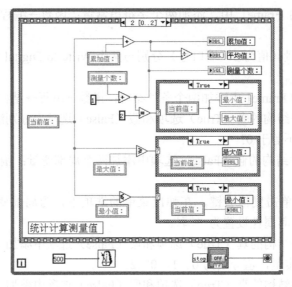

图 13-38　框图程序（四）

3．运行程序

单击快捷工具栏"运行"按钮，运行程序。

给 Pt100 热电阻传感器升温或降温，VI 程序前面板显示温度测量值及实时变化曲线；同时显示测量温度的平均值、最大值、最小值等。

可以改变温度报警下限、上限值。在下限指示文本框中输入下限报警值；在上限指示文本框中输入上限报警值。

当测量温度值大于设定的上限温度值时，程序中上限指示灯改变颜色，线路中 DO 指示灯 1 亮；当测量温度小于设定的下限温度值时，程序中下限指示灯改变颜色，线路中 DO 指示灯 2 亮。

程序运行界面如图 13-39 所示。

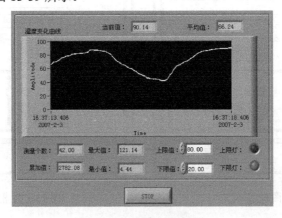

图 13-39　程序运行界面

实例 121 PCI-1710HG 数据采集卡模拟电压采集

一、线路连接

如图 13-40 所示,通过电位器产生一个模拟变化电压(0~5V),送入板卡模拟量输入 0 通道(引脚 68),同时在电位器电压输出端接一信号指示灯,用于显示电压变化情况。

本实例用到的硬件包括:PCI-1710HG 数据采集卡,PCL-10168 数据线缆,ADAM-3968 接线端子(使用模拟量输入 AI0 通道),电位器(10kΩ),指示灯(DC 5V),直流电源(输出 DC 5V)等。

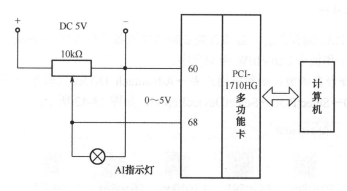

图 13-40 计算机模拟电压输入线路

二、设计任务

采用 LabVIEW 语言编写程序实现 PC 与 PCI-1710HG 数据采集卡模拟量输入。任务要求如下:PC 以间隔或连续方式读取电压测量值(0~5V),并以数值或曲线形式显示电压变化值;当测量电压小于或大于设定下限或上限值时,PC 程序界面中相应指示灯变换颜色。

三、任务实现

1. 设计程序前面板

(1)为了以数字形式显示测量电压值,添加 1 个数字显示控件:控件→新式→数值→数值显示控件,标签改为"当前电压值:"。

(2)为了以指针形式显示测量电压值,添加 1 个实时图形显示控件:控件→新式→图形→波形图形,标签改为"实时电压曲线",将 Y 轴标尺范围改为 0.0~5.0。

(3)为了显示电压超限状态,添加两个指示灯控件:控件→新式→布尔→圆形指示灯,将标签分别改为"上限指示灯:"、"下限指示灯:"。

(4)为了关闭程序,添加 1 个停止按钮控件:控件→新式→布尔→停止按钮。

设计的程序前面板如图 13-41 所示。

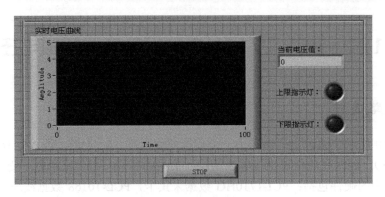

图 13-41　程序前面板

2. 框图程序设计

在进行 LabVIEW 编程之前，必须首先安装研华设备管理程序（Device Manager）、32bit DLL 驱动程序及研华板卡 LabVIEW 驱动程序。

（1）添加选择设备函数：函数→用户库→Advantech DA&C（研华公司的 LabVIEW 函数库）→EASYIO→SelectPOP→SelectDevicePop.vi，如图 13-42 所示。

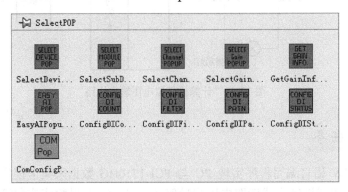

图 13-42　SelectPop 函数库

（2）添加打开设备函数：函数→用户库→Advantech DA&C→ADVANCE→DeviceManager→DeviceOpen.vi，如图 13-43 所示。

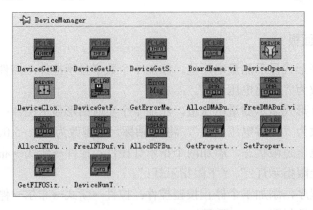

图 13-43　DeviceManager 函数库

（3）添加选择通道函数：函数→用户库→Advantech DA&C→EASYIO→SelectPOP→SelectChannelPop.vi，如图 13-42 所示。

（4）添加选择增益函数：函数→用户库→Advantech DA&C→EASYIO→SelectGainPop.vi，如图 13-42 所示。

（5）添加按名称解除捆绑函数：函数→编程→簇、类与变体→按名称解除捆绑。

（6）添加捆绑函数：函数→编程→簇、类与变体→捆绑。

（7）添加关闭设备函数：函数→用户库→Advantech DA&C→ADVANCE→DeviceManager→DeviceClose.vi，如图 13-43 所示。

（8）添加模拟量配置函数：函数→用户库→Advantech DA&C→ADVANCE→SlowAI→AIConfig.vi，如图 13-44 所示。

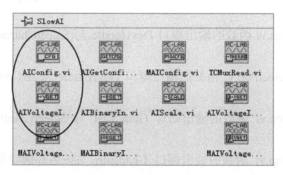

图 13-44　SlowAI 函数库

（9）添加 1 个 While 循环结构：函数→编程→结构→While 循环。

以下添加的函数或结构放置在 While 循环结构框架中。

（10）添加模拟量电压输入函数：函数→用户库→Advantech DA&C→ADVANCE→SlowAI→AIVoltageIn.vi，如图 13-44 所示。

（11）添加 1 个比较符号函数"≤"：函数→编程→比较→小于等于?。

（12）添加数值常量：函数→编程→数值→数值常量，将值改为 0.5（下限电压值）。

（13）添加 1 个比较符号函数"≥"：函数→编程→比较→大于等于?。

（14）添加数值常量：函数→编程→数值→数值常量，将值改为 3.5（上限电压值）。

（15）添加 1 个时钟函数：函数→编程→定时→等待下一个整数倍毫秒。

（16）添加数值常量：函数→编程→数值→数值常量，将值改为 500（采样频率）。

（17）添加非函数：函数→编程→布尔→非。

（18）添加两个条件结构：函数→编程→结构→条件结构。

（19）分别在两个条件结构的真（True）选项中各添加 1 个比较函数：函数→编程→比较→不等于 0?。

（20）分别在两个条件结构的真（True）选项各添加 1 个数值常量：函数→编程→数值→数值常量，值分别为 0、0。

（21）将数字显示控件（标签为"当前电压值:"）、波形显示控件（标签为"实时电压曲线"）、停止按钮控件从外拖入循环结构中。

（22）将指示灯控件"下限指示灯:"、"上限指示灯:"分别拖入两个条件结构的真

（True）选项中。

（23）分别在两个条件结构的假（False）选项中各添加 1 个局部变量：函数→编程→结构→局部变量。

分别选择局部变量，单击鼠标右键，在弹出菜单的选项下，为局部变量选择控件："下限指示灯："、"上限指示灯："，将其属性设置为"写"。

（24）分别在两个条件结构的假（False）选项中各添加 1 个比较函数：函数→编程→比较→不等于 0?。

（25）分别在两个条件结构的假（False）选项各添加 1 个数值常量：函数→编程→数值→数值常量，值分别为 1、1。

（26）将 SelectDevicePop.vi 函数的输出端口 DevNum 与 DeviceOpen.vi 函数的输入端口 DevNum 相连。

（27）将 DeviceOpen.vi 函数的输出端口 DevHandle 与 SelectChannelPop.vi 函数的输入端口 DevHandle 相连。

（28）将 SelectChannelPop.vi 函数的输出端口 DevHandle 与 AIConfig.vi 函数的输入端口 DevHandle 相连。

将 SelectChannelPop.vi 函数的输出端口 Gain List 与 SelectGainPop.vi 函数的输入端口 Gain List 相连。

将 SelectChannelPop.vi 函数的输出端口 ChanInfo 与按名称解除捆绑函数的输入端口输入簇相连。

（29）将按名称解除捆绑函数的输出端口通道与捆绑函数的一个输入端口簇元素相连；

（30）将 SelectGainPop.vi 函数的输出端口 GainCode 与捆绑函数的一个输入端口簇元素相连。

（31）将捆绑函数的输出端口输出簇与 AIConfig.vi 函数的输入端口 Chan & Gain 相连。

（32）将 AIConfig.vi 函数的输出端口 DevHandle 与 AIVoltageIn.vi 函数的输入端口 DevHandle 相连。

（33）将 AIVoltageIn.vi 函数的输出端口 DevHandle 与 DeviceClose.vi 函数的输入端口 DevHandle 相连。

将 AIVoltageIn.vi 函数的输出端口 Voltage 与数字显示控件（标签为"当前电压值："）相连。

将 AIVoltageIn.vi 函数的输出端口 Voltage 与波形显示控件（标签为"实时电压曲线"）相连。

将 AIVoltageIn.vi 函数的输出端口 Voltage 与"小于等于?"函数的输入端口 x 相连。

将 AIVoltageIn.vi 函数的输出端口 Voltage 与"大于等于?"函数的输入端口 x 相连；

（34）将数值常量（值为 0.5，下限电压值）与"小于等于?"函数的输入端口 y 相连。

（35）将数值常量（值为 3.5，上限电压值）与"大于等于?"函数的输入端口 y 相连。

（36）将"小于等于?"函数的输出端口"x <= y?"与条件结构 1 上的选择端口 ? 相连。

（37）将"大于等于?"函数的输出端口"x >= y?"与条件结构 2 上的选择端口 ? 相连。

（38）在条件结构 1 的真（True）选项中，将数值常量（值为 0）与"不等于 0?"函数的输入端口 x 相连；将"不等于 0?"函数的输出端口"x != 0?"与指示灯控件"下限指示灯："相连。

(39) 在条件结构 1 的假（False）选项中，将数值常量（值为 1）与"不等于 0？"函数的输入端口 x 相连；将"不等于 0？"函数的输出端口"x != 0？"与局部变量"下限指示灯："相连。

(40) 在条件结构 2 的真（True）选项中，将数值常量（值为 0）与"不等于 0？"函数的输入端口 x 相连；将"不等于 0？"函数的输出端口"x != 0？"与指示灯控件"上限指示灯"相连。

(41) 在条件结构 2 的假（False）选项中，将数值常量（值为 1）与"不等于 0？"函数的输入端口 x 相连；将"不等于 0？"函数的输出端口"x != 0？"与局部变量"上限指示灯："相连。

(42) 将数值常量（值为 500，时钟周期）与等待下一个整数倍毫秒函数的输入端口毫秒倍数相连。

(43) 将停止按钮与非函数的输入端口 x 相连。

(44) 将非函数的输出端口"非 x ?"与循环结构的条件端子相连。

设计的框图程序如图 13-45 所示。

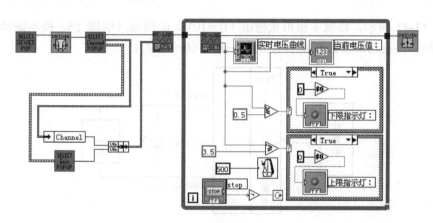

图 13-45　框图程序

3. 运行程序

单击快捷工具栏"运行"按钮，运行程序。

运行"SelectDevicePop.vi"子程序，选择研华板卡设备 PCI-1710HG。

运行"SelectChannelPop.vi"子程序，选择板卡通道号，如 0 通道。

运行"SelectGainPop.vi"子程序，选择板卡模拟电压输入范围，如±5V。

硬件设备设置完成，程序开始运行。

改变模拟量输入 0 通道输入电压值（0～5V），连续单击程序界面中"间断采集"按钮或单击一次"连续采集"按钮，程序窗体中文本对象中的数字、图形控件中的曲线都将随输入电压变化而变化。当测量电压小于或大于设定下限电压值（0.5V）或上限电压值（3.5V）时，程序界面中相应指示灯由绿色变为红色。

程序运行界面如图 13-46 所示。

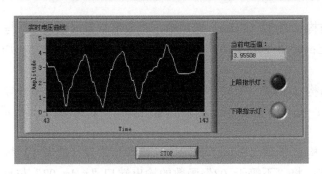

图 13-46　程序运行界面

实例 122　PCI-1710HG 数据采集卡模拟电压输出

一、线路连接

如图 13-47 所示,将板卡模拟量输出（0～10V）0 通道（引脚 58）接示波器以显示电压变化波形；接发光二极管来显示电压大小变化（0～10V）。

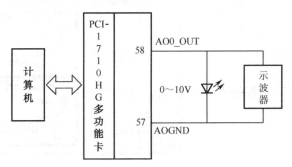

图 13-47　计算机模拟电压输出线路

本实例用到的硬件包括 PCI-1710HG 数据采集卡，PCL-10168 数据线缆，ADAM-3968 接线端子（使用模拟量输出 AO 通道），发光二极管，电子示波器等。

二、设计任务

采用 LabVIEW 语言编写程序实现 PC 与 PCI-1710HG 数据采集卡模拟量输出。任务要求如下：在 PC 程序界面中产生一个变化的数值（0～10），绘制数据变化曲线，线路中模拟量输出口输出变化的电压（0～10V）。

三、任务实现

1. 设计程序前面板

（1）为了产生输出电压值，添加 1 个垂直滑动控件：控件→新式→数值→垂直指针滑动杆，标尺为 0~10。

（2）为了显示要输出的电压值，添加 1 个数字显示控件：控件→新式→数值→数值显示控件，标签改为"输出电压值"。

（3）为了显示输出电压变化曲线，添加 1 个实时图形显示控件：控件→新式→图形→波形图形，标签改为"电压输出曲线"，将 Y 轴标尺范围改为 0~10。

（4）为了关闭程序，添加 1 个停止按钮控件：控件→新式→布尔→停止按钮。

设计的程序前面板如图 13-48 所示。

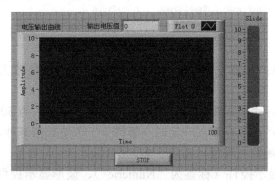

图 13-48　程序前面板

2．框图程序设计

在进行 LabVIEW 编程之前，必须首先安装研华设备管理程序（Device Manager）、32bit DLL 驱动程序及研华板卡 LabVIEW 驱动程序。

（1）添加选择设备函数：函数→用户库→Advantech DA&C（研华公司的 LabVIEW 函数库）→EASYIO→SelectPOP→SelectDevicePop.vi，如图 13-49 所示。

（2）添加打开设备函数：函数→用户库→Advantech DA&C→ADVANCE→DeviceManager→DeviceOpen.vi，如图 13-50 所示。

（3）添加关闭设备函数：函数→用户库→ADVANCE→DeviceManager→DeviceClose.vi，如图 13-50 所示。

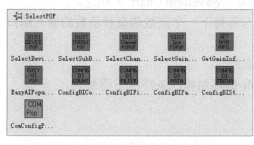

图 13-49　SelectPop 函数库　　　　图 13-50　DeviceManager 函数库

（4）添加 While 循环结构：函数→编程→结构→While 循环。

以下添加的函数放置在 While 循环结构框架中：

（5）添加模拟量电压输出函数：函数→用户库→Advantech DA&C→ADVANCE→SlowAO→AOVoltageOut.vi，如图 13-51 所示。

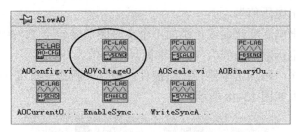

图 13-51 SlowAO 函数库

（6）添加数值常量：函数→编程→数值→数值常量，将值改为 0（模拟量输出通道号）。

（7）添加数值常量：函数→编程→数值→数值常量，将值改为 500（时钟周期）。

（8）添加时钟函数：函数→编程→定时→等待下一个整数倍毫秒。

（9）添加非函数：函数→编程→布尔→非。

（10）分别将数值显示控件（标签为"Numeric"）、波形显示控件（标签为"Waveform Chart"）、垂直滑动控件（标签为"Slide"）、按钮控件（标签为"Stop"）等拖入 While 循环结构中。

（11）将函数 SelectDevicePop.vi 的输出端口 DevNum 与函数 DeviceOpen.vi 的输入端口 DevNum 相连。

（12）将函数 DeviceOpen.vi 的输出端口 DevHandle 与函数 AOVoltageOut.vi 的输入端口 DevHandle 相连。

（13）将函数 AOVoltageOut.vi 的输出端口 DevHandle 与函数 DeviceClose.vi 的输入端口 DevHandle 相连。

（14）将数值常量（值为 0，模拟量输出通道号）与函数 AOVoltageOut.vi 的输入端口 Channel 相连。

（15）将滑动杆输出端口与函数 AOVoltageOut.vi 的输入端口 Voltage 相连。

将滑动杆的输出端口与数字显示控件（标签为"Numeric"）相连。

将滑动杆的输出端口与波形显示控件（标签为"Waveform Chart"）相连。

（16）将数值常量（值为 500，时钟周期）与等待下一个整数倍毫秒函数的输入端口毫秒倍数相连。

（17）将按钮控件与非函数的输入端口 x 相连。

（18）将非函数的输出端口"非 x ?"与 While 循环结构的条件端子 ⊙ 相连。

设计的框图程序如图 13-52 所示。

3．运行程序

单击快捷工具栏"运行"按钮，运行程序：

首先运行"SelectDevicePop.vi"子程序，选择研华板卡设备 PCI-1710HG。

硬件设备设置完成，程序开始运行。

第 13 章　LabVIEW 数据采集

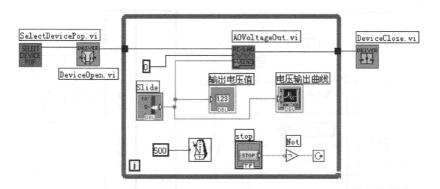

图 13-52　框图程序

用鼠标单击游标上下箭头，生成一间断变化的数值（0~10），在程序界面中产生一个随之变化的曲线。同时，线路中模拟电压输出 0 通道输出 0~10V 电压。

程序运行界面如图 13-53 所示。

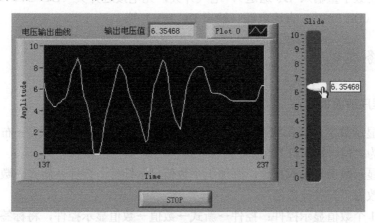

图 13-53　程序运行界面

实例 123　PCI-1710HG 数据采集卡数字信号输入

一、线路连接

如图 13-54 所示，由电气开关和光电接近开关分别控制两个继电器，继电器的常开开关分别接板卡数字量输入 0 通道（引脚 56）和 1 通道（引脚 22）。

二、设计任务

采用 LabVIEW 语言编写程序实现 PC 与 PCI-1710HG 数据采集卡数字信号输入。任务要求如下：利用开关产生数字（开关）信号（0 或 1），使程序界面中信号指示灯颜色改变；利用开关产生数字（开关）信号，使程序界面中计数器文本中的数字从 1 开始累加。

463

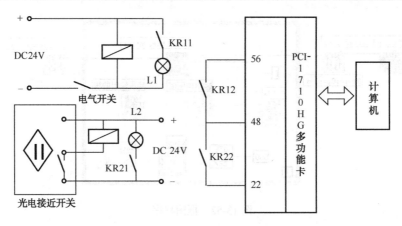

图 13-54 开关量输入线路

本设计用到的硬件包括 PCI-1710HG 数据采集卡，PCL-10168 数据线缆，ADAM-3968 接线端子（使用数字量输入 DI 通道），电气开关，光电接近开关（DC 24V），继电器（DC 24V），指示灯（DC 24V），直流电源（输出 DC 24V）等。

三、任务实现

1. 设计程序前面板

（1）为了显示数字量输入状态，添加 1 个指示灯控件：控件→新式→布尔→圆形指示灯，将标签改为"信号指示灯"。

（2）为了显示数字量输入次数，添加 1 个数值显示控件：控件→新式→数值→数值显示控件，将标签改为"开关计数器"。

（3）添加 1 个数值显示控件：控件→新式→数值→数值显示控件，将标签改为"中间变量"。

为保持界面整齐，将"中间变量"显示器隐藏：右键单击"中间变量"数字显示控件，选择"高级"→"隐藏输入控件"命令。

（4）为了关闭程序，添加 1 个停止按钮控件：控件→新式→布尔→停止按钮。

设计的程序前面板如图 13-55 所示。

2. 框图程序设计

在进行 LabVIEW 编程之前，必须首先安装研华设备管理程序（Device Manager）、32bit DLL 驱动程序及研华板卡 LabVIEW 驱动程序。

（1）添加选择设备函数：函数→用户库→Advantech DA&C（研华公司的 LabVIEW 函数库）→EASYIO→SelectPOP→SelectDevicePop.vi。

（2）添加打开设备函数：函数→用户库→Advantech DA&C→ADVANCE→DeviceManager→DeviceOpen.vi。

（3）添加关闭设备函数：函数→用户库→Advantech DA&C→ADVANCE→DeviceManager→DeviceClose.vi。

（4）添加 1 个 While 循环结构：函数→编程→结构→While 循环。
以下添加的函数或结构放置在 While 循环结构框架中。
（5）添加两个读端口位函数：函数→用户库→Advantech DA&C→ADVANCE→SlowDIO→DIOReadBit.vi，如图 13-56 所示。

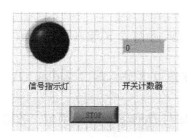

图 13-55　程序前面板

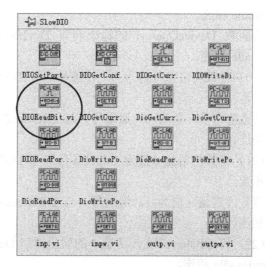

图 13-56　SlowDIO 函数库

（6）添加 6 个数值常量：函数→编程→数值→数值常量，值分别为设备号 0、通道号 0、设备号 0、通道号 1、比较量 1、时钟周期 200。
（7）添加两个"不等于 0?"函数：函数→编程→比较→不等于 0?；
（8）添加两个等于函数：函数→编程→比较→等于?。
（9）添加 1 个与函数：函数→编程→布尔→与。
（10）添加 1 个假常量：函数→编程→布尔→假常量。
（11）添加 1 个时钟函数：函数→编程→定时→等待下一个整数倍毫秒。
（12）添加 1 个非函数：函数→编程→布尔→非。
（13）添加两个条件结构：函数→编程→结构→条件结构。
（14）添加 3 个局部变量：函数→编程→结构→局部变量。
选择局部变量，单击鼠标右键，在弹出菜单的选项下，为局部变量选择控件："中间变量"、"中间变量"、"开关计数器"，其中一个局部变量"中间变量"放入循环结构中，另一个局部变量"中间变量"放入条件结构 2 的真（True）选项中；局部变量"开关计数器"放入条件结构 2 的真（True）选项中。
（15）添加 3 个数值常量：函数→编程→数值→数值常量，值分别为 1、1、2，其中一个常数"1"放入条件结构 1 的假（False）选项中，另一个常数"1"放入条件结构 2 的真（True）选项中，常数"2"放入条件结构 2 的真（True）选项中。
（16）添加 1 个加号函数：函数→编程→数值→加，并放入条件结构 2 的真（True）选项中。
（17）分别将指示灯控件（标签为"信号指示灯"）、停止按钮控件等从外拖入循环结构框架中；将数值显示控件（标签为"中间变量"）放入条件结构 1 的假（False）选项中；将数值显示控件(标签为"开关计数器")拖入条件结构2的真(True)选项中。

(18)将函数 SelectDevicePop.vi 的输出端口 DevNum 与函数 DeviceOpen.vi 的输入端口 DevNum 相连。

(19)将函数 DeviceOpen.vi 的输出端口 DevHandle 与 DIOReadBit.vi 函数 1 的输入端口 DevHandle 相连。

将函数 DeviceOpen.vi 的输出端口 DevHandle 与 DIOReadBit.vi 函数 2 的输入端口 DevHandle 相连。

(20)将数值常量(值为 0,设备号)与 DIOReadBit.vi 函数 1 的输入端口 Port(设备号)相连。

将数值常量(值为 0,通道号)与 DIOReadBit.vi 函数 1 的输入端口 BitPos(DI 通道号)相连。

(21)将数值常量(值为 0,设备号)与 DIOReadBit.vi 函数 2 的输入端口 Port(设备号)相连。

将数值常量(值为 1,通道号)与 DIOReadBit.vi 函数 2 的输入端口 BitPos(DI 通道号)相连。

(22)将 DIOReadBit.vi 函数 1 的输出端口 DevHandle 与 DeviceClose.vi 函数 1 的输入端口 DevHandle 相连。

将 DIOReadBit.vi 函数 1 的输出端口 State 与"不等于0?"函数 1 的输入端口 x 相连。

(23)将 DIOReadBit.vi 函数 2 的输出端口 DevHandle 与 DeviceClose.vi 函数 2 的输入端口 DevHandle 相连。

将 DIOReadBit.vi 函数 2 的输出端口 State 与"不等于0?"函数 2 的输入端口 x 相连。

(24)将"不等于0?"函数 1 的输出端口"x!=0"与指示灯控件("信号指示灯")相连。

(25)将"不等于0?"函数 2 的输出端口 x!=0 与"等于?"函数 1 的输入端口 x 相连。

(26)将假常量与"等于?"函数 1 的输入端口 y 相连。

(27)将"等于?"函数 1 的输出端口"x=y?"与条件结构 1 上的选择端口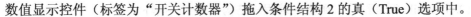相连。

将"等于?"函数 1 的输出端口"x=y?"与 And 函数的输入端口 x 相连。

(28)在条件结构 1 的假(False)选项中,将数值常量(值为 1)与数字显示控件(标签为"中间变量")相连。

(29)将循环结构中的局部变量"中间变量"(读属性)与"等于?"函数 2 的输入端口 x 相连。

(30)将循环结构中的数值常量(值为 1)与"等于?"函数 2 的输入端口 y 相连。

(31)将"等于?"函数 2 的输出端口"x=y?"与 And 函数的输入端口 y 相连。

(32)将与函数的输出端口"x .and. y?"与条件结构 2 上的选择端口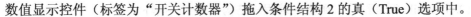相连。

(33)在条件结构 2 的真(True)选项中,将局部变量"开关计数器"与加号函数的输入端口 x 相连。

(34)在条件结构 2 的真(True)选项中,将数值常量(值为 1)与加号函数的输入端口 y 相连。

(35)在条件结构 2 的真(True)选项中,将加号函数的输出端口 x+y 与数值显示控件(标签为"开关计数器")相连。

（36）在条件结构 2 的真（True）选项中，将数值常量（值为 2）与局部变量"中间变量"（写属性）相连。

（37）将数值常量（值为 200，时钟周期）与等待下一个整数倍毫秒函数的输入端口毫秒倍数相连。

（38）将停止按钮控件（标签为"Stop"）与非函数的输入端口 x 相连。

（39）将非函数的输出端口"非 x？"与循环结构的条件端子相连。

设计的框图程序如图 13-57 所示。

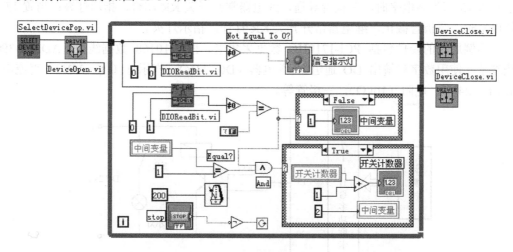

图 13-57　框图程序

3．运行程序

单击快捷工具栏"运行"按钮，运行程序。

运行"SelectDevicePop.vi"子程序，选择研华板卡设备 PCI-1710HG。

打开/关闭数字量输入 0 通道"电气开关"，程序界面中信号指示灯亮/灭（颜色改变）。

打开/关闭数字量输入 1 通道"电气开关"，程序界面中开关计数器文本中的数字从 1 开始累加。

程序运行界面如图 13-58 所示。

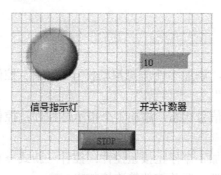

图 13-58　程序运行界面

实例 124　PCI-1710HG 数据采集卡数字信号输出

一、线路连接

如图 13-59 所示，板卡数字量输出 1 通道（引脚 13）接三极管基极，当计算机输出控制信号置 13 脚为高电平时，三极管导通，继电器常开开关 KR 闭合，指示灯亮；当置 13 脚为低电平时，三极管截止，继电器常开开关 KR 打开，指示灯灭。

本实例用到的硬件包括 PCI-1710HG 数据采集卡，PCL-10168 数据线缆，ADAM-3968 接线端子（使用数字量输出 DO 通道），继电器（DC 24V），指示灯（DC 24V），直流电源（输出 DC 24V），电阻（10kΩ），三极管等。

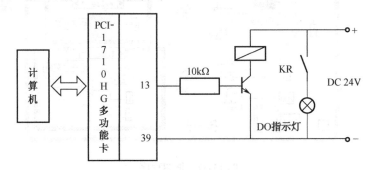

图 13-59　计算机数字量输出线路

二、设计任务

采用 LabVIEW 语言编写程序实现 PC 与 PCI-1710HG 数据采集卡数字信号输出。任务要求如下：在程序程序界面中执行"打开"/"关闭"命令，界面中信号指示灯变换颜色，同时，线路中数字量输出口输出高低电平。

三、任务实现

1. 设计程序前面板

（1）为了输出数字信号，添加 1 个垂直滑动杆开关控件：控件→新式→布尔→垂直滑动杆开关，将标签改为"开关"。

（2）为了显示数字输出信号状态，添加 1 个指示灯控件：控件→新式→布尔→圆形指示灯，将标签改为"指示灯"。

（3）为了关闭程序，添加 1 个停止按钮控件：控件→新式→布尔→停止按钮。

用画线工具将指示灯控件、开关控件等连接起来。

设计的程序前面板如图 13-60 所示。

2. 框图程序设计

在进行 LabVIEW 编程之前，必须首先安装研华设备管理程序（Device Manager）、32bit DLL 驱动程序及研华板卡 LabVIEW 驱动程序。

（1）添加选择设备函数：函数→用户库→Advantech DA&C（研华公司的 LabVIEW 函数库）→EASYIO→SelectPOP→SelectDevicePop.vi。

（2）添加打开设备函数：函数→用户库→Advantech DA&C→ADVANCE→DeviceManager→DeviceOpen.vi。

（3）添加关闭设备函数：函数→用户库→ADVANCE→DeviceManager→DeviceClose.vi。

（4）添加 While 循环结构：函数→编程→结构→While 循环。

以下添加的函数或结构放置在 While 循环结构框架中。

（5）添加写端口位函数：函数→用户库→Advantech DA&C→ADVANCE→SlowDIO→DIOWriteBit.vi，如图 13-61 所示。

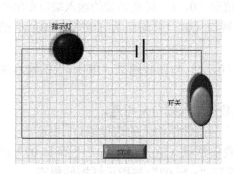

图 13-60　程序前面板

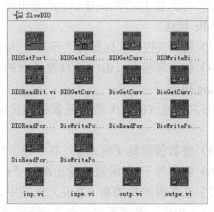

图 13-61　SlowDIO 函数库

（6）添加 4 个数值常量：函数→编程→数值→数值常量，值分别为设备号 0、DO 通道号 1、比较量 0、时钟周期 200。

（7）添加 1 个布尔值至（0，1）转换函数：函数→编程→布尔→布尔值至（0，1）转换。

（8）添加 1 个"等于?"函数：函数→编程→比较→等于。

（9）添加 1 个时钟函数：函数→编程→定时→等待下一个整数倍毫秒。

（10）添加非函数：函数→编程→布尔→非，并从外拖入控件 While 循环中。

（11）添加 1 个条件结构：函数→编程→结构→条件结构。

（12）在条件结构的真（True）选项中，添加 1 个数值常量（值为 0）：函数→编程→数值→数值常量。

（13）在条件结构的真选项中，添加 1 个"不等于 0?"函数：函数→编程→比较→不等于 0?。

（14）在条件结构的假（False）选项中，添加 1 个数值常量（值为 1）：函数→编程→数值→数值常量。

（15）在条件结构的假选项中，添加 1 个"不等于 0?"函数：函数→编程→比较→不等于 0?。

(16) 在条件结构的假 (False) 选项中,添加 1 个局部变量:函数→编程→结构→局部变量。

选择局部变量,单击鼠标右键,在弹出菜单的选项下,为局部变量选择控件"指示灯:",设置为"写"属性。

(17) 分别将垂直滑动杆开关控件(标签为"开关")、停止按钮控件(标签为"Stop")等从外拖入循环结构中;将指示灯控件(标签为"指示灯")放入条件结构的真(True)选项中。

(18) 将函数 SelectDevicePop.vi 的输出端口 DevNum 与函数 DeviceOpen.vi 的输入端口 DevNum 相连。

(19) 将函数 DeviceOpen.vi 的输出端口 DevHandle 与函数 DIOWriteBit.vi 的输入端口 DevHandle 相连。

(20) 将数值常量(值为 0,设备号)与函数 DIOWriteBit.vi 的输入端口 Port 相连。

(21) 将数值常量(值为 1,通道号)与函数 DIOWriteBit.vi 的输入端口 BitPos 相连。

(22) 将函数 DIOWriteBit.vi 的输出端口 DevHandle 与函数 DeviceClose.vi 的输入端口 DevHandle 相连。

(23) 将开关控件(标签为"开关")与布尔值至(0,1)转换函数的输入端口布尔相连。

(24) 将布尔值至(0,1)转换函数的输出端口(0,1)与函数 DIOWriteBit.vi 的输入端口 State 相连。

将布尔值至(0,1)转换函数的输出端口(0,1)与比较函数"等于?"的输入端口 x 相连。

(25) 将数值常量(值为 0)与"等于?"函数的输入端口 y 相连。

(26) 将"等于?"函数的输出端口"x=y?"与条件结构上的选择端口 ? 相连。

(27) 在条件结构的真(True)选项中,将数值常量(值为 0)与"不等于 0?"函数的输入端口 x 相连;将"不等于 0?"函数的输出端口"x!=0?"与指示灯控件相连。

(28) 在条件结构的假(False)选项中,将数值常量(值为 1)与"不等于 0?"函数的输入端口 x 相连;将"不等于 0?"函数的输出端口"x!=0?"与局部变量"指示灯"相连。

(29) 将数值常量(值为 200,时钟周期)与等待下一个整数倍毫秒函数的输入端口毫秒倍数相连。

(30) 将停止按钮控件与非函数的输入端口 x 相连。

(31) 将非函数的输出端口"非 x?"与循环结构的条件端子 ? 相连。

设计的框图程序如图 13-62 所示。

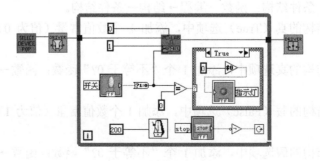

图 13-62 框图程序

3. 运行程序

单击快捷工具栏"运行"按钮，运行程序。

运行"SelectDevicePop.vi"子程序，选择研华板卡设备 PCI-1710HG。

用鼠标推动程序界面中开关，界面中指示灯亮/灭（颜色改变），同时，线路中数字量输出通道输出高/低电平。

程序运行界面如图 13-63 所示。

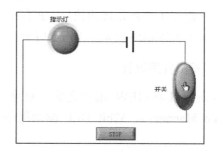

图 13-63　程序运行界面

实例 125　PCI-1710HG 数据采集卡脉冲信号输出

一、线路连接

如图 13-64 所示，板卡计数器输出通道（引脚 CNT0_OUT）接示波器。

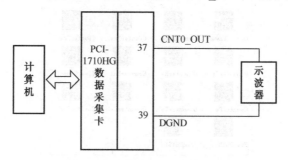

图 13-64　计算机脉冲量输出线路

本实例用到的硬件包括 PCI-1710HG 数据采集卡，PCL-10168 数据线缆，ADAM-3968 接线端子（使用脉冲量输出 0 通道），示波器等。

二、设计任务

采用 LabVIEW 语言编写程序实现 PC 与 PCI-1710HG 数据采集卡脉冲信号输出。任务要求如下：程序中产生一个矩形脉冲信号，通过板卡计数器输出通道送入示波器，显示脉冲波形。

三、任务实现

1. 设计程序前面板

（1）添加数字输入控件：控件→新式→数值→数值输入控件，用于输入脉冲周期，标签为"Period"。

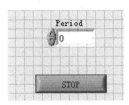

图 13-65　程序前面板

（2）添加 1 个停止按钮控件：控件→新式→布尔→停止按钮。
设计的程序前面板如图 13-65 所示。

2. 框图程序设计

在进行 LabVIEW 编程之前，必须首先安装研华设备管理程序（Device Manager）、32bit DLL 驱动程序及研华板卡 LabVIEW 驱动程序。

（1）添加选择设备函数：函数→用户库→Advantech DA&C（研华公司的 LabVIEW 函数库）→EASYIO→SelectPOP→SelectDevicePop.vi。

（2）添加打开设备函数：函数→用户库→Advantech DA&C→ADVANCE→DeviceManager→DeviceOpen.vi。

（3）添加关闭设备函数：函数→用户库→ADVANCE→DeviceManager→DeviceClose.vi。

（4）添加计数器停止并重置函数：函数→用户库→Advantech DA&C→ADVANCE→CountTimer→CounterReset.vi，如图 13-66 所示。

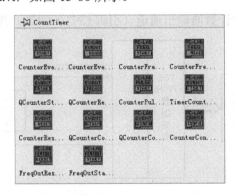

图 13-66　CountTimer 函数库

（5）添加 While 循环结构：函数→编程→结构→While 循环。
以下添加的函数放置在循环结构框架中。

（6）添加计数器脉冲开始函数：函数→用户库→Advantech DA&C→ADVANCE→CountTimer→CounterPulseStart.vi，如图 13-35 所示。

（7）添加 4 个数值常量：函数→编程→数值→数值常量，值分别为计数器通道号"0"（标签为 Counter），计数器触发方式"0"（标签为 GateMode），输出脉冲的 1/2 周期值为"0.5"（标签为 UpCycle），时钟周期值"500"。

（8）添加时钟函数：函数→编程→定时→等待下一个整数倍毫秒。

（9）添加非函数：函数→编程→布尔→非。

（10）分别将数值输入控件、停止按钮控件等拖入循环结构中。

（11）将函数 SelectDevicePop.vi 的输出端口 DevNum 与函数 DeviceOpen.vi 的输入端口 DevNum 相连。

（12）将函数 DeviceOpen.vi 的输出端口 DevHandle 与函数 CounterPulseStart.vi 的输入端口 DevHandle 相连。

（13）将数值常量（值为 0，计数器通道号，标签为 Counter）与函数 CounterPulseStart.vi 的输入端口 Counter（通道号）相连。

将数值常量（值为 0，计数器通道号，标签为 Counter）与函数 CounterReset.vi 的输入端口 Counter（通道号）相连。

（14）将数值常量（值为 0，计数器触发方式，标签为 GateMode）的输出端口与函数 CounterPulseStart.vi 的输入端口 GateMode（触发方式）相连。

（15）将数值常量（值为 0.5，输出脉冲的 1/2 周期，标签为 UpCycle）与函数 CounterPulseStart.vi 的输入端口 UpCycle 相连。

（16）将数字输入控件（标签为 Period）与函数 CounterPulseStart.vi 的输入端口 Period（脉冲周期）相连。

（17）将函数 CounterPulseStart.vi 的输出端口 DevHandle 与函数 CounterReset.vi 的输入端口 DevHandle 相连。

（18）将数值常量（值为 500，时钟周期）与等待下一个整数倍毫秒函数的输入端口毫秒倍数相连。

（19）将停止按钮控件与非函数的输入端口 x 相连。

（20）将非函数的输出端口"非 x？"与循环结构的条件端子 ⊙ 相连。

（21）将函数 CounterReset.vi 的输出端口 DevHandle 与函数 DeviceClose.vi 的输入端口 DevHandle 相连。

设计的框图程序如图 13-67 所示。

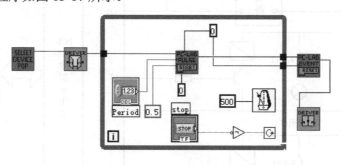

图 13-67　框图程序

3. 运行程序

单击快捷工具栏"运行"按钮，运行程序。

运行"SelectDevicePop.vi"子程序，选择研华板卡设备 PCI-1710HG。

在程序前面板设置脉冲周期，示波器中显示相应周期的脉冲波形。

程序运行界面如图 13-68 所示。

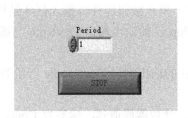

图 13-68　程序运行界面

实例 126　PCI-1710HG 数据采集卡温度测控

一、线路连接

首先将 PCI-1710HG 多功能板卡通过 PCL-10168 数据线缆与 ADAM-3968 接线端子连接。然后将其他输入、输出元器件连接到接线端子板上，如图 13-19 所示。

图 13-69 中，Pt100 热电阻检测温度变化，通过变送器和 250Ω 电阻转换为 1～5V 电压信号送入板卡模拟量 1 通道（引脚 34、60）；当检测温度小于计算机程序设定的下限值时，计算机输出控制信号，使板卡 DO1 通道 13 引脚置高电平，DO 指示灯 1 亮；当检测温度大于计算机设定的上限值时，计算机输出控制信号，使板卡 DO2 通道 46 脚置高电平，DO 指示灯 2 亮。

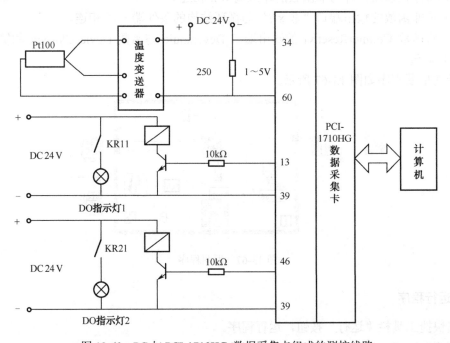

图 13-69　PC 与 PCI-1710HG 数据采集卡组成的测控线路

该线路中，温度变送器的输入温度范围是 0~200℃，输出 4~20mA 电流信号；指示灯、继电器的供电电压均为 DC 24V。

二、设计任务

采用 LabVIEW 语言编写应用程序实现 PC 与 PCI-1710HG 数据采集卡温度测控。任务要求如下：自动连续读取并显示温度测量值（十进制）；显示测量温度实时变化曲线；统计采集的温度平均值、最大值与最小值；实现温度上、下限报警指示和控制，并能在程序运行中设置报警上、下限值。

三、任务实现

1. 设计程序前面板

（1）为了以数字形式显示测量温度值，添加 6 个数字显示控件：控件→新式→数值→数值显示控件，标签分别为"当前值："、"测量个数："、"累加值："、"平均值："、"最大值："、"最小值："。

（2）为了以指针形式显示测量温度值，添加 1 个实时图形显示控件：控件→新式→图形→波形图形，将 Y 轴标尺范围改为 0.0~50.0。

（3）为了设置上下限温度值，添加两个数值输入控件：控件→新式→数值→数值输入控件，标签分别为"上限值："、"下限值："，将其值改为 50、25，并设置为默认值。

（4）为了显示测量温度超限状态，添加两个指示灯控件：控件→新式→布尔→圆形指示灯，将标签分别改为"上限灯："、"下限灯："。

（5）为了关闭程序，添加 1 个停止按钮控件：控件→新式→布尔→停止按钮。

设计的程序前面板如图 13-70 所示。

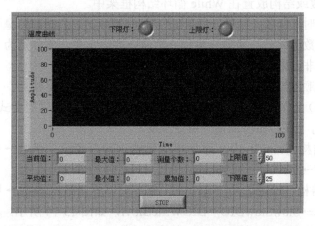

图 13-70　程序前面板

2. 框图程序设计

（1）添加选择设备函数：函数→用户库→Advantech DA&C（研华公司的 LabVIEW 函

数库）→EASYIO→SelectPOP→SelectDevicePop.vi，如图 13-71 所示。

（2）添加打开设备函数：函数→用户库→Advantech DA&C→ADVANCE→DeviceManager→DeviceOpen.vi，如图 13-72 所示。

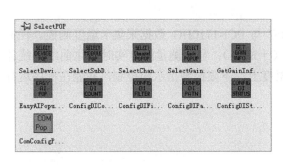

图 13-71　SelectPop 函数库

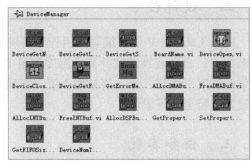

图 13-72　DeviceManager 函数库

（3）添加选择通道函数：函数→用户库→Advantech DA&C→EASYIO→SelectPOP→SelectChannelPop.vi，如图 13-71 所示。

（4）添加选择增益函数：函数→用户库→Advantech DA&C→EASYIO→SelectGainPop.vi，如图 13-71 所示。

（5）添加关闭设备函数：函数→用户库→ADVANCE→DeviceManager→DeviceClose.vi，如图 13-72 所示。

（6）添加按名称解除捆绑函数：函数→编程→簇→按名称解除捆绑。

（7）添加捆绑函数：函数→编程→簇→捆绑。

（8）添加模拟量配置函数：函数→用户库→Advantech DA&C→ADVANCE→SlowAI→AIConfig.vi，如图 13-73 所示。

（9）添加 1 个 While 循环结构：函数→编程→结构→While 循环。

以下添加的函数或结构放置在 While 循环结构框架中。

（10）添加 1 个时钟函数：函数→编程→定时→等待下一个整数倍毫秒。

（11）添加 1 个数值常量：函数→编程→数值→数值常量，值分别为 500。

（12）添加 1 个非函数：函数→编程→布尔→非。

（13）添加 1 个顺序结构：函数→编程→结构→层叠式顺序结构。

将其帧（Frame）设置为 2 个（序号 0~1）。设置方法：选中层叠式顺序结构上边框，单击鼠标右键，执行"在后面添加帧"命令 1 次。

（14）在顺序结构 Frame0 中，添加模拟量电压输入函数：函数→用户库→Advantech DA&C→ADVANCE→SlowAI→AIVoltageIn.vi，如图 13-73 所示。

（15）在顺序结构 Frame0 中，添加 2 个写端口位函数：函数→用户库→Advantech DA&C→ADVANCE→SlowSlowDIO→DIOWriteBit.vi，如图 13-74 所示。

（16）在顺序结构 Frame0 中，添加 1 个减号函数"–"：函数→编程→数值→减。

（17）在顺序结构 Frame0 中，添加 1 个乘号函数：函数→编程→数值→乘。

（18）在顺序结构 Frame0 中，添加 1 个比较符号函数"≥"：函数→编程→比较→大于等于?。

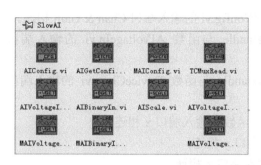

图 13-73 SlowAI 函数库

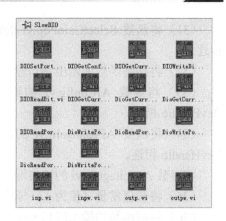

图 13-74 SlowDIO 函数库

（19）在顺序结构 Frame0 中，添加 1 个比较符号函数"≤"：函数→编程→比较→小于等于?。

（20）在顺序结构 Frame0 中，添加 6 个数值常量：函数→编程→数值→数值常量，值分别为 1、50、0、1、0、2。

（21）在顺序结构 Frame0 中，添加两个条件结构：函数→编程→结构→条件结构。

（22）添加 4 个"不等于 0?"函数：函数→编程→比较→不等于 0?，这 4 个比较函数分别放入两个条件结构的真（True）选项和假（False）选项中。

（23）在两个条件结构的真（True）选项和假（False）选项中添加 8 个数值常量：函数→编程→数值→数值常量，值分别为 0、1。

（24）在两个条件结构的假（False）选项中添加两个局部变量：函数→编程→结构→局部变量。

选择局部变量，单击鼠标右键，在弹出菜单的选项下，为局部变量选择控件"上限灯：""下限灯："，将其属性设置为"写"。

（25）分别将数值显示控件、波形图形控件、停止按钮控件从外拖入循环结构 While 循环结构中。

（26）分别将指示灯控件"上限灯："、"下限灯："分别拖入两个条件结构的真（True）选项中。

（27）将函数 SelectDevicePop.vi 的输出端口 DevNum 与函数 DeviceOpen.vi 的输入端口 DevNum 相连。

（28）将函数 DeviceOpen.vi 的输出端口 DevHandle 与函数 SelectChannelPop.vi 的输入端口 DevHandle 相连。

（29）将函数 SelectChannelPop.vi 的输出端口 DevHandle 与函数 AIConfig.vi 的输入端口 DevHandle 相连。

将函数 SelectChannelPop.vi 的输出端口 Gain List 与函数 SelectGainPop.vi 的输入端口 Gain List 相连。

将函数 SelectChannelPop.vi 的输出端口 ChanInfo 与函数按名称解除捆绑的输入端口输入簇相连。

（30）将按名称解除捆绑函数的输出端口通道与捆绑函数的一个输入端口簇元素相连。

（31）将函数 SelectGainPop.vi 的输出端口 GainCode 与捆绑函数的一个输入端口簇元素相连。

（32）将捆绑函数的输出端口输出簇与函数 AIConfig.vi 的输入端口 Chan & Gain 相连。

（33）将函数 AIConfig.vi 的输出端口 DevHandle 与函数 AIVoltageIn.vi 的输入端口 DevHandle 相连。

（34）将函数 AIVoltageIn.vi 的输出端口 DevHandle 与函数 DeviceClose.vi 的输入端口 DevHandle 相连。

将函数 AIVoltageIn.vi 的输出端口 Voltage 与减函数的输入端口 x 相连。

（35）将数值常量（值为 1）与减函数的输入端口 y 相连。

（36）将减函数的输出端口 x-y 与乘函数的输入端口 x 相连。

（37）将数值常量（值为 50）与乘函数的输入端口 y 相连。

（38）将乘函数的输出端口 x*y 与数值显示控件相连。

将乘函数的输出端口 x*y 与波形显示控件相连。

将乘函数的输出端口 x*y 与 "大于等于？" 函数的输入端口 x 相连。

将乘函数的输出端口 x*y 与 "小于等于？" 函数的输入端口 x 相连。

（39）将数值常量（值为 50，上限温度值）与 "大于等于？" 函数的输入端口 y 相连。

（40）将数值常量（值为 25，下限温度值）与 "小于等于？" 函数的输入端口 y 相连。

（41）将 "大于等于？" 函数的输出端口 "x >= y?" 与条件结构（上）的选择端口❓相连。

（42）将 "小于等于？" 函数的输出端口 "x <= y?" 与条件结构（上）的选择端口❓相连。

（43）将数值常量（值为 0，设备号）与函数 DIOWriteBit.vi（上）的输入端口 Port 相连。

将数值常量（值为 0，设备号）与函数 DIOWriteBit.vi（下）的输入端口 Port 相连。

（44）将数值常量（值为 1，DO 通道号）与函数 DIOWriteBit.vi（上）的输入端口 BitPos 相连。

将数值常量（值为 2，DO 通道号）与函数 DIOWriteBit.vi（下）的输入端口 BitPos 相连。

（45）将函数 DeviceOpen.vi 的输出端口 DevHandle 与函数 DIOWriteBit.vi（上）的输入端口 DevHandle 相连。

将函数 DeviceOpen.vi 的输出端口 DevHandle 与函数 DIOWriteBit.vi（下）的输入端口 DevHandle 相连。

（46）将条件结构（上）的真（True）选项中的数值常量（值为 1，状态位）与函数 DIOWriteBit.vi（上）的输入端口 State 相连。

将条件结构（上）的假（False）选项中的数值常量（值为 0，状态位）与函数 DIOWriteBit.vi（上）的输入端口 State 相连。

（47）将条件结构（下）的真（True）选项中的数值常量（值为 1，状态位）与函数 DIOWriteBit.vi（下）的输入端口 State 相连。

将条件结构（下）的假（False）选项中的数值常量（值为 0，状态位）与函数 DIOWriteBit.vi（下）的输入端口 State 相连。

（48）在条件结构（上）的真（True）选项中，将数值常量（值为 0）与 "不等于 0？" 函数的输入端口 x 相连；将 "不等于 0？" 函数的输出端口 "x != 0?" 与指示灯控件 "上限灯:"相连。

在条件结构（上）的假（False）选项中，将数值常量（值为 1）与"不等于 0?"函数的输入端口 x 相连；将"不等于 0?"函数的输出端口"x != 0?"与局部变量"上限灯:"相连。

（49）在条件结构（下）的真（True）选项中，将数值常量（值为 0）与"不等于 0?"函数的输入端口 x 相连；将"不等于 0?"函数的输出端口"x != 0?"与指示灯控件"下限灯:"相连。

在条件结构（下）的假（False）选项中，将数值常量（值为 1）与"不等于 0?"函数的输入端口 x 相连；将"不等于 0?"函数的输出端口"x != 0?"与局部变量"下限灯:"相连。

（50）将数值常量（值为 500，采样频率）与等待下一个整数倍毫秒函数的输入端口毫秒倍数相连。

（51）将停止按钮控件与非函数的输入端口 x 相连。

（52）将非函数的输出端口"非 x ?"与循环结构的条件端子相连。

其他函数的连线在此不做介绍。设计的框图程序如图 13-75 与图 13-76 所示。

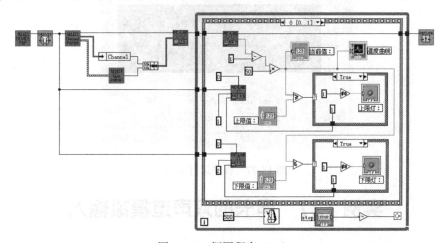

图 13-75　框图程序（一）

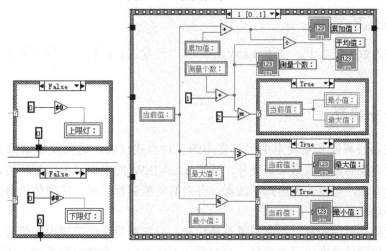

图 13-76　框图程序（二）

3. 运行程序

执行菜单命令"文件"→"保存",保存设计好的 VI 程序。

单击快捷工具栏"运行"按钮,运行程序。

给 Pt100 热电阻传感器升温或降温,VI 程序前面板显示温度测量值及实时变化曲线;同时显示测量温度的平均值、最大值、最小值等。

可以改变温度报警下限值、上限值:在下限指示文本框中输入下限报警值;在上限指示文本框中输入上限报警值。

当测量温度小于设定的下限温度值时,程序中下限指示灯改变颜色,线路中 DO 指示灯 1 亮;当测量温度值大于设定的上限温度值时,程序中上限指示灯改变颜色,线路中 DO 指示灯 2 亮。

程序运行界面如图 13-77 所示。

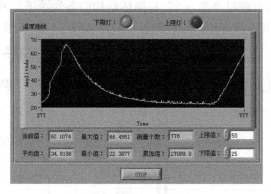

图 13-77　程序运行界面

实例 127　声卡的双声道模拟输入

一、设计任务

将声卡作为数据采集卡,使用 LabVIEW 作为开发工具,设计一种方便的、灵活性强的虚拟示波器。

二、任务实现

传统示波器是科研和实验室中经常使用的一种台式仪器,这类仪器结构复杂、价格昂贵。通过配置必要的通用数据采集硬件,应用 LabVIEW 的虚拟仪器编程环境,结合计算机的模块化设计方法,可以实现虚拟示波器,并对其功能进行扩展,实现传统台式仪器所没有的频谱分析和功率谱分析。

声卡测量频率范围较窄,不能测量直流信号,只能测量音频范围内的信号,而且其增益较大,不能直接测量强度较强的信号,有时需加调理电路,在精确测量时,还需进行信号标定。虽然声卡具有这些缺点,但是其价格低廉,灵活性强,在 LabVIEW 环境下操作简便,非常适用于高校实验教学中。

本虚拟示波器主要由一块声卡、PC 和相应的软件组成。

在使用声卡进行数据采集之前，有必要对声卡做一些设置，因为这里需要使用 Line In 接口作为信号引入端口，首先需要确保该接口能正常工作。双击桌面右下角的扬声器图标，在弹出的"音量控制"对话框中，选择"选项"→"属性"选项，弹出"属性"对话框，在"调节音量"区中选择"录音"，然后在下面的列表框中选择"线路音量"选项，如图 13-78 所示，单击"确定"按钮之后将弹出"录音控制"窗口，在其中确保"麦克风音量"被选中，如图 13-79 所示，而且其音量应该设置为较小值，否则由于增益太大会使输入信号的幅值范围被限制得很小。

图 13-78　声卡的 Line In 接口设置"属性"对话框

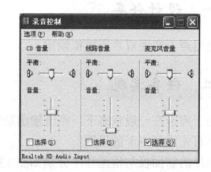

图 13-79　声卡的 Line In 接口设置"录音控制"窗口

如图 13-80 和图 13-81 所示，是一个用声卡实现数据采集的实例。

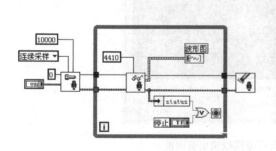

图 13-80　用声卡实现的数据采集前面板

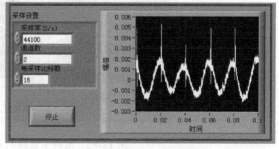

图 13-81　用声卡实现的数据采集框图程序

程序构造过程如下：

（1）调用配置声音输入函数（Sound Input Configure.vi）配置声卡，并开始进行数据采集。采样率设置为 44.1kHz，通道数为 2（即立体声双声道输入），每采样比特数（即采样位数）设置为 16 位，采样模式为连续采样，缓存大小设为每通道 10000 个样本。

（2）调用读取声音输入函数（Sound Input Read.vi）从缓存中读取数据，并在其外边添加一个 While 循环，用于从缓存中连续读取数据，设置每次从每个通道中读取样本数为 4410，即 0.1s 时长的波形。

（3）循环结束后，调用声音输入清零函数（Sound Input Clear.vi）停止采集，并进行清除缓存和清除占用的内存等操作。

完成上述操作后，即可运行程序进行数据采集。

关于采集通道，应该尽量选择立体声双声道采样，因为当单声道采样时，左、右声道都相同，而且每个声道的幅值只有原信号幅值的 1/2，而用立体声采样时，左、右声道互不干扰，稳定性好，可以采集到两路不同的信号，而且采样信号的幅值与原幅值相同。

另外，需要注意的是，声卡不提供基准电压，不论模数转换还是数模转换，都需要用户对信号进行标定。

实例 128　声卡的双声道模拟输出

一、设计任务

使用声卡实现双声道模拟输出。

二、任务实现

由于声卡在一般状态下，声音输出功能都是正常的，所以在使用声卡进行模拟输出时，可不必首先进行声卡的设置。

程序的前面板与框图程序分别如图 13-82 和图 13-83 所示。

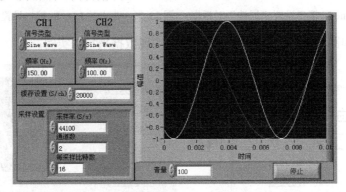

图 13-82　用声卡实现的双声道模拟输出前面板

程序构造过程如下：

（1）调用配置声音输出函数（Sound Output Configure.vi）配置声卡，并开始声音输出。采样率设置为 44.1kHz，通道数为 2（即立体声双声道输出），采样位数设置为 16 位，采样模式为连续采样，缓存大小设为每通道 10000 个样本。

（2）调用写入声音输出函数（Sound Output Write.vi）向缓存中写入由基本函数生成器产生的仿真信号，在其外边添加一个 While 循环，实现连续写入数据，并在循环中串接设置声音输出音量函数（Sound Output Set Volume.vi），用于控制输出音量大小。

第 13 章　LabVIEW 数据采集

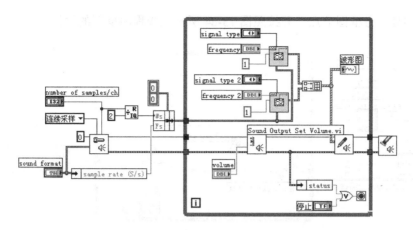

图 13-83　用声卡实现的双声道模拟输出框图程序

（3）循环结束后，调用声音输出清零函数（Sound Output Clear.vi），停止输出并执行相应的清除操作。

完成上述操作后，运行程序即可实现双声道模拟输出。若输出通道设置为单声道，则左、右声道实际输出相同的波形。

实例 129　声音信号的采集与存储

一、设计任务

通过采集由 MIC 输入的声音信号，并保存为声音文件，练习声音的采集和存储。

本例要求 PC 装有独立声卡或具有集成声卡，并且通过"MIC IN"端口将传声器输出信号传送到声卡。

二、任务实现

程序构造过程如下：

（1）执行"开始"→"程序"→"National Instruments LabVIEW"命令，进入 LabVIEW 的启动界面。

（2）在启动界面下，执行菜单命令"文件"→"新建 VI"，创建一个新的 VI。

（3）切换到前面板框图设计窗口下，在前面板设计区放置一个"波形图"控件，并且编辑其标签为"声音信号波形"。

（4）切换到程序框图设计窗口下，在程序框图设计区放置一个"打开声音文件"函数节点。

（5）移动光标到放置的"打开声音文件"节点下的下拉按钮上，打开下拉选项，从中选择"写入"。

（6）在程序框图设计区放置一个"配置声音输入"节点、一个"读取声音输入"节点、一个"写入声音文件"节点、一个"声音输入清零"节点、一个"关闭声音文件"节点和一个"While 循环"方框图节点,并按照图 13-84 所示完成程序框图的设计。

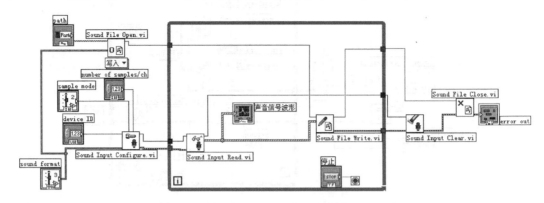

图 13-84　程序框图的设计

(7) 切换到前面板设计窗口下,调整各控件的大小和位置,设置"路径"为"D:\sound\test.wav"(注意:需要建立"D:\sound\"文件夹),并对其他输入控件进行设置。

(8) 单击工具栏程序"运行"按钮,并对着传声器输入语音或一段音乐,即可将声音数据写入到指定的文件"test.wav"中去。

(9) 在波形图控件中可以查看声音信号的波形,其中的一个运行界面如图 13-85 所示。

(10) 单击"停止"按钮,结束程序测试,打开文件目录"D:\sound",可以看到 LabVIEW 应用程序创建了一个声音文件"test.wav"。

(11) 该声音文件记录了程序运行时由传声器输入的声音信息,利用 Windows MediaPlayer 软件,可以播放该声音文件。

(12) 对设计的 VI 进行保存。

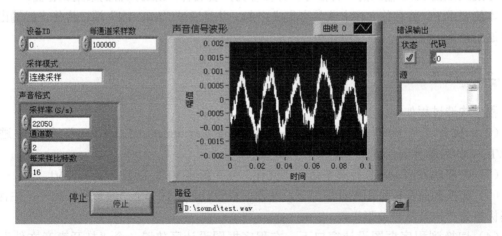

图 13-85　运行界面

通过该例可以看出,利用 PC 声卡作为 DAQ 卡,采集数据构建一个简单的数据采集系统非常简单快捷。

实例 130 声音信号的功率谱分析

一、设计任务

通过对采集到的声音信号进行功率谱分析,练习声音信号的采集和分析。

二、任务实现

程序构造过程如下:

(1) 执行"开始"→"程序"→"National Instruments LabVIEW8.6"命令,进入 LabVIEW 8.6 的启动界面。

(2) 在 LabVIEW 8.6 的启动界面下,执行菜单命令"文件"→"新建 VI",创建一个新的 VI。

(3) 切换到前面板设计窗口下,放置一个"波形图"控件,用于显示实时采集到的声音波形,并设置波形图控件的标签为"声音信号波形"。

(4) 切换到程序框图设计窗口下,在程序框图设计区可以看到与前面板上波形图控件对应的"波形图"节点对象。

(5) 按照图 13-86 所示设置程序框图。

(6) 切换到前面板设计窗口下,调整各控件的大小和参数,单击前面板工具栏上程序运行按钮,并通过传声器输入一段音乐或语音。对采集的声音信号数据进行实时显示,并进行功率谱分析,其中的一个运行界面如图 13-87 所示。

(7) 结束程序的运行,保存设计的 VI。

本例只是简单介绍了声音信号采集和分析的过程,读者可在此基础上设计出一个功能强大的声音信号分析仪。

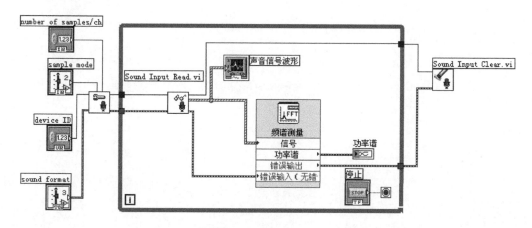

图 13-86 程序框图的设计

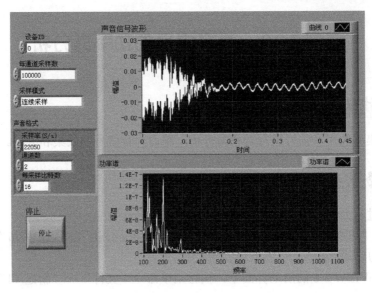

图 13-87 运行界面

参考文献

[1] 曹卫彬，等. 虚拟仪器典型测控系统编程实践. 北京：电子工业出版社，2012.

[2] 刘刚，等. LabVIEW 8.20 中文版编程及应用. 北京：电子工业出版社，2008.

[3] 胡仁喜，等. LabVIEW 8.2.1 虚拟仪器实例指导教程. 北京：机械工业出版社，2008.

[4] 李江全，等. LabVIEW 数据采集与串口通信测控应用实战. 北京：人民邮电出版社，2010.

[5] 申焱华，等. LabVIEW 入门与提高范例教程. 北京：中国铁道出版社，2007.

[6] 龙华伟，等. LabVIEW 8.2.1 与 DAQ 数据采集. 北京：清华大学出版社，2008.

[7] 石博强，等. 虚拟仪器设计基础教程. 北京：清华大学出版社，2008.

[8] 王磊，等. 精通 LabVIEW 8.0. 北京：电子工业出版社，2007.

[9] 郑对元，等. 精通 LabVIEW 虚拟仪器程序设计. 北京：清华大学版社，2012.

[10] 李江全，等. 计算机测控系统设计与编程实现. 北京：电子工业出版社，2008.